国家级一流本科课程“自动控制原理”配套教材
高等院校精品课程系列教材

自动控制原理（上）

宋永端　主编

杨　欣　谢昭莉　副主编

机械工业出版社

本教材详细介绍了自动控制的基本理论和分析方法，分上、下册，本书是上册，共有7章，第1章深入浅出地讲述了自动控制系统的一般概念；第2章介绍了控制系统的数学模型；第3~5章介绍了控制系统的3种分析方法：时域分析法、根轨迹分析法、频域分析法；第6章介绍了控制系统的校正；第7章通过几个控制系统的应用示例，生动形象地阐述了控制系统原理，以进一步加深读者对控制系统的理解和认识。同时，为方便理解和夯实相关知识，每章均配备有例题和习题。

本教材比较全面地涵盖了大学本科“自动控制理论”课程的内容，可作为高校自动化、电气工程及其自动化、机械工程及其自动化、热力工程、通信工程、电子信息工程等相关专业的“自动控制原理”课程教材，也可作为相关教师、自动化相关专业研究生、科技与工程技术人员的参考书。

本教材各章节内容的介绍基于MATLAB的控制系统计算机辅助分析与设计方法，需要读者有相应的MATLAB应用基础，以加强对课程的理解。

本教材配有电子课件、教材相关MATLAB程序、部分习题答案或解答等教学资源，需要的教师可登录www.cmpedu.com免费注册，审核通过后下载，或联系编辑索取（QQ：1239258369，微信：jsj15910938545，电话：010-88379739）。

图书在版编目（CIP）数据

自动控制原理. 上 / 宋永端主编. —北京：机械工业出版社，2020.8
(2023.9重印)
高等院校精品课程系列教材
ISBN 978-7-111-66144-3

Ⅰ. ①自…　Ⅱ. ①宋…　Ⅲ. ①自动控制理论-高等学校-教材　Ⅳ. ①TP13

中国版本图书馆CIP数据核字（2020）第130566号

机械工业出版社（北京市百万庄大街22号　邮政编码100037）
策划编辑：李馨馨　　责任编辑：李馨馨　白文亭
责任校对：张艳霞　　责任印制：张　博
北京雁林吉兆印刷有限公司印刷

2023年9月第1版·第3次印刷
184mm×260mm·17.75印张·437千字
标准书号：ISBN 978-7-111-66144-3
定价：59.00元

电话服务
客服电话：010-88361066
010-88379833
010-68326294

网络服务
机　工　官　网：www.cmpbook.com
机　工　官　博：weibo.com/cmp1952
金　　书　　网：www.golden-book.com
机工教育服务网：www.cmpedu.com

前　　言

随着科学技术的飞速发展，自动控制技术几乎无处不在，被广泛应用于自主制造、智能交通、智慧农业以及航空航天等重要领域，极大提高了社会生产效率。进入21世纪以来，无人驾驶技术、智能制造及5G技术等前沿科技接踵而至，都与自动控制技术息息相关。可以断定，自动控制技术在21世纪将为人类文明进步继续发挥不可或缺的重要作用。

在控制技术需求的不断推动下，控制理论取得了显著进步。为了适应控制技术以及控制理论发展的需要，我们编写了《自动控制原理》这本教材，专门介绍有关自动控制系统的基本概念、原理和方法。本教材分为上下册，内容包含线性定常系统的理论基础、线性离散控制系统理论、非线性控制系统基础和现代控制理论基础，涵盖了现代自动控制技术所需的基础理论内容。

本教材是编者结合多年来一线教学的实际经验，根据高等学校本科教材编写要求，综合考虑学生需求及课程发展历程，并广泛参考国内外相关优秀教材内容及体系结构，通过细心研究体会编写而成的。在整个编写过程中，力求内容完备无误、结构紧凑、概念清晰，意在夯实读者的专业知识并为其打下坚实的理论基础。此外，为便于读者了解相关理论的应用，加深对理论及方法的理解和掌握，书中配有相应实例和习题。

同时，为了让读者掌握实用软件MATLAB的应用技巧，我们将MATLAB的控制系统计算机辅助分析和设计方法贯穿于相关章节中。

本教材由重庆大学宋永端教授任主编，杨欣、谢昭莉任副主编，黄秀财、赵凯参加了编写工作。感谢张智容、崔倩、成红、刘欢、柳静、潘小虎、谭威、张鑫坤、孙丽贝、时天源同学在收集和整理资料方面所做的工作。特别感谢李斌、李良筑、盛朝强，朱婉婷、叶兆虹等几位老师对本教材的贡献。

对于本教材的错误和不妥之处，恳请广大读者不吝指正。

编　者
于重庆大学

目　录

第一篇

控制基础篇

自动控制原理是自动化学科的重要基础理论，专门研究有关自动控制系统的基本概念、基本原理和基本方法。本篇探讨闭环控制系统的基本原理、组成以及对控制系统性能的基本要求；探讨线性定常系统各种数学模型的建立及其相互之间的关系，是进一步学习系统分析与设计的基础。

第 1 章　自动控制系统的一般概念

本章主要介绍了自动控制和自动控制系统的基本概念，使读者对自动控制系统的组成结构、基本原理、主要性能指标、类别以及控制理论的发展有初步的了解，为以后章节的学习打下基础。

1.1　引言

现如今，自动控制在工业及农业生产、交通运输、航天航空、国防科技等诸多领域发挥着极为重要的作用。学习自动控制对于工科院校的学生而言，能够增强技术基础，培养辩证思维能力和联系实际能力，提高综合分析问题的能力。

事实上，人类利用自动控制技术解决问题由来已久，譬如公元前 300 年，出现在古希腊的油灯和水钟，便是利用了基于反馈控制原理的浮子调节器。甚至在解决数学问题中，也能利用控制的思想，比如在开方运算中，可以选取任意一个数作为临时的开方结果，通过和被开方数相除所得结果和临时选取值作比较，将比较结果反馈给临时值做适当缩放，在反复调节过程中，直至临时开方值等于其与被开方数相除的结果。因此，自动控制理论可以合理有效地运用到人们学习生活中的很多领域，细心地寻找，可以看见，处处都有控制的踪影，无论是登月飞船，无人驾驶飞机按照预定的轨迹自动飞行，人造卫星不断地调整姿态以适应飞行，又或是智能家居可以自动调节室内温度和湿度，雷达和计算机组成的导弹发射和制导系统，可以自动地将导弹引入指定的目标等，这一切都得益于高水平的自动控制技术。

经典控制理论作为进一步学习现代控制理论和近代控制理论的基础，有其非常重要的意义和实用价值。经典控制理论是基于频率法和根轨迹法发展而来的理论，即借助传递函数，利用频率和根轨迹法，研究 SISO(单输入-单输出)线性定常系统关于分析及设计的理论方法。尽管其在解决复杂多变量、时变以及非线性系统中的控制问题时有着一定的不足，但在实际应用中仍然发挥着极大的作用。

本书对经典控制理论的基本知识进行了系统、详细的介绍。

1.2　自动控制系统

为了更好地理解自动控制，需要先了解什么是控制以及系统的基本概念。

“控制”是一个较为常见的词汇，可以将其理解为，一个对象为了某个特定的目的，在另一个对象上施加的作用，这些特定目的可能是将电压、电流、水位、温度、位移、转速等物理量尽可能维持在某一范围，进而使得生产过程、生产设备或是生产工具能够以正常的工作条件运行，而这些生产过程、生产设备便是施加作用的对象，这些作用可以是属于物理、化学、生物学等方面的作用。

在整个控制过程中，对某一对象进行单独分析时，一般将外部对该对象的作用称为输入，对象产生的量称为**输出**。当多个对象按照某一方式连接成一个有机整体的时候，这个整体叫作**系统**。

例 1-1　人们日常生活中，有时会用到电热水壶。首先，人手指触碰开关(对象 A)，对开关施加控制，这个过程，输入是物理范畴的“力”，输出是电热水壶的开关，即通断，接着开关将通断状态作用于电路回路(对象 B)，在电力驱动下，指示灯点亮并显示为红色，表示处于加热状态，在后面这一过程中，是开关对电热水壶电路施加的作用(即控制)，开关状态是该电路的输入，输出为水壶中水的温度，通过指示灯来得到输出(红色为正在加热，绿色为加热完毕)。

1.2.1　人工控制与自动控制

在自动控制理论的学习中，研究的对象仅限于物理系统。控制目的常常以实现保持特定物理量在某个范围或者按照一定规律变化，使得系统稳定运行，这便需要对施加作用的对象进行合理、及时的控制，以适应外界因素对预定目的的影响。控制过程中，被施加作用的对象称之为**被控对象**，其输出，也就是与其预期规律密切相关的量，被称作**被控量**或**输出量**，同时，这也是系统的输出量。正是因为被控量直接展示，所以在控制过程中对其变化规律有着严格的要求。

在控制被控对象抵消外界干扰的过程中，若控制本身与人工操作有关，便称为**人工控制**，而若是没有人类的直接操作，即纯粹依靠自动装置来完成控制过程中的调节，则称该控制为**自动控制**。

图 1-1 中，开关、电热水壶电路以及指示灯便构成了一个简易的电热水壶控制系统，系统在电源作用下进行工作，电热水壶电路、开关以及指示灯这三个物理部件构成该系统。在该系统中，被控对象为电热水壶电路，被控量是电热水壶中水的温度。

例 1-2　将例 1-1 中需要人工启动的开关替代成使用温度传感器启动，如图 1-2 所示，此时在加热过程中，没有人的直接参与，因此，这个加热过程为自动控制，例 1-1 所示的热水壶则属于人工控制。在该过程中，温度传感器、和加热相关的电路以及指示灯这三个物理部件构成了自动控制电热水壶系统。被控对象仍然是电热水壶，被控量是电热水壶中水的温度。

图 1-1　电热水壶控制系统示意图

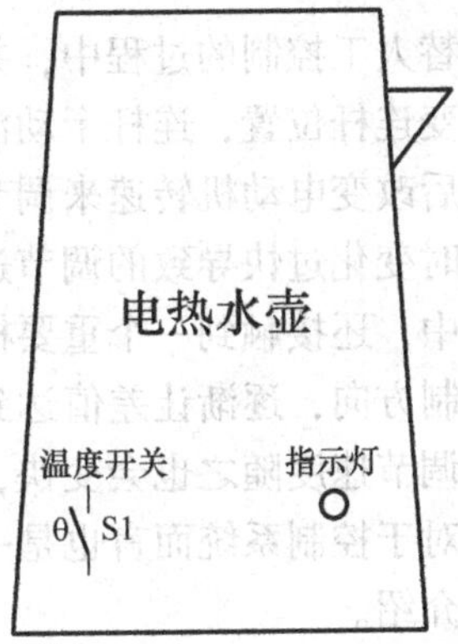

图 1-2　温度控制的电热水壶系统示意图

例 1-3　图 1-3 为人工控制供水系统，在供水过程中，随着用户对水的消耗，水池中的水位逐渐下降，为了使水位保持恒定，需要将进水阀的开度(影响进水速度)调大，直至水位稳定在预期的水位线上。在该过程中，通过人眼观察到的水位和预期水位的差来对进水阀开度进行调节，当水位偏低时，开度需要适度调大，偏高则调小，在反复调节中达到预期水位。在该过程中，人、水池进水阀和水池水位构成了该水位调节系统，其中被控对象是水池，被控量是水位。此外，这里一直提到的预期水位，该预期值叫作**给定输入**，也称作预期输入、参考输入期望值，在控制系统中是极为重要的一个物理量，为控制的被控量变化规律提供了设计方向。

例 1-4　例 1-3 为人直接参与的人工控制，如果能够找到等效替换人类角色的自动装置来代替这个环节，人工控制也就变成了自动控制。在图 1-4 中，该系统使用了浮子和连杆来实现自动控制。当水位下降，浮子也随之下降，然后浮子带动连杆，将进水阀开度调大。而当水位上升过快，高于预期水位的时候，浮子上升，带动连杆反方向调节进水阀，即将开度调小，然后在一段时间的反复调节后，浮子趋于稳定，水位趋于预期值。该过程中由于没有人的参与，因此实现了自动控制。

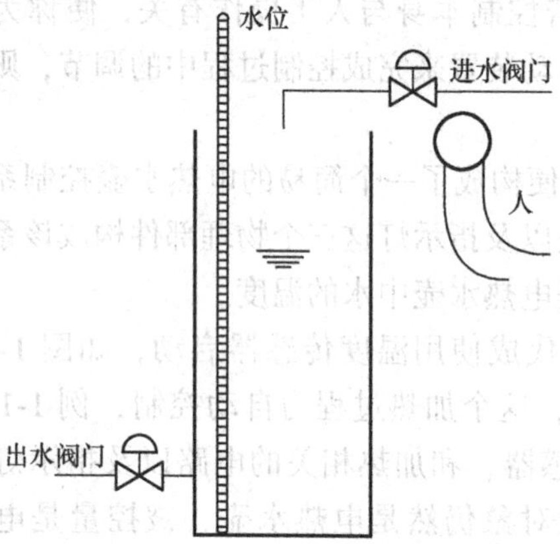

图 1-3　人工水位控制系统

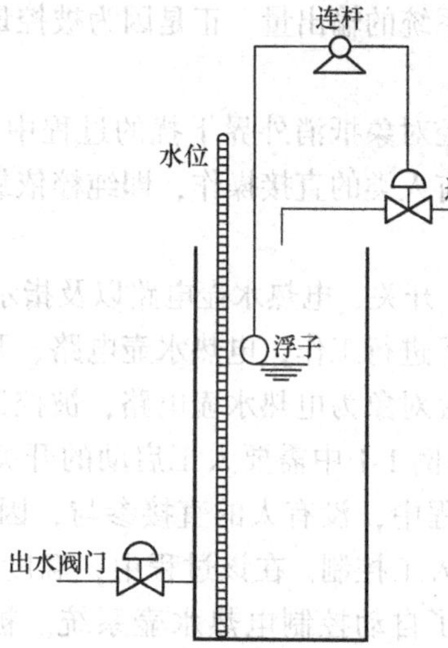

图 1-4　简易水位自动控制系统

在等效代替人工控制的过程中，并不是只有一种自动装置，以例 1-4 为例，在水位改变时，也同时改变连杆位置，连杆牵动滑动电阻片的位置，然后以电压信号的形式返回，通过电路反馈，最后改变电动机转速来调节进水阀开度。在该过程中也可以添加减速环节，以减少接近预期值时变化过快导致的调节过程过长的隐患。

调节过程中，还接触到一个重要概念——被控对象的输出与给定输入的差值，通过该差值进而调整控制方向，逐渐让差值达到或接近零值。这里出现的差值一般称为**偏差**，而当偏差过大的时候调节速度随之也会变快，偏差过小则调节速度也会减慢，两者大小成正相关。可以看出偏差对于控制系统而言也是一个极为重要的物理量，在后续的内容中会对其重要性进行更详细的介绍。

例 1-5　图 1-5 为交通灯控制车流量的系统，其工作原理为通过切换不同颜色的交通灯，来实现对车流通行的控制，使车辆能够有序通过路口。例如，当某车道的交通灯绿灯亮起时，相反或相碍车道显示红灯，此时绿灯车道的车辆便能获取无其他道路影响下的行驶时间。当黄灯亮起时，也会提醒车辆等待或小心行驶，为行驶提供了更多一层的保障。当驾驶员看到红灯时，其两侧的行人看到的则是绿灯，此时行人可以安全通过马路，行人的安全也因此得到了保障。最终，交通灯实现车辆和行人有序通过马路这一特定目的。在该过程中，系统由红绿灯、汽车和驾驶员三部分组成，其中系统的被控对象是汽车，汽车行驶状态为控制量。

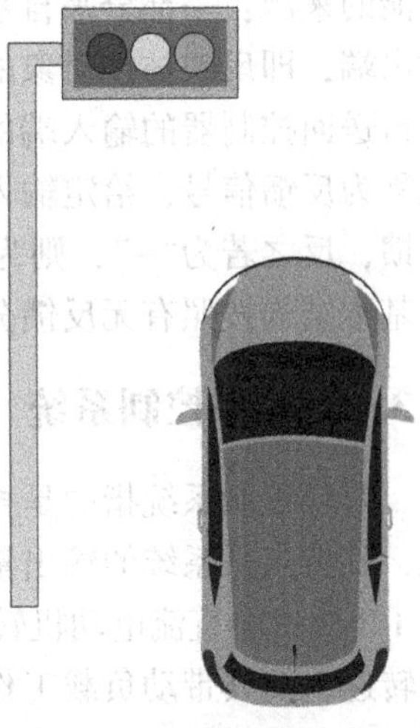

图 1-5　交通灯控制车流量系统

在控制过程中，为了实现预定的自动控制目标，被控对象常常在系统中与其他物理部件以一定的方式连接成整体，这个整体由人规划、设计，且在运行中不需要人参与，而这个整体便称为自动控制系统。在本例中，行人和驾驶员因为没有直接参与到交通灯的控制，只是机械地按照交通灯自动变化规律行动，因此也属于自动控制的范畴。

1.2.2　自动控制系统的表示方法

为了能够清晰地看出实际系统中内部信息的相互作用及信息流向，控制系统可以用图 1-6所示框图来表示。图中的方框就表示系统中具有相应职能的元部件，进入方框的信号为输入，离开方框的为输出，如图 1-6a 所示。各信号的箭头方向表示信号的流向；用圆圈里带交叉线的符号表示比较点，箭头指向比较点的那几个信号进行相加或者相减运算，箭头离开比较点的信号就是运算的结果，如图 1-6b 所示。用交叉线表示引出点，引出点表示信号的引出，如图 1-6c 所示。

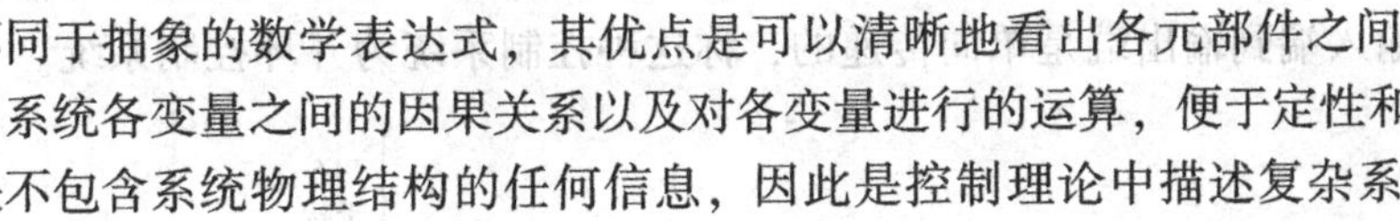

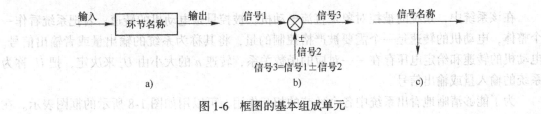

图 1-6　框图的基本组成单元

框图不同于抽象的数学表达式，其优点是可以清晰地看出各元部件之间信号的传递关系，表示了系统各变量之间的因果关系以及对各变量进行的运算，便于定性和定量分析控制系统，但是不包含系统物理结构的任何信息，因此是控制理论中描述复杂系统的一种简便方法。

1.3　自动控制系统的基本结构

自动控制系统的性能和行为在很大程度上取决于控制器所接收的信息。这些信息有两个可能的来源：一部分来自系统外部，即由输入端输入的参考信号；另一部分来自控制对象的输出端，即反映被控对象的行为和状态的信息。把从被控对象输出端获得信息，通过中间环节再送回控制器的输入端的过程称为反馈，所述的中间环节称为反馈环节，对被控量的检测值称为反馈信号，给定输入与反馈信号的差值称为偏差。若反馈信号的符号为“+”，则为正反馈，反之若为“-”，则为负反馈。由于反馈对于系统的性能影响极大，所以，把控制系统的基本结构按照有无反馈分为两大类：开环控制系统和闭环控制系统。

1.3.1 开环控制系统

开环控制系统指的是控制装置与被控对象之间只有顺向作用而没有反向联系的控制系统，其特点是系统的输出量不会对系统的控制作用产生影响，即系统不含有反馈控制环节。图 1-7 所示的直流电动机转速控制系统就是一个开环控制系统。它的控制目标是控制电动机的转速，使其带动负载工作。其工作原理是：调节电位器 R 的滑块，使其给定某个参考电压 U_r，该电压经过电压放大功率放大变为 U_a，以此来控制电动机的转速。由于电动机的电枢电压和电动机的转速成正比，因此当负载的转矩不变时，就可以通过改变电枢电压来改变电动机的转速，又因为 U_a 和 U_r 一一对应，所以，只要改变给定电压 U_r 就可以改变电动机的转速。

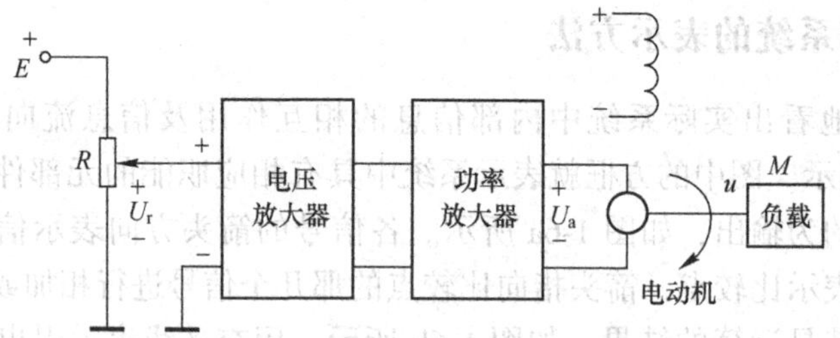

图 1-7 直流电动机转速控制系统

在该系统中，系统的被控对象是直流电动机，被控量是电动机的转速。若把系统看作一个整体，电动机的转速是一个需要被严格控制的量，将其称为系统的输出量或者输出信号。电动机的转速和给定电压存在一一对应的函数关系，转速 n 的大小由 U_r 来决定，把 U_r 称为系统的输入量或输出信号。

为了能够清晰地看出系统中各个环节的相互作用，可以用如图 1-8 所示的框图表示。在这个系统中，只有输入量和输出量的单向控制作用，并且输出量对输入量没有任何影响和联系，即信号由输入端到输出端是单向传递的，称这种控制系统为开环控制系统。

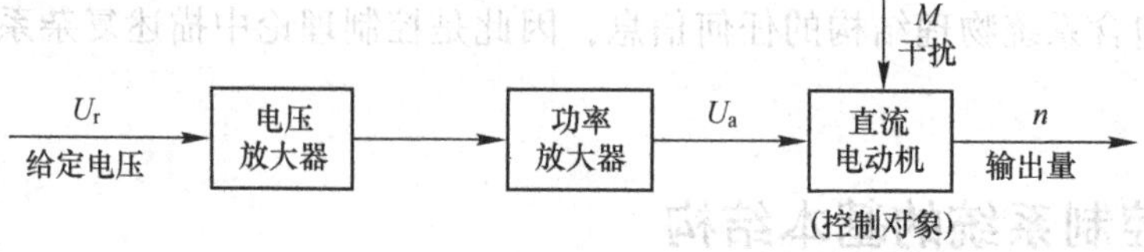

图 1-8 直流电动机转速开环控制系统框图

直流电动机的闭环转速控制系统如图 1-9 所示。应该注意到，当系统的负载转矩 M 发生变化时，都会使输出量转速 n 发生变化。当需要的系统是一个恒速系统时，负载转矩的变化就会对转速产生破坏作用，把产生的这种破坏作用称为干扰或者扰动。对控制系统来说，干扰也是十分重要的物理量，其是对被控量产生不利因素的信号。

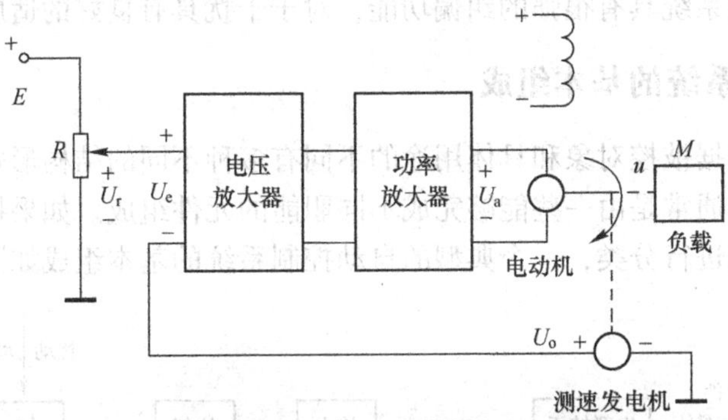

图 1-9　直流电动机的闭环转速控制系统

干扰(或扰动)的定义是，影响被控量偏离给定值的因素。由于负载转矩的变化，导致给定电压下的输出转速发生变化，偏离了给定值。需要说明的是，给定输入和干扰都是系统的输入信号，正确认识和理解这一点，对以后章节利用系统的输入输出关系建立系统模型，分析系统性能很有益处。

开环控制系统的精度取决于物理部件的精度和校准的精度。开环系统没有抑制外部干扰及内部干扰的能力，所以控制精度较低。但是，由于系统的结构简单，造价便宜，所以在系统结构参数稳定、没有干扰作用或者干扰较小的场合下，依然会大量使用。

1.3.2　闭环控制系统

为提高系统的控制精度以及对干扰的抑制能力就需要引入反馈环节，将输出量测量出来，经过转换后再反馈到输入端，使输出量对控制作用有直接的影响。

图 1-9 所示的直流电动机转速控制系统中，在开环系统中引入了一台测速发电机，并修改系统的电路，这样就构成了一个直流电动机的转速闭环控制系统。如图 1-10 所示。测速发电机将实际的输出转速测量出来，并转化成电压信号 U_o，再反送到系统的输入端，与给定的电压值 U_r 进行比较，得到偏差电压 $U_e=U_r-U_o$，称之为偏差。偏差电压经过电压放大器和功率放大器变成 U_a，控制电动机的转速。

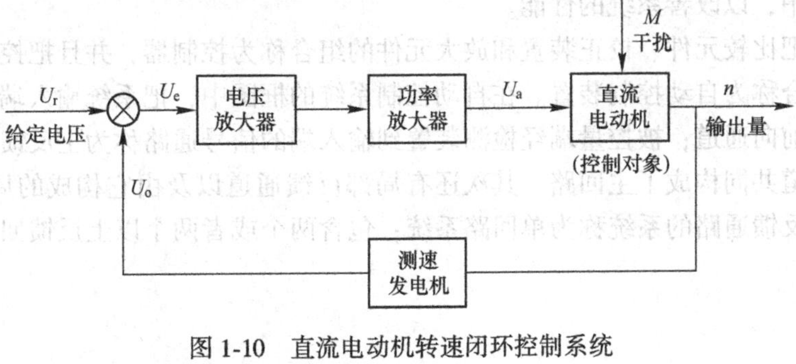

图 1-10　直流电动机转速闭环控制系统

分析该过程可以发现，控制器与被控对象之间不仅存在正向控制作用，而且还存在被控对象到控制器的反向联系。把这种控制过程称为闭环控制，按闭环控制方式组成的系统称为闭环控制系统。

由于闭环控制系统是根据偏差进行控制的，只要被控量偏离给定值，系统就会自动纠偏，所以说闭环控制系统具有很强的纠偏功能，对于干扰具有良好的适应性。

1.3.3 自动控制系统的基本组成

自动控制系统根据被控对象和具体用途的不同有多种不同的结构形式，但是从工作原理上看，自动控制系统通常是由一些能够完成不同职能的元件组成。如果把组成自动控制装置的元件按照工作职能进行分类，一个典型的自动控制系统的基本组成如图 1-11 所示。

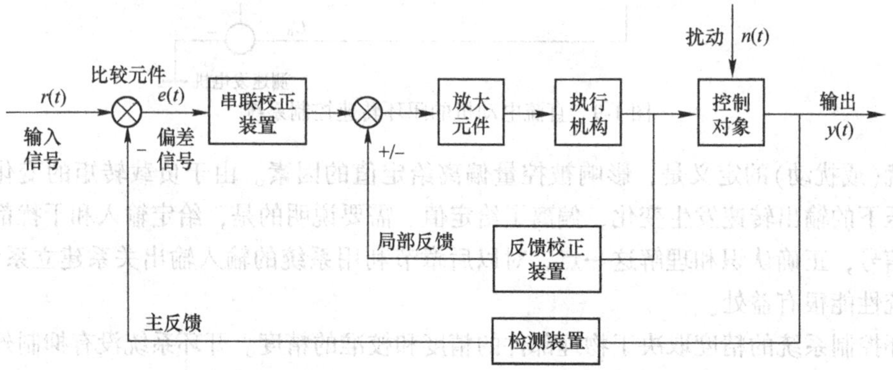

图 1-11 典型的自动控制系统的基本组成

图 1-11 中各元件的职能如下。

控制对象：又称被控对象或者受控对象，通常指生产过程中需要对其某个特定量进行控制的设备或者过程。

比较元件：用来比较输入信号和反馈信号，并且产生反映两者偏差的偏差信号。

放大元件：将信号进行放大，推动执行元件去控制被控对象。

执行机构：直接推动被控对象，使其被控量按照期望变化。

检测装置：检测被控量的物理量，如果是非电信号，需要转化为电信号。检测装置的精度和特性直接影响控制的性能。

校正装置：也称为补偿元件，其是结构或者参数便于调整的元件，用串联或者反馈的方式连接在系统中，以改善系统的性能。

习惯上，把比较元件、校正装置和放大元件的组合称为控制器，并且把控制器、执行机构和检测装置合称为自动控制装置。在自动控制系统的框图中，把系统输入端到被控量端的信号通路称为前向通道；被控量端经检测装置到输入端的信号通路称为主反馈通道。前向通道和主反馈通道共同构成了主回路。其次还有局部反馈通道以及由它构成的局部反馈回路。只包含一个主反馈通路的系统称为单回路系统；包含两个或者两个以上反馈回路的系统称为多回路系统。

1.4　控制系统的基本要求

1.4.1　稳定性

控制系统能够正常工作最基本的条件便是稳定，因此了解什么是自动控制系统的稳定性，以及如何判别系统是否稳定是极为重要的。

稳定性，通常指系统在受到干扰的时候工作状态(输出量)会偏离预期值，在干扰消失后系统能够恢复到平衡状态的能力。如果系统能够恢复平衡状态，那么该现象便称之为系统稳定，该系统则为稳定系统。

虽然在闭环系统中，负反馈的结构有一定的调节作用，但是参数设计若不够合理时，干扰消失后，被控量无法回到平衡状态，则可能会进入到等幅振荡或发散状态，而这样的现象称之为不稳定现象，该系统则被称之为不稳定系统。

图 1-12 和图 1-13 所示为两种不稳定系统的输出形式。可以看出如果系统受到干扰作用后，自身处于振荡或发散状态，映射到实际物理系统的时候，可能会出现元件和执行机构的大幅度磨损而失去原有作用，更甚至对被控对象造成破坏，这也是制定控制方案时需要极力避免的问题，不稳定的系统是无法在实际中被使用的。

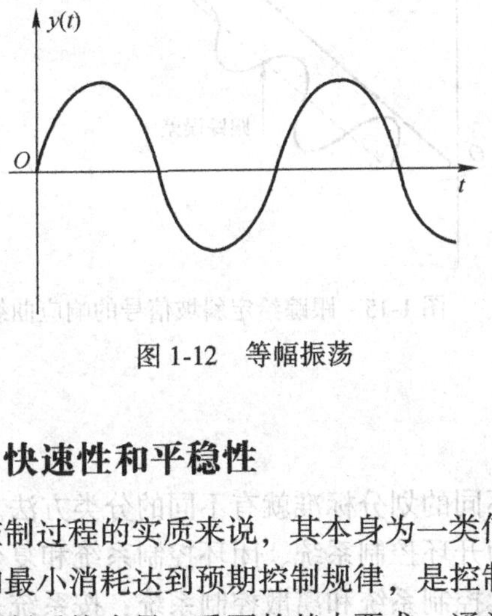

图 1-12　等幅振荡

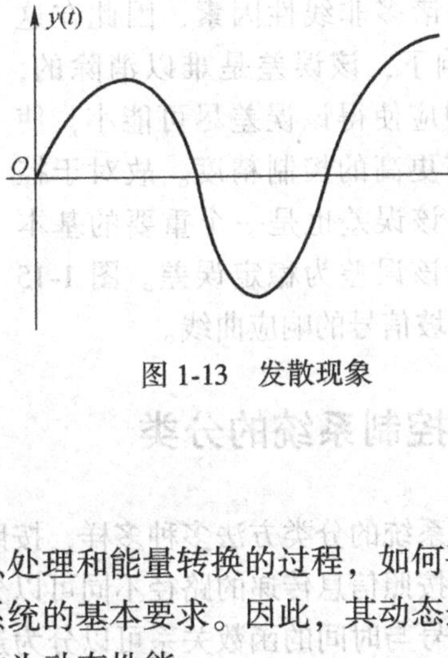

图 1-13　发散现象

1.4.2　快速性和平稳性

从控制过程的实质来说，其本身为一类信息处理和能量转换的过程，如何平稳且使用最短时间和最小消耗达到预期控制规律，是控制系统的基本要求。因此，其动态过程的形式和快慢是控制系统中另一重要的基本要求，通常称为动态性能。

当一稳定系统受到外界干扰，或是预期控制规律发生改变时，被控量也会随之而变化并偏离期望值。在实际控制系统中，常会出现储能元件(如电容、电感等)或是惯性元件(如弹簧、陀螺仪、加速度器等)，两者由于都无法发生突变，因此当改变输入信号时，输出不可能立刻达到期望值，需要再次经历反复调整，重新进入一个新的平衡的状态，使被控量跟踪预期输出变化，进而达到期望值。在该调整过程中，该过程称为**动态过程**(过渡过程)，这个新的平衡状态称之为**稳态**。

如图 1-14 所示，其为在阶跃信号输入作用下的两种典型响应曲线的情形，从中可以更清晰地了解快速性和平稳性这一基本要求的概念。

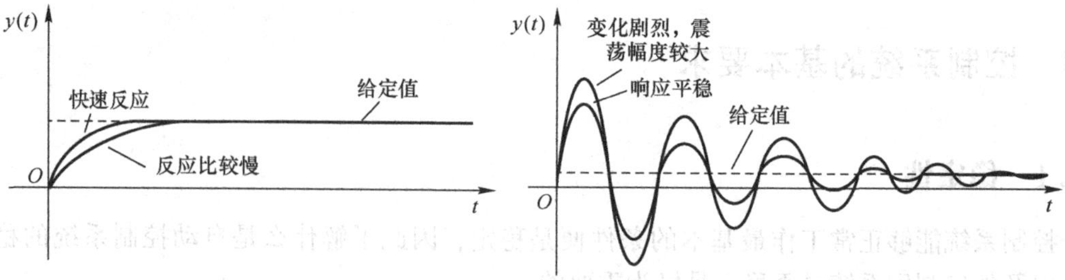

图 1-14 快速性和平稳性

在满足快速性和平稳性的同时，需要注意的是，快速性要求系统反应快，系统动态过程时间花费短，而平稳性则需要在动态过程中有更小的振荡幅度以及更少的振荡次数，因此这本身是一对矛盾的特性。如何选择或设计适当的控制算法是解决两者平衡的关键。

1.4.3 准确性

当一个稳定系统结束其动态过程并进入到稳态时，在理想状态下，一般都想让稳态值达到预期值。但实际过程中，被控量的稳态值和预期值总是存在一定的误差，这是由于其中存在输入信号形式、系统结构以及间隙、摩擦等诸多非线性因素，因此在这些因素的影响下，该误差是难以消除的，在控制设计中应使得该误差尽可能小，使得系统能够有更高的控制精度。故对于控制系统而言，该误差也是一个重要的基本要求，一般称该误差为稳定误差。图 1-15 为跟踪给定斜坡信号的响应曲线。

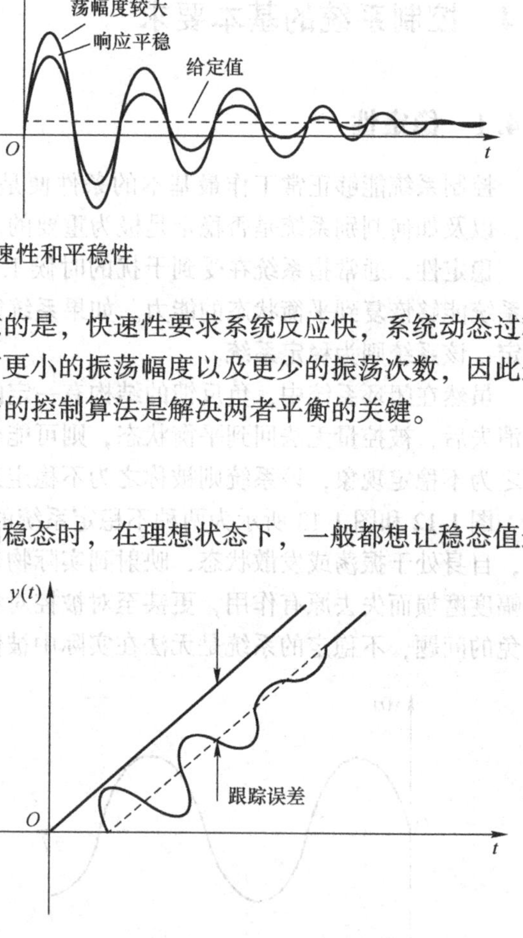

图 1-15 跟踪给定斜坡信号的响应曲线

1.5 自动控制系统的分类

自动控制系统的分类方法多种多样，按照不同的划分标准就有不同的分类方法。常见的分类方法有：按照信息传递的路径不同可以分为开环控制系统、闭环控制系统和复合控制系统；按传输信号与时间的函数关系可以分为连续控制系统和离散控制系统；按系统是否满足叠加原理可以分为线性控制系统和非线性控制系统；按输入信号的形式可以分为定值控制系统、程序控制系统和随动控制系统。

1.5.1 按信号传递的形式分类

1. 连续控制系统

控制系统中，若各元件的输入输出信号都是时间的连续函数，则称此类系统为连续控制系统(Continuous Control System)，简称连续系统。连续系统的运动状态或特性用微分方程来描述。一般应用线性模拟调节器或校正装置的控制系统都是连续系统。

2. 离散控制系统

系统某处或多处的信号是以脉冲序列或数码的形式传递时，则称此类系统为离散控制系统(Discrete Control System)，简称离散系统。离散系统的运动状态或特性一般用差分方程来描述。离散系统又分为采样控制系统和数字控制系统。采样控制系统中离散信号以脉冲序列的形式出现，数字控制系统中离散信号以数码形式出现。

采样控制系统的结构如图1-16所示。连续信号$e(t)$经过采样开关后得到离散的脉冲序列$e^*(t)$作为数字控制器的输入，控制器输出的$u^*(t)$为离散信号，不能直接驱动被控对象，需要经过保持器使之变成相应的连续信号。

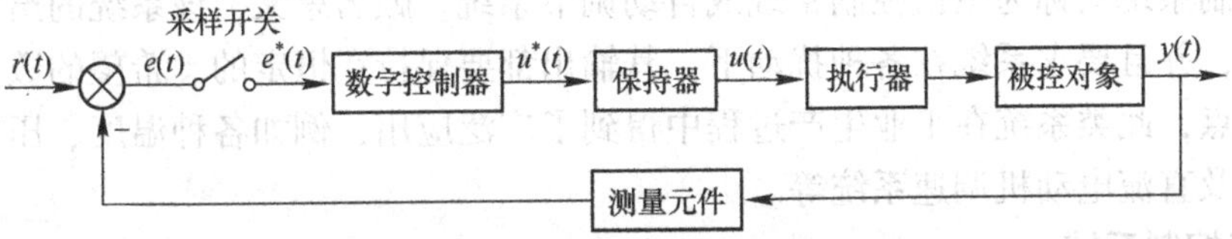

图1-16　采样控制系统结构图

数字控制系统是一种以数字计算机为控制器去控制具有连续工作状态的被控对象的闭环控制系统，其系统结构图如图1-17所示。连续信号$e(t)$经过A/D转换器后被转换为离散的数字序列$e^*(t)$，$e^*(t)$经过计算机后生成离散控制信号$u^*(t)$，最后通过D/A转换器转换成模拟量作用于被控对象。

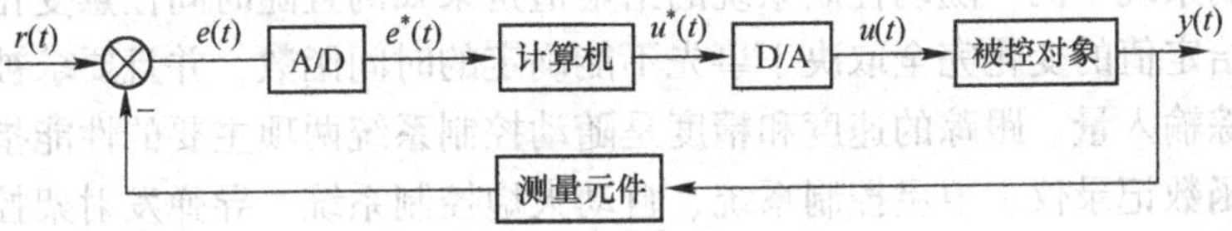

图1-17　数字控制系统结构图

1.5.2　按是否满足叠加原理分类

1. 线性控制系统

若组成系统的所有元件都是线性的，则称此类系统为线性控制系统(Linear Control System)。线性系统的运动方程可用线性微分方程或线性差分方程来描述。如果线性微分方程或线性差分方程中的各项系数不随时间变化，则称这类系统为线性定常系统，反之则称为线性时变系统。

线性系统的主要特征是具备叠加性和齐次性，所有满足叠加原理(叠加性和齐次性)的系统都是线性系统。叠加性就是指多个输入信号同时作用在系统上时，所产生的输出信号等于这几个信号分别作用在系统上所产生的输出信号之和。齐次性是指当输入量增大或缩小a倍时，系统的输出量也相应地增大或缩小a倍。

2. 非线性控制系统

系统包含一个或一个以上具有非线性特性的元件或环节时，称此类系统为非线性控制系统(Nonlinear Control System)。非线性系统不具备齐次性，也不满足叠加原理，其运动方程要用非线性微分方程来描述。

需要指出的是，实际生活中的系统都存在不同程度上的非线性，绝对的线性系统是不存在的。但为了简化系统的分析和设计，在误差允许范围内，可以将非线性特性线性化。这样，就可以将非线性系统近似为线性系统来处理。例如，当输入信号较小时，运算放大器的输入、输出呈线性关系。然而，当输入信号较大时，系统进入饱和状态，输出信号不再发生变化。

1.5.3 按给定值形式分类

1. 定值控制系统

定值控制系统又称为恒值控制系统或自动调节系统。顾名思义，该系统的给定值是一个恒定的数值，并且要求系统在各种扰动下，其输出都要保持在恒定的、希望的数值上。正是由于这一特点，此类系统在工业生产过程中得到了广泛应用，例如各种温度、压力、流量控制系统，以及直流电动机调速系统等。

2. 程序控制系统

程序控制系统的给定值是根据预先给定的时间函数进行变化的，并且要求被控量按相应的规律随控制信号进行变化。这类系统在间歇生产过程中应用比较普遍，例如多种液体自动混合加热控制系统、机械加工中的数控机床，以及炼钢炉中的微机控制系统等。另外，前面所讲述的定值控制系统就是程序控制系统的一种特例。

3. 随动控制系统

与程序控制系统不同，随动控制系统的给定值是未知的且随时间任意变化的函数。这类系统的特点是给定值的变化完全取决于事先不能确定的时间函数，并且要求被控量以一定的精度和速度跟踪输入量。跟踪的速度和精度是随动控制系统两项主要的性能指标。常见的随动控制系统有函数记录仪、卫星控制系统、自动火炮控制系统、导弹发射架控制系统、雷达天线控制系统等。

在随动控制系统中，如果被控量是机械位移或其导数时，随动控制系统又被称为伺服控制系统(Servo Control System)。

除了上述分类方法外，还可以按照系统参数是否随时间变化将控制系统分为定常系统和时变系统。定常系统中的参数是常数，不随时间变化而变化。与之相反，时变系统中的参数是时间的函数。此外，还可以根据输入输出变量的个数多少将系统分为单变量控制系统和多变量控制系统。单变量系统又称为单输入单输出系统，系统的输入和输出都只有一个变量；多变量系统又称为多输入-多输出系统，系统有多个输入和输出变量。

1.6 自动控制理论发展简史

自动控制(Automatic Control)是指在没有人直接参与的情况下，利用外加的设备或装置，使机器、设备或生产过程中的某个工作状态或参数自动地按照预定的规律运行。区别于人工控制，自动控制技术的出现不仅将人类从危险、繁重的劳动中解放出来，还极大提高了生产效率。但要完全替代人在生产过程中的监督、调节作用，单一的控制技术是不够的，还需要将多种控制方法相结合，这就形成了自动控制系统。随着控制技术的不断发展，以及各种自动控制系统的不断丰富，派生了一门相应的学科——自动控制理论。自动控制理论是自动控制科学的核心，其发展主要经历了以下四个阶段。

1. 第一阶段：萌芽阶段

图 1-18　指南车

从社会生活到工业生产，中国古人的智慧总是一次又一次地带给人们惊喜。早在两千多年前的黄帝时代，我国就发明了一种自动调节系统——指南车。如图 1-18 所示，指南车是一种马拉的双轮装置，车厢上有一个伸着手臂的木人，内部有一套自动离合的齿轮传动机构。使用前需调整木人的手臂，使其指向正南方。当车子朝正前方前进时，车轮和齿轮是分离的，木人手臂始终指向正南方。若车子在行进过程中向左转弯（偏离正南方向），此时车辕前身向左移动，而后端向右移动。这样的变化使得右侧传动齿轮放落，带动木人下方的大齿轮向右转动，从而抵消了车子向左转弯的影响。同理，当车子向右转弯时，左侧的传动齿轮放落，带动木人下方的大齿轮向左转动，抵消车子向右转弯的影响。

2. 第二阶段：经典控制理论（20 世纪 40~60 年代）

除了指南车，极具聪明才智的古人还发明了如铜壶滴漏、候风地动仪、水运仪象台等自动控制装置。但是，由于长期的封建统治，这些科学技术在古代的中国并没有得到重视和发展。到了 18 世纪，欧洲工业革命拉开序幕，自动控制技术被逐渐应用到现代工业中。直到 1788 年，瓦特发明了离心式飞摆控速器，以此来调节蒸汽机的速度，它的出现为经典控制理论拉开了序幕。

从 1788 年到 1868 年的几十年中，人们对自动控制装置的设计还处于“经验主义”阶段，没有强大的理论基础作为支撑。所以在这一时期设计的自动控制系统经常出现振荡、性能指标不达标等现象，而又没有相应的理论知识来分析和解决这些问题。直到 19 世纪下半叶，科学家们开始了对控制系统理论的探索。

1868 年，为了解决离心式飞摆控速器控制精度和稳定性之间的矛盾，麦克斯韦对瓦特的调速器建立了线性微分方程并发表在论文《论调速器》中，该论文提出了简单的稳定性代数判据，指出系统的稳定性取决于特征方程的根是否具有负的实部。麦克韦斯因此成为了第一个对反馈系统的稳定性在理论上进行分析并发表论文的人。但是，由于高阶方程没有直接的求根公式，想要求特征方程的根来判断系统稳定性就比较困难。为了解决这一问题，劳斯于 1877 年提出根据特征方程的系数判断高阶线性系统稳定性的判据——劳斯判据。1895 年，赫尔维茨也提出了类似的判据——赫尔维茨判据。劳斯判据和赫尔维茨判据的出现为人们判断更复杂高阶系统的稳定性提供了理论依据。

早期的控制器结构简单，控制目的单一，劳斯判据和赫尔维茨判据基本能够满足工程上的需求。二战爆发后，由于战争的需要，对控制器提出了更高的要求，因此经典控制理论在这段时间得到了进一步发展。在这期间，1932 年奈奎斯特利用频率特性表示系统，提出了频域稳定性判据，为具有良好动态性能和静态稳定性的军用控制系统提供了分析方法。之后，伯德提出了频域响应的对数坐标图法，完善了系统分析和设计的频域分析方法。

二战结束后，美国数学家维纳于1948年出版了《控制论——关于在动物和机器中控制与通讯的科学》一书，为控制理论的诞生奠定了基础。1954年，我国著名科学家钱学森结合控制理论在工程中的实践，出版了《工程控制论》一书，标志着经典控制理论已基本成熟。

3. 第三阶段：现代控制理论(20世纪60~70年代)

任何学科的发展都不可能脱离其他科学技术而单独发展，控制技术的发展离不开数学和计算机技术的发展。现代数学，例如函数分析、现代代数等和数字计算机技术突飞猛进的发展，为控制理论的发展提供了强大动力，促使经典控制理论向现代控制理论转变。

现代控制理论是一种以状态空间为基础的控制方法，本质上是一种时域分析法。其克服了经典控制理论的局限性，将研究对象扩展到非线性控制系统、多输入-多输出系统，是人类在自动控制理论上的又一次飞跃。这一时期的主要代表人物有贝尔曼、卡尔曼、庞特里亚金、罗森布洛克等。1956年，美国数学家贝尔曼提出了最优控制的动态规划法；3年后，美国数学家卡尔曼又提出了著名的卡尔曼滤波器，以及系统的能控性和能观性；1956年，苏联科学家庞特里亚金提出了极大值原理。1960年年初，以最优控制和卡尔曼滤波为核心的现代控制理论应运而生。

4. 第四阶段：大系统理论与智能控制阶段(20世纪70年代末至今)

伴随着社会需求的改变和各种科学技术的进步，生产系统的规模越来越庞大，结构越来越复杂，经典控制理论和现代控制理论已经难以满足时代的需求。在这样的背景下，控制理论的发展进入了第四阶段：大系统理论与智能控制阶段。其中，"大系统理论"是控制理论在广度上的拓展，是用控制和信息的观点，研究规模庞大、结构复杂、目标多样、功能综合的工程和非工程大系统的自动化和有效控制的理论。而智能控制是控制理论在深度上的延伸，依托于计算机科学、人工智能、运筹学等学科，主要用来解决传统方法难以解决的复杂系统的控制问题，是控制理论发展的高级阶段。

有了经典控制理论和现代控制理论的铺垫，第四阶段的控制理论开始追求稳定、最优化、定性结构、计算机与控制。迄今为止主要形成了以下控制理论和方法。

1）20世纪60年代初期，为解决复杂系统的控制问题，Smith提出采用性能模式识别器来学习最优控制法。

2）1965年，美国控制论专家Zadeh提出模糊集论(主要内容是模糊数学)，为解决复杂系统的控制问题提供了数学工具。

3）1966年，Mendel进一步在空间飞行器的学习控制系统中应用了人工智能技术，并提出了"人工智能控制"的概念。

4）1967年，Leondes和Mendel首次提出了"智能控制"一词。

5）20世纪70年代初，傅京孙、Gloriso、Saridis三人提出了分级递阶智能控制。

6）20世纪70年代中期，Mamdani设计了运用模糊语言描述控制规则的模糊控制器。

7）1985年，IEEE在美国首次召开了智能控制学术讨论会。

小结

控制理论的发展对实际工程具有重要意义，它的出现推动着人类社会不断向智能化迈进。从初生萌芽到经典控制理论、现代控制理论，人类各关键发展时期都离不开控制理论这一助推器。目前，伴随机器学习、人工智能、大数据、计算机技术等学科的发展，自动控制理论已经出现了许多新的分支学科，如自适应控制、模糊控制、神经网络控制等。之后，控制理论还将继续朝着以控制论、信息论和仿生学为基础的智能控制方向深入。

习　题

1-1　试着列举几个生活中常见的开环控制和闭环控制的例子，并简述它们的工作原理。

1-2　自动控制系统由哪些环节组成，它们在控制中担负着什么样的功能？

1-3　闭环控制系统的工作原理是什么？

1-4　试着简述开环控制和闭环控制的优缺点。

1-5　自动控制系统的基本要求是什么，试分析增大和减小放大元件增益对闭环控制系统性能的影响。

1-6　分析人从书架上取书的过程，讨论是开环控制还是闭环控制，并画出系统框图。

1-7　分析可调光台灯系统是开环控制还是闭环控制，并画出系统框图。

1-8　电动机速度控制系统如图 1-19 所示，分析系统过程，将 a、b、c、d 连接成负反馈状态并画出系统框图。

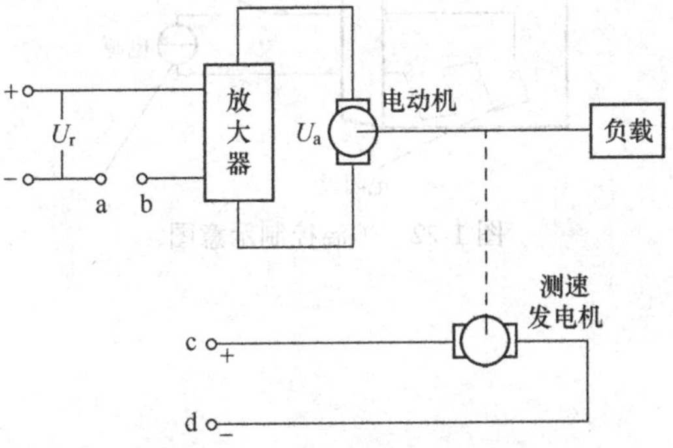

图 1-19　电动机速度控制系统

1-9　图 1-20 是自动液位控制系统，在任何情况下希望水箱中液体高度保持 H_0 不变，请指出该系统中的控制对象、控制器、执行器、测量元件、被控量和干扰量，并画出系统框图。

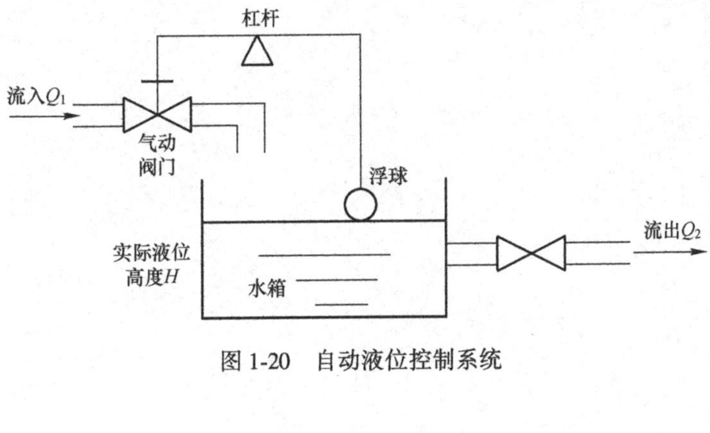

图 1-20　自动液位控制系统

1-10 图 1-21 为角位置随动控制系统，系统功能是控制工作机械角位值 θ_c，使其跟随手柄转角 θ_r，分析该系统的工作原理并画出系统框图。

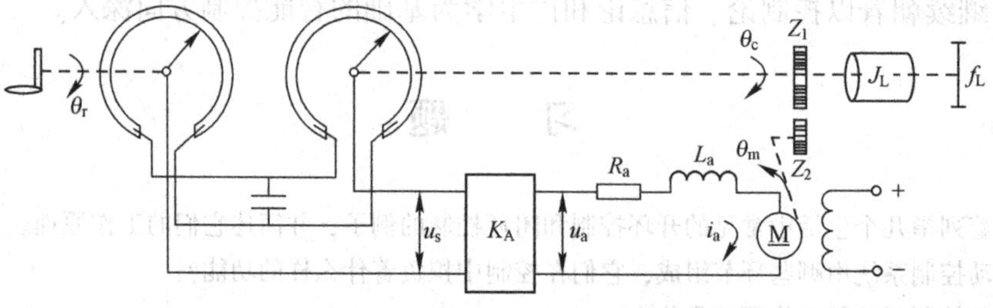

图 1-21 角位置随动控制系统

1-11 尝试找出生活中的人工控制和自动控制的例子，并分析被控对象和被控量。

1-12 请分析图 1-22 中的控制目的、被控对象、被控量，并简单阐述其工作原理。

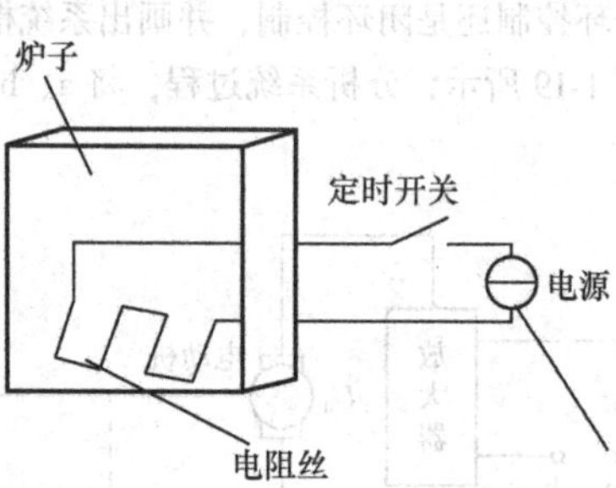

图 1-22 炉温控制示意图

第 2 章　控制系统的数学模型

要实现对控制系统的分析和研究，首先要建立控制系统的数学模型。本章主要介绍控制系统时域和复数域数学模型的建立方法、特点、图示表示方法以及它们之间的相互转换关系。

2.1　引言

建立控制系统的数学模型是分析和设计控制系统的首要工作。要实现对控制系统的分析和设计，首先就是要建立控制系统的数学模型。描述控制系统的输入、输出变量以及内部各变量之间关系的数学表达式称为数学模型。其中，在静态条件下，描述变量之间关系的数学表达式称为静态数学模型，例如代数方程、静态关系表等都是常见的静态数学模型；描述各变量动态关系的数学表达式称为动态数学模型，例如微分方程、差分方程、传递函数、频率特性、状态方程、动态结构图等都是系统的动态数学模型。根据研究系统不同的方法，采用不同形式的数学模型。实际情况中，会遇到很多不同特性的系统，例如机械的、电气的、气动的、液压的，甚至还有经济学系统、气象系统、生物学系统等，这些系统表面上虽然没有任何相似和联系，但是它们却可能具有相同的动态数学模型，具有相同的运动规律，因此数学模型是反映实际系统的内在运动规律的一种数学抽象。

建立控制系统数学模型的方法有机理分析建模法和实验建模法两种。机理分析建模法也称为解析法，就是分析系统元件各部分静态关系和动态机理，然后根据它们所遵循的物理、化学定律(例如牛顿定律、基尔霍夫定律等)列写出变量之间的数学表达式的方法。实验建模法就是人为地给系统施加某种测试信号(例如脉冲信号、阶跃信号、正弦信号等)，记录其输出响应，然后选择合适的数学表达式(微分方程、差分方程等)近似地描述、逼近、辨识这种响应，从而得到系统或被控对象的数学模型。一般情况下，对于一些结构简单、容易分析运动机理的控制系统采用解析建模法，而对于结构复杂、难以分析其运动机理、非线性程度大的控制系统往往采用实验建模法。

建立合理的数学模型对系统的分析研究至关重要，实际的控制系统都具有不同程度的非线性、时变特性，一般应根据系统的实际结构参数及分析结果所要求的精度，忽略一些次要因素，简化系统数学模型结构，使数学模型既能准确反映系统的动态本质，又便于分析、计算。建模中最重要的简化就是对非本质非线性数学模型的线性化，严格地讲，实际物理系统都是非线性系统，只是非线性的程度不同而已。其中很多系统可以在一定条件下近似视为线性系统，线性系统满足叠加原理，能使系统的设计与分析大为方便；其次是将分布参数、变化很缓慢的参数，作为集中参数、不随时间改变的常数，做了这样的合理简化后，系统输入、输出及各中间变量都只是时间 t 的函数，所得到的是由线性常系数常微分方程描述的系统，即是本书研究的线性定常系统。

2.2　系统微分方程的建立

2.2.1　线性系统的微分方程

线性系统的微分方程模型是描述系统动态特性最常见的一类数学模型，通过对微分方程模型的求解，可以得到系统在时间域中的输出表达式，能够直观地描述系统的性能。

应用机理分析建模法建立控制系统的微分方程模型的一般步骤如下。

1）分析系统的工作原理，将系统划分成若干个环节，确定系统和各环节输入、输出变量。

2）从系统的输入端入手，按照信号传递顺序，根据各环节输入、输出变量间所遵循的物理定律，在不影响系统分析准确性的条件下适当简化，依次列写各环节的动态方程，一般是微分方程(组)。

3）从以上各环节方程的联立方程组中，消去中间变量。

4）将输出量及其各阶导数写在等式左端，输入量及其各阶导数写在等式右端，按降阶排列，并将各项系数化为具有一定物理意义的形式，成为标准化的系统微分方程。

在控制系统的环节划分中，要满足环节的单向性(即环节的输出只与其输入为因果关系)，要求环节的输出不受后面连接环节的影响，即环节与环节间无负载效应；如果系统的组成元器件间存在负载效应，就需要将这些有负载效应的元器件组合作为一个环节。

下面举例说明用机理分析建模法建立控制系统微分方程模型的方法。

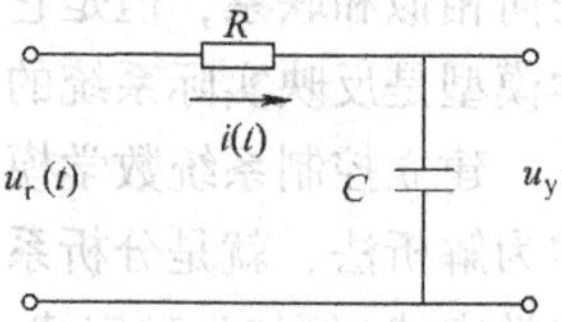

图 2-1　RC 无源网络

例 2-1　RC 无源网络如图 2-1 所示，其中 R 为电阻，C 为电容，试建立以 $u_r(t)$ 为输入，$u_y(t)$ 为输出的 RC 网络微分方程。

解：设中间变量为回路电流 $i(t)$，根据基尔霍夫定律可得如下方程组

$$\begin{cases} u_r(t) = Ri(t) + \dfrac{1}{C}\int i(t)\,\mathrm{d}t \\ u_y(t) = \dfrac{1}{C}\int i(t)\,\mathrm{d}t \end{cases}$$

消去中间变量 $i(t)$，有

$$RC\frac{\mathrm{d}u_y(t)}{\mathrm{d}t}+u_y(t)=u_r(t) \tag{2-1}$$

如果令 $RC=T$，则式(2-1)又可表示为

$$T\frac{\mathrm{d}u_y(t)}{\mathrm{d}t}+u_y(t)=u_r(t) \tag{2-2}$$

式中，T 为 RC 无源网络的时间常数，单位为秒(s)。可见描述图 2-1 所示 RC 无源网络动态特性的数学模型为一阶线性微分方程式。

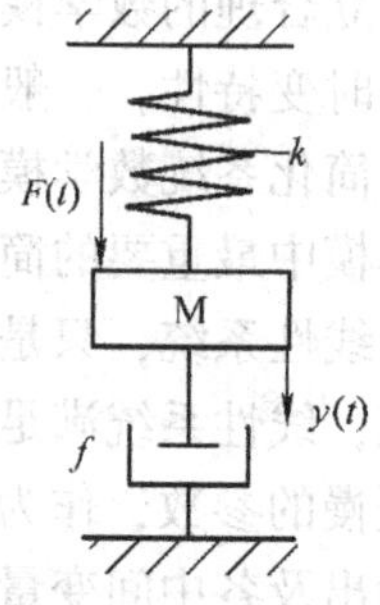

图 2-2　弹簧-质量-阻尼系统

例 2-2　弹簧-质量-阻尼系统如图 2-2 所示，其中 $F(t)$ 为外

作用力，m 为物体 M 的质量，k 为弹簧的弹性系数，f 是阻尼器的阻尼系数，$y(t)$ 为物体的位移，试建立以外作用力 $F(t)$ 为输入，物体 M 的位移 $y(t)$ 为输出的微分方程关系式。

解： 由系统结构可知，在外作用力 $F(t)$ 作用下，弹簧与阻尼器具有弹性阻力 $F_k(t)$ 和黏性摩擦阻力 $F_f(t)$，由牛顿第二定律有

$$F(t)+F_k(t)+F_f(t)=m\frac{d^2y(t)}{dt^2}$$

将弹簧产生的与外作用力方向相反、与位移成正比的弹力 $F_k(t)=-ky(t)$，以及阻尼器产生的与外作用力方向相反、与物体运动速度成正比的阻力 $F_f(t)=-f\mathrm{d}y(t)/\mathrm{d}t$ 代入上式，消去中间变量 $F_k(t)$、$F_f(t)$，整理可得二阶线性微分方程

$$m\frac{d^2y(t)}{dt^2}+f\frac{dy(t)}{dt}+ky(t)=F(t) \tag{2-3}$$

如果令 $T=\sqrt{m/k}$ 为时间常数，$\zeta=f/(2\sqrt{mk})$ 为阻尼比，$K=1/k$ 为放大系数，则可将式(2-3)标准化为

$$T^2\frac{d^2y(t)}{dt^2}+2\zeta T\frac{dy(t)}{dt}+y(t)=KF(t) \tag{2-4}$$

例 2-3　机械转动系统如图 2-3 所示，其中 $M_f(t)$ 为输入转矩，J 为转动物体的转动惯量，f 为摩擦系数，$\theta(t)$ 为转角，$\omega(t)$ 为角速度，求输入转矩 $M_f(t)$ 和输出转角 $\theta(t)$、输入转矩 $M_f(t)$ 和输出转速 $\omega(t)$ 的微分方程。

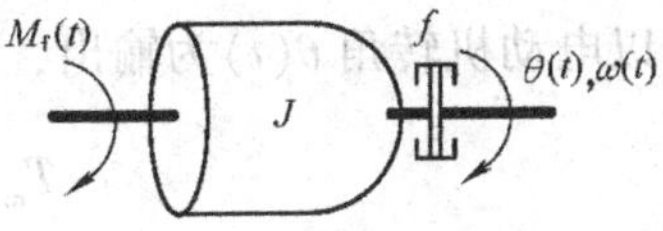

图 2-3　机械转动系统

解： 根据牛顿第二定律有

$$J\ddot{\theta}(t)+f\dot{\theta}(t)=M_f(t) \tag{2-5}$$

$$J\dot{\omega}(t)+f\omega(t)=M_f(t) \tag{2-6}$$

式中，$\dot{\omega}(t)=\mathrm{d}\omega(t)/\mathrm{d}t=\mathrm{d}^2\theta(t)/\mathrm{d}t^2$ 是角加速度。

例 2-4　电枢控制他励直流电动机如图 2-4 所示，试求以电枢电压 $u_a(t)$ 为输入，电动机转速 $\omega(t)$ 为输出的微分方程关系式。

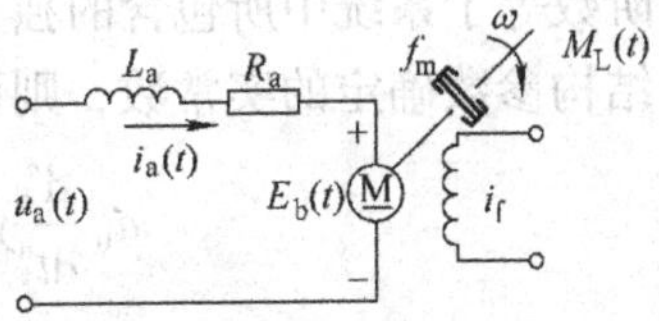

图 2-4　电枢控制他励直流电动机

解： 在图 2-4 中，L_a、R_a 为电动机的等效电枢电感和电枢电阻，$i_a(t)$ 为电枢电流，$E_b(t)$ 为电动机的反电动势，根据电动机的工作原理，由输入端入手，可依次列写微分方程组。由电枢回路电压平衡方程有

$$u_a(t)=R_ai_a(t)+L_a\frac{di_a(t)}{dt}+E_b(t) \tag{2-7}$$

电动机产生的反电动势与电动机转速成正比，方向与电枢电压相反，则可得到式(2-8)，其中 K_b 为反电动势系数

$$E_b(t)=K_b\omega(t) \tag{2-8}$$

电动机产生的转矩与电枢电流成正比，如式(2-9)所示，其中 C_m 为电动机的转矩系数

$$M_m(t)=C_mi_a(t) \tag{2-9}$$

电动机转矩将带动外部负载运动，可得转矩平衡方程式，其中 J_m 为电枢转动惯量，f_m 为电动

机轴上的黏性摩擦系数，$M_L(t)$为负载力矩

$$M_m(t)=J_m\frac{d\omega(t)}{dt}+f_m\omega(t)+M_L(t) \tag{2-10}$$

联立式(2-7)、式(2-8)、式(2-9)和式(2-10)，消去中间变量 $i_a(t)$、$E_b(t)$和 $M_m(t)$，得到下面以电枢电压 $u_a(t)$为输入，电动机转速 $\omega(t)$为输出的微分方程关系式

$$L_aJ_m\frac{d^2\omega(t)}{dt^2}+(L_af_m+R_aJ_m)\frac{d\omega(t)}{dt}+(R_af_m+K_bC_m)\omega(t)=C_mu_a(t)-L_a\frac{dM_L(t)}{dt}-R_aM_L(t) \tag{2-11}$$

由于工程实际应用中电动机的电枢电路电感 L_a 较小，通常可忽略不计，并不会影响微分方程对电动机的正确描述，所以上式可降阶简化为一阶微分方程

$$R_aJ_m\frac{d\omega(t)}{dt}+(R_af_m+K_bC_m)\omega(t)=C_mu_a(t)-R_aM_L(t) \tag{2-12}$$

令 $T_m=R_aJ_m/(R_af_m+K_bC_m)$为电动机的机电时间常数，$K_m=C_m/(K_bC_m+R_af_m)$为电动机的电压转速传递系数，$K_L=R_a/(R_af_m+K_bC_m)$为电动机的力矩转速传递系数，则直流电动机的微分方程可以进一步简化为

$$T_m\frac{d\omega(t)}{dt}+\omega(t)=K_mu_a(t)-K_LM_L(t) \tag{2-13}$$

若以电动机转角 $\theta(t)$为输出，则微分方程关系式为

$$T_m\frac{d^2\theta(t)}{dt^2}+\frac{d\theta(t)}{dt}=K_mu_a(t)-K_LM_L(t) \tag{2-14}$$

可见，对于同一系统，选取不同的输出变量，则建立的数学模型表达式也不一样，同样，若输入量是不同的物理量，建立的数学模型表达式也是不一样的，所以在建立控制系统的微分方程关系式时，首先要明确需要关注的输入、输出量。

以上几个不同物理特性的系统，均采用机理分析建模法建立其输入输出之间的数学模型，可见系统的数学模型由其结构、参数及基本运动规律决定。一般情况下，系统微分方程的阶数等于系统中所包含的独立储能元件的个数，微分方程的各项系数则是由系统组成元器件结构参数确定的实常数，则可用如下微分方程式描述控制系统输入输出关系

$$\begin{aligned}&a_0\frac{d^n}{dt^n}y(t)+a_1\frac{d^{n-1}}{dt^{n-1}}y(t)+\cdots+a_{n-1}\frac{d}{dt}y(t)+a_ny(t)\\&=b_0\frac{d^m}{dt^m}r(t)+b_1\frac{d^{m-1}}{dt^{m-1}}r(t)+\cdots+b_{m-1}\frac{d}{dt}r(t)+b_mr(t)\end{aligned} \tag{2-15}$$

2.2.2 非线性微分方程的线性化

如果控制系统输入输出之间的关系是由式(2-15)所示的线性常系数微分方程所描述的，则这个系统称为线性定常系统。线性定常系统能应用经典控制论中最成熟的理论进行系统分析和设计。一个由线性元件组成的系统必然是线性系统，线性系统满足叠加原理，叠加原理为系统的分析和研究带来了极大的方便。

由于构成控制系统的元器件都有不同程度的非线性特性，严格地说，几乎所有的实际物理系统都是非线性的。描述非线性系统的非线性微分方程没有一种完整、成熟、统一的解法，不能应用叠加原理。为了分析方便，需要对系统组成元器件的非线性作适当的处理。对

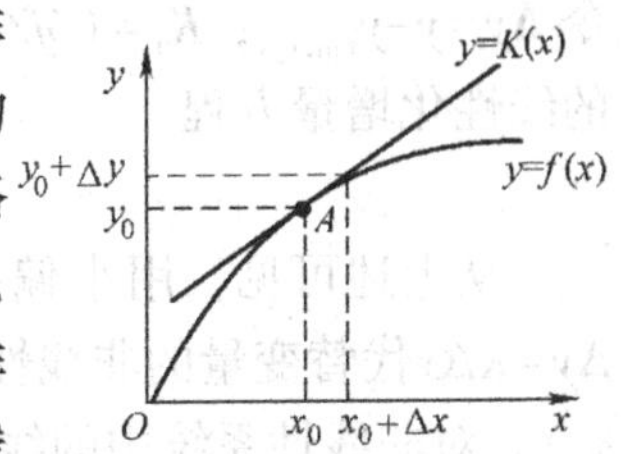

图 2-5　小偏差法线性化

非线性进行处理最简便的方法就是直接忽略。当物理元器件的非线性特性对系统影响很小，就可以忽略其非线性影响，将这些物理元器件看成是线性元件。但是，很多情况下，是难以判断要忽略的非线性部分是否会对系统分析产生影响，所以在这种情况下，对非线性处理更好的方法是采用小偏差法(或者叫切线法)对其非线性数学模型进行线性化。这种方法适合于具有连续变化的非线性特性，在一个很小的范围里，将非线性特性用一段直线的线性特性来表示。对于如图 2-5 所示的连续变化的非线性特性，设其非线性特性函数为 $y=f(x)$，如果系统只工作在其平衡状态附近，即当系统受到扰动后，系统的输出只在平衡点状态附近变化，则可将非线性特性函数 $y=f(x)$ 在其相应的工作点 $A(x_0, y_0)$ 附近用泰勒级数展开，即将 $y=f(x)$ 展开为

$$y=f(x)=f(x_0)+\left.\frac{\mathrm{d}f}{\mathrm{d}x}\right|_{x_0}(x-x_0)+\frac{1}{2!}\left.\frac{\mathrm{d}^2f}{\mathrm{d}x^2}\right|_{x_0}(x-x_0)^2+\cdots \tag{2-16}$$

当增量(即"偏差")$\Delta x=(x-x_0)$ 很小时，即在"小偏差"条件下，将泰勒级数展开式中的高次幂项略去，只保留一次幂项

$$y=f(x)=f(x_0)+\left.\frac{\mathrm{d}f}{\mathrm{d}x}\right|_{x_0}(x-x_0)$$

即

$$y-y_0=f(x)-f(x_0)=\left.\frac{\mathrm{d}f}{\mathrm{d}x}\right|_{x_0}(x-x_0) \tag{2-17}$$

记系数 $K=[\mathrm{d}f/\mathrm{d}x]|_{x_0}$，即曲线在 A 点的斜率，则有

$$\Delta y=K\Delta x \tag{2-18}$$

式(2-18)即为非线性特性函数 $y=f(x)$ 在工作点 A 附近由变量增量 Δx、Δy 表示的线性化方程。

如果非线性特性函数有两个自变量，也可以用小偏差法对其进行线性化处理。设非线性特性函数为 $y=f(x_1,x_2)$，在其工作平衡点 $A(x_{10},x_{20})$ 附近用泰勒级数展开时，应分别求 y 对 x_1、x_2 的偏导数

$$\begin{aligned}y=f(x_1,x_2)=&f(x_{10},x_{20})+\left[\left.\left(\frac{\partial f}{\partial x_1}\right)\right|_{x_{10},x_{20}}(x_1-x_{10})+\left.\left(\frac{\partial f}{\partial x_2}\right)\right|_{x_{10},x_{20}}(x_2-x_{20})\right]+\\&\frac{1}{2!}\left[\left.\left(\frac{\partial^2 f}{\partial x_1^2}\right)\right|_{x_{10},x_{20}}(x_1-x_{10})^2+2\left.\left(\frac{\partial^2 f}{\partial x_1\partial x_2}\right)\right|_{x_{10},x_{20}}(x_1-x_{10})(x_2-x_{20})+\right.\\&\left.\left.\left(\frac{\partial^2 f}{\partial x_2^2}\right)\right|_{x_{10},x_{20}}(x_2-x_{20})2\right]+\cdots\end{aligned} \tag{2-19}$$

同样，当增量 $\Delta x_1=(x_1-x_{10})$ 和 $\Delta x_2=(x_2-x_{20})$ 很小时，将泰勒级数展开式中的高次幂项可以略去，只保留一次幂项

$$y=f(x_1,x_2)=f(x_{10},x_{20})+\left.\left(\frac{\partial f}{\partial x_1}\right)\right|_{x_{10},x_{20}}(x_1-x_{10})+\left.\left(\frac{\partial f}{\partial x_2}\right)\right|_{x_{10},x_{20}}(x_2-x_{20})$$

即

$$\begin{aligned}y-y_{x_{10},x_{20}}&=f(x_1,x_2)-f(x_{10},x_{20})\\&=\left.\left(\frac{\partial f}{\partial x_1}\right)\right|_{x_{10},x_{20}}(x_1-x_{10})+\left.\left(\frac{\partial f}{\partial x_2}\right)\right|_{x_{10},x_{20}}(x_2-x_{20})\end{aligned} \tag{2-20}$$

令 $\Delta y=y-y_{x_{10},x_{20}}$，$K_1=(\partial f/\partial x_1)\big|_{x_{10},x_{20}}$，$K_2=(\partial f/\partial x_2)\big|_{x_{10},x_{20}}$，则可得到两变量非线性特性函数的线性化增量方程

$$\Delta y=K_1\Delta x_1+K_2\Delta x_2 \tag{2-21}$$

从上述可见，用小偏差法对非线性方程线性化处理的结果是用变量增量的线性方程 $\Delta y=K\Delta x$ 代替变量的非线性函数 $y=f(x)$，或用 $\Delta y=K_1\Delta x_1+K_2\Delta x_2$ 代替非线性函数 $y=f(x_1, x_2)$。对非线性系统中的线性元件，其变量增量方程与变量方程形式完全相同，各变量加上 Δ 即可，建立系统微分方程过程中的“消去中间变量”这一步骤实际就是对系统各组成环节的增量方程组消元，最后得到系统的线性化增量方程。为简化起见，常略去各变量的增量符号 Δ，即得到直接由变量表示的线性化的常系数微分方程式，即式(2-15)，关于这点在此说明后，下面不再一一解释。

在求取线性化增量方程时应注意，线性化是相对于某一工作点的，工作点不同，所得到的线性化方程的系数 K 值也不同。显然，变量的偏差 Δx 越小，线性化的近似程度越高。

事实证明，小偏差法在实际的大多数控制系统中是可行的。自动控制系统在正常情况下所处的平衡状态对应于被控制量与其期望值保持一致的状态，此时被控对象运行在预期状态，控制系统不需动作。一旦给定输入改变或受到干扰后，被控制量偏离期望值，产生偏差，控制系统就要进行控制，即根据偏差产生控制作用去消除偏差或减小偏差到允许范围内。所以，控制系统中被控制量与期望值不会有很大的偏差，只是“小偏差”。在建立控制系统的数学模型时，通常都是以被控制量与其期望值保持一致的平衡状态作为研究的起始状态，只研究相对于平衡点系统输入量、输出量的运动特性，这正是增量线性化方程描述的系统特性，因此用小偏差法对系统中的非线性特性函数进行线性化是符合系统实际的。所以将此类具有连续变化特性、可以用“小偏差法”进行线性化的非线性特性称为非本质非线性特性，例如图 2-6a 所示。反之则称为本质非线性特性，如图 2-6b~2-6d 所示的非线性特性或其组合。

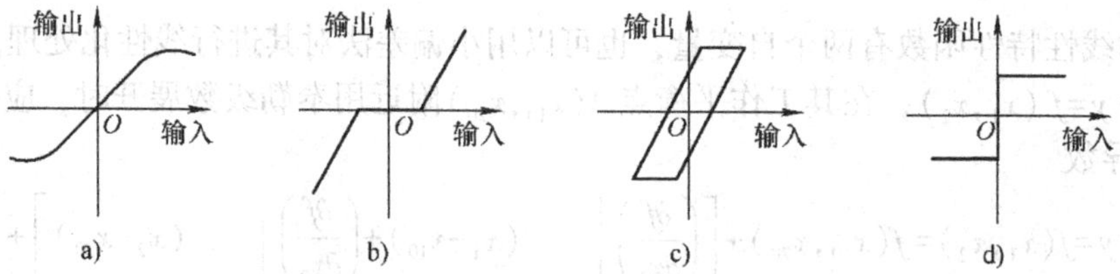

图 2-6　非本质非线性特性和本质非线性特性

a) 非本质非线性特性　b) 死区特性　c) 间隙特性　d) 继电器特性

对于一些非线性特性严重、具有本质非线性特性的物理元器件或系统，不能够用小偏差法进行线性化处理，需要采用非线性系统的研究方法。

例 2-5　图 2-7 所示水箱，输入量为流入量 $Q_1(t)$，输出量为水箱水位 $h(t)$，写出水箱的动态方程式，其中水箱截面积为 A。

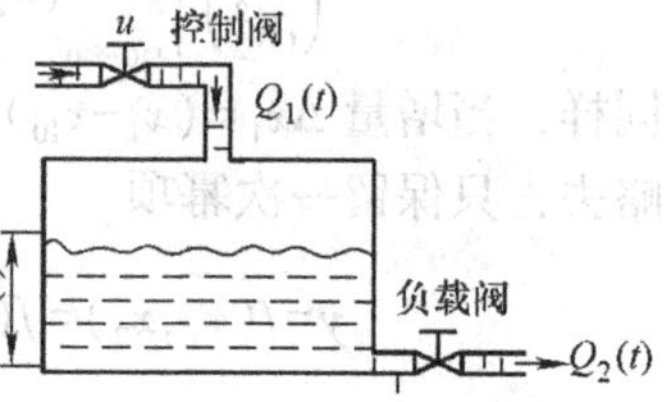

图 2-7　单容水箱

解：分析水箱工作状态可知，若流入量 $Q_1(t)$ 与流出量 $Q_2(t)$ 不相等，则会引起蓄水量变化

$$A\frac{\mathrm{d}h(t)}{\mathrm{d}t}=Q_1(t)-Q_2(t) \tag{2-22}$$

流出量 $Q_2(t)$ 是水位 $h(t)$ 的非线性函数

$$Q_2(t)=\alpha\sqrt{h(t)} \tag{2-23}$$

式中，α 为常数，取决于流出管路的阻力，若将式(2-23)代入式(2-22)则可得所求的动态方程式为

$$A\frac{\mathrm{d}}{\mathrm{d}t}h(t)+\alpha\sqrt{h(t)}=Q_1(t) \tag{2-24}$$

这是一个非线性方程，是由于式(2-23)的非线性关系引起的。式(2-23)的非线性关系可以采用小偏差法进行线性化。

设水箱的稳定工作点为 $A(Q_{20},h_0)$，则根据式(2-18)可对式(2-23)进行线性化

$$Q_2(t)-Q_{20}(t)\bigg|_{\substack{Q_2=Q_{20}\\h=h_0}}=Q_2(t)-\alpha\sqrt{h_0}=\frac{\mathrm{d}Q_2}{\mathrm{d}h}\bigg|_{\substack{Q_2=Q_{20}\\h=h_0}}(h-h_0)+\cdots \tag{2-25}$$

即

$$\Delta Q_2(t)=\frac{1}{R}\Delta h(t) \tag{2-26}$$

式中，$R=2Q_{20}/\alpha^2=2\sqrt{h_0}/\alpha$，是水箱在 $h=h_0$，$Q_2=Q_{20}$ 时水流管路的阻力系数，称为液阻。将式(2-22)也改写为增量形式，即

$$A\frac{\mathrm{d}}{\mathrm{d}t}\Delta h(t)=\Delta Q_1(t)-\Delta Q_2(t) \tag{2-27}$$

由式(2-26)代入式(2-27)，消去中间变量 $\Delta Q_2(t)$，就得到

$$AR\frac{\mathrm{d}}{\mathrm{d}t}\Delta h(t)+\Delta h(t)=R\Delta Q_1(t) \tag{2-28}$$

式(2-28)就是将式(2-24)线性化后得到的增量形式的一阶常系数线性微分方程。为了表达简便，常常省略增量符号“Δ”，写为变量形式的线性化一阶微分方程

$$AR\frac{\mathrm{d}}{\mathrm{d}t}h(t)+h(t)=RQ_1(t) \tag{2-29}$$

同样上式可写为标准化形式

$$T\frac{\mathrm{d}}{\mathrm{d}t}h(t)+h(t)=KQ_1(t) \tag{2-30}$$

式中，时间常数 $T=AR$；放大系数 $K=R$。

2.3 线性系统的传递函数

控制系统的微分方程模型是分析系统最直观的一类数学模型，因为它是在时间域中描述系统动态性能的数学模型，可以在已知系统的输入和初始状态的条件下，通过对微分方程求解，得到系统的时域输出响应。在控制理论发展的初期，由于计算工具和手段的限制，当系统的结构或参数发生变化时，就必须重新建立微分方程模型，并且当微分方程模型较复杂、阶数较高时，难以通过对微分方程求解而得到系统的时域输出响应，也就无法实现对系统的分析和研究，这些问题严重地制约了控制理论的发展。当人们应用拉普拉斯变换求解阶次较

高的微分方程时，发现可以将拉普拉斯变换应用于控制理论，从而引出了复数域数学模型，一个新的数学模型——传递函数模型。传递函数模型的产生极大地推动了控制理论的发展，成为经典控制理论中最重要和最基础的分析、研究工具。

工程上通常应用拉普拉斯变换将微分方程变换为 s 域的代数方程，就得到了控制系统的传递函数。传递函数不仅简化了系统微分方程的求解，并且由于传递函数可以反映系统结构、参数变化对系统动态性能的影响规律，所以当系统的结构或某个参数发生变化时，不须重新建立数学模型，极大地满足了控制系统分析、设计的要求。

2.3.1 传递函数

线性定常系统的传递函数，定义为零初始条件下，系统输出量的拉普拉斯变换与输入量的拉普拉斯变换的比，即 $G(s)=Y(s)/R(s)$。

设线性定常系统可由式(2-15)所示的 n 阶微分方程模型描述，即

$$a_0\frac{\mathrm{d}^n}{\mathrm{d}t^n}y(t)+a_1\frac{\mathrm{d}^{n-1}}{\mathrm{d}t^{n-1}}y(t)+\cdots+a_{n-1}\frac{\mathrm{d}}{\mathrm{d}t}y(t)+a_ny(t)$$

$$=b_0\frac{\mathrm{d}^m}{\mathrm{d}t^m}r(t)+b_1\frac{\mathrm{d}^{m-1}}{\mathrm{d}t^{m-1}}r(t)+\cdots+b_{m-1}\frac{\mathrm{d}}{\mathrm{d}t}r(t)+b_mr(t)$$

式中，$y(t)$是系统的输出量；$r(t)$是系统的输入量；$a_i(i=0,1,2,\cdots,n)$和 $b_j(j=0,1,2,\cdots,m)$是表征系统结构和参数的常系数。在 $y(t)$、$r(t)$及其各阶导数的初始值($t=0$ 时刻)都为零的前提条件下(即零初始条件)，对上式等号两边进行拉普拉斯变换，得到

$$(a_0s^n+a_1s^{n-1}+\cdots+a_{n-1}s+a_n)Y(s)=(b_0s^m+b_1s^{m-1}+\cdots+b_{m-1}s+b_m)R(s) \tag{2-31}$$

由输出量的拉普拉斯变换 $Y(s)$比输入量的拉普拉斯变换 $R(s)$，就得到式(2-15)表达的线性定常系统的传递函数

$$G(s)=\frac{Y(s)}{R(s)}=\frac{b_0s^m+b_1s^{m-1}+\cdots+b_{m-1}s+b_m}{a_0s^n+a_1s^{n-1}+\cdots+a_{n-1}s+a_n} \tag{2-32}$$

传递函数与输入、输出之间的关系可用图 2-8 的框图表示。

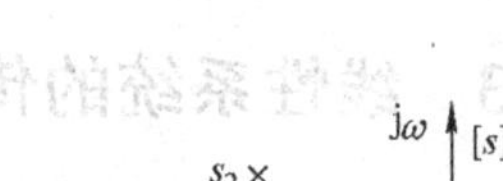

图 2-8 传递函数框图

常用的控制系统传递函数的表示形式主要有三种，第一种是传递函数的多项式之比表示形式，如式(2-32)所示。第二种是传递函数的零、极点表示形式，对传递函数的分子、分母多项式因式分解为一次因子连乘积，就可得到传递函数的零、极点表示形式

$$G(s)=\frac{Y(s)}{R(s)}=\frac{K^*(s-z_1)(s-z_2)\cdots(s-z_m)}{(s-s_1)(s-s_2)\cdots(s-s_n)} \tag{2-33}$$

式中，$z_j(j=1,2,\cdots,m)$称为传递函数的零点；$s_i(i=1,2,\cdots,n)$称为传递函数的极点。显然系统传递函数的零点和极点完全取决于各项系数 a_i、b_j，零点和极点可能是实数，也可能是共轭复数，系数 $K^*=b_0/a_0$ 称为传递系数。将传递函数的零点与极点标示在 s 复平面上，则得到系统传递函数的零点、极点分布图，如图 2-9 所示，其中零点用"o"表示，极点用"×"表示，如果系统传递函数的分子、分母中各项系数 a_i、b_j 已知，则传递函数表达式与其零点、极点分布图是唯一对应的。

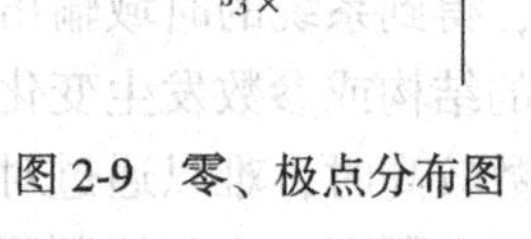

图 2-9 零、极点分布图

对传递函数的分子、分母多项式因式分解也可写为“时间常数型”，就得到传递函数的第三种表示形式

$$G(s)=\frac{Y(s)}{R(s)}=\frac{K\prod_{j=1}^{m}(T_j s+1)}{\prod_{i=1}^{n}(T_i s+1)} \tag{2-34}$$

式中，T_j、T_i 称为时间常数；$K=b_m/a_n$ 称为放大系数或增益。

2.3.2　传递函数的性质

1）传递函数是线性定常系统的微分方程通过拉普拉斯变换得到的，所以传递函数的概念只能应用于线性定常系统的分析和研究。系统传递函数与系统微分方程是唯一对应的。

2）传递函数只取决于系统的结构和参数，与系统的输入形式和大小无关，并且不反映系统的物理结构。

3）传递函数是复变量 s 的有理真分式，由于实际控制系统都是由各种物理元器件组成，这其中大部分都是惯性元件和储能元件，且能量有限，所以传递函数分子的阶次总是小于或等于分母的阶次，即 $m\leqslant n$，分子、分母各项系数 a_i、b_j 取决于系统结构参数，均为实常数。

4）传递函数是在零初始条件下得到的，即系统在 $t\geqslant 0$ 时刻，输入信号才作用于控制系统，在 $t=0^-$ 时刻，系统的输入量、输出量及其各阶导数均为零。已知系统的传递函数，可以求得系统的微分方程。如果给定了输入和初始条件，可以求得系统的全响应。

5）传递函数是系统或环节的一个输入量与一个输出量之间的关系，如果系统有多个输入量，不可能用一个传递函数来表示系统各输入量与输出量之间的关系。即传递函数与输入量的形式、大小无关，但是与输入量的作用点有关，应分别求取每个输入量与系统输出量的传递函数。若系统是多输入、多输出的，则需由传递函数矩阵描述。

6）传递函数的拉普拉斯反变换是系统的单位脉冲响应函数。设系统的传递函数为 $G(s)$，输入信号为单位脉冲 $\delta(t)$，其拉普拉斯变换为 1，则系统的输出即单位脉冲响应 $k(t)$ 为

$$k(t)=L^{-1}[G(s)\cdot 1]=L^{-1}[G(s)] \tag{2-35}$$

2.3.3　传递函数的求法

1. 传递函数的建立

传递函数是通过拉普拉斯变换由微分方程模型得到的，建立传递函数的一般步骤为：

1）确定系统和各组成环节的输入、输出变量，根据遵循的工作原理，列写各环节动态微分方程(组)。

2）在零初始条件下对各微分方程进行拉普拉斯变换，得到环节在 s 域的拉普拉斯变换方程组。

3）消去中间变量，得到关于系统输入、输出变量之间关系的 s 域代数方程。

4）根据传递函数的定义，由输出量的拉普拉斯变换与输入量的拉普拉斯变换相比，就得到系统的传递函数。

如果已经建立了系统的微分方程，则可在零初始条件下对微分方程进行拉普拉斯变换，按定义得到其传递函数。

例 2-6　试求例 2-1 中 RC 无源网络的传递函数 $U_y(s)/U_r(s)$。

解：由例 2-1 中可知 RC 无源网络的微分方程为

$$T\frac{\mathrm{d}u_y(t)}{\mathrm{d}t}+u_y(t)=u_r(t)$$

在零初始条件下，对上述微分方程进行拉普拉斯变换，得到

$$(Ts+1)U_y(s)=U_r(s)$$

其中输入的拉普拉斯变换为 $U_r(s)=L[u_r(t)]$，输出的拉普拉斯变换为 $U_y(s)=L[u_y(t)]$，由传递函数的定义，就得到 RC 无源网络的传递函数为

$$\frac{U_y(s)}{U_r(s)}=\frac{1}{Ts+1} \tag{2-36}$$

例 2-7　试求例 2-2 中弹簧-质量-阻尼系统的传递函数 $Y(s)/F(s)$。

解：由例 2-2 中可知弹簧-质量-阻尼系统的微分方程为

$$m\frac{\mathrm{d}^2y(t)}{\mathrm{d}t^2}+f\frac{\mathrm{d}y(t)}{\mathrm{d}t}+ky(t)=F(t)$$

在零初始条件下，对上述微分方程进行拉普拉斯变换，得到

$$(ms^2+fs+k)Y(s)=F(s)$$

其中，输入的拉普拉斯变换为 $Y(s)=L[y(t)]$，输出的拉普拉斯变换为 $F(s)=L[F(t)]$，由传递函数的定义，就得到系统的传递函数为

$$G(s)=\frac{Y(s)}{F(s)}=\frac{1}{ms^2+fs+k} \tag{2-37}$$

同样可得例 2-3 机械转动系统的传递函数为

$$\frac{\Omega(s)}{M_f(s)}=\frac{1}{Js+f} \tag{2-38}$$

$$\frac{\Theta(s)}{M_f(s)}=\frac{1}{Js^2+fs} \tag{2-39}$$

例 2-8　试求例 2-4 电枢控制他励直流电动机的传递函数。

解：在例 2-4 中已求得电枢控制他励直流电动机简化后的微分方程式(2-13)为

$$T_m\frac{\mathrm{d}\omega(t)}{\mathrm{d}t}+\omega(t)=K_m u_a(t)-K_L M_L(t)$$

式中，$u_a(t)$是电动机电枢电压；$M_L(t)$为负载干扰转矩。电动机有两个作用在不同位置上的输入量，一个是加在电枢电路输入端的电枢电压 $u_a(t)$，另外一个是作用在电动机转轴上的负载干扰转矩 $M_L(t)$，它们对输出转速 $\omega(t)$影响的信号通道不一样。一个传递函数只表示一个输入与一个输出的关系，需要分别求出电枢电压 $u_a(t)$到输出转速 $\omega(t)$的传递函数和负载干扰转矩 $M_L(t)$到输出转速 $\omega(t)$的传递函数。

首先，在零初始条件下，对上式进行拉普拉斯变换，得到以 s 为变量的拉普拉斯变换方程

$$T_m s\Omega(s)+\Omega(s)=K_m U_a(s)-K_L M_L(s) \tag{2-40}$$

然后，分别求取 $U_a(s)$到 $\Omega(s)$和 $M_L(s)$到 $\Omega(s)$的传递函数。令式(2-40)中 $M_L(s)=0$，可得 $U_a(s)$到 $\Omega(s)$的传递函数

$$G(s)=\frac{\Omega(s)}{U_a(s)}=\frac{K_m}{T_m s+1} \tag{2-41}$$

令式(2-40)中 $U_a(s)=0$，可得 $M_L(s)$ 到 $\Omega(s)$ 的传递函数

$$G_L(s)=\frac{\Omega(s)}{M_L(s)}=-\frac{K_L}{T_m s+1} \tag{2-42}$$

因为 $d\theta(t)/dt=\omega(t)$，可得到 $U_a(s)$ 到 $\Theta(s)$、$M_L(s)$ 到 $\Theta(s)$ 的传递函数分别为

$$G(s)=\frac{\Theta(s)}{U_a(s)}=\frac{K_m}{s(T_m s+1)} \tag{2-43}$$

$$G_L(s)=\frac{\Theta(s)}{M_L(s)}=-\frac{K_L}{s(T_m s+1)} \tag{2-44}$$

2. 由复阻抗求电路的传递函数

无源网络和运算放大器常用作控制系统的校正装置，可以利用电路复阻抗概念，方便地求得它们的传递函数。

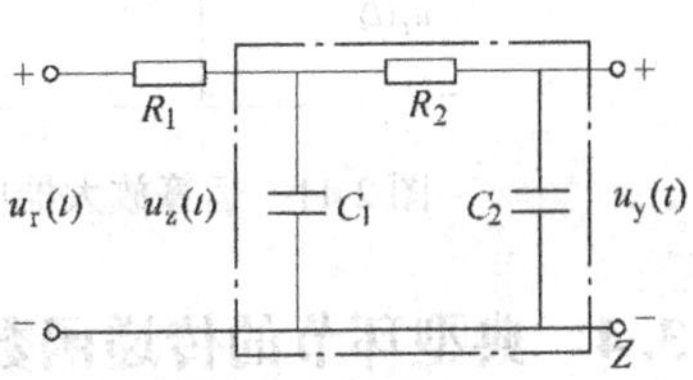

图 2-10　RC 无源网络

例 2-9　求图 2-10 所示 RC 无源网络的传递函数 $U_y(s)/U_r(s)$。

解： 在电路相关知识的学习中可知，电阻 R 的复阻抗为 R，电容 C 的复阻抗为 $1/Cs$，电感 L 的复阻抗为 Ls。对于无源网络，可以按照复阻抗的概念进行传递函数的求取。设由 C_1、C_2 和 R_2 串并联后的复阻抗为 Z，Z 两端的电压为 $U_z(s)$，则

$$Z=\frac{\left(R_2+\dfrac{1}{C_2 s}\right)\dfrac{1}{C_1 s}}{R_2+\dfrac{1}{C_2 s}+\dfrac{1}{C_1 s}}=\frac{R_2C_2s+1}{R_2C_1C_2s^2+(C_1+C_2)s} \tag{2-45}$$

由复阻抗分析法有

$$U_z(s)=\frac{Z}{R_1+Z}U_r(s) \tag{2-46}$$

将式(2-45)代入式(2-46)，有

$$U_z(s)=\frac{R_2C_2s+1}{R_1R_2C_1C_2s^2+(R_1C_1+R_2C_2+R_1C_2)s+1}U_r(s) \tag{2-47}$$

无源网络的输出电压为

$$U_y(s)=\frac{1/C_2s}{R_2+1/C_2s}U_z(s) \tag{2-48}$$

联立式(2-47)和式(2-48)，RC 无源网络的传递函数为

$$\frac{U_y(s)}{U_r(s)}=\frac{1}{R_1R_2C_1C_2s^2+(R_1C_1+R_2C_2+R_1C_2)s+1} \tag{2-49}$$

例 2-10　求图 2-11 和图 2-12 所示运算放大器的传递函数 $U_y(s)/U_r(s)$。

解： 在控制系统中，经常使用由集成运算放大器组成的放大器和控制器，典型的运放电路如图 2-11 所示，根据电子技术知识，可知 A 点是虚地点（$U_A(s)\approx 0$），所以有 $I_1(s)=-I_2(s)$，即 $U_r(s)/Z_1=-U_y(s)/Z_2(s)$，$Z_1$、$Z_2$ 分别为运算放大器的输入电路复阻抗、反馈电

路复阻抗，由此可得电路的传递函数

$$G(s)=\frac{U_y(s)}{U_r(s)}=-\frac{Z_2}{Z_1} \tag{2-50}$$

在图 2-12 所示的运算放大器中，由式(2-50)可得

$$\frac{U_y(s)}{U_r(s)}=-\frac{R_2}{R_1} \tag{2-51}$$

这是一个比例放大器，常用做控制器，称为比例控制器。

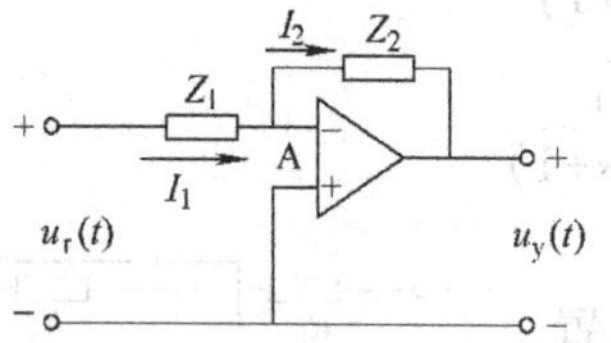

图 2-11 运算放大器电路

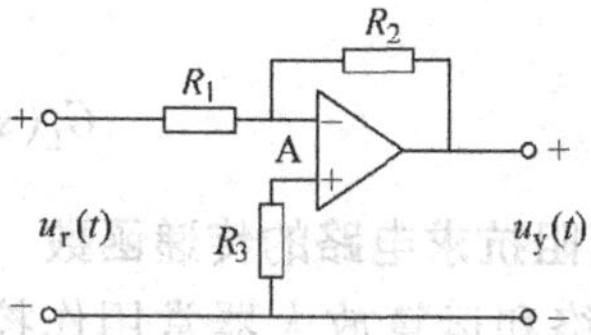

图 2-12 比例放大器电路

2.3.4 典型环节的传递函数

数学模型是研究控制系统动态特性的基础和重要手段，控制系统都是由各种各样、不同种类的元件和装置构成，在建立数学模型的过程中，可以发现很多不同实际结构、物理过程的元器件和装置具有相同的微分方程、传递函数形式，这是因为它们具有相同形式的动态特性。控制系统中常见的元件和装置依照动态特性或者数学模型来分类，不管元件或者装置是机械的、电气的、液压的、电子的或者光学的等其他形式，只要它们的数学模型形式一样，就认为它们是同一种典型环节。从动态特性来看，自动控制系统、被控对象和控制装置都可看成是由下列为数不多的几种典型环节按不同的连接方式组合而成的。这里所说的“连接”，是指信号的传递关系，而不是具体结构上的联系。

应该指出，由于典型环节是按照数学模型的共性来划分的，它与具体元器件不一定都是一一对应的。逐个研究和掌握典型环节的特性，就不难进一步研究整个系统的特性。

1. 比例环节

比例环节是控制系统中最基本、最常见的一类典型环节，其动态方程为代数方程

$$y(t)=Kr(t) \tag{2-52}$$

式中，$r(t)$为比例环节的输入信号；$y(t)$为比例环节的输出信号；K为常数，称为放大系数或增益，则比例环节的传递函数为

$$G(s)=\frac{Y(s)}{R(s)}=K \tag{2-53}$$

从比例环节的数学模型可以看到，它的输出是以 K 倍幅值对输入信号进行无延迟、无失真的复现。如果输入信号为式(2-54)所描述的阶跃信号

$$r(t)=\begin{cases}0 & t<0\\ R\cdot 1(t) & t\geqslant 0\end{cases} \tag{2-54}$$

则比例环节的输出如图 2-13b 所示，可以看到，输出信号和输入信号的波形相同，且没有延迟。在实际的控制系统

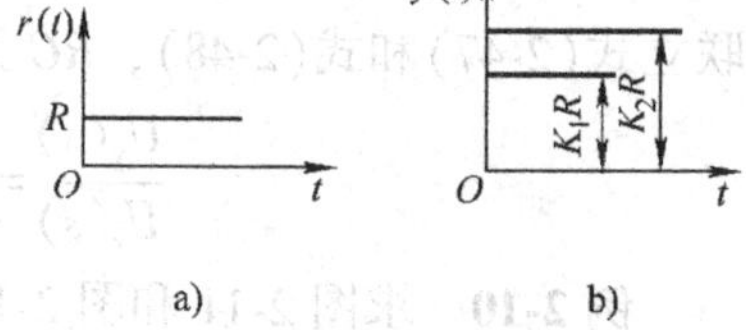

图 2-13 比例环节阶跃响应曲线

a) 阶跃信号 b) 阶跃响应

中，很多元件和设备在理想化条件下都具有比例环节特性，如电位器、输入信号为转速的测速发电机、杠杆以及图 2-12 所示的比例放大器等。

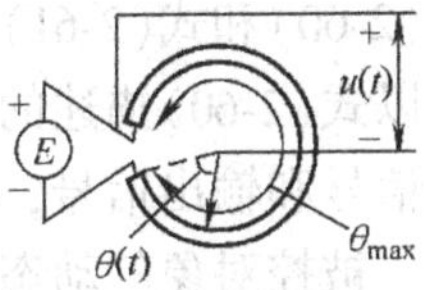

图 2-14　电位器

例 2-11　试求图 2-14 所示电位器的传递函数。

解：图 2-14 所示电位器是一个将角位移或线位移转换成电压信号的装置，在空载时，电位器的角位移与输出电压的关系为

$$u(t)=\frac{E}{\theta_{\max}}\theta(t)=K\theta(t) \tag{2-55}$$

式中，E 是电源电压；$\theta_{\max}$ 是电位器最大工作角度；$K=E/\theta_{\max}$ 是电位器传递系数。对式(2-55)进行拉普拉斯变换，得到电位器的传递函数为

$$G(s)=\frac{U(s)}{\Theta(s)}=\frac{E}{\theta_{\max}}=K \tag{2-56}$$

可见电位器是典型的比例环节。

例 2-12　试求图 2-15 所示误差检测器的传递函数。

解：由一对相同的电位器，可以组成一个误差检测器，如图 2-15 所示，误差检测器的输出电压为

$$u(t)=K\theta_1(t)-K\theta_2(t)=K[\theta_1(t)-\theta_2(t)]=K\Delta\theta(t) \tag{2-57}$$

式中，K 为电位器的传递系数；$\Delta\theta(t)$是两个电位器电刷滑臂角位移之差，称为误差角。如果以误差角为输入信号，误差检测器的输出电压 $u(t)$ 为输出信号，则由式(2-57)可得误差检测器的传递函数为

$$G(s)=\frac{U(s)}{\Delta\Theta(s)}=K \tag{2-58}$$

例 2-13　试求图 2-16 所示直流测速发电机的传递函数。

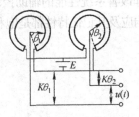

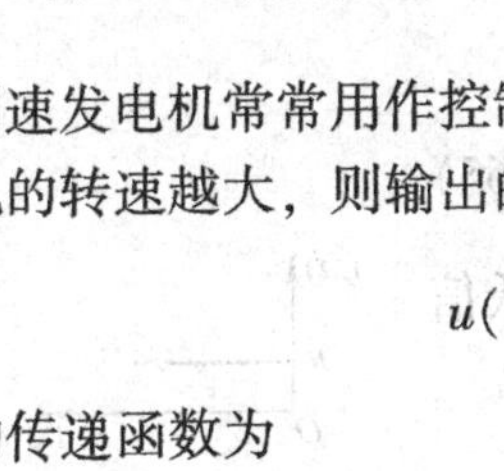

图 2-15　误差检测器

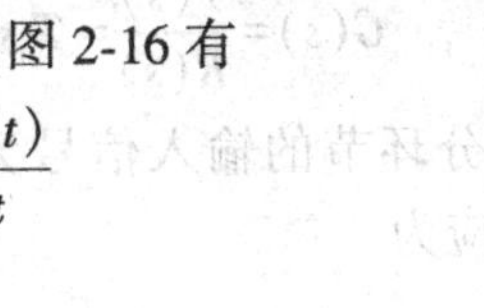

图 2-16　直流测速发电机

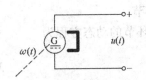

解：直流测速发电机常常用作控制系统的反馈部件，它是将角速度转换为电压信号的装置，测速发电机的转速越大，则输出的电压就越大，由图 2-16 有

$$u(t)=K\omega(t)=K\frac{\mathrm{d}\theta(t)}{\mathrm{d}t} \tag{2-59}$$

则测速发电机的传递函数为

$$G(s)=\frac{U(s)}{\Omega(s)}=K \tag{2-60}$$

$$G(s)=\frac{U(s)}{\Theta(s)}=Ks \tag{2-61}$$

式(2-60)和式(2-61)是分别以发电机转速和转角为输入量的直流测速发电机的传递函数，显然以式(2-60)描述的测速发电机才是一个比例环节。可见，对于同一个部件，关注不同的输入信号和输出信号，因其数学模型是不一样的，要划归为不同类型的典型环节。

被控对象的动态特性不可能只用比例环节描述，但希望执行机构、检测装置都具有比例环节的动态特性，具有比例环节动态特性的比例控制器是最基本、最简单的控制器。

2. 积分环节

当输出信号与输入信号的积分成正比时，称其为积分环节。设 $r(t)$ 为输入，$y(t)$ 为输出，则积分环节的动态方程为

$$y(t)=\frac{1}{T}\int r(t)\,\mathrm{d}t=K\int r(t)\,\mathrm{d}t \tag{2-62}$$

式中，T 称为积分时间常数；$K=\frac{1}{T}$称为积分速度或积分系数。积分环节的传递函数为

$$G(s)=\frac{Y(s)}{R(s)}=\frac{1}{Ts}=\frac{K}{s} \tag{2-63}$$

积分环节的阶跃响应为

$$y(t)=\frac{1}{T}\int R\cdot 1(t)\,\mathrm{d}t=\frac{R}{T}t$$

如图 2-17b 所示，积分环节的阶跃响应随时间线性增长；$y(t)$ 达到输入 $r(t)$ 幅值所需的时间就为积分时间常数 T 的值，即 $y(t)\big|_{t=T}=r(t)$。显然，T 值越大，响应 $y(t)$ 曲线的斜率越小，$y(t)$ 变化越慢，当输入信号在某一时刻 t_i 消失，积分停止，积分环节的输出就保持在 $y(t_i)$ 不再改变，故积分环节具有“记忆”特性。

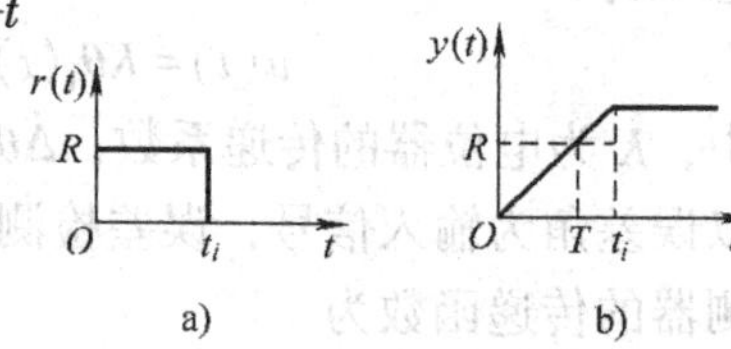

图 2-17　积分环节的记忆特性

a) 阶跃信号　b) 阶跃响应

积分特性可能存在于被控对象中，积分特性也常用作改善系统性能的辅助控制作用。应注意的是，积分环节具有饱和的特点，以上线性变化的阶跃响应及其记忆特性都是饱和前的特性。

3. 微分环节

理想微分环节的动态方程为

$$y(t)=T_{\mathrm{d}}\frac{\mathrm{d}r(t)}{\mathrm{d}t} \tag{2-64}$$

式中，$r(t)$ 为理想微分环节的输入信号；$y(t)$ 为理想微分环节的输出信号；T_{d} 是微分环节的微分时间常数。理想微分环节的传递函数为

$$G(s)=\frac{Y(s)}{R(s)}=T_{\mathrm{d}}s \tag{2-65}$$

如果理想微分环节的输入信号为式(2-54)的阶跃信号，则其输出响应为

$$y(t)=L^{-1}[G(s)R(s)]=L^{-1}\left[T_{\mathrm{d}}s\,\frac{R}{s}\right]=T_{\mathrm{d}}R\delta(t)$$

所以理想微分环节的阶跃响应是一个面积为 $T_{\mathrm{d}}R$ 的脉冲信号，如图 2-18b 所示。

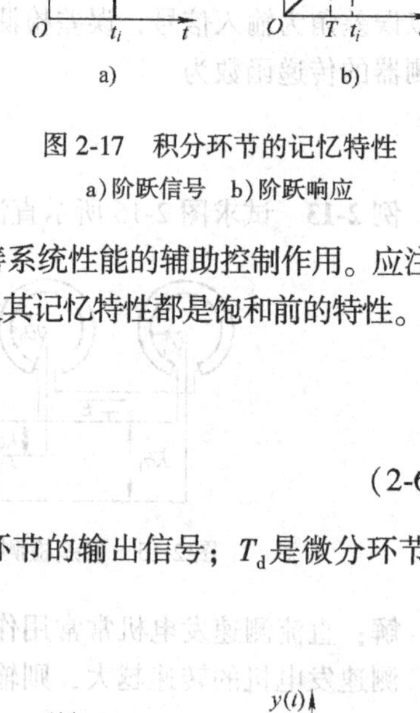

图 2-18　理想微分环节阶跃响应曲线

a) 阶跃信号　b) 阶跃响应

在实际情况下，物理元器件和装置都不可能在阶跃信号输入的瞬时，输出无穷大的且持续时间趋于零的信号，所以，理想微分环节动态特性在实际情况中是较难实现的。但是有些元器件或电路的数学模型形式也的确是理想微分环节，如例 2-13 中的直流测速发电机，当关注的输入是发电机转角 $\theta(t)$ 和输出电压 $u(t)$ 时，由式(2-61)描述的直流测速发电机就是典型的理想微分环节。又如电感元件其电感电压 $u_L(t)$ 和电流 $i(t)$ 之间的微分方程和传递函数为

$$u_L(t)=L\frac{\mathrm{d}i(t)}{\mathrm{d}t}$$

$$G(s)=\frac{U(s)}{I(s)}=Ls$$

可见其也是理想微分环节。

被控对象不可能具有微分特性，但常利用微分特性作为改善系统性能的又一辅助控制作用。

由于理想微分环节难以实现，所以实际情况中多用具有近似微分特性的实际微分环节来代替理想微分环节，实际微分环节可由如图 2-19a 所示 RC 无源网络实现，其阶跃响应曲线如图 2-19b 所示，由实际微分环节的电路图可得到其传递函数为

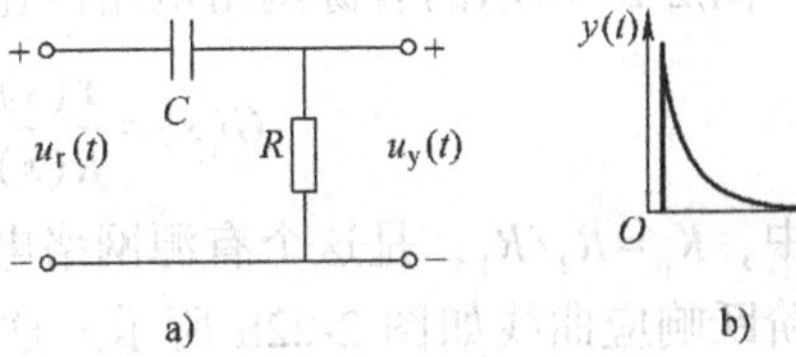

图 2-19　实际微分环节及其阶跃响应曲线
a) 实际微分环节　b) 阶跃响应

$$G(s)=\frac{U_y(s)}{U_r(s)}=\frac{RCs}{RCs+1}=\frac{T_d s}{T_d s+1} \tag{2-66}$$

式中，$T_d=RC$，当选较小的 T_d，即 $T_d \ll 1$ 时，$G(s)\approx T_d s$，所以可以用此电路作为理想微分环节来使用。

4. 惯性环节

惯性环节又称为非周期环节，其动态方程为

$$T\frac{\mathrm{d}y(t)}{\mathrm{d}t}+y(t)=Kr(t) \tag{2-67}$$

式中，$r(t)$ 为惯性环节的输入信号；$y(t)$ 为惯性环节的输出信号；T 是惯性环节的时间常数；K 是惯性环节的放大系数。惯性环节的传递函数为

$$G(s)=\frac{Y(s)}{R(s)}=\frac{K}{Ts+1} \tag{2-68}$$

如果惯性环节的输入信号为式(2-54)的阶跃信号，则其响应输出如图 2-20b 所示，从图中可以看到，惯性环节的阶跃响应是一个非周期曲线，其输出不能立即跟随输入量的变化，存在着惯性，且时间常数 T 越大，其惯性越大，随着时间的增加，惯性环节的输出最终趋于新的平衡。

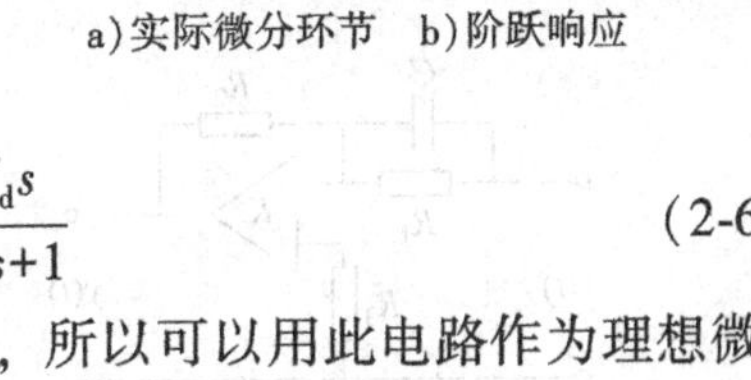

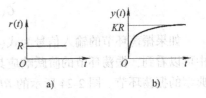

图 2-20　惯性环节阶跃响应曲线
a) 阶跃信号　b) 阶跃响应

惯性环节的实例很多，例 2-1 中的 RC 无源网络、式(2-38)所示机械转动系统、式(2-41)和式(2-42)描述的电枢控制他励直流电动机都是典型的惯性环节，例 2-5 线性化后由一阶线性微分方程描述

的单容水箱也是惯性环节。工程实际中大多数被控对象的动态特性可用一个或多个惯性环节描述。

5. 一阶微分环节

一阶微分环节的动态方程为

$$y(t)=T_d\frac{dr(t)}{dt}+r(t) \tag{2-69}$$

式中，$r(t)$为一阶微分环节的输入信号；$y(t)$为一阶微分环节的输出信号；T_d是一阶微分环节的微分时间常数。一阶微分环节的传递函数为

$$G(s)=\frac{Y(s)}{R(s)}=T_ds+1 \tag{2-70}$$

图 2-21 所示的有源网络电路由比例环节和一阶微分环节组成，其传递函数为

$$G(s)=\frac{Y(s)}{R(s)}=-\frac{R_2}{R_1}(R_1Cs+1)=-K_p(T_ds+1) \tag{2-71}$$

式中，$K_p=R_2/R_1$，是这个有源网络电路的放大增益；$T_d=R_1C$ 是一阶微分环节的时间常数。其阶跃响应曲线如图 2-22b 所示。这个有源网络经常用做控制器，称为比例-微分(PD)控制器。

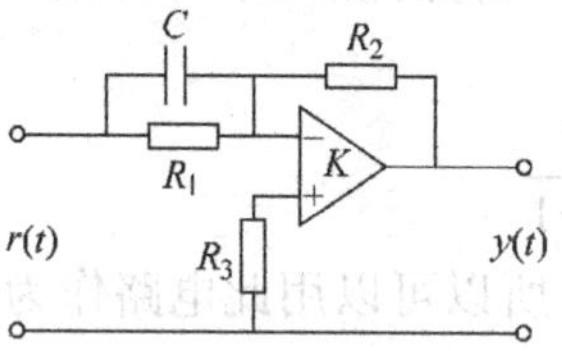

图 2-21　比例-微分环节

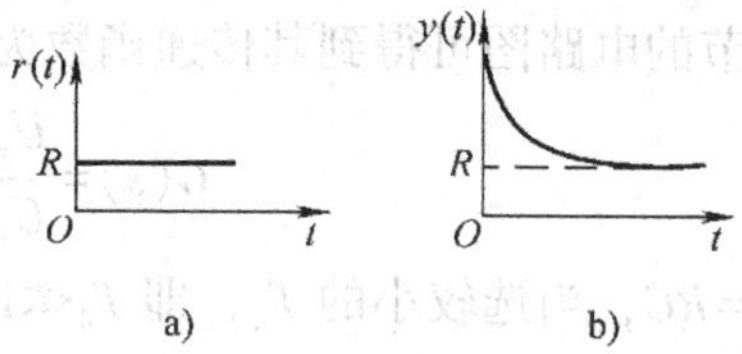

图 2-22　一阶微分环节阶跃响应曲线

a)阶跃信号　b)阶跃响应

6. 振荡环节

振荡环节的动态方程为

$$T^2\frac{d^2y(t)}{dt^2}+2\zeta T\frac{dy(t)}{dt}+y(t)=Kr(t) \tag{2-72}$$

式中，$r(t)$为振荡环节的输入信号；$y(t)$为振荡环节的输出信号；K是振荡环节的增益；T是振荡环节的时间常数；ζ称为振荡环节的阻尼比。振荡环节的传递函数为

$$G(s)=\frac{Y(s)}{R(s)}=\frac{K}{T^2s^2+2\zeta Ts+1} \tag{2-73}$$

如果振荡环节的输入信号为式(2-54)的阶跃信号，则其响应输出如图 2-23b 所示，从图中可以看到，振荡环节的阶跃响应具有衰减振荡特性。例 2-2 中的弹簧-质量-阻尼系统就是典型的振荡环节。图 2-24 所示的 RLC 振荡电路也是典型的振荡环节，其传递函数为

$$G(s)=\frac{U_y(s)}{U_r(s)}=\frac{1}{LCs^2+RCs+1}=\frac{1}{T^2s^2+2\zeta Ts+1} \tag{2-74}$$

式中，$T=\sqrt{LC}$；$\zeta=\frac{R}{2}\sqrt{\frac{C}{L}}$；$K=1$。

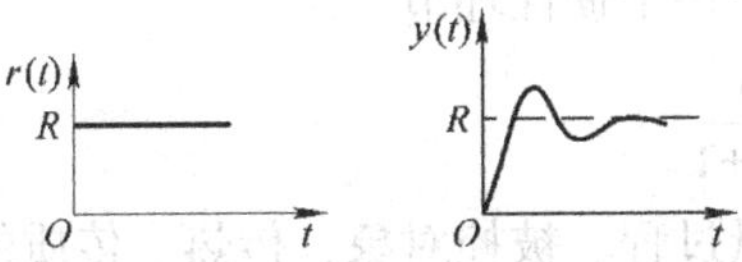

a)　　b)

图 2-23　振荡环节阶跃响应曲线

a) 阶跃信号　b) 阶跃响应

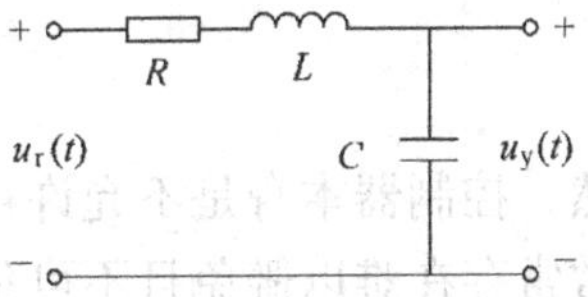

图 2-24　*RLC* 振荡电路

实际被控对象的动态特性很少有振荡特性，但满足稳、准、快要求的大多数控制系统的阶跃响应都可近似于具有一定阻尼比的振荡环节的响应特性。

7. 延迟环节

延迟环节的动态方程为

$$y(t)=r(t-\tau) \tag{2-75}$$

式中，$r(t)$ 为延迟环节的输入信号；$y(t)$ 为延迟环节的输出信号；τ 是延迟环节的延迟时间。延迟环节的传递函数为

$$G(s)=\frac{Y(s)}{R(s)}=\mathrm{e}^{-\tau s} \tag{2-76}$$

如果延迟环节的输入信号为式(2-54)的阶跃信号，则其响应输出如图 2-25b 所示，从图中可以看到，延迟环节的输出具有和输入一样的波形，只是输出比输入有一个时间上的延迟，其延迟时间为 τ。

例 2-14　图 2-26 是轧钢时检测钢板厚度的厚度检测示意图，由于检测器所在的位置 B 点离轧辊所在位置 A 还有一段距离 L，当在 A 点轧好的钢板以速度 v 传送到检测点 B 处时，厚度检测器才可以检测到钢板的厚度，B 点检测输出的钢板厚度应该与 A 点处的钢板厚度相等，只是检测器的输出会有一个时间上的延迟。所以有

$$y(t)=r(t-\tau)$$

$$\tau=\frac{L}{v} \tag{2-77}$$

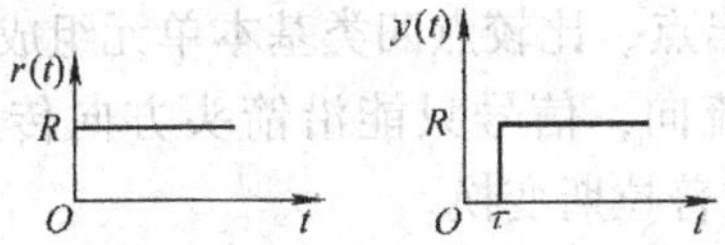

a)　　b)

图 2-25　延迟环节阶跃响应曲线

a) 阶跃信号　b) 阶跃响应

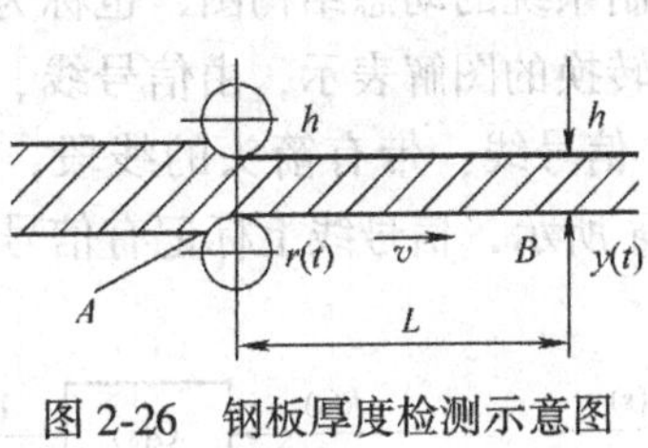

图 2-26　钢板厚度检测示意图

所以其传递函数为

$$G(s)=\frac{Y(s)}{R(s)}=\mathrm{e}^{-\tau s}=\mathrm{e}^{-\frac{L}{v}s} \tag{2-78}$$

如果将延迟环节的传递函数式(2-78)进行泰勒级数的展开，有

$$G(s)=\mathrm{e}^{-\tau s}=\frac{1}{\mathrm{e}^{\tau s}}=\frac{1}{1+\tau s+\frac{1}{2!}\tau^2 s^2+\cdots} \tag{2-79}$$

当延迟时间 τ 很小的时候，可见此时延迟环节等效于一个惯性环节

$$G(s)=e^{-\tau s}\approx\frac{1}{\tau s+1} \tag{2-80}$$

显然，控制器本身是不允许存在延迟的，但测量过程、被控对象、传热、传质的生产过程等，常常存在难以避免且不可忽略的延迟，其动态特性需要由延迟环节描述。延迟过大往往使控制系统性能全面恶化，甚至导致系统失去稳定。

综上可见，不同的装置、元器件，可具有相同的动态特性，从而具有相同的数学模型形式，称它们为同一类典型环节。同一装置或元器件，在不同的场合，转换信号时，对不同的输入量或输出量，数学模型也不同，则应分别划归为不同的典型环节，如测速发电机，又如以电枢电压为输入、转速为输出的直流电动机是一个惯性环节，而当以转角为输出时的直流电动机 $G(s)=\Theta(s)/U_a(s)=K_m/s(T_m s+1)$ 则是积分环节与惯性环节的组合了。

2.4 控制系统的动态结构图与信号流图

控制系统的微分方程模型和传递函数模型描述了控制系统输入和输出之间的关系，但是却不能反映系统内部信号传递关系及其与组成环节之间的关系。动态结构图和信号流图是用图形表示的控制系统的数学模型，它们优于抽象的数学模型表达式，不仅可以清楚地显示系统内部变量的因果关系以及环节之间信号传递、转换过程，更重要的是可以利用动态结构图和信号流图通过图解求取系统的传递函数，从而避免了复杂的数学运算，特别是当需要研究系统输入对任一中间变量的影响时，无需重新列写微分方程或拉普拉斯变换方程。

系统动态结构图包含了系统动态特性的有关信息，但不包含系统物理结构的本身，因此，不同的物理系统，可能用相同的动态结构图表示；而对同一系统，分析的角度不同，可以作出不同的动态结构图。

2.4.1 动态结构图的概念

控制系统的动态结构图，也称为系统框图，实际上是组成系统的每个环节的功能和信号传递、转换的图解表示，由信号线、方框(环节)、引出点、比较点四类基本单元组成。

1) 信号线：带有箭头的线段，箭头表示信号的流向，信号只能沿箭头方向传递。如图 2-27a 所示，信号线上标记有信号名称，即信号的拉普拉斯变换。

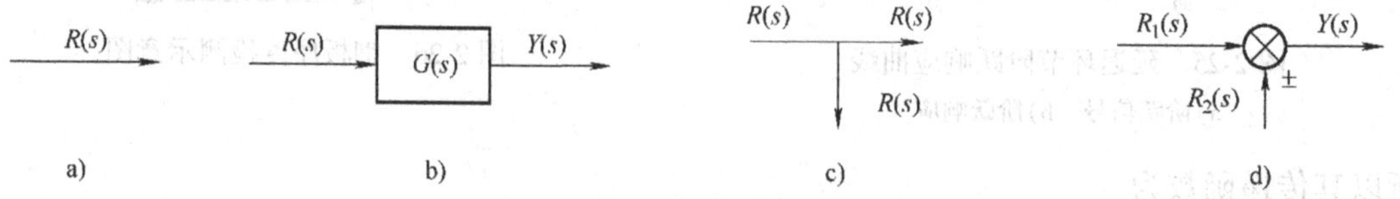

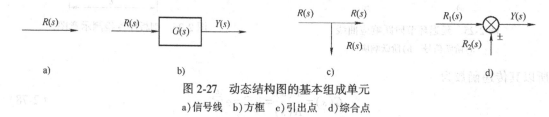

图 2-27 动态结构图的基本组成单元

a)信号线 b)方框 c)引出点 d)综合点

2) 方框(环节)：表示输入、输出信号的转换关系，如图2-27b所示，方框中是环节的传递函数 $G(s)$。

3) 引出点(分支点)：表示在此位置引出信号，如图 2-27c 所示，且从同一信号线上引

出的信号在数值和性质上完全相同，但有不同的去向。

4）综合点（比较点、相加点）：表示两个及以上的信号在此处进行加减运算。如图2-27d所示，“+”号表示信号相加，“-”表示信号相减。当有多个输入 $R_i(s)$ 在综合点叠加，其输出 $Y(s)$ 为各输入 $R_i(s)$ 的代数和，即 $Y(s)=\sum R_i(s)$ 。

2.4.2　动态结构图的绘制

1. 根据机理分析法绘制控制系统动态结构图的一般步骤

1）根据控制系统的工作原理将系统划分为若干组成环节，确定系统及各组成环节的输入量、输出量。

2）根据系统各组成环节输入、输出之间所遵循的物理、电学、化学等定律建立微分方程（组）或 s 域变换方程（组），然后绘制各环节或方程组的框图。

3）将系统的输入量置于结构图最左端，按照系统中信号的传递顺序，依次从左至右，从输入端到输出端，将各方框连接起来，就得到系统的动态结构图。

系统动态结构图也是系统的数学模型，是用图形表示各组成环节的联立方程组，因此可以详尽地表示系统内部信息的传递与转换关系。需要注意的是，按“环节”划分系统组成，是对组成系统的装置、元器件根据其数学模型的抽象，一个环节用一个方框表示。环节与系统中的装置、元器件并不都是一一对应关系，一个环节可以包含一个或多个装置、元器件，也可能一个环节只对应了装置、元器件的某一部分实际结构。

例 2-15　试建立图 2-28 所示的速度控制系统的动态结构图，其中系统的给定电压 $u_r(t)$ 为输入量，输出负载转速 $\omega_L(t)$ 为输出量。

解：图 2-28 所示速度控制系统的被控对象是通过减速器带载的电动机，系统中的Ⅰ级和Ⅱ级运算放大器的输入阻抗较大，所以它们之间可以认为是无负载效应的，可以看作是两个独立的环节，所以这个速度控制系统可以看作是由 6 个环节组成的。

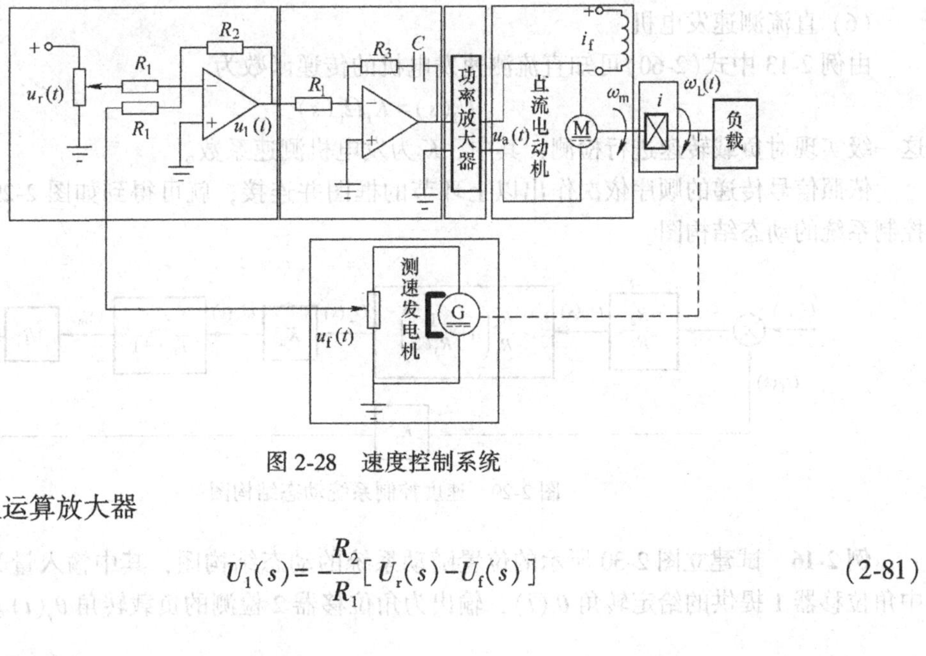

图 2-28　速度控制系统

（1）Ⅰ级运算放大器

$$U_1(s)=-\frac{R_2}{R_1}[U_r(s)-U_f(s)] \tag{2-81}$$

这一级是由一个比例放大器组成，其中 $U_r(s)$ 是由给定电位器提供的给定转速 $\omega_r(t)$ 的转换值，$U_f(s)$ 是负载转速 $\omega_L(t)$ 的测量值。$U_f(s)$ 与 $U_r(s)$ 在此进行比较并对偏差电压加以放大。

（2）Ⅱ级运算放大器

这一级也是由一个运算放大器构成，由图可知，其反馈电路复阻抗 $Z_2(s)=R_3+(1/Cs)$，由式(2-50)可得控制器的输出电压为

$$U_2(s)=-\frac{R_3}{R_1}\left(1+\frac{1}{R_3Cs}\right)U_1(s) \tag{2-82}$$

这一级运算放大器通常称为比例-积分环节，或 PI 控制器，它的作用将在第 3 章中详细讨论。

（3）功率放大器

$$U_a(s)=K_aU_2(s) \tag{2-83}$$

式中，K_a 是功率放大器的放大增益常数。

（4）直流电动机

由例 2-8 的结论可知，直流电动机的传递函数为

$$\Omega_m(s)=\frac{K_m}{T_ms+1}U_a(s) \tag{2-84}$$

式中，K_m 为电动机的传递系数；T_m 为电动机的机电时间常数。均是考虑减速齿轮系和负载后折算到电动机轴上的等效值。

（5）减速齿轮系

$$\Omega_L(s)=\frac{1}{i}\Omega_m(s) \tag{2-85}$$

式中，i 为减速齿轮系的速比。减速器带载转动，$\Omega_L(s)$ 就是负载的转速，也就是系统的输出。

（6）直流测速发电机

由例 2-13 中式(2-60)可知直流测速发电机的传递函数为

$$U_f(s)=K_f\Omega_L(s) \tag{2-86}$$

这一级实现对负载转速进行检测，其中，K_f 为发电机测速系数。

依照信号传递的顺序依次作出以上环节的框图并连接，就可得到如图 2-29 所示的速度控制系统的动态结构图。

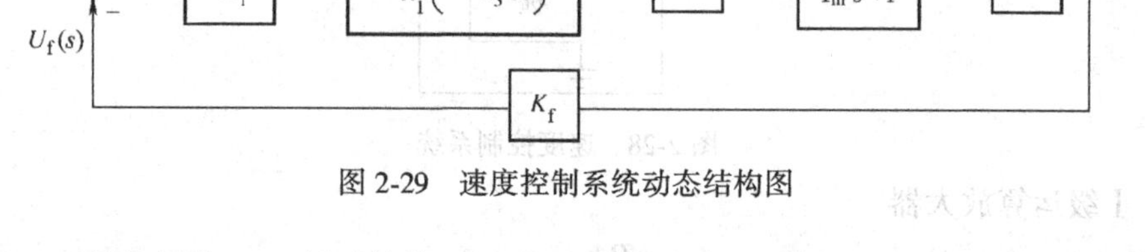

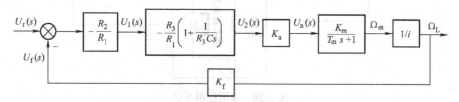

图 2-29 速度控制系统动态结构图

例 2-16 试建立图 2-30 所示的位置随动系统的动态结构图，其中输入量为误差检测器中角位移器 1 提供的给定转角 $\theta_r(t)$，输出为角位移器 2 检测的负载转角 $\theta_y(t)$。

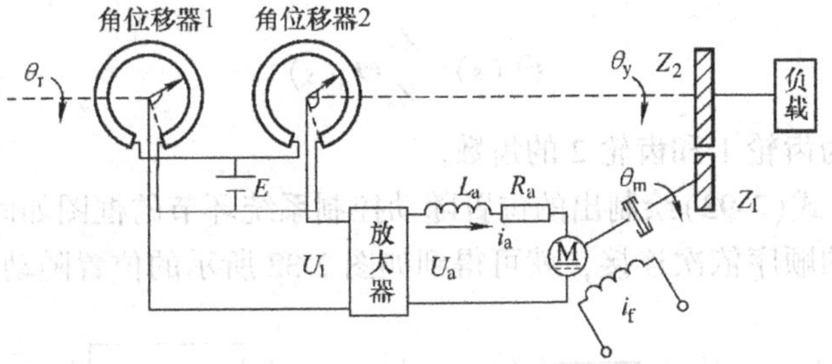

图 2-30　位置随动系统

解：系统由角度误差检测器、放大器、直流电动机和减速齿轮系 4 个装置组成。

(1) 角度误差检测器

$$U_1(s)=K[\Theta_r(s)-\Theta_y(s)] \tag{2-87}$$

式中，K 是角度误差检测器的传递系数。

(2) 放大器

$$U_a(s)=K_aU_1(s) \tag{2-88}$$

式中，K_a 是放大器的放大系数。

(3) 通过减速齿轮系带载的直流电动机

由于电动机带动减速齿轮系和负载一起转动，在建立电动机的数学模型时，应将负载轴上负载与 Z_2 齿轮的转动惯量 J_2 和黏性摩擦系数 f_2 折算到电动机轴上。电动机轴上的总转动惯量 J 和总黏性摩擦系数 f 为

$$J=J_1+J_2/i^2 \qquad f=f_1+f_2/i^2$$

式中，J_1 和 f_1 分别是电动机转子和齿数为 Z_1 的齿轮的转动惯量和黏性摩擦系数；i 为减速齿轮系的速比，$i=Z_2/Z_1$。

根据电动机的工作原理，由例 2-4 中式(2-7)～式(2-9)可得到下列微分方程

$$u_a(t)=R_ai_a(t)+L_a\frac{\mathrm{d}i_a(t)}{\mathrm{d}t}+E_b(t)$$

$$E_b(t)=K_b\frac{\mathrm{d}\theta_m(t)}{\mathrm{d}t}$$

$$M_m(t)=C_mi(t)$$

用 J 和 f 替换例 2-4 中式(2-10)转矩平衡方程中的 J_m 和 f_m，得到

$$M_m(t)=J\frac{\mathrm{d}^2\theta_m(t)}{\mathrm{d}t^2}+f\frac{\mathrm{d}\theta_m(t)}{\mathrm{d}t}+M_L(t)$$

在零初始条件下对上述 4 个微分方程进行拉普拉斯变换并作变形，得到

$$I_a(s)=\frac{U_a(s)-E_b(s)}{L_as+R_a} \tag{2-89}$$

$$E_b(s)=K_bs\Theta_m(s) \tag{2-90}$$

$$M_m(s)=C_mI_a(s) \tag{2-91}$$

$$\frac{M_m(s)-M_L(s)}{Js^2+fs}=\Theta_m(s) \tag{2-92}$$

（4）减速齿轮系环节

$$\Theta_y(s)=\frac{Z_1}{Z_2}\Theta_m(s) \tag{2-93}$$

式中，Z_1、Z_2分别为齿轮 1 和齿轮 2 的齿数。

根据式(2-87)～式(2-93)绘制出的位置随动控制系统环节的框图如图 2-31 所示。将环节框图依照信号传递的顺序依次连接，就可得到如图 2-32 所示的位置随动系统的动态结构图。

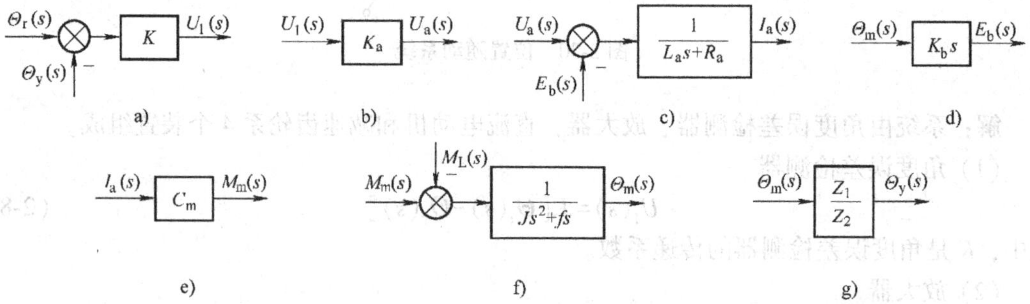

图 2-31 位置随动系统环节框图

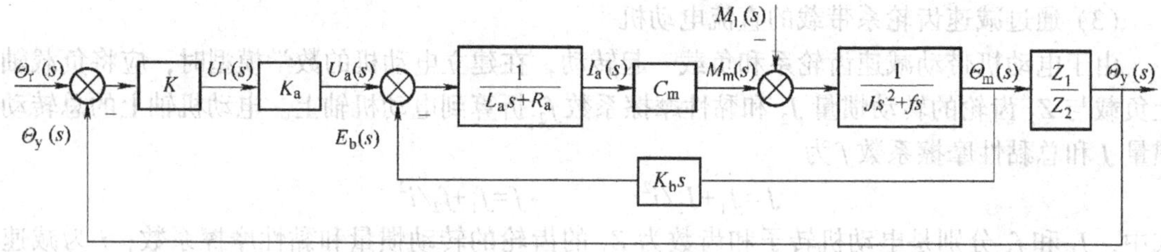

图 2-32 位置随动系统的动态结构图

2. 由复阻抗概念建立无源网络动态结构图

1）建立无源网络动态结构图时，可直接由复阻抗概念写出电路的复数域代数方程，不需列写电路微分方程，根据各复域代数方程作图即可得到网络动态结构图。

例 2-17 绘制图 2-33 所示 *RL* 无源网络的结构图。

解：根据复阻抗建立网络复数域方程，为便于绘制框图，写在方程左端是各图的输出量。

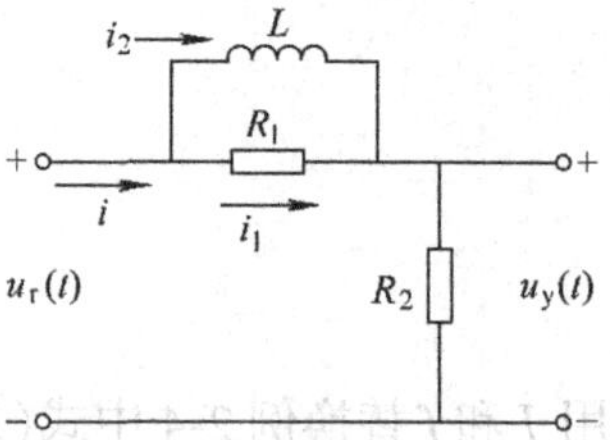

图 2-33 *RL* 无源网络

$$\begin{cases}U_1(s)=U_r(s)-U_y(s)\\ I_1(s)=\dfrac{1}{R_1}U_1(s)\\ I_2(s)=\dfrac{1}{Ls}U_1(s)\\ I(s)=I_1(s)+I_2(s)\\ U_y(s)=I(s)R_2\end{cases} \tag{2-94}$$

依照式(2-94)传递函数方程组依次绘制框图，如图2-34所示。

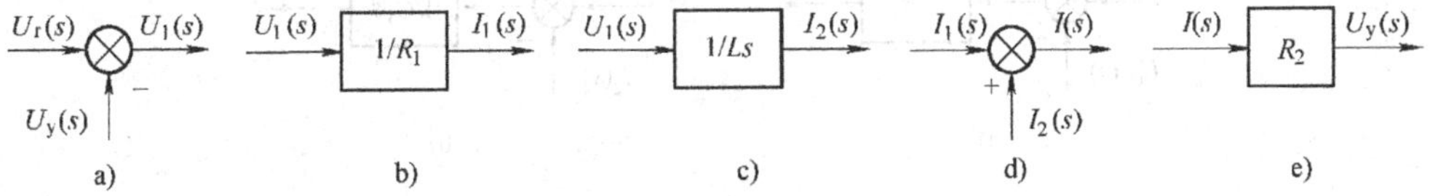

图2-34 传递函数方程组的框图

将输入信号 $U_r(s)$ 置于框图左端，按照框图中各变量的传递顺序，依次从左至右，从输入端 $U_r(s)$ 到输出端 $U_y(s)$，将各方框连接起来，同名信号线直接相连或由分支点连接，就得到如图2-35的无源网络的动态结构图。

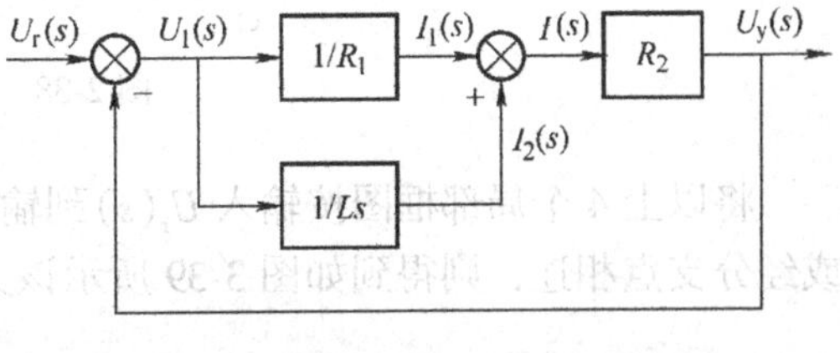

图2-35 *RL* 无源网络的动态结构图

2）对于无源网络，利用复阻抗概念，还可以用更简便的方法绘制对应的动态结构图，不需列写任何方程，也不需作任何电路计算，只需正确确定网络的输入、输出和独立的中间变量，正确应用基尔霍夫定律分析电路。网络的动态结构图反映的是网络中信号的传递与转换，电流、电压变量由信号线表示；电路元件为环节，用方框表示，一个电路元件只与一个环节相对应，环节的传递函数即相应电路元件的复阻抗或其倒数，即当电流 $I(s)$ 为输入，电压 $U(s)$ 为输出，电路元件为环节，其传递函数就是复阻抗 $G(s)=U(s)/I(s)=Z$；反之，则其传递函数为复阻抗的倒数 $G(s)=I(s)/U(s)=1/Z$。变量的叠加用比较点；同一变量有不同去向，则必须用分支点。用这种方法绘制网络的动态结构图的特点是简单、清晰，便于由动态结构图求取网络传递函数。

例 2-18 绘制图2-36所示 *RC* 无源网络的动态结构图。

解： 将输入量 $U_r(s)$、输出量 $U_y(s)$，电容 C_1 两端的电压 $U_{C_1}(s)$、独立中间变量(流经电阻 R_1、R_2 的电流 $I_1(s)$ 和 $I_2(s)$)标注在图中，即得到图2-37。分析该网络可知，由输入量 $U_r(s)$ 与电容 C_1 两端的电压 U_{C_1} 之差，得到 R_1 两端电压 $U_{R_1}(s)$，该电压作为输入，经环节 $1/R_1$ 得到的输出电流 $I_1(s)$(第一个独立中间变量)，可由与之对应的框图2-38a表示。$I_1(s)$ 与 $I_2(s)$ 之差作为输入，经环节 $1/C_1s$ 转换为输出电压 $U_{C_1}(s)$，如图2-38b所示。由 $U_{C_1}(s)$ 减去网络输出量 $U_y(s)$，得到电压 $U_{R_2}(s)$，$U_{R_2}(s)$ 作为输入，经环节 $1/R_2$ 得到电流 $I_2(s)$(第二个中间变量)，可作出与之对应的框图2-38c。$I_2(s)$ 经环节 $1/C_2s$ 即得到输出电压 $U_y(s)$，其对应的框图为图2-38d。以上4部分框图已包含了该网络电路图提供的输入、输出、独立中间变量及其在各电路元件上的信号转换关系，相当于“已知条件”已全部正确运用。

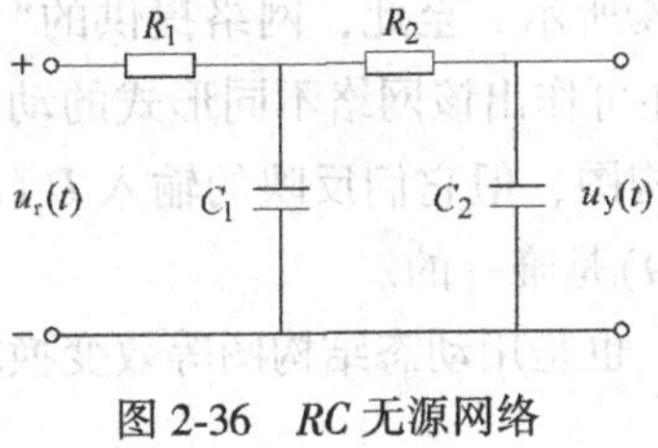

图2-36 *RC* 无源网络

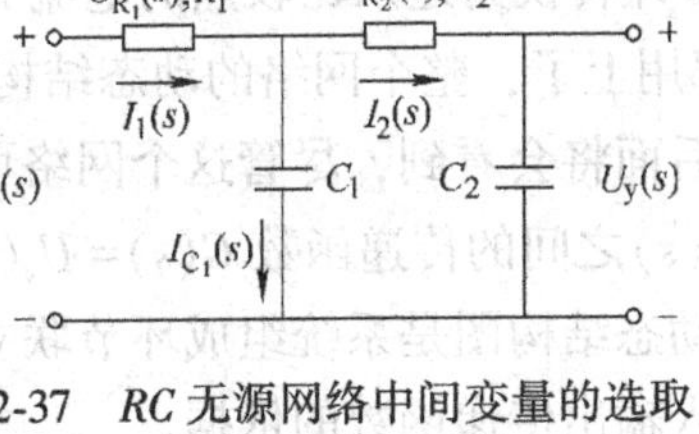

图2-37 *RC* 无源网络中间变量的选取

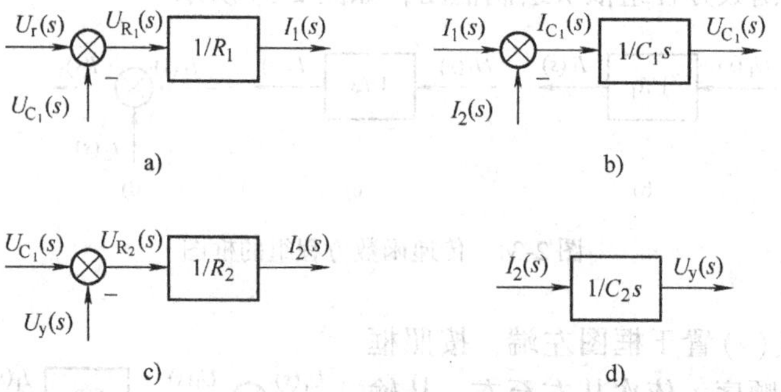

图 2-38 网络的局部框图

将以上 4 个局部框图按输入 $U_r(s)$ 到输出 $U_y(s)$ 顺次连接起来，同名的信号线直接相连或经分支点相连，则得到如图 3-39 所示该无源网络的动态结构图。

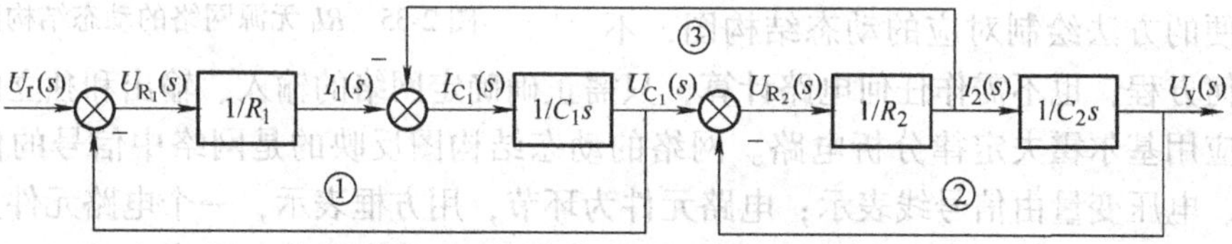

图 2-39 *RC* 无源网络的动态结构图

由图 2-39 可见，输入、输出、独立中间变量与各电路元件对应的环节，形成了信号传递的 3 个闭合回路。信号线 $I_2(s)$ 在环节 $1/R_2$、$1/C_2s$ 所在的闭合回路②和环节 $1/R_1$、$1/C_1s$ 所在的闭合回路①之间形成的负反馈，就是这个电路存在负载效应的实质。由于第三个回路的存在，输入输出之间的关系绝不等于只有闭合回路①、②的串联，必须将由输入 $U_r(s)$ 到输出 $U_y(s)$ 作为一个总体来建立其数学模型，例 2-9 由复阻抗建立该无源网络的传递函数式，即式(2-49)的分母中 R_1C_2s 项就是负载效应的反映，式(2-49)只能表示负载效应的存在，在该网络的动态结构图中却能更清晰地表明了负载效应形成的原因。

同一系统或无源网络的动态结构图不唯一。如果将图 2-38a 重作在图 2-40 中，如图 2-40 中①所示；由电流 $I_1(s)$ 减去流经电容 C_1 的电流 $I_{C_1}(s)$，即得到第二个中间变量电流 $I_2(s)$；$I_2(s)$ 经环节 $1/C_2s$ 转换为输出信号 $U_y(s)$，置于最右端，如图 2-40 中②所示；经过分支点将输出信号 $U_y(s)$ 转入反馈通道，找出 $U_y(s)$、$U_{C_1}(s)$、$I_{C_1}(s)$ 的关系，则可完成整个网络的动态结构图。以电流 $I_2(s)$ 作为输入信号，经环节 R_2 转换得到的输出 $U_{R_2}(s)$ 与 $U_y(s)$ 相加即得到 $U_{C_1}(s)$，如图 2-40 中③所示；相同的 $U_{C_1}(s)$ 连接起来，且以 $U_{C_1}(s)$ 作为输入信号，经环节 C_1s 即转换为进入比较点的电流 $I_{C_1}(s)$，如图 2-40 中④所示。至此，网络提供的"已知条件"都用上了，整个网络的动态结构图 2-40 就作成了。还可作出该网络不同形式的动态结构图；后面将会看到，尽管这个网络可以有不同的动态结构图，但它们反映的输入 $U_r(s)$、输出 $U_y(s)$ 之间的传递函数 $G(s)=U_y(s)/U_r(s)$，即式(2-49)是唯一的。

动态结构图是系统组成环节联立方程组的图形表示，也是用动态结构图等效变换求得系统输入输出传递函数的依据。

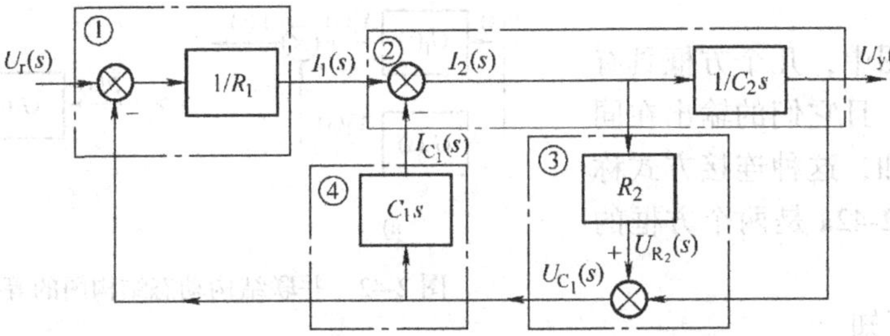

图 2-40 *RC* 无源网络的另一动态结构图

2.4.3 动态结构图的等效变换

动态结构图的等效变换的目的是通过对框图的变换、简化，来求取闭环系统的输入、输出的传递函数或输出响应。对动态结构图逐步等效变换、简化的过程，相当于由系统组成环节方程组消去中间变量的过程。不论那些多回路的系统框图如何交错复杂，都可通过移动分支点、比较点，解除回路的交叉将复杂的框图等效变换后，按照环节基本连接规律进行合并、简化，达到等效变换的目的。

框图的变换按照等效原则进行。所谓等效，就是对框图中的任一部分进行变换时，变换前后，输入输出的数学关系式保持不变，即在动态结构图等效变换前后，要遵循前向通路传递函数的乘积不变，回路传递函数的乘积不变的原则。

1. 环节的基本连接规律

环节的基本连接方式只有串联、并联、反馈 3 种。每一种基本连接都能将参与连接的两个或多个环节合并为一个“等效环节”，使系统动态结构图得到简化。

(1) 串联

动态结构图中，几个方框依次首尾连接，前一个方框的输出是后一个方框的输入，方框间没有其他的连接点，这种连接方式称为串联连接。图 2-41a是两个方框的串联连接(如前所述，串联环节间应该无负载效应)。

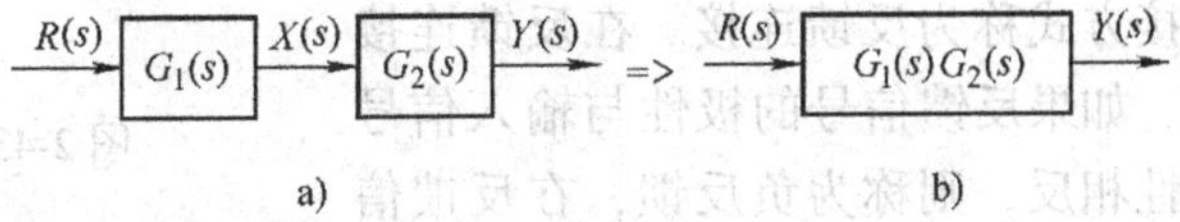

图 2-41 串联结构动态结构图的等效变换

由图 2-41a 可知

$$\begin{aligned} X(s) &= G_1(s)R(s) \\ Y(s) &= G_2(s)X(s) \end{aligned} \tag{2-95}$$

消去中间变量 $X(s)$ 有

$$\frac{Y(s)}{R(s)} = G(s) = G_1(s)G_2(s) \tag{2-96}$$

可见，环节串联后的传递函数等于参与串联的各个环节的传递函数的乘积。即将图 2-41a 参与串联的两个环节简化合并为图 2-41b 的一个等效环节。

由此可以推广到动态结构图中 n 个方框串联的情况，其等效传递函数就是 n 个环节传递函数的乘积，即 $G(s)=G_1(s)G_2(s)\cdots G_n(s)$。

(2) 并联

在动态结构图中，几个方框具有相同的输入信号，且它们的输出在同一综合点处相叠加，这种连接方式称为并联连接。图 2-42a 是两个方框的并联连接。

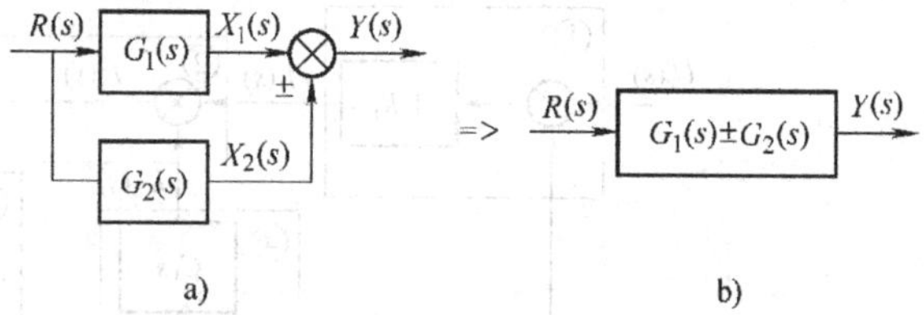

图 2-42 并联结构动态结构图的等效变换

由图 2-42a 可知

$$X_1(s)=G_1(s)R(s)$$
$$X_2(s)=G_2(s)R(s) \tag{2-97}$$
$$Y(s)=X_1(s)\pm X_2(s)$$

消去中间变量 $X_1(s)$、$X_2(s)$ 有

$$\frac{Y(s)}{R(s)}=\frac{X_1(s)\pm X_2(s)}{R(s)}=[G_1(s)\pm G_2(s)] \tag{2-98}$$

环节并联后的传递函数等于参与并联的各个环节的传递函数的代数和。即将图 2-42a 参与并联的两个环节简化合并为图 2-42b 的一个等效环节，符号在进入综合点的信号线上标注。

同样，可以推广到动态结构图中 n 个方框并联的情况，其等效传递函数就是并连的 n 个方框的传递函数代数相加，即 $G(s)=G_1(s)\pm G_2(s)\pm\cdots\pm G_n(s)$。

(3) 反馈

在动态结构图中，系统或环节的输出信号反馈到输入端，并与输入信号代数相加，如图 2-43a 所示，这种连接方式称为反馈连接。在反馈连接中，如果反馈信号的极性与输入信号极性相反，则称为负反馈，在反馈信号进入比较点时用负号"-"标注；反之，极性相同则称为正反馈，反馈信号线上用正号"+"标注。

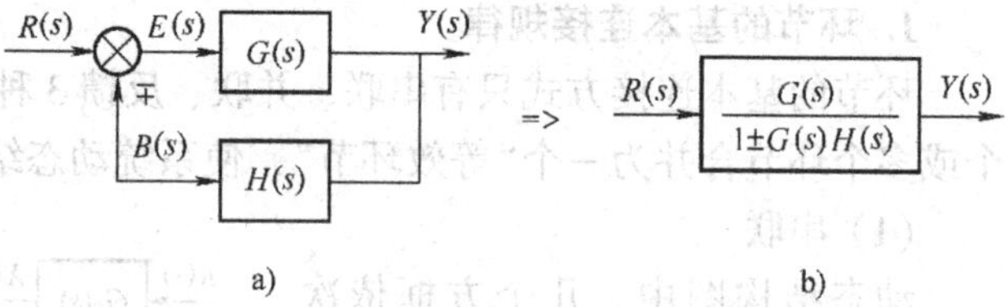

图 2-43 反馈结构动态结构图的等效变换

由于反馈信号的传递形成了闭合回路，故称其为闭环系统。通常，称信号输入点到输出点的信号通道为前向通道，将输出信号反馈到比较点的信号通道叫作反馈通道。系统输出 $Y(s)$ 与输入 $R(s)$ 之比，称为闭环传递函数，用 $\Phi(s)$ 表示。

以负反馈为例，由图 2-43a 可知

$$Y(s)=G(s)E(s)$$
$$E(s)=R(s)-B(s) \tag{2-99}$$
$$B(s)=Y(s)H(s)$$

式中 $E(s)=R(s)-B(s)$ 称为偏差信号。消去中间变量 $E(s)$、$B(s)$ 有

$$\Phi(s)=\frac{Y(s)}{R(s)}=\frac{G(s)}{1+G(s)H(s)} \tag{2-100}$$

式(2-100)分母中 $G(s)H(s)$ 称为闭环系统的开环传递函数，是系统前向通道传递函数与反馈通道传递函数的乘积。

如果系统是正反馈，则闭环传递函数为

$$\Phi(s)=\frac{G(s)}{1-G(s)H(s)} \tag{2-101}$$

若式(2-100)中 $H(s)=1$，称为单位负反馈系统，则闭环传递函数为

$$\Phi(s)=\frac{Y(s)}{R(s)}=\frac{G(s)}{1+G(s)} \tag{2-102}$$

相应称 $H(s)\neq1$ 的系统为非单位反馈系统，图 2-43a 所示的非单位反馈系统可等效为图 2-44 所示单位反馈部分与传递函数为 $1/H(s)$ 的环节的串联，即

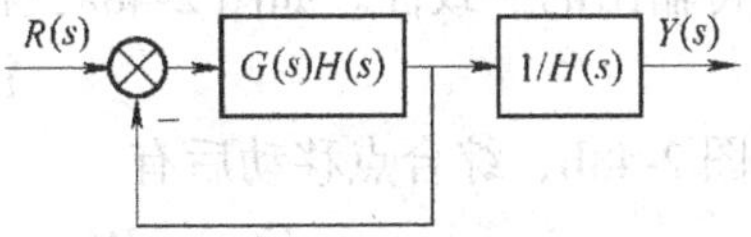

图 2-44 非单位反馈结构的等效变换

$$\Phi(s)=\frac{Y(s)}{R(s)}=\frac{G(s)H(s)}{1+G(s)H(s)}\frac{1}{H(s)} \tag{2-103}$$

2. 系统动态结构图的变换和简化

由控制系统的动态结构图求取系统闭环传递函数或输出响应时，有时为便于进行环节串联、并联、反馈连接的运算，还需对引出点和综合点进行等效移动，以解除复杂动态结构图中出现的回路或信号交叉。等效移动的目的是进一步简化结构图，一般避免进行相邻引出点(分支点)与综合点的互换；此外信号线上的"±"号可以越过环节和信号线移至综合点上。

(1) 引出点的等效移动

1) 引出点的前移。引出点前移的等效变换如图 2-45 所示，在引出点移动的前后要保持输出的一致性。即在引出点移动前后都有

$$Y(s)=G(s)R(s) \tag{2-104}$$

2) 引出点的后移。引出点后移的等效变换如图 2-46 所示，同样在引出点移动的前后要保持前后输出的一致性。如图 2-46a 所示，在引出点移动前有

$$Y(s)=G(s)R(s) \tag{2-105}$$

如图 2-46b 所示，引出点移动后

$$\begin{aligned}Y(s)&=G(s)R(s)\\R(s)&=\frac{1}{G(s)}Y(s)\end{aligned} \tag{2-106}$$

可见，保持了引出点移动前后输出的一致性。

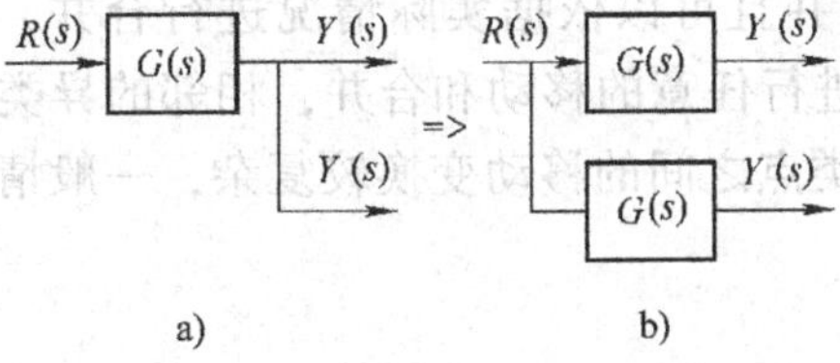

图 2-45 引出点前移的等效变换

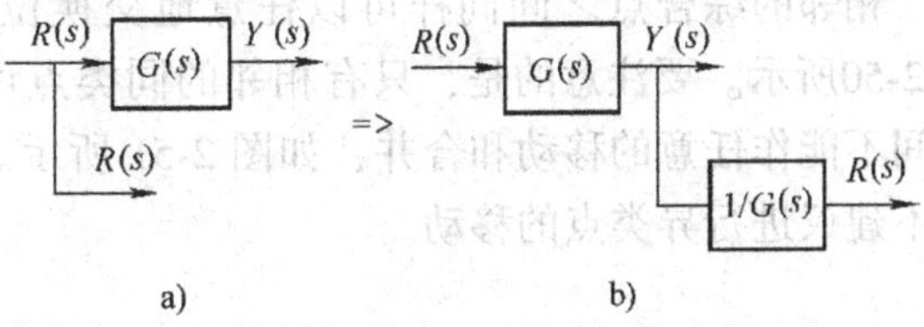

图 2-46 引出点后移的等效变换

(2) 综合点的等效移动

1) 综合点的前移。综合点前移的等效变换如图 2-47 所示，在综合点移动的前后要保持输出的一致性。如图 2-47a，在综合点移动前有

$$Y(s)=G(s)R(s)\pm X(s) \tag{2-107}$$

如图 2-47b，综合点移动后有

$$Y(s)=\left[R(s)\pm X(s)\frac{1}{G(s)}\right]G(s)=G(s)R(s)\pm X(s) \tag{2-108}$$

由式(2-107)和式(2-108)可知，综合点在移动前后其输出没有变化，保证了系统化简前后的等效性。

2）综合点的后移。综合点后移的等效变换如图 2-48 所示，同样在综合点移动的前后要保持输出的一致性。如图 2-48a，在综合点移动前有

$$Y(s)=[R(s)\pm X(s)]G(s) \tag{2-109}$$

如图 2-48b，综合点移动后有

$$Y(s)=R(s)G(s)\pm X(s)G(s)=[R(s)\pm X(s)]G(s) \tag{2-110}$$

由式(2-109)和式(2-110)可知，综合点在移动前后其输出相等。

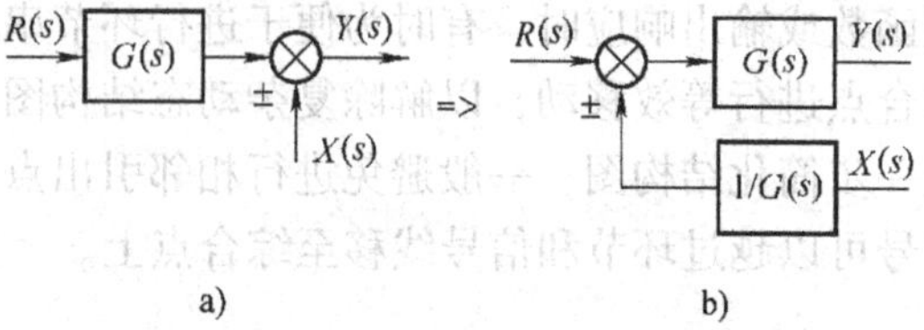

图 2-47 综合点前移的等效变换

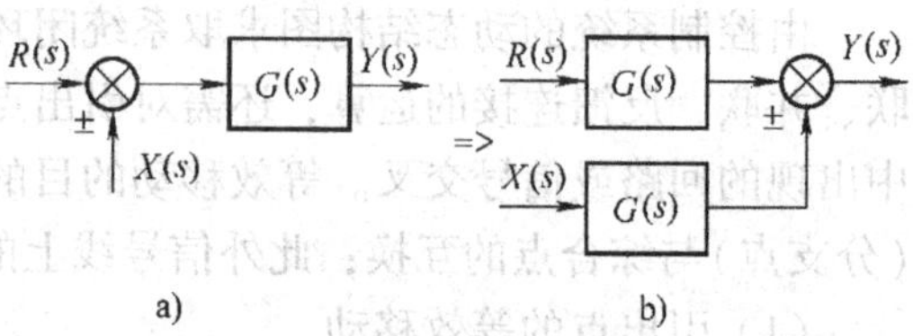

图 2-48 综合点后移的等效变换

（3）相邻引出点的移动和合并

相邻的引出点之间可以任意地交换位置，并且可以依据实际情况进行合并。如图 2-49 所示，这样的变换并不影响信号的传递关系。

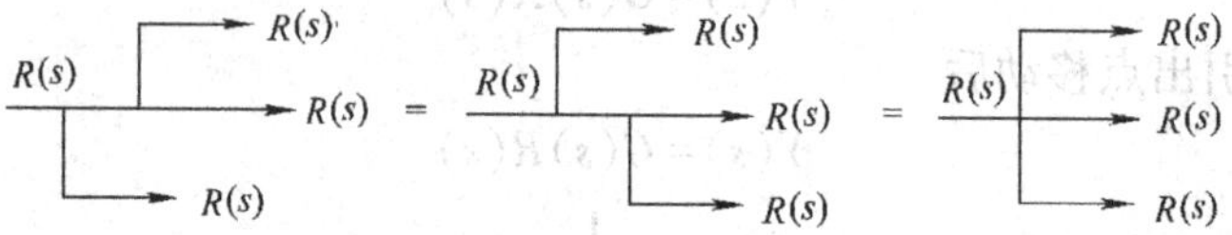

图 2-49 相邻引出点的移动和合并

（4）相邻综合点的移动和合并

相邻的综合点之间同样可以任意地交换位置，并且可以依据实际情况进行合并，如图 2-50所示。要注意的是，只有相邻的同类点可以进行任意的移动和合并，相邻的异类点之间不能作任意的移动和合并，如图 2-51 所示。异类点之间的移动变换较复杂，一般情况下不建议进行异类点的移动。

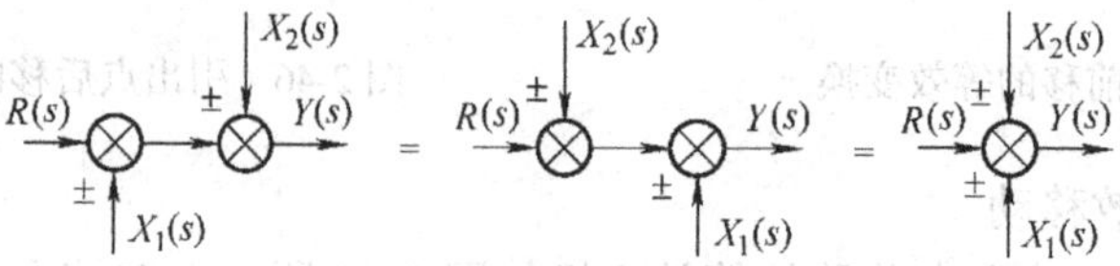

图 2-50 相邻综合点的移动和合并

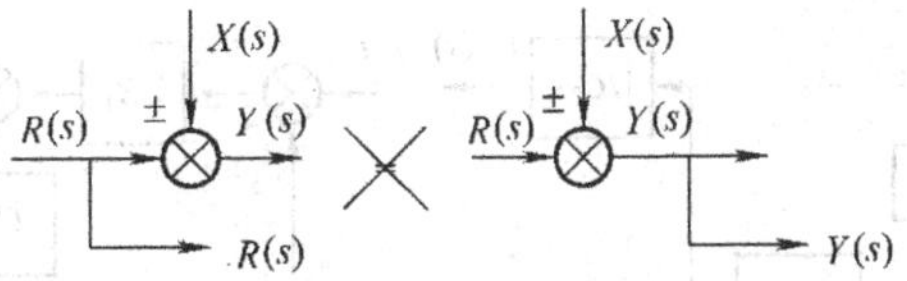

图 2-51　相邻异类点的错误移动

应用以上动态结构图等效变换的法则，将复杂的动态结构图等效变换成串联、并联或反馈的连接形式，就可以很容易求得控制系统的传递函数。

例 2-19　试简化例 2-18 无源网络在考虑负载情况下的动态结构图(图 2-39 和图 2-40)，并求取系统传递函数。

解：对于动态结构图图 2-39，不做引出点或者综合点的移动，就无法完成框图的简化。对同一动态结构图，其等效变换方法不止一种，在这里只介绍其中一种。首先可以将环节 $1/R_1$ 和环节 $1/C_1s$ 之间的综合点前移到环节 $1/R_1$ 的输入端，将环节 $1/R_2$ 环节 $1/C_2s$ 之间的引出点后移到环节 $1/C_2s$ 的输出端，如图 2-52a，这样就形成了相邻的同类点，交换同类点，就消除了框图中的信号交叉，如图 2-52b，然后应用反馈结构的等效法则，就可以完成动态结构图的等效变换，如图 2-52c 所示。

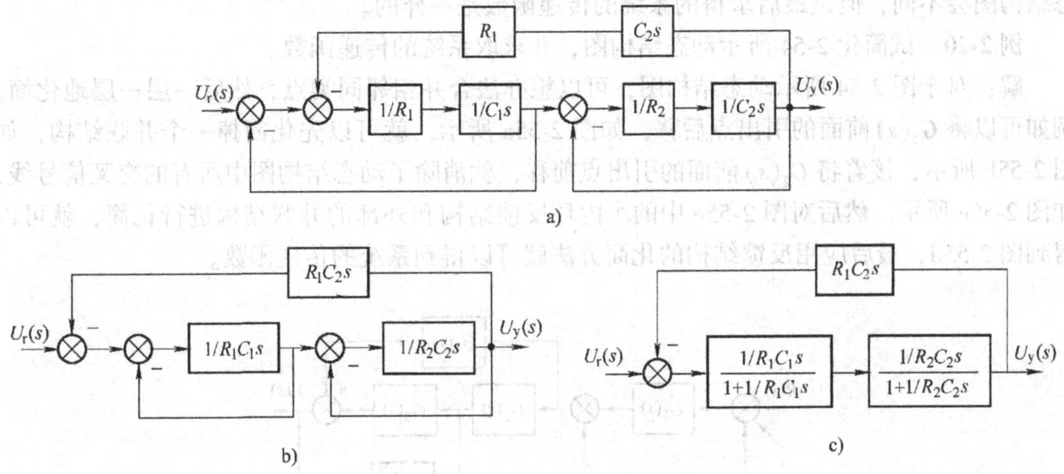

图 2-52　图 2-39 动态结构图的等效交换

最后可以求出系统的传递函数为

$$\Phi(s)=\frac{U_y(s)}{U_r(s)}=\frac{1}{R_1R_2C_1C_2s^2+(R_1C_1+R_2C_2+R_1C_2)s+1} \tag{2-111}$$

对于动态结构图图 2-40，可以先将环节 $1/C_2s$ 后的引出点前移，如图 2-53a，就可以消去一个综合点，如图 2-53b，然后框图就可以变成一个外环反馈包含一个内环反馈的结构，如图 2-53c，这样通过反馈结构的化简方法先化简内环反馈，再化简外环反馈，就可以得到系统的传递函数。

最后可以求出系统的传递函数为

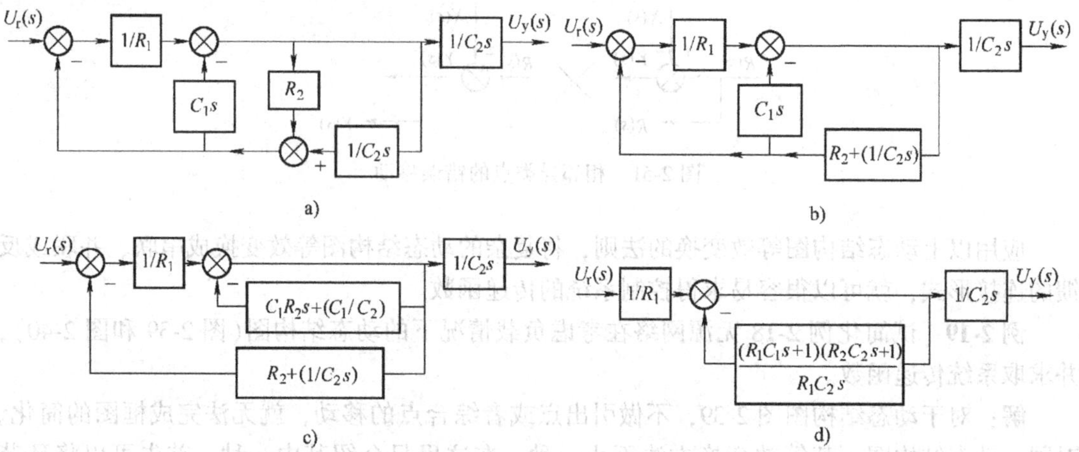

图 2-53　图 2-40 动态结构图的等效变换

$$\Phi(s)=\frac{U_y(s)}{U_r(s)}=\frac{1}{R_1R_2C_1C_2s^2+(R_1C_1+R_2C_2+R_1C_2)s+1} \tag{2-112}$$

比较式(2-111)和式(2-112)，可以看到，对于同一系统，选取的中间变量不一样，其动态结构图会不同，但是最后求得的系统的传递函数是一样的。

例 2-20　试简化 2-54 所示动态结构图，并求取系统的传递函数。

解：对于图 2-54 所示动态结构图，可以想办法合并相邻同类点，然后一层一层地化简。例如可以将 $G_2(s)$ 前面的引出点后移，如图 2-55a 所示，就可以先化简掉一个并联结构，如图 2-55b 所示，接着将 $G_2(s)$ 前面的引出点前移，就消除了动态结构图中所有的交叉信号线，如图 2-55c 所示，然后对图 2-55c 中的小内环反馈结构和外部的并联结构进行化简，就可以得到图 2-55d，最后应用反馈结构的化简方法就可以得到系统的传递函数。

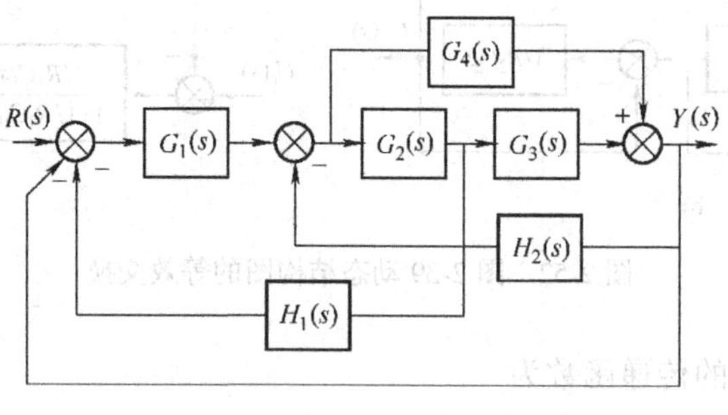

图 2-54　动态结构图

最后可以求出系统的传递函数为

$$\Phi(s)=\frac{Y(s)}{R(s)}=\frac{G_1(G_2G_3+G_4)}{1+(G_2G_3+G_4)H_2+G_1(G_2H_1+G_2G_3+G_4)} \tag{2-113}$$

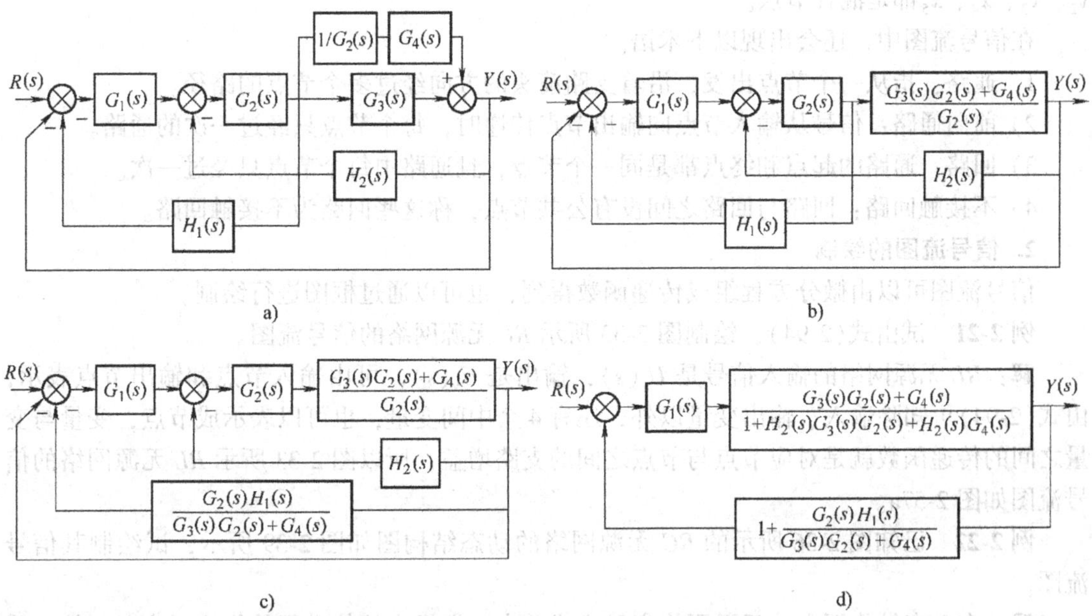

图 2-55　例 2-20 的动态结构图等效变换过程

2.4.4　信号流图及梅逊增益公式

信号流图和动态结构图相似，都是用图示的方法表示控制系统的结构和信号传递过程，所以也是一种数学模型。当系统的动态结构图复杂，应用动态结构图的等效变换求取系统的传递函数就变得非常烦琐，而信号流图不需要作等效变换，利用梅逊增益公式就可以求得控制系统中任意两个变量之间的传递函数。

1. 信号流图的组成

信号流图由节点和支路组成如图 2-56 所示。其中节点由小圆圈表示，代表系统变量；支路由有向线段表示，代表变量信号的传递方向；在支路线段上标有支路所连接节点之间的传递函数，称为支路增益。

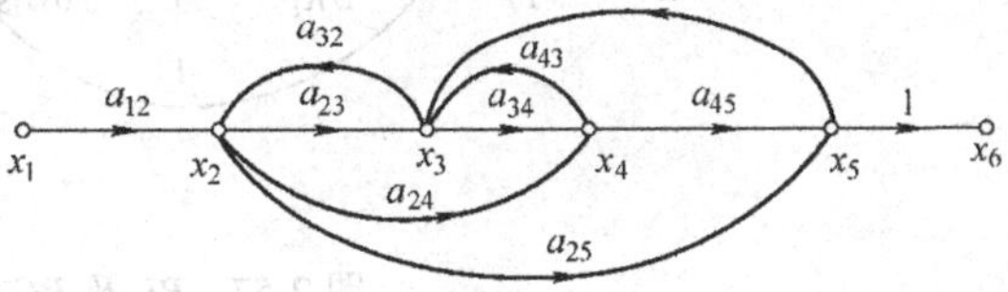

图 2-56　信号流图

信号流图中的节点主要有以下 3 种。

1）源节点：只有信号输出支路，而没有输入支路的节点，称为源节点，它一般表示系统的输入信号，所以也称为输入节点，图 2-56中 x_1 就是源节点。

2）阱节点：只有信号输入支路，而没有输出支路的节点，称为阱节点，它一般表示系统的输出信号，所以也称为输出节点。有时信号流图中没有一个节点是仅具有输入支路的，只要定义信号流图中任一变量为输出变量，如图 2-56 中的 x_5，然后从该节点变量引出一条增益为 1 的支路，即可形成个阱节点，如图 2-56 中的 x_6。

3）混合节点：既有信号输入支路，又有输出支路的节点，称为混合节点，图 2-56 中的

x_2、x_3、x_4、x_5都是混合节点。

在信号流图中，还会出现以下术语。

1）通路：指从一个节点出发，沿着支路箭头的方向经过多个节点的路径。

2）前向通路：信号从输入节点向输出节点传递时，每个节点只经过一次的通路。

3）回路：通路的起点和终点都是同一个节点，且通路中每个节点只经过一次。

4）不接触回路：回路与回路之间没有公共节点，称这些回路为不接触回路。

2. 信号流图的绘制

信号流图可以由微分方程组或传递函数得到，也可以通过框图进行绘制。

例 2-21 试由式(2-94)，绘制图 2-33 所示 *RL* 无源网络的信号流图。

解： *RL* 无源网络的输入信号是 $U_r(s)$，输出是 $U_y(s)$，可由输入节点和输出节点表示，由式(2-94)可知除输入、输出变量以外，还有 4 个中间变量，也可以表示成节点，变量与变量之间的传递函数就是对应节点与节点之间的支路增益，所以图 2-33 所示 *RL* 无源网络的信号流图如图 2-57a。

例 2-22 已知图 2-36 所示的 *RC* 无源网络的动态结构图如图 2-39 所示，试绘制其信号流图。

解： 在动态结构图中，只需要将变量变成节点，方框中的传递函数作为对应通路的支路增益就可得到 *RC* 无源网络的信号流图，如图 2-57b 所示。

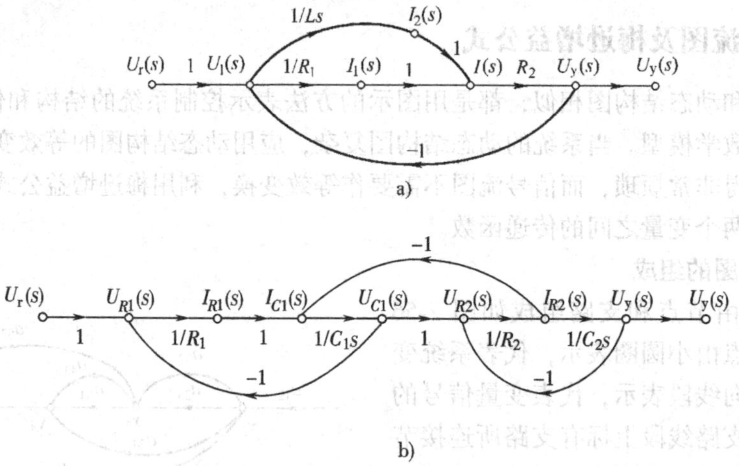

图 2-57 *RL* 及 *RC* 无源网络的信号流图

a) *RL* 无源网络 b) *RC* 无源网络

3. 梅逊增益公式

框图的化简规则对信号流图也是适用的，但是应用框图的化简方法化简信号流图，仍然显得烦琐，而应用梅逊增益公式，可以直接求出任意源节点和阱节点之间的传递函数$G(s)$，梅逊增益公式为

$$G(s)=\frac{1}{\Delta}\sum_{k=1}^{n}P_k\Delta_k \tag{2-114}$$

梅逊增益公式(2-114)中 Δ 为特征式，其计算公式为

$$\Delta = 1 - \sum L_1 + \sum L_2 - \sum L_3 + \cdots + (-1)^m \sum L_m \tag{2-115}$$

梅逊增益公式(2-114)中 P_k 为第 k 条前向通道总增益；Δ_k 为第 k 条前向通路特征式的余子式，即把与该通路相接触的回路增益置为零后，特征式 Δ 所余下的部分，也就是与第 k 条前向通路不相接触的那一部分信号流图的特征式；在特征式(2-115)中 $\sum L_1$ 是所有单独回路的增益之和，$\sum L_2$ 是所有两个互不接触回路的增益乘积之和，$\sum L_3$ 是所有三个互不接触回路的增益乘积之和，$\sum L_m$ 是所有 m 个互不接触回路的增益乘积之和。

例 2-23　试利用梅森增益公式求图 2-57b 所示信号流图的传递函数 $U_y(s)/U_r(s)$。

解：1) 图 2-57b 所示信号流图只有一条前向通道(如图 2-58a 所示)。

所以

$$P_1 = \frac{1}{R_1}\frac{1}{C_1 s}\frac{1}{R_2}\frac{1}{C_2 s} = \frac{1}{R_1 R_2 C_1 C_2 s^2}$$

2) 信号流图中有三个单独回路(如图 2-58b~2-58c 所示)。

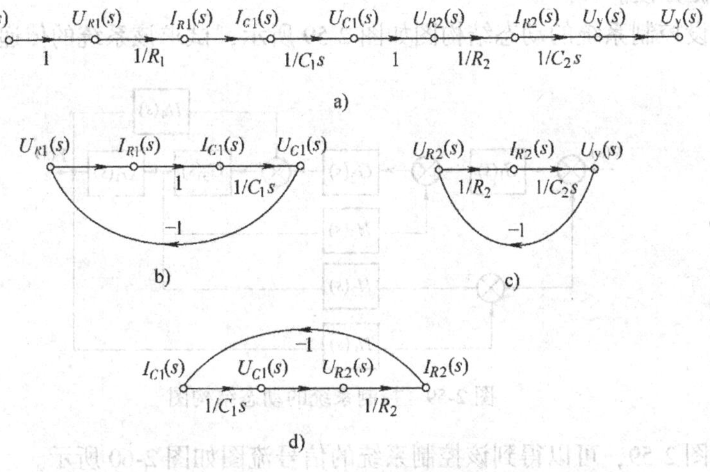

图 2-58　例 2-23 梅逊增益公式中的前向通道及单独回路

① 图 2-58b 所示单独回路 a 的增益如下

$$L_a = \frac{1}{R_1}\frac{1}{C_1 s}(-1) = -\frac{1}{R_1 C_1 s}$$

② 图 2-58c 所示单独回路 b 的增益如下

$$L_b = \frac{1}{R_2}\frac{1}{C_2 s}(-1) = -\frac{1}{R_2 C_2 s}$$

③ 图 2-58d 所示单独回路 c 的增益如下

$$L_c = \frac{1}{R_2}\frac{1}{C_1 s}(-1) = -\frac{1}{R_2 C_1 s}$$

所以

$$\sum L_1 = L_a + L_b + L_c = -\left(\frac{1}{R_1 C_1 s} + \frac{1}{R_2 C_2 s} + \frac{1}{R_2 C_1 s}\right)$$

其中，回路 a 和回路 b 是两个互不接触的回路，所以

$$\sum L_2 = L_a L_b = \frac{1}{R_1 R_2 C_1 C_2 s^2}$$

信号流图中没有三个互不接触的回路，所以

$$\sum L_3 = 0$$

则 $\Delta = 1 - \sum L_1 + \sum L_2 - \sum L_3 = \dfrac{R_1R_2C_1C_2s^2 + (R_1C_1 + R_2C_2 + R_1C_2)s + 1}{R_1R_2C_1C_2s^2}$

信号流图中唯一的一条前向通道和所有的回路都有接触，所以

$$\Delta_1 = 1$$

3）把以上要素代入梅逊增益公式，就可以得到传递函数

$$\frac{U_y(s)}{U_r(s)} = \frac{1}{R_1R_2C_1C_2s^2 + (R_1C_1 + R_2C_2 + R_1C_2)s + 1} \tag{2-116}$$

这个结果与用动态结构图化简得到的结果式(2-111)是一样，但是可以看到，应用梅逊增益公式更简捷方便。

例 2-24 设控制系统的动态结构图如图 2-59 所示，试求该系统的传递函数 $Y(s)/R(s)$。

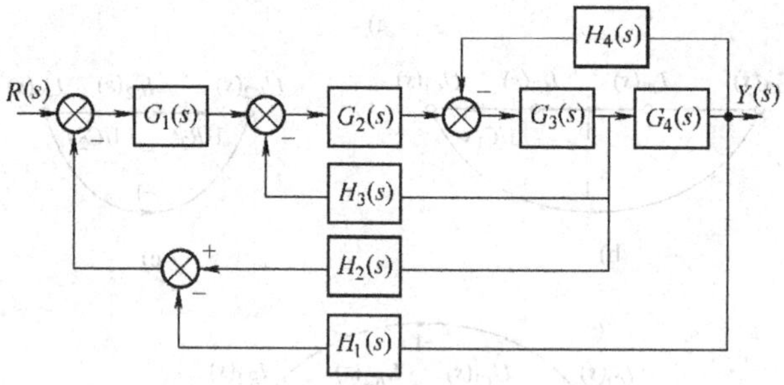

图 2-59 控制系统的动态结构图

解： 1) 由图 2-59，可以得到该控制系统的信号流图如图 2-60 所示。

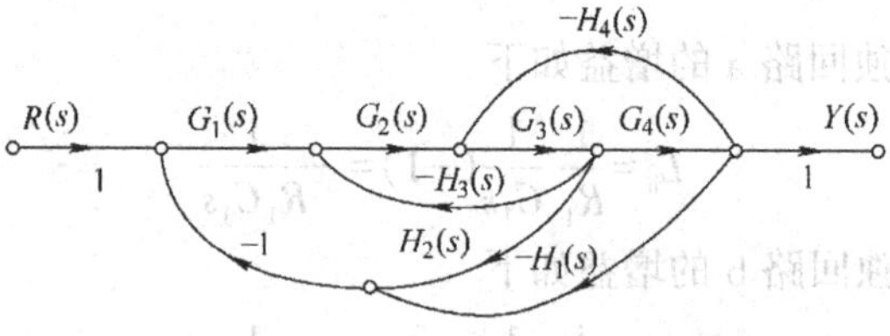

图 2-60 例 2-24 系统的信号流图

2）系统有一条前向通道，即 $P_1 = G_1(s)G_2(s)G_3(s)G_4(s)$。

3）信号流图有 4 个单独回路

$$L_a = -G_2G_3H_3, L_b = -G_1G_2G_3H_2, L_c = G_1G_2G_3G_4H_1, L_d = -G_3G_4H_4$$

系统 4 个回路都互相有接触，且与唯一的前向通道都有接触，所以

$$\Delta = 1 - \sum L_1 = 1 - (L_a + L_b + L_c + L_d) = 1 + G_2G_3H_3 + G_1G_2G_3H_2 + G_3G_4H_4 - G_1G_2G_3G_4H_1$$

$$\Delta_1 = 1$$

4）由梅逊增益公式得到系统的传递函数为

$$\frac{Y(s)}{R(s)}=\frac{G_1G_2G_3G_4}{1+G_2G_3H_3+G_1G_2G_3H_2+G_3G_4H_4-G_1G_2G_3G_4H_1} \tag{2-117}$$

例 2-25　已知系统的信号流图如图 2-61a 所示，求其传递函数 x_5/x_1。

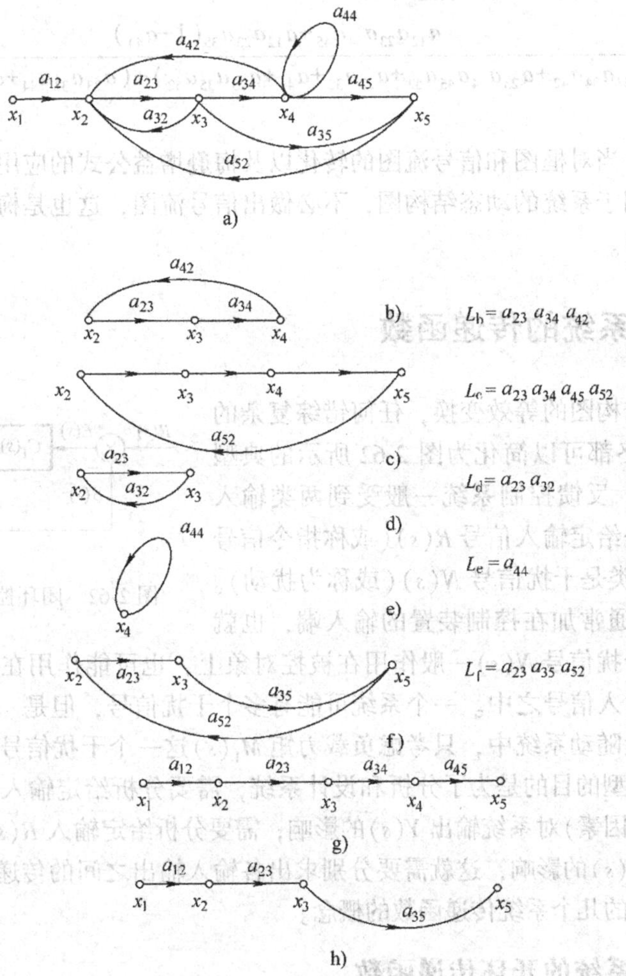

图 2-61　系统信号流图

解： 1）从图 2-61a 所示系统信号流图可以看到有 5 个单独回路，其中，图 2-61e 回路和图 2-61d、2-61f 回路是两两不接触回路，所以有

$$L_{de}=a_{23}a_{32}a_{44},L_{ef}=a_{23}a_{35}a_{52}a_{44}$$

则特征式为

$$\Delta=1-\sum L_1+\sum L_2=1-(L_b+L_c+L_d+L_e+L_f)+(L_{de}+L_{ef})$$

$$=1-(a_{23}a_{34}a_{42}+a_{23}a_{34}a_{45}a_{52}+a_{23}a_{32}+a_{44}+a_{23}a_{35}a_{52})+(a_{23}a_{32}a_{44}+a_{23}a_{35}a_{52}a_{44})$$

2）图 2-61 所示系统信号流图有两条前向通道，第一条前向通道与所有回路均有接触，

如图 2-61g 所示，可得

$$P_1=a_{12}a_{23}a_{34}a_{45}, \Delta_1=1$$

第二条前向通道与图 2-61e 所示回路不接触，如图 2-61h 所示，得到

$$P_2=a_{12}a_{23}a_{35}, \Delta_2=1-a_{44}$$

3）由梅逊增益公式就可以得传递函数

$$\frac{X_5(s)}{X_1(s)}=\frac{a_{12}a_{23}a_{34}a_{45}+a_{12}a_{23}a_{35}(1-a_{44})}{1-(a_{23}a_{34}a_{42}+a_{23}a_{34}a_{45}a_{52}+a_{23}a_{32}+a_{44}+a_{23}a_{35}a_{52})+(a_{23}a_{32}a_{44}+a_{23}a_{35}a_{52}a_{44})} \tag{2-118}$$

需要注意的是，当对框图和信号流图的转化以及梅逊增益公式的应用都较为熟练时，梅逊增益公式可直接用于系统的动态结构图，不必做出信号流图，这也是梅逊增益公式意义所在，读者可自己练习。

2.5 闭环控制系统的传递函数

经过系统动态结构图的等效变换，任何错综复杂的多回路控制系统最终都可以简化为图 2-62 所示的典型动态结构图(框图)。反馈控制系统一般受到两类输入信号的作用：一类是给定输入信号 $R(s)$(或称指令信号或输入信号)；另一类是干扰信号 $N(s)$(或称为扰动)。给定输入信号 $R(s)$通常加在控制装置的输入端，也就是系统的输入端。干扰信号 $N(s)$一般作用在被控对象上，也可能作用在其他元器件上，甚至可能混杂在给定输入信号之中。一个系统可能有多个干扰信号，但是一般只考虑其中最主要的，例如，在位置随动系统中，只考虑负载力矩 $M_L(s)$这一个干扰信号。

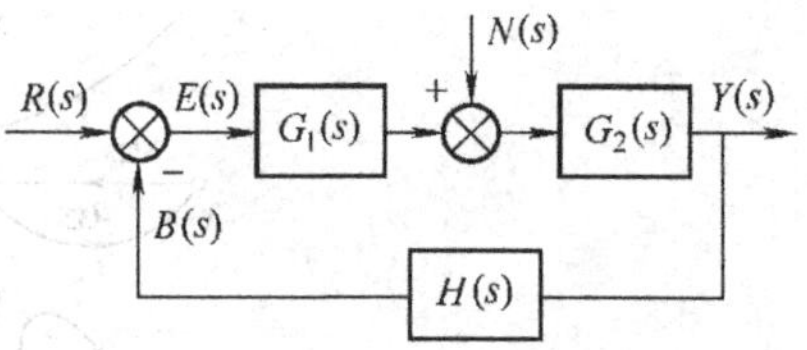

图 2-62 闭环控制系统典型框图

建立系统数学模型的目的是为了分析和设计系统，需要分析给定输入 $R(s)$(有用信号)、干扰输入 $N(s)$(不利因素)对系统输出 $Y(s)$的影响；需要分析给定输入 $R(s)$、干扰输入 $N(s)$对误差(偏差)信号 $E(s)$的影响，这就需要分别求出各输入输出之间的传递函数。本节将介绍控制系统中经常使用的几个系统传递函数的概念。

2.5.1 闭环控制系统的开环传递函数

在图 2-62 中，反馈信号 $B(s)$与偏差信号 $E(s)$之比，称为闭环系统的开环传递函数，如式(2-119)所示：

$$\frac{B(s)}{E(s)}=G_1(s)G_2(s)H(s) \tag{2-119}$$

即系统的开环传递函数等于前向通道的传递函数与反馈通道的传递函数的乘积。

如前所述，闭环系统的开环传递函数可有 3 种不同表达形式，其多项式比形式为

$$\frac{B(s)}{E(s)}=G_1(s)G_2(s)H(s)=\frac{b_0s^m+b_1s^{m-1}+\cdots+b_{m-1}s+b_m}{a_0s^n+a_1s^{n-1}+\cdots+a_{n-1}s+a_n}=\frac{M(s)}{N(s)} \tag{2-120}$$

式中，$M(s)=b_0s^m+b_1s^{m-1}+\cdots+b_{m-1}s+b_m$ 为分子多项式；$N(s)=a_0s^n+a_1s^{n-1}+\cdots+a_{n-1}s+a_n$ 为分母多项式，对于实际系统，总有 $n>m$。

开环传递函数通常已因式分解，其零极点形式为

$$\frac{B(s)}{E(s)}=G_1(s)G_2(s)H(s)=\frac{K^*(s-z_1)(s-z_2)\cdots(s-z_m)}{(s-p_1)(s-p_2)\cdots(s-p_n)} \tag{2-121}$$

式中，$K^*=b_0/a_0$，称为开环根轨迹增益；$z_j(j=1,2,\cdots,m)$称为开环零点；$p_i(i=1,2,\cdots,n)$称为开环极点。大多数常见的控制系统所有的开环零点$z_j(j=1,2,\cdots,m)$和极点$p_i(i=1,2,\cdots,n)$全部位于s平面虚轴以左及坐标原点上，则时间常数型开环传递函数可由各种典型环节串联组成

$$\frac{B(s)}{E(s)}=G_1(s)G_2(s)H(s)=\frac{K\prod\limits_{j=1}^{m}(T_js+1)}{s^{v}\prod\limits_{k=1}^{q}(T_ks+1)\prod\limits_{l=1}^{r}(T_l^{\,2}s+2\zeta_lT_{1s}+1)} \tag{2-122}$$

式中，$K=b_m/a_n$，称为开环增益或开环放大系数，系统开环传递函数分母阶次$n=v+q+2r$，其中v为积分环节个数，q为惯性环节个数，r为振荡环节个数，n为系统阶次。

系统开环传递函数的不同形式，用于系统分析和设计的不同场合。

2.5.2　给定输入信号作用下系统的闭环传递函数

当系统只有给定输入作用$R(s)$，而干扰作用$N(s)=0$时，图2-62变换为图2-63所示的框图，由图2-63就可以得到给定输入$R(s)$到输出$Y(s)$的闭环传递函数

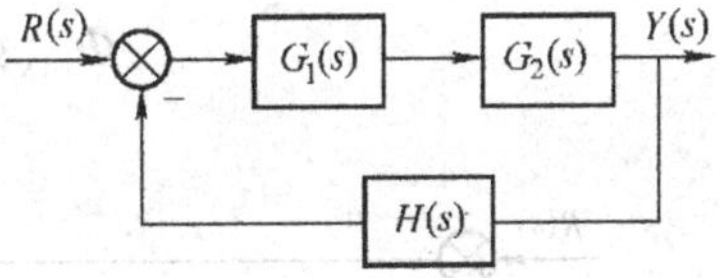

图2-63　$R(s)$作用下的系统框图

$$\Phi(s)=\frac{Y(s)}{R(s)}=\frac{G_1(s)G_2(s)}{1+G_1(s)G_2(s)H(s)} \tag{2-123}$$

称为在给定输入信号作用下系统的闭环传递函数，此时系统的输出为

$$Y(s)=\Phi(s)R(s)=\frac{G_1(s)G_2(s)}{1+G_1(s)G_2(s)H(s)}R(s) \tag{2-124}$$

2.5.3　干扰信号作用下系统的闭环传递函数

为了研究干扰对系统的影响，令$R(s)=0$，则图2-62变为图2-64，由图2-64可求得在干扰$N(s)$单独作用下系统的闭环传递函数为

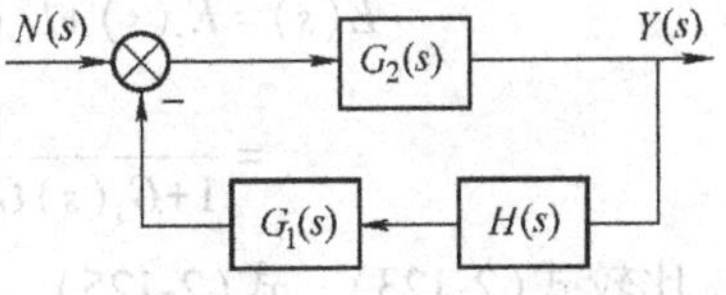

图2-64　$N(s)$作用下的系统框图

$$\Phi_{\mathrm{n}}(s)=\frac{Y(s)}{N(s)}=\frac{G_2(s)}{1+G_1(s)G_2(s)H(s)} \tag{2-125}$$

$N(s)$单独作用下系统输出量的拉普拉斯变换式为

$$Y(s)=\Phi_{\mathrm{n}}(s)N(s)=\frac{G_2(s)}{1+G_1(s)G_2(s)H(s)}N(s) \tag{2-126}$$

当给定输入$R(s)$和干扰输入$N(s)$同时作用时，根据线性系统的叠加原理，系统的总输出为

$$\begin{aligned}Y(s)&=Y_{\mathrm{r}}(s)+Y_{\mathrm{n}}(s)=\Phi(s)R(s)+\Phi_{\mathrm{n}}(s)N(s)\\&=\frac{G_1(s)G_2(s)}{1+G_1(s)G_2(s)H(s)}R(s)+\frac{G_2(s)}{1+G_1(s)G_2(s)H(s)}N(s)\end{aligned} \tag{2-127}$$

2.5.4 闭环控制系统的误差传递函数

闭环控制系统的误差 $e(t)$，定义为给定输入信号 $r(t)$ 与反馈信号 $b(t)$ 之差，即

$$\begin{cases} e(t)=r(t)-b(t) \\ E(s)=R(s)-B(s) \end{cases} \tag{2-128}$$

误差 $e(t)$ 的大小反映了控制系统的控制精度。因此有必要研究 $e(t)$ 与输入信号 $r(t)$ 和干扰输入信号 $n(t)$ 之间的数学关系。它们之间的关系用误差传递函数来描述。

(1) $R(s)$ 作用下系统的误差传递函数

令 $N(s)=0$，以 $E(s)$ 为输出量，则图 2-62 可变为图 2-65，此时系统的误差传递函数为

$$\Phi_e(s)=\frac{E(s)}{R(s)}=\frac{1}{1+G_1(s)G_2(s)H(s)} \tag{2-129}$$

(2) $N(s)$ 作用下系统的误差传递函数

令 $R(s)=0$，则图 2-62 变换为图 2-66，在 $N(s)$ 作用下的误差传递函数定义为 $\Phi_{en}(s)=E(s)/N(s)$，由图 2-66 可得到

$$\Phi_{en}(s)=\frac{E(s)}{N(s)}=\frac{-G_2(s)H(s)}{1+G_1(s)G_2(s)H(s)} \tag{2-130}$$

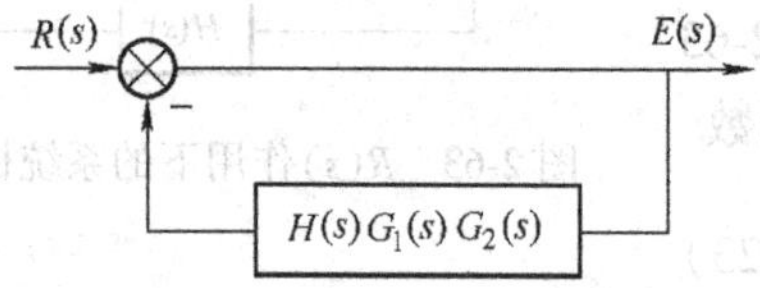

图 2-65 $R(s)$ 作用下的误差输出框图

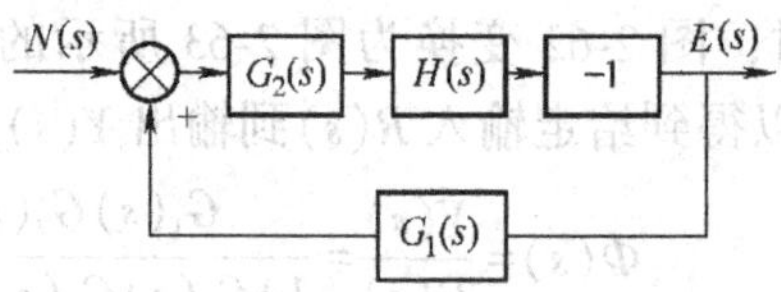

图 2-66 $N(s)$ 作用下的误差输出框图

由叠加原理求得系统的在给定输入 $r(t)$ 与干扰输入 $n(t)$ 同时作用下系统总的误差的拉普拉斯变换式为

$$\begin{aligned} E(s)&=E_r(s)+E_n(s)=\Phi_e(s)R(s)+\Phi_{en}(s)N(s) \\ &=\frac{1}{1+G_1(s)G_2(s)H(s)}R(s)+\frac{-G_2(s)H(s)}{1+G_1(s)G_2(s)H(s)}N(s) \end{aligned} \tag{2-131}$$

比较式(2-123)、式(2-125)、式(2-129)、式(2-130)可以发现，这 4 个闭环传递函数的分母都相同，因为是同一系统，各个闭环传递函数的分母都相等，等于“1+开环传递函数($G_1(s)G_2(s)H(s)$)”，差别只是各闭环传递函数的分子，即各输入到输出的前向通道传递函数不同。

将式(2-120)代入式(2-123)可得到

$$\Phi(s)=\frac{Y(s)}{R(s)}=\frac{G_1(s)G_2(s)}{1+M(s)/N(s)}=\frac{M_\Phi(s)}{N(s)+M(s)}=\frac{M_\Phi(s)}{D(s)} \tag{2-132}$$

由拉普拉斯变换可知，控制系统闭环传递函数的分母多项式，即系统微分方程的特征多项式 $D(s)$，等于系统开环传递函数分母多项式与分子多项式之和，即 $D(s)=N(s)+M(s)$。由于 $n>m$，所以闭环特征多项式 $D(s)$ 也是 n 阶的。$\Phi(s)$ 的分子多项式 $M_\Phi(s)=G_1(s)G_2(s)N(s)$，若闭环系统是单位负反馈的，即 $H(s)=1$，则 $M_\Phi(s)=M(s)$，否则 $M_\Phi(s)\neq M(s)$。将 $D(s)$

展开并进行因式分解可得到

$$D(s)=N(s)+M(s)=(s-p_1)(s-p_2)\cdots(s-p_n)+K^*(s-z_1)(s-z_2)\cdots(s-z_m)$$
$$=(s-s_1)(s-s_2)\cdots(s-s_n)$$

可见，闭环系统有 n 个闭环极点 $s_i(i=1,2,\cdots,n)$，闭环极点 $s_i(i=1,2,\cdots,n)$ 与开环极点 $p_i(i=1,2,\cdots,n)$ 个数相等，其值则由开环极点、开环零点及开环根轨迹增益共同决定。闭环传递函数的极点 $s_i(i=1,2,\cdots,n)$，即闭环系统特征方程 $D(s)=0$ 的根。通过上述分析可知，令开环传递函数分母多项式与其分子多项式的和为零，即可得到闭环系统微分方程的特征方程

$$D(s)=N(s)+M(s)=0 \tag{2-133}$$

2.5.5 多输入-多输出系统的传递函数矩阵

根据定义，传递函数只能用来描述系统的一个输入量与一个输出量之间的数学关系。多输入-多输出系统的输入量与输出量之间的关系可以用传递函数矩阵描述。图 2-67 所示系统有两个输入量和两个输出量。用叠加定理可以分别求出每一个输入量单独作用时，各输出量与各输入量之间的传递函数。

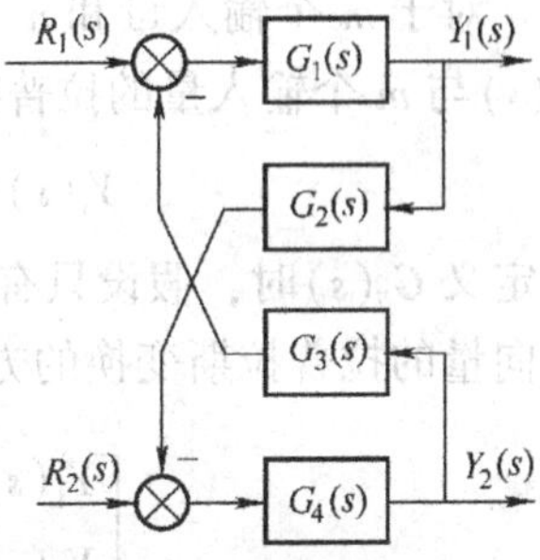

图 2-67 两输入-两输出系统框图

当 $R_1(s)$ 单独作用时，为了求出 $Y_1(s)$ 与 $R_1(s)$ 之间的传递函数，可将图 2-67 改画为图 2-68a，则 $Y_1(s)$ 相对于 $R_1(s)$ 的传递函数为

$$G_{11}(s)=\frac{Y_1(s)}{R_1(s)}=\frac{G_1(s)}{1-G_1(s)G_2(s)G_3(s)G_4(s)} \tag{2-134}$$

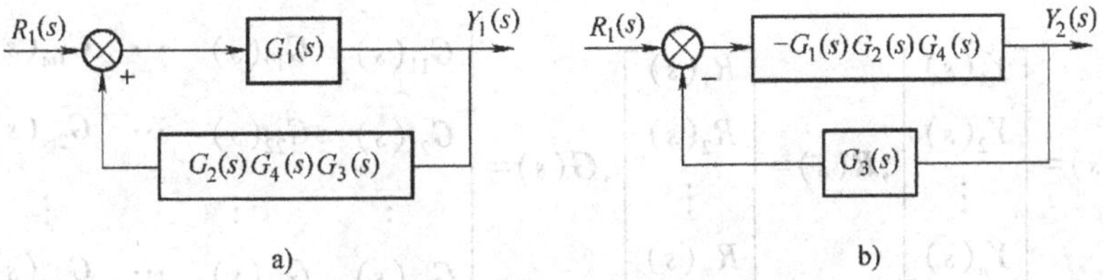

图 2-68 $R_1(s)$ 单独作用下的系统框图

$Y_2(s)$ 相对于 $R_1(s)$ 的结构图如图 2-68b 所示，其传递函数为

$$G_{21}(s)=\frac{Y_2(s)}{R_1(s)}=\frac{-G_1(s)G_2(s)G_4(s)}{1-G_1(s)G_2(s)G_3(s)G_4(s)} \tag{2-135}$$

同理，可得 $Y_1(s)$ 与 $R_2(s)$ 之间、$Y_2(s)$ 与 $R_2(s)$ 之间的传递函数为

$$G_{12}(s)=\frac{Y_1(s)}{R_2(s)}=\frac{-G_1(s)G_3(s)G_4(s)}{1-G_1(s)G_2(s)G_3(s)G_4(s)} \tag{2-136}$$

和

$$G_{22}(s)=\frac{Y_2(s)}{R_2(s)}=\frac{G_4(s)}{1-G_1(s)G_2(s)G_3(s)G_4(s)} \tag{2-137}$$

综上，各输入量与输出量之间的关系式为

$$\begin{cases} Y_1(s)=G_{11}(s)R_1(s)+G_{12}(s)R_2(s) \\ Y_2(s)=G_{21}(s)R_1(s)+G_{22}(s)R_2(s) \end{cases} \tag{2-138}$$

写成矩阵表示形式为

$$\begin{bmatrix} Y_1(s) \\ Y_2(s) \end{bmatrix}=\begin{bmatrix} G_{11}(s) & G_{12}(s) \\ G_{21}(s) & G_{22}(s) \end{bmatrix}\begin{bmatrix} R_1(s) \\ R_2(s) \end{bmatrix} \tag{2-139}$$

式中，$\begin{bmatrix} R_1(s) \\ R_2(s) \end{bmatrix}$为输入向量的拉普拉斯变换矩阵；$\begin{bmatrix} Y_1(s) \\ Y_2(s) \end{bmatrix}$为输出向量的拉普拉斯变换矩阵。联系这两个向量的二阶矩阵即为传递函数矩阵。

对于 m 个输入量和 n 个输出量的多输入-多输出系统，设第 i 个输出量的拉普拉斯变换 $Y_i(s)$ 与 m 个输入量的拉普拉斯变换之间的关系式为

$$Y_i(s)=G_{i1}(s)R_1(s)+G_{i2}(s)R_2(s)+\cdots+G_{im}(s)R_m(s) \tag{2-140}$$

在定义 $G_{ij}(s)$ 时，假设只有第 j 个输入量 $R_j(s)$ 起作用，其余的输入量均为零，将描述 n 个输出向量的拉普拉斯变换的方程写成矩阵的形式就有

$$\begin{bmatrix} Y_1(s) \\ Y_2(s) \\ \vdots \\ Y_n(s) \end{bmatrix}=\begin{bmatrix} G_{11}(s) & G_{12}(s) & \cdots & G_{1m}(s) \\ G_{21}(s) & G_{22}(s) & \cdots & G_{2m}(s) \\ \vdots & \vdots & & \vdots \\ G_{n1}(s) & G_{n2}(s) & \cdots & G_{nm}(s) \end{bmatrix}\begin{bmatrix} R_1(s) \\ R_2(s) \\ \vdots \\ R_m(s) \end{bmatrix} \tag{2-141}$$

式(2-141)给出了 m 个输入量与 n 个输出量之间的相互关系，可以简记为

$$\boldsymbol{Y}(s)=\boldsymbol{G}(s)\boldsymbol{R}(s) \tag{2-142}$$

式中 $\boldsymbol{Y}(s)=\begin{bmatrix} Y_1(s) \\ Y_2(s) \\ \vdots \\ Y_n(s) \end{bmatrix},\boldsymbol{R}(s)=\begin{bmatrix} R_1(s) \\ R_2(s) \\ \vdots \\ R_m(s) \end{bmatrix},\boldsymbol{G}(s)=\begin{bmatrix} G_{11}(s) & G_{12}(s) & \cdots & G_{1m}(s) \\ G_{21}(s) & G_{22}(s) & \cdots & G_{2m}(s) \\ \vdots & \vdots & & \vdots \\ G_{n1}(s) & G_{n2}(s) & \cdots & G_{nm}(s) \end{bmatrix}$

$\boldsymbol{Y}(s)$是输出向量的拉普拉斯变量矩阵，$\boldsymbol{R}(s)$是输入向量的拉普拉斯变量矩阵，$\boldsymbol{G}(s)$是 $\boldsymbol{Y}(s)$ 和 $\boldsymbol{R}(s)$之间的传递函数矩阵。

2.6 MATLAB 中数学模型的表示

2.6.1 数学模型的 MATLAB 表示及其转换

在 MATLAB 中常用到的传递函数形式主要有以下两种。

(1) 传递函数的有理分式形式

$$G(s)=\frac{Y(s)}{R(s)}=\frac{b_0s^m+b_1s^{m-1}+\cdots+b_{m-1}s+b_m}{a_0s^n+a_1s^{n-1}+\cdots+a_{n-1}s+a_n}$$

（2）传递函数的零、极点形式

$$G(s)=\frac{Y(s)}{R(s)}=\frac{K^*(s+z_1)(s+z_2)\cdots(s+z_m)}{(s+p_1)(s+p_2)\cdots(s+p_n)}$$

可以用conv( )函数、tf( )函数和zpk( )函数实现以上两种传递函数形式的表示。

例2-26　试给出以下传递函数在MATLAB中的表示方法

（1）$G_1(s)=\dfrac{2s^2+s+3}{s^4+2s^3+4s^2+3s+1}$

（2）$G_2(s)=\dfrac{6(s+1)}{(s+2)(s+3)}$

（3）$G_3(s)=\dfrac{s^2+2s+5}{(s+1)(s+2)(s+3)}$

解：（1）在MATLAB命令窗口（Command Window）输入以下命令

```
num=[2 1 3]
den=[1 2 4 3 1]
G1=tf(num,den)
```

或者只用一个命令

```
G1=tf([2 1 3],[1 2 4 3 1])
```

则可得到如下运行结果

```
num=
      2     1     3
den =
      1     2     4     3     1
Transfer function:
2 s^2 + s + 3
------------------------------
s^4 + 2 s^3 + 4 s^2 + 3 s + 1
```

（2）在MATLAB命令窗口（Command Window）输入以下命令

```
z= [-1]
p=[-2 -3]
k=6
G2=zpk(z,p,k)
```

则可得到如下运行结果

```
z =
    -1
p =
    -2     -3
k =
     6
Zero/pole/gain:
  6 (s+1)
-----------
```

```
(s+2) (s+3)
```

(3) 在 MATLAB 命令窗口(Command Window)输入以下命令

```
num= [1 2 5]
den=conv([1 1],conv([1 2],[1 3]))
G3=tf(num,den)
```

则可得到如下运行结果

```
num =
     1     2     5
den =
     1     6    11     6
Transfer function:
s^2 + 2 s + 5
----------------------
s^3 + 6 s^2 + 11 s + 6
```

在 MATLAB 中除了可以表示不同形式的传递函数，还可以应用 tf2zp( ) 函数和 zp2tf( ) 函数实现两种传递函数表示形式间的互化。

例 2-27 试将以下传递函数转换为零、极点表示形式

$$G(s)=\frac{6s^3+12s^2+6s+10}{s^4+2s^3+3s^2+s+1}$$

解： 在 MATLAB 命令窗口(Command Window)输入以下命令

```
num= [6 12 6 10]
den=[1 2 3 1 1]
[z p k]=tf2zp (num,den)
```

可得到如下运行结果

```
num =
     6    12     6    10
den =
     1     2     3     1     1
z =
  -1.9294
  -0.0353 + 0.9287i
  -0.0353 - 0.9287i
p =
  -0.9567 + 1.2272i
  -0.9567 - 1.2272i
  -0.0433 + 0.6412i
  -0.0433 - 0.6412i
k =
     6
```

则传递函数的零、极点形式为

$$G(s)=\frac{6(s+1.9294)(s+0.0353+0.9287i)(s+0.0353-0.9287i)}{(s+0.9567+1.2272i)(s+0.9567-1.2272i)(s+0.0433+0.6412i)(s+0.0433-0.6412i)}$$

例 2-28　试将以下传递函数转换为有理多项式表示形式

$$G(s)=\frac{(s+1)(s+4)}{(s+2)(s+3)(s+5)}$$

解： 在 MATLAB 命令窗口（Command Window）输入以下命令

```
z= [-1 -4]
p=[-2 -3 -5]
k=1
[num den]= zp2tf (z',p',k)
```

可得到如下运行结果

```
z =
    -1    -4
p =
    -2    -3    -5
k =
    1
num =
    0    1    5    4
den =
    1    10    31    30
```

则传递函数的零、极点形式为

$$G(s)=\frac{s^2+5s+4}{s^3+10s^2+31s+30}$$

2.6.2　应用 MATLAB 指令简化动态结构图

在 MATLAB 中，可以使用以下函数求取串联、并联和反馈连接的传递函数

[mum,den]=series(G1,G2,…,Gn)

[mum,den]=parallel (G1,G2,…,Gn)

[mum,den]=feedback(G1,G2,sign)（其中 sign 为“1”时，表示是正反馈，为“-1”时表示是负反馈，其缺省时，默认值为“-1”。）

例 2-29　试用 MATLAB 命令求取图 2-69 所示反馈系统的传递函数。

解： 在 MATLAB 命令窗口（Command Window）输入以下命令

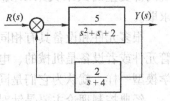

图 2-69　反馈系统框图

```
num1=[0 0 5]
den1=[1 1 2]
G1=tf(num1,den1)
num2=[2]
den2=[1 4]
H=tf(num2,den2)
G=feedback(G1,H)
```

可得到如下运行结果

```
num1 =
```

```
        0       0       5
den1 =
        1       1       2
Transfer function:
        5
-----------
s^2 + s + 2

num2 =
        2
den2 =
        1       4
Transfer function:
          2
        -----
        s + 4

Transfer function:
              5 s + 20
      ---------------------
      s^3 + 5 s^2 + 6 s + 18
```

小 结

控制系统的定性分析和定量计算都是在实际物理系统的数学模型上进行的，本章讨论了经典控制理论的主要数学模型中的微分方程、传递函数、动态结构图和信号流图。

控制系统的微分方程模型是描述系统动态特性最直观的一类数学模型，通过对微分方程模型的求解，可以得到系统在时间域中的输出表达式。传递函数模型是微分方程模型通过拉普拉斯变换得到的，当系统的结构或参数发生变化时，不须重新建立数学模型，方便系统的分析和计算。动态结构图和信号流图是控制系统数学模型的图形表示法，可以清楚地显示系统内部变量的因果关系以及环节之间信号传递、变换过程，且便于控制系统传递函数的求取。

很多元件和设备具有相同的数学模型，所以可以分为几种基本的典型环节，也就是说不管元件或者设备是机械的、电气的、液压的、电子的或者光学的等其他形式，只要它们的数学模型一样，就认为它们是同一种基本典型环节。

经典控制理论主要是针对线性控制系统的分析和研究，但是实际的控制系统都具有不同程度的非线性、时变特性，所以常需根据实际情况，在条件允许范围内，可以忽略一些次要因素；当系统具有连续变化的非线性特性时，可以在系统的静态工作点附近采用小偏差法对非线性特性方程进行线性化处理。

典型的反馈控制系统的输出是由给定输入信号和干扰信号共同激发产生的，可以利用线性系统的叠加特性对反馈控制系统进行分析。

习　题

2-1　控制系统的微分方程模型、传递函数模型和动态结构图各有什么特点？三者之间有什么联系？

2-2　试求下列函数的拉普拉斯变换式（设 $t<0$ 时 $f(t)=0$）。

(1) $f(t)=(t+2)(t+5)$　　(2) $f(t)=2(1-\cos 5t)$

(3) $f(t)=\sin\left(t+\dfrac{\pi}{3}\right)$　　(4) $f(t)=1-e^{-0.5t}$

2-3　试求下列函数的拉普拉斯反变换式（即原函数式）。

(1) $Y(s)=\dfrac{(s+3)}{(s+1)(s+5)}$　　(2) $Y(s)=\dfrac{5}{s(s+2)}$

(3) $Y(s)=\dfrac{1}{s(s^2+3s+2)}$　　(4) $Y(s)=\dfrac{s}{(s+5)(s^2+3s+2)}$

2-4　在零初始条件下，给系统施加单位阶跃信号，其输出响应为

$$y(t)=1-e^{-2t}+e^{-t}$$

试求该系统的传递函数。

2-5　某晶闸管整流器的输出电压

$$U_d=KU_{2\Phi}\cos\alpha$$

式中，K 为常数；$U_{2\Phi}$ 为整流变压器二次侧相电压有效值；α 为晶闸管的触发延迟角。设 α 在 α_0 附近作微小变化，试将 U_d 与 α 的关系式线性化。

2-6　试求图 2-70 所示电路的传递函数 $U_y(s)/U_r(s)$。

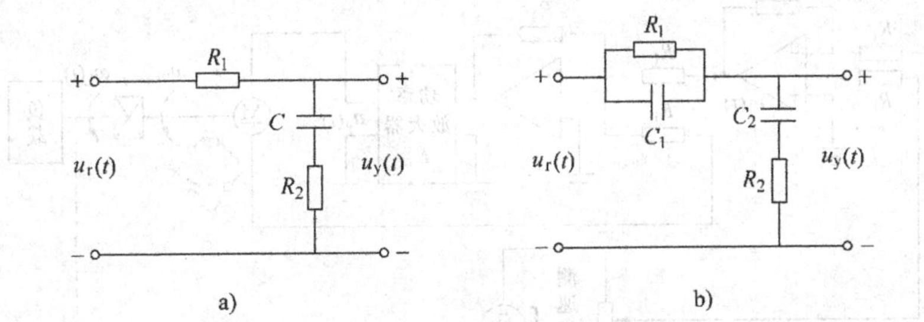

图 2-70　题 2-6 电路图

2-7　试求图 2-71 所示有源电路的传递函数 $U_y(s)/U_r(s)$。

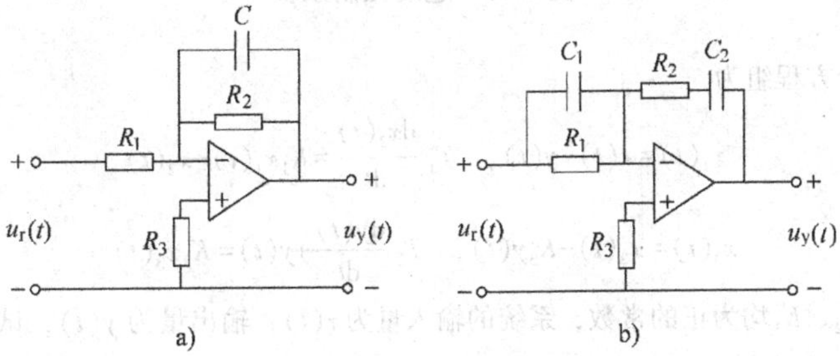

图 2-71　题 2-7 有源电路图

2-8 发电机-电动机组如图 2-72 所示。发电机励磁电压 u_f 为输入量，电动机轴的角位移 θ 为输出量。R_f，L_f 为发电机励磁绕组电阻和电感，i_f 为发电机励磁绕组的电流；R_a、L_a 分别为发电机和电动机的总电枢电阻和总电枢电感，i_a 为电枢电流，e_a 为发电机电枢感应电势，e_b 为电动机电枢反电势；ω_0 为发电机电枢转子的恒定转速，M 为电动机所生的主动力矩，J、f 分别是折算到电动机轴上的转动惯量和黏性摩擦系数。试画出系统的动态结构图，并求出传递函数 $\Theta(s)/U_f(s)$。

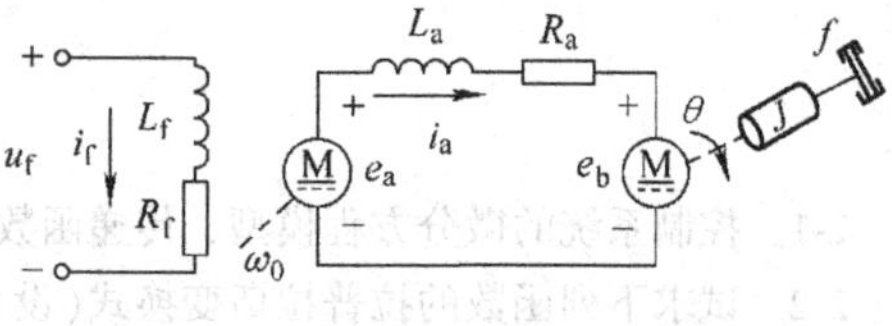

图 2-72 发电机-电动机组

2-9 系统的微分方程如下：

$$x_1(t)=r(t)-y(t)+K_5\frac{\mathrm{d}n}{\mathrm{d}t}$$

$$x_2(t)=K_1x_1(t)$$

$$\frac{\mathrm{d}x_3(t)}{\mathrm{d}t}=K_2x_2(t)$$

$$x_4(t)=x_3(t)-K_3n(t)$$

$$K_4x_4(t)=T\frac{\mathrm{d}y(t)}{\mathrm{d}t}+y(t)$$

其中，$r(t)$为给定输入信号；$n(t)$为干扰作用；$K_1\sim K_5$ 和 T 均为正常数。试画出系统的动态结构图，并求出传递函数 $Y(s)/R(s)$ 和 $Y(s)/N(s)$。

2-10 试绘制图 2-73 所示速度控制系统的结构图，并求取传递函数 $\Omega_L(s)/U_r(s)$。

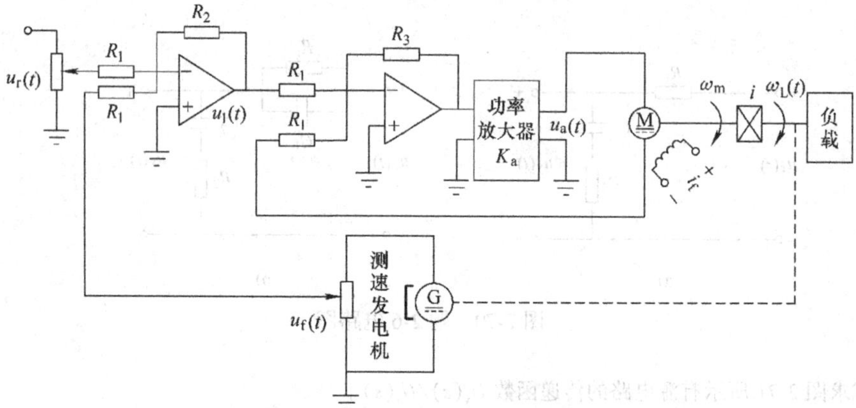

图 2-73 速度控制系统

2-11 系统的微分方程组为

$$x_1(t)=r(t)-y(t),\quad T_1\frac{\mathrm{d}x_2(t)}{\mathrm{d}t}=K_1x_1(t)-x_2(t)$$

$$x_3(t)=x_2(t)-K_3y(t),\quad T_2\frac{\mathrm{d}y(t)}{\mathrm{d}t}+y(t)=K_2x_3(t)$$

式中，T_1、T_2、K_1、K_2、K_3 均为正的常数，系统的输入量为 $r(t)$，输出量为 $y(t)$，试画出动态结构图，并求出传递函数 $Y(s)/R(s)$。

2-12 简化图 2-74 所示动态结构图，并求取传递函数 $Y(s)/R(s)$。

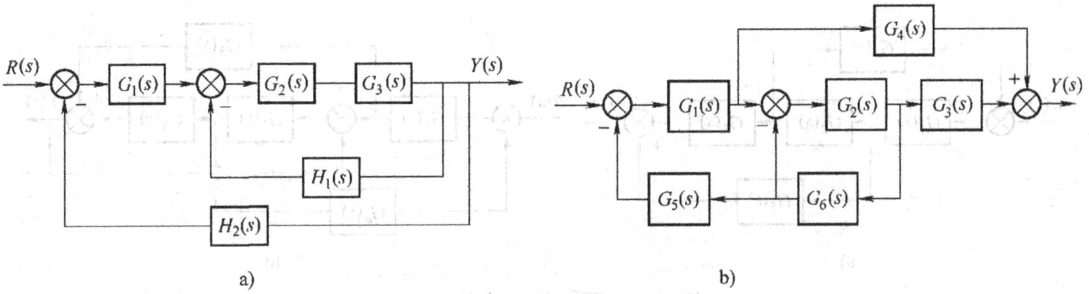

图 2-74　题 2-12 的动态结构图

2-13　简化图 2-75 所示动态结构图，并求取传递函数 $Y(s)/R(s)$。

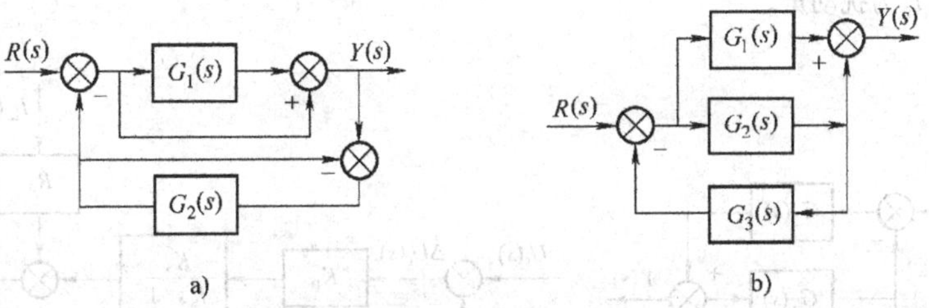

图 2-75　题 2-13 的动态结构图

2-14　简化图 2-76 所示动态结构图，并求取传递函数 $Y(s)/R(s)$。

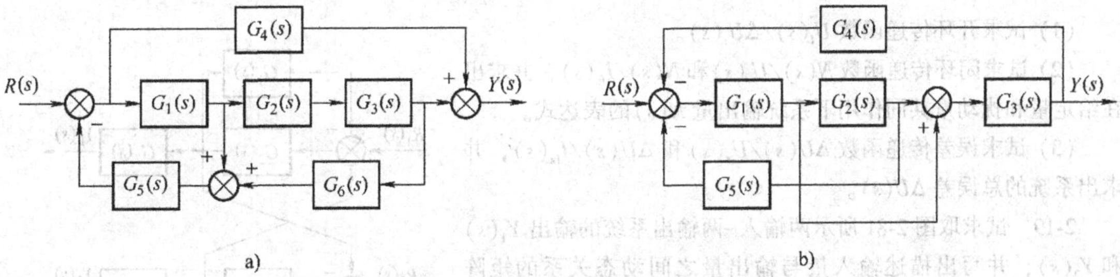

图 2-76　题 2-14 的动态结构图

2-15　简化图 2-77 所示动态结构图，并求取传递函数 $Y(s)/R(s)$。

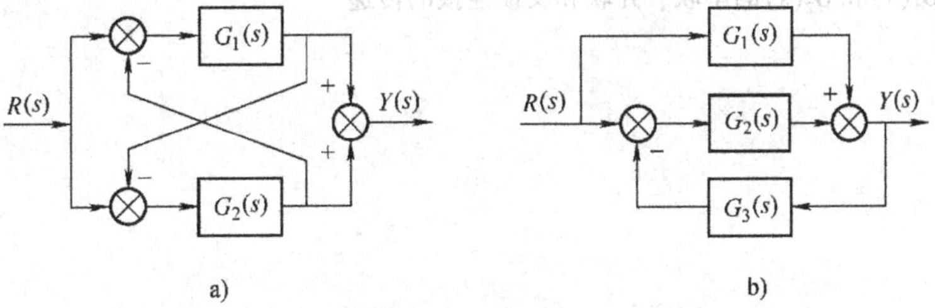

图 2-77　题 2-15 的动态结构图

2-16　试用梅逊公式求取图 2-78 所示动态结构图的传递函数 $Y(s)/R(s)$。

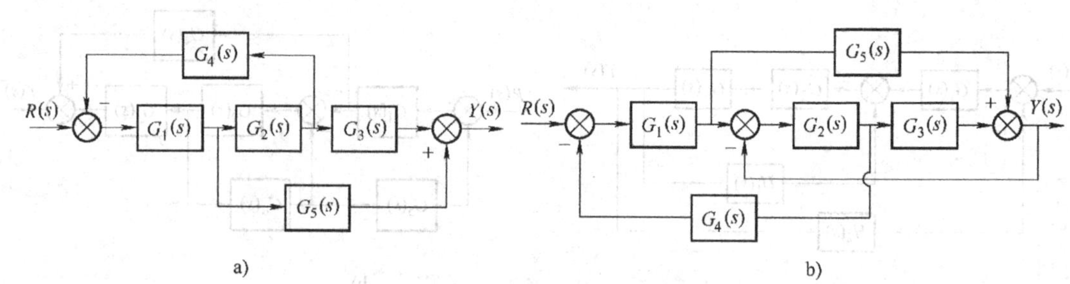

图 2-78 题 2-16 的动态结构图

2-17 简化图 2-79 所示动态结构图，并求取传递函数 $Y(s)/R(s)$。

2-18 某速度控制系统的动态结构图如图 2-80 所示，输入量为给定电压 u_r，输出量为直流电动机的转速为 n，负载电流 i_{fz}为扰动量。

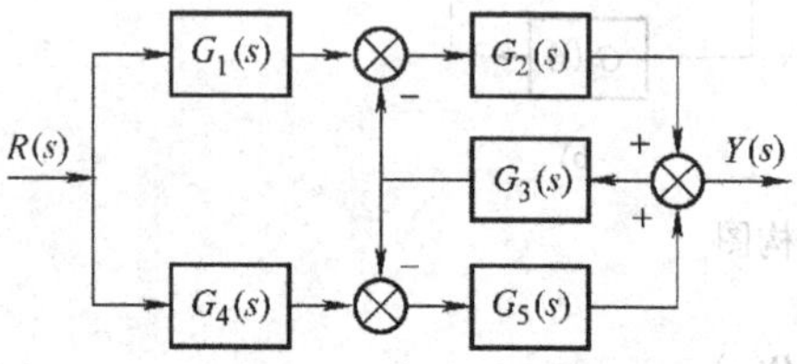

图 2-79 题 2-17 的动态结构图

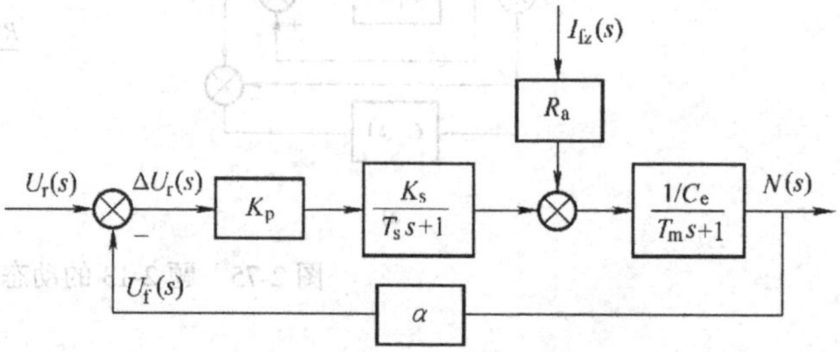

图 2-80 题 2-18 的动态结构图

（1）试求开环传递函数 $U_f(s)/\Delta U_r(s)$。

（2）试求闭环传递函数 $N(s)/U_r(s)$ 和 $N(s)/I_{fz}(s)$，并求出在给定量和扰动量共同作用下系统输出量 $N(s)$ 的表达式。

（3）试求误差传递函数 $\Delta U(s)/U_r(s)$ 和 $\Delta U(s)/I_{fz}(s)$，并求出系统的总误差 $\Delta U(s)$。

2-19 试求取图 2-81 所示两输入-两输出系统的输出 $Y_1(s)$ 和 $Y_2(s)$，并写出描述输入量与输出量之间动态关系的矩阵方程。

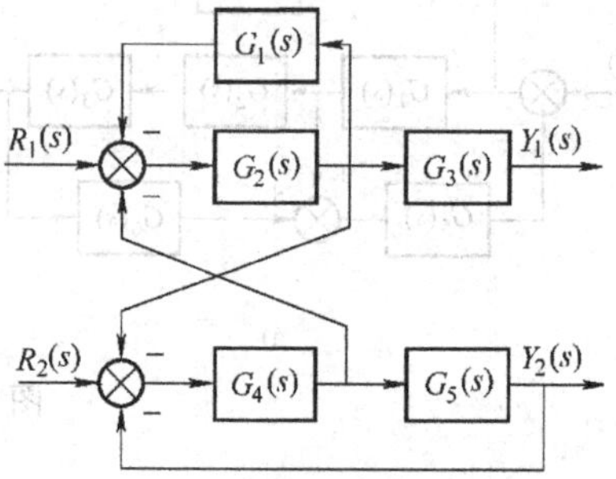

图 2-81 题 2-19 的动态结构图

2-20 设 $G_1(s)=\dfrac{2s^2+s+1}{s^3+s^2+2s+1}$，$G_2(s)=\dfrac{s+1}{s^2+s+1}$，试用 MATLAB 程序求 $G_1(s)$ 和 $G_2(s)$ 的串联、并联和反馈连接的传递函数。

第二篇

系统分析篇

本篇以传递函数为基础，分别在时域、复数域和频域中分析闭环控制系统的稳定性、稳态性能和动态性能；探讨控制系统结构、参数、输入作用与系统性能及其指标之间的关系，进而提出改善系统性能的措施。掌握控制系统分析方法，是对当今控制工程师的基本要求。

第3章　控制系统的时域分析

第2章主要介绍了控制系统的数学模型以及如何建立合理的数学模型。本章、第4章以及第5章将对建立的数学模型分别采用时域分析法、根轨迹法和频域分析法去分析系统的性能。系统的性能分析包括系统的动态性能、稳定性和稳态性能，基于此还可得到改善系统性能的方法。本章介绍的时域分析法是直接在时间域上对控制系统进行研究的方法，具有直观、易懂且较为准确的特点，可以提供系统响应的全部信息。主要思路是根据系统的微分方程或者由系统的框图得到的传递函数，采用数学工具拉普拉斯变换/反变换，在典型输入信号的作用下，计算各类系统对应的时间响应，并研究分析响应随时间的变化规律，判断系统的性能是否满足稳、准、快的要求，以及如何改善系统的性能。

3.1　引言

系统的时域响应即系统随时间的变化规律，不仅与系统本身结构和参数有关，而且与系统的输入信号和初始状态密切相关。在现实生活中，控制系统的输入信号由于不确定性的存在故而无法预先知道。因而了解掌握一些系统在典型输入信号的作用下的动态响应和性能指标是非常有必要的，在此基础上如何去改善系统的性能指标是对实际工程很有意义的一件事。值得注意的是，性能指标不仅可以在时域中提出，也可以在频域中提出。时域的性能指标在实际应用上更具直观性，通常可以通过系统时域响应曲线上的一些特征点去衡量系统性能。显然，研究系统的性能指标是针对稳定的系统而言的，不稳定的系统性能指标可能不存在或者没有意义。

3.1.1　典型输入信号

实际控制系统中，大部分输入是无法提前准确获知的，它们可能随着时间随机变化。例如在雷达跟踪系统中，所追踪目标的速度、位置等系统所需的输入信号可能以不可预测的方式在变化，它们无法被提前确定。这为系统的设计带来了一个难题，那就是如何设计出一个在所有可能输入信号情况下都能有良好表现的控制系统。因此，基于控制系统设计和分析的实际需要，人们提出了若干基本类型的典型输入信号。恰当地选取这些典型信号，不仅可以系统地对问题进行处理，而且还可以让设计者通过结合这些输入的响应，对更加复杂输入情况下的系统性能进行分析。控制系统常用的典型输入信号有如下5种。

1. 阶跃函数

阶跃函数的数学表达式为

$$r(t)=\begin{cases}0 & t<0\\ A & t\geqslant 0\end{cases} \tag{3-1}$$

式中，A 为常数，图像如图3-1所示，对应的拉普拉斯变换为

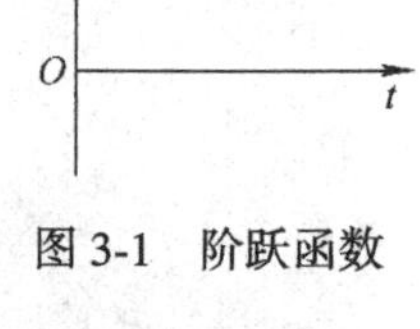

图3-1　阶跃函数

$$R(s)=L[A]=A/s \tag{3-2}$$

阶跃函数输入表示参考输入发生了瞬时变化。例如，当输入是机械轴的角位置，则阶跃输入代表轴的突然旋转。当 $A=1$ 时的阶跃函数称为单位阶跃函数，记为 $1(t)$，其拉普拉斯变换为

$$R(s)=1/s$$

阶跃函数作为测试信号非常有用，因为其初始幅度的瞬时跃变很好地揭示了系统在响应突然变化的输入时的快速性。因此，实际应用中，指令突然转变的控制系统，如室温、水位调节系统等都可以采用阶跃函数作为输入信号进行分析。

2. 斜坡函数(等速度函数)

斜坡函数的数学表达式为

$$r(t)=\begin{cases}0 & t<0\\ At & t\geqslant 0\end{cases} \tag{3-3}$$

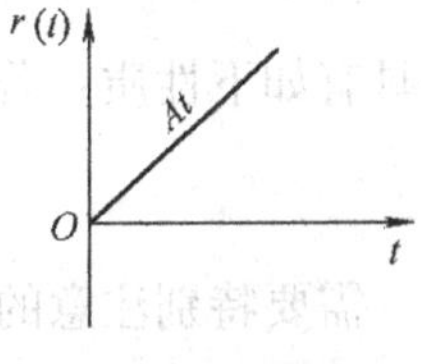

图 3-2　斜坡函数

式中，A 为常数，图像如图 3-2 所示，对应的拉普拉斯变换为

$$R(s)=L[At]=A/s^2 \tag{3-4}$$

斜坡函数描述了随时间匀速变化的信号。例如，当输入变量表示机械轴的角位移，斜坡输入表示轴的恒速旋转，故斜坡函数又称为等速度函数。当 $A=1$ 时，称 $r(t)=t$ 为单位斜坡函数，其拉普拉斯变换为 $R(s)=1/s^2$。

斜坡函数可以测试系统响应是否随时间线性变化，在实际应用中，飞机或通信卫星的跟踪控制系统，以及输入信号多为随时间逐渐增加的控制系统，都可以采用斜坡函数作为输入信号。

3. 加速度函数(抛物线函数)

加速度函数的数学表达式为

$$r(t)=\begin{cases}0 & t<0\\ \dfrac{A}{2}t^2 & t\geqslant 0\end{cases} \tag{3-5}$$

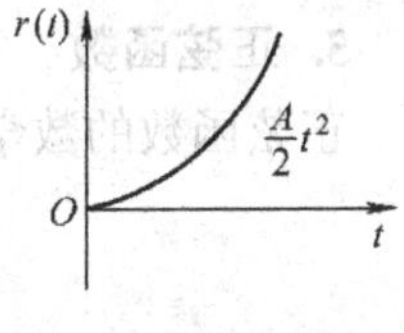

图 3-3　加速度函数

式中，A 为常数，图像如图 3-3 所示，对应的拉普拉斯变换为

$$R(s)=L\left[\frac{A}{2}t^2\right]=A/s^3 \tag{3-6}$$

加速度函数描述了随动系统中加入按照恒加速度变化的位置信号，且恒加速度为 A。故加速度函数又称为抛物线函数。当 $A=1$ 时，称 $r(t)=t^2/2$ 为单位加速度函数，其拉普拉斯变换为 $R(s)=1/s^3$。可以看出，单位加速度函数等于单位斜坡函数对时间的积分，而单位加速度函数对时间的导数等于单位斜坡函数。

斜坡函数和加速度函数是分析随动控制系统常用的典型输入信号。

4. 脉冲函数

脉冲函数的数学表达式为

$$r(t)=\begin{cases}\dfrac{A}{\varepsilon} & 0\leqslant t\leqslant \varepsilon\\ 0 & \text{其他}\end{cases} \tag{3-7}$$

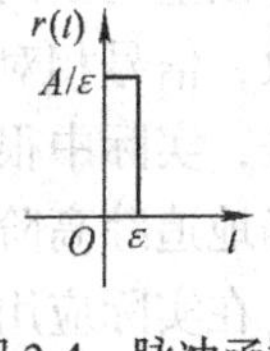

图 3-4　脉冲函数

式中，A 为常数，ε 为脉冲宽度，图像如图 3-4 所示，对应的拉普拉斯变换为

$$R(s)=L\left[\lim_{\varepsilon\to 0}\frac{A}{\varepsilon}\right]=A \tag{3-8}$$

在图 3-4 中，脉冲面积等于 $\varepsilon\times A/\varepsilon=A$。当 $A=1$、$\varepsilon\to 0$ 时称脉冲函数为单位脉冲函数，其拉普拉斯变换为 $R(s)=1$。单位脉冲函数又称 $\delta(t)$ 函数，其幅值很大(理论上认为是无穷大)，但它的面积为 1。可以看出，$\delta(t)$ 函数满足

$$\delta(t)=\begin{cases}\infty & t=0\\ 0 & t\neq 0\end{cases}$$

且

$$\int_{-\infty}^{\infty}\delta(t)\,\mathrm{d}t=1$$

并具有如下性质：若 $f(t)$ 为某个关于时间的函数，则

$$\int_{-\infty}^{\infty}f(t)\delta(t)\,\mathrm{d}t=f(0) \tag{3-9}$$

需要特别注意的是，单位脉冲函数在现实中是不存在的，它只是某些物理现象的数学抽象化处理的结果，但却是分析控制系统的重要数学工具。单位脉冲函数等于单位阶跃函数在间断点处的导数，即

$$\delta(t)=\frac{\mathrm{d}}{\mathrm{d}t}1(t) \tag{3-10}$$

反之，单位阶跃函数等于单位脉冲函数 $\delta(t)$ 对时间的积分。

实际中输入信号为脉冲函数的控制系统很少见，但有些系统的干扰信号却有类似脉冲函数的性质，例如火炮的目标跟踪系统在火炮发射时的后坐力，即可视为对其施加的脉冲形式的干扰信号。

5. 正弦函数

正弦函数的数学表达式为

$$r(t)=\begin{cases}0 & t<0\\ A\sin\omega t & t\geqslant 0\end{cases} \tag{3-11}$$

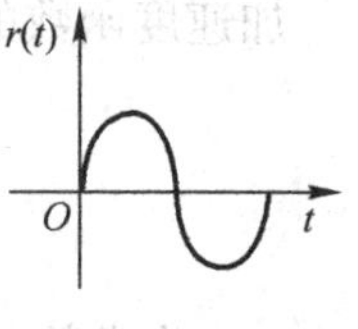

图 3-5 正弦函数

式中，A 为振幅，ω 为角频率，反映系统的输入作用为周期性的信号。图像如图 3-5 所示，其拉普拉斯变换为

$$R(s)=L[A\sin\omega t]=\frac{A\omega}{s^2+\omega^2} \tag{3-12}$$

当 $A=1$ 时称为单位正弦函数，其拉普拉斯变换为 $R(s)=\omega/(s^2+\omega^2)$。系统对不同频率的正弦函数输入的稳态响应称为频率响应，用它来分析研究控制系统就是频域分析，详见第 5 章内容。

在实际控制中，当系统的输入作用具有周期性的变化时，可选择正弦信号作为典型输入。例如海浪对船体的扰动，电源及机械振动的噪声等都可以用正弦函数来近似。

以上列出的 5 种典型输入信号都具有易用数学描述的特征。其中，从阶跃函数到加速度函数，信号相对于时间变化越来越快。理论上，可以定义速率更高的信号，例如 t^3、t^4 等。但是，实际中很少发现有必要使用比抛物线函数更快的测试信号。这是因为，系统如果想更准确地追踪高阶输入，必须在回路中加入高阶积分环节，这会导致严重的稳定性问题。

在实际应用中如何选择最合适的典型函数作为输入信号，可以根据系统常见工作状态进行选择；同时，在所有可能的输入中，往往选取最不利的信号作为输入。一般来说，若控制

系统的实际输入具有突变的特点，选用阶跃信号比较合适；若系统承受的输入多为随时间逐渐增加的信号，则应用斜坡信号较为合适；若系统的实际输入信号是冲击输入量时，采用脉冲函数信号作为典型输入更符合实际；如果是舰船上使用的控制系统，由于海浪的干扰，使用正弦信号是较为合理的选择。同时，由于系统的性能主要取决于系统的结构与参数，因而无论采用何种信号作为典型输入，对同一个线性控制系统而言，尽管得到不同的输出响应，其动态过程表征的系统性能却都是一致的。如上所述，单位脉冲、单位阶跃、单位斜坡和单位加速度这 4 种典型输入形式彼此之间存在着导数和积分的关系。对线性定常系统来说，输入作用之间存在着导数(或积分)关系，输出响应之间也存在着相应的导数(或积分)关系。因此分析系统动态性能时，选取一种能代表系统大多数实际状况、易于实现又便于系统分析和设计的典型输入作用下的响应进行研究即可。

3.1.2 控制系统时域响应的性能指标

在典型输入信号作用下，以阶跃响应为例，系统可能的响应过程如图 3-6 所示。

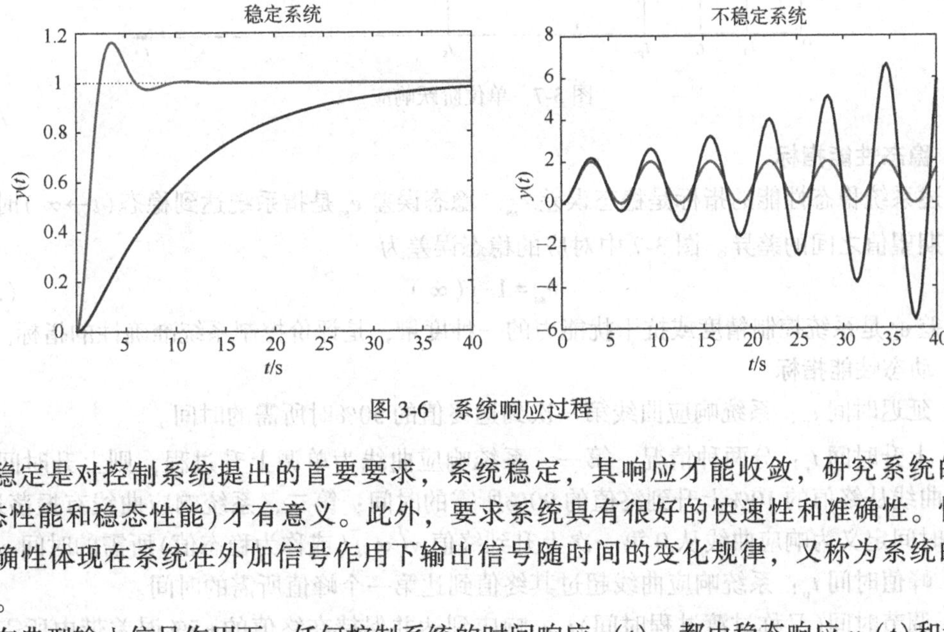

图 3-6 系统响应过程

稳定是对控制系统提出的首要要求，系统稳定，其响应才能收敛，研究系统的性能(动态性能和稳态性能)才有意义。此外，要求系统具有很好的快速性和准确性。快速性和准确性体现在系统在外加信号作用下输出信号随时间的变化规律，又称为系统的时间响应。

在典型输入信号作用下，任何控制系统的时间响应 $y(t)$，都由稳态响应 $y_{ss}(t)$ 和动态响应 $y_{tr}(t)$ 两部分组成，即系统的响应 $y(t)$ 可表示为 $y(t)=y_{ss}(t)+y_{tr}(t)$。稳态响应 $y_{ss}(t)$ 也称为稳态过程，是指在典型输入信号作用下，当时间 t 趋向无穷时的固有响应，亦即稳态响应是在瞬态响应消失后仍保留的部分。稳态响应表征了系统输出量最终复现输入量的程度，提供控制准确性(精度)的信息，由稳态性能来描述。动态响应 $y_{tr}(t)$ 又称为过渡过程或动态过程、瞬态过程，是指在典型输入信号作用下，系统输出量从初始状态到最终状态的响应过程。实际系统由于具有惯性、摩擦等原因，系统输出量不可能完全复现输入量的变化；随系统结构和参数选择不同，动态响应可能呈现为衰减、发散或等幅振荡等不同形式。因为稳定是对控制系统的首要要求，所以实际所需的动态响应必须是衰减的。动态响应提供了系统稳定性、响应速度及阻尼情况等信息，这些信息由动态性能描述。由此可知，控制系统在典型输入信号作用下的性能指标，通常由动态性能和稳态性能指标构成。

当系统给定输入 $r(t)=1(t)$ 时，典型的单位阶跃响应曲线 $y(t)$ 如图 3-7 所示，应当指出，可以为任何典型输入信号定义稳态误差，例如阶跃函数、斜坡函数、加速度函数，甚至是正弦函数。图 3-7 仅以单位阶跃函数为例进行说明。其对应的各项稳态性能指标和动态性能指标如下。

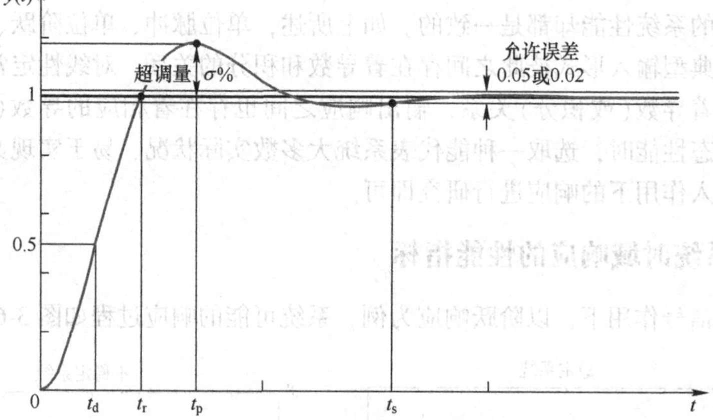

图 3-7　单位阶跃响应

1. 稳态性能指标

描述系统稳态性能的指标是稳态误差 e_{ss}。稳态误差 e_{ss} 是指系统达到稳态（$t\to\infty$）时实际输出与期望值之间的差异。图 3-7 中对应的稳态误差为

$$e_{ss}=1-y(\infty) \tag{3-13}$$

稳态误差 e_{ss} 是系统控制精度或抗干扰能力的一种度量，是评价控制系统准确性的指标。

2. 动态性能指标

1）延迟时间 t_d：系统响应曲线第一次到达终值的 50%时所需的时间。

2）上升时间 t_r：分两种情况，第一，系统响应曲线为单调上升过程，则上升时间定义为响应曲线从终值的 10%上升到终值的 90%所需的时间；第二，系统响应曲线有振荡过程，则上升时间定义为响应曲线从 0 第一次上升到终值 $y(\infty)$（或称为稳态值）所需的时间。

3）峰值时间 t_p：系统响应曲线超过其终值到达第一个峰值所需的时间。

4）调节时间（又称过渡过程时间）t_s：响应到达并保持在终值的±5%误差带内所需的最短时间。有时候也取终值的±2%作为误差范围来定义调节时间。

5）超调量 $\sigma\%$：响应的最大偏移量 $y(t_p)$ 与响应终值 $y(\infty)$ 的差，与响应终值 $y(\infty)$ 之比的百分数，即

$$\sigma\%=\frac{y(t_p)-y(\infty)}{y(\infty)}\times 100\% \tag{3-14}$$

6）振荡次数 N：调节时间内，响应曲线偏离终值 $y(\infty)$ 的振荡次数。

一般而言，对控制系统有三个要求：稳、准、快。其中，“稳”是最基本的要求，指的是系统在受到扰动后能够回到原来的平衡位置；“准”是稳态要求，指的是稳态输出与理想输出的误差即稳态误差要尽可能小；“快”是动态要求，指的是系统的过渡过程既要平稳，又要迅速。当这三个要求都满足时，该控制系统的性能是比较好的，但是在实际中并不是恰

好所有的要求都会同时满足，这时就要根据实际条件进行调整。

以上几个动态性能指标是针对系统的“快”这一要求提出来的，基本上能体现系统动态过程的特征。其中，上升时间 t_r 和峰值时间 t_p 用来评价系统的响应速度；延迟时间 t_d 反映系统响应初期的快速性；超调量 $\sigma\%$ 则可以直接体现系统的平稳性（相对稳定性）；调节时间 t_s 是体现系统动态过程持续的时间，从总体上可以反映系统的快速性；振荡次数 N 则是反映动态过程的平稳性。其实，这些动态性能指标之间是有联系的，故而并不是所有情况下都必须采用全部指标，而是常用超调量 $\sigma\%$ 和调节时间 t_s 作为表征系统动态性能的主要指标。

需要注意的是，对于三阶以上的高阶系统，要精确地确定上面提出的几种动态性能指标是很困难的。

3.2　控制系统的动态性能分析

系统的动态性能描述的是系统动态响应的快速性和平稳性，在这一节里，将对一阶系统、二阶系统以及高阶系统进行动态性能分析，主要包括在一些典型输入作用下对应的输出响应，以及计算在3.1节提到的动态性能指标，并根据这些性能指标对系统的动态过程进行简要分析。由于高阶系统最终可以转化为一阶和二阶系统的复合，所以本章的研究重点对象主要放在一阶系统和二阶系统，其中二阶系统对实际工程具有重要的指导意义。

3.2.1　一阶系统的时域分析

若系统的表达式为一阶微分方程，则称系统为一阶系统。一些控制装置的元部件和简单的控制系统都是一阶系统，如 RC 电路、发电机、加热器、液位控制系统等。而有的高阶系统的特性，也可用一阶系统特性来近似表征。

1. 一阶系统的数学模型

一阶系统的微分方程为

$$T\frac{\mathrm{d}y(t)}{\mathrm{d}t}+y(t)=r(t) \tag{3-15}$$

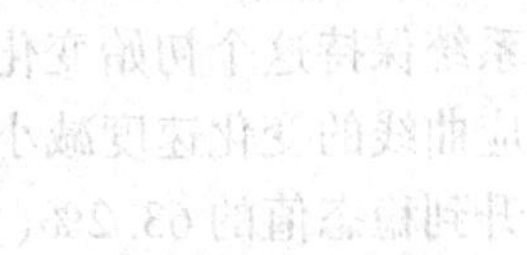

图3-8　典型一阶系统框图

式中，$r(t)$ 为输入量，$y(t)$ 为输出量，T 为时间常数。

一阶系统的典型结构如图3-8所示，这样的单位负反馈系统称为典型一阶系统。该系统的开环传递函数为

$$G(s)=\frac{1}{Ts}$$

那么，对应的闭环传递函数为

$$\Phi(s)=\frac{G(s)}{1+G(s)}=\frac{Y(s)}{R(s)}=\frac{1}{Ts+1} \tag{3-16}$$

不难发现，一阶系统实际上是一个惯性环节，时间常数 T 是表征系统惯性的一个重要参数。在物理性质不同的一阶系统中，时间常数 T 具有不同的物理意义，但是总具有时间“秒”的量纲。$s=-1/T$ 是一阶系统的唯一一个实极点。

2. 一阶系统的单位阶跃响应

当一阶系统的输入信号为单位阶跃时，即 $r(t)=1(t)$，$R(s)=1/s$，那么对应的单位阶跃响应的拉普拉斯变换为

$$Y(s)=\Phi(s)R(s)=\frac{1}{Ts+1}\cdot\frac{1}{s}=\frac{1}{s}-\frac{T}{Ts+1} \tag{3-17}$$

对 $Y(s)$ 进行拉普拉斯反变换，可以得到一阶系统的单位阶跃响应为

$$y(t)=L^{-1}[Y(s)]=1-e^{-t/T} \tag{3-18}$$

容易看出，$y(t)$ 由两部分构成，即

$$y(t)=y_{ss}(t)+y_{tr}(t) \tag{3-19}$$

式中，$y_{ss}(t)=1$ 为阶跃响应的稳态分量，它等于单位阶跃输入的幅值。$y_{tr}(t)=-e^{-t/T}$ 为阶跃响应的动态分量，由于 $T>0$，所以

$$\lim_{t\to\infty}y_{tr}(t)=\lim_{t\to\infty}-e^{-t/T}=0 \tag{3-20}$$

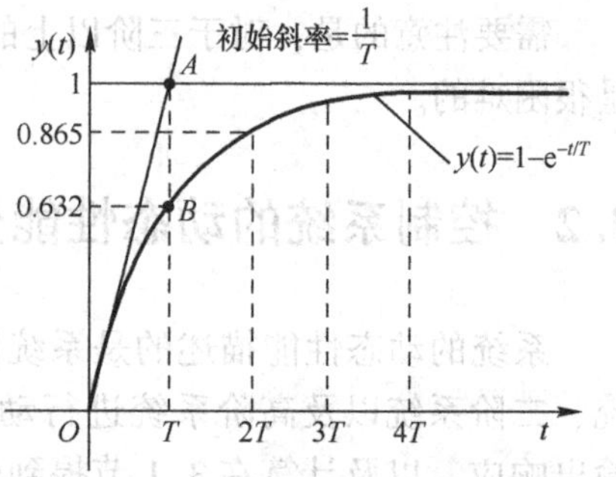

图 3-9 典型一阶系统的单位阶跃

如图 3-9 所示是典型一阶系统的单位阶跃响应，它是一个非周期过程，且曲线由零开始按指数规律上升，最终趋于稳态值 1。单位阶跃响应曲线主要有以下两个重要特点。

1）时间常数 T 是表征一阶系统响应特性的唯一参数，可以用 T 值度量系统输出量的大小。见表 3-1，当 t 分别为 $T,2T,3T$ 和 $4T$ 时，$y(t)$ 的数值分别等于终值的 63.2%，86.5%，95%，98.2%。根据 $y(t)$ 随时间变化的规律，既可以用实验的方法测定一阶系统的时间常数，又可以判定所测系统是否为一阶系统。

表 3-1 一阶系统的单位阶跃响应

t	0	T	$2T$	$3T$	$4T$	…	∞
$y(t)$	0	0.632	0.865	0.95	0.982	…	1.0

2）响应曲线 $y(t)$ 在 $t=0$ 处的斜率是最大的，且阶跃响应的初始斜率为

$$\left.\frac{dy(t)}{dt}\right|_{t=0}=\left.\frac{d(1-e^{-t/T})}{dt}\right|_{t=0}=\frac{1}{T} \tag{3-21}$$

这表明，$y(t)$ 在 $t=0$ 点处的切线和稳态值交点（如图 3-9 中的 A 点）的时间坐标为 T。如果系统保持这个初始变化速度不变，当 $t=T$ 时，输出就可以达到稳态值；实际上当 $t>0$ 时，响应曲线的变化速度减小，经过 T 时刻响应只达到稳态值的 63.2%，系统的阶跃响应由零上升到稳态值的 63.2%（如图 3-9 中的 B 点）所需的时间就是系统的时间常数 T，初始斜率特性也是常用于确定一阶系统时间常数的方法之一。由于 $t>0$ 各点变化速度皆不相等，响应曲线呈非周期过程。因此惯性环节也称为非周期环节。

显然，一阶系统的单位阶跃响应不存在超调量和峰值时间。性能指标调节时间可由表 3-1 得到，即

$$t_s=\begin{cases}3T & (\Delta=\pm5\%)\\ 4T & (\Delta=\pm2\%)\end{cases}$$

根据单位阶跃响应公式，即式(3-18)可计算上升时间：$t_r=2.20T$，延迟时间 $t_d=0.69T$。可见，时间常数 T 很好地反映了一阶系统的惯性，T 越小一阶系统的惯性越小，响应过程越快，快速性越好。

由式(3-18)可知，典型一阶系统的单位阶跃响应的稳态分量为1，输出响应等于给定值，所以是没有稳态误差的，$e_{ss}=0$。这与典型一阶系统是Ⅰ型系统，稳态下可以准确复现阶跃输入的结论是一致的。

例 3-1　一阶系统结构图如图3-10所示，试求系统单位阶跃响应的调节时间 t_s。如果要求调节时间 $t_s \leqslant 0.3\text{s}(\Delta=\pm5\%)$，试求反馈系数 K_t。

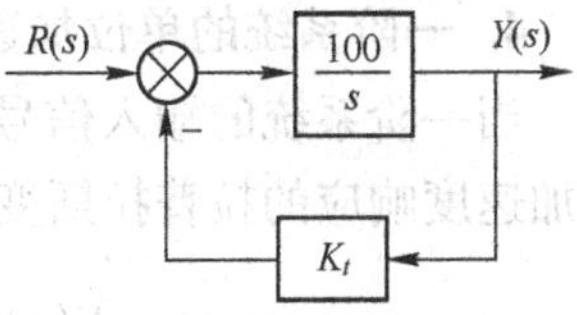

图 3-10　系统框图

解：首先求出系统闭环传递函数

$$\Phi(s)=\frac{Y(s)}{R(s)}=\frac{\dfrac{100}{s}}{1+\dfrac{100}{s}\times K_t}=\frac{\dfrac{1}{K_t}}{\dfrac{1}{100K_t}s+1}$$

由闭环传递函数可知

$$T=\frac{1}{100K_t}$$

调节时间 t_s 为

$$t_s=\begin{cases}\dfrac{0.03}{K_t}\text{s} & (\Delta=\pm5\%)\\[2ex] \dfrac{0.04}{K_t}\text{s} & (\Delta=\pm2\%)\end{cases}$$

根据题意要求 $t_s \leqslant 0.3\,\text{s}(\Delta=\pm5\%)$，则 $t_s=3T=\dfrac{0.03}{K_t}\text{s}\leqslant 0.3\,\text{s}$，可得 $K_t \geqslant 0.1$。

3. 一阶系统的单位斜坡响应

当一阶系统的输入信号为单位斜坡函数时，即 $r(t)=t, R(s)=1/s^2$，那么对应的单位斜坡响应的拉普拉斯变换为

$$Y(s)=\frac{1}{Ts+1}\cdot\frac{1}{s^2}=\frac{1}{s^2}-\frac{T}{s}+\frac{T}{s+1/T} \tag{3-22}$$

对 $Y(s)$ 进行拉普拉斯反变换，得到一阶系统单位斜坡响应为

$$y(t)=L^{-1}[Y(s)]=(t-T)+Te^{-t/T} \tag{3-23}$$

式中，$(t-T)$ 为稳态分量，它是一个与输入斜坡函数相同但时间滞后 T 的斜坡函数，因此在位置上存在跟踪误差，误差值为时间常数 T，即稳态误差为

$$e_{ss}=\lim_{t\to\infty}[r(t)-y(t)]=t-(t-T)=T \tag{3-24}$$

$Te^{-t/T}$ 为动态分量，当时间 t 趋于无穷时动态分量趋于零。

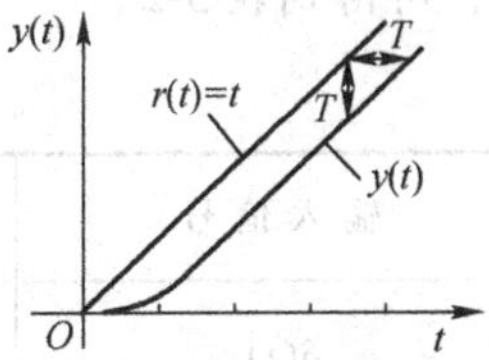

图 3-11　典型一阶系统的单位斜坡响应曲线

单位斜坡响应曲线如图3-11所示。比较图3-9和图3-11可以发现：阶跃响应曲线中，输出量和输入量之间的位置误差随时间而

减小，最终趋于零，而在初始状态下，位置误差最大，响应曲线初始斜率也最大；斜坡响应曲线中，输出量和输入量之间的位置误差随时间增大，最终趋于常值 T，惯性越小，跟踪精度越高，而在初始状态下，初始位置和初始斜率都为零，因为

$$\left.\frac{\mathrm{d}y(t)}{\mathrm{d}t}\right|_{t=0}=1-\mathrm{e}^{-t/T}\big|_{t=0}=0 \tag{3-25}$$

显然，初始状态下，输出速度和输入速度之间误差最大。

4. 一阶系统的单位加速度响应

当一阶系统的输入信号为单位加速度函数时，即 $r(t)=t^2/2, R(s)=1/s^3$，那么对应的单位加速度响应的拉普拉斯变换为

$$Y(s)=\Phi(s)R(s)=\frac{1}{Ts+1}\cdot\frac{1}{s^3}=\frac{1}{s^3}-\frac{T}{s^2}+\frac{T^2}{s}-\frac{T^2}{s+1/T} \tag{3-26}$$

对 $Y(s)$ 进行拉普拉斯反变换，得到一阶系统单位加速度响应为

$$y(t)=L^{-1}[Y(s)]=\frac{1}{2}t^2-Tt+T^2(1-\mathrm{e}^{-t/T}) \tag{3-27}$$

可得系统跟踪误差为

$$e(t)=r(t)-y(t)=Tt-T^2(1-\mathrm{e}^{-t/T}) \tag{3-28}$$

可以看出，跟踪误差随时间增大，直至系统发散。因此，一阶系统无法实现对加速度输入函数的跟踪。

5. 一阶系统的单位脉冲响应

当一阶系统的输入信号为单位脉冲函数时，即 $r(t)=\delta(t), R(s)=1$，那么对应的单位脉冲响应的拉普拉斯变换为

$$Y(s)=\Phi(s)R(s)=\frac{1}{Ts+1}\cdot 1=\frac{1}{Ts+1} \tag{3-29}$$

对 $Y(s)$ 进行拉普拉斯反变换，得到一阶系统单位脉冲响应为

$$y(t)=L^{-1}[Y(s)]=\frac{1}{T}\mathrm{e}^{-t/T} \tag{3-30}$$

典型一阶系统的单位脉冲响应曲线如图 3-12 所示。$e_{ss}=\lim_{t\to\infty}[r(t)-y(t)]=0$，即系统无稳态误差；同样，当时间常数 T 越小时，响应速度越快。

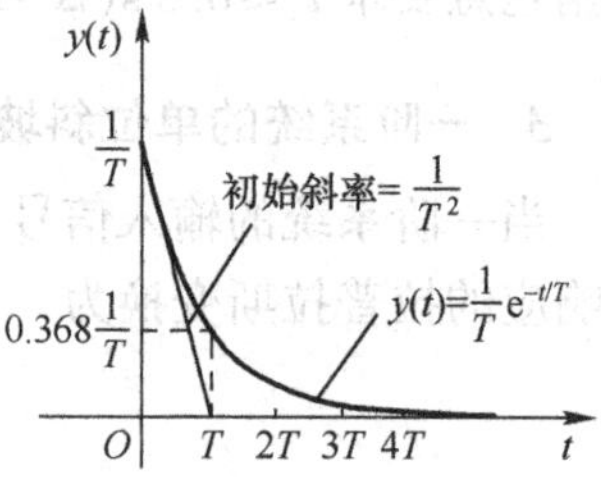

图 3-12 典型一阶系统单位脉冲响应

通过比较以上几种信号输入的表达式以及对应的系统响应，可得到表 3-2。

表 3-2 一阶系统对典型输入信号的响应

输入信号	输入信号频域表达	输出响应 $t\geq 0$	传递函数
$\delta(t)$	1	$\frac{1}{T}\mathrm{e}^{-t/T}$	$\frac{1}{Ts+1}$
$1(t)$	$1/s$	$1-\mathrm{e}^{-t/T}$	

（续）

输入信号	输入信号频域表达	输出响应 $t\geqslant 0$	传递函数
t	$1/s^2$	$(t-T)+T\mathrm{e}^{-t/T}$	$\dfrac{1}{Ts+1}$
$t^2/2$	$1/s^3$	$\dfrac{1}{2}t^2-Tt+T^2(1-\mathrm{e}^{-t/T})$	

由表 3-2 可知，输入信号的后项对时间求导可以得到前项，如对单位斜坡信号 t 求导得到单位阶跃信号 $1(t)$；而输出响应在 $t\geqslant 0$ 上也满足这条性质，例如，对单位阶跃响应 $1-\mathrm{e}^{-t/T}$ 求导可得到单位脉冲响应 $\dfrac{1}{T}\mathrm{e}^{-t/T}$。反过来，不管是输入信号还是输出响应，对前项的变上限积分等于后项。这也说明线性系统对输入信号导数/积分的响应，可以通过系统对输入信号的响应进行微分/积分（积分常数由初始条件决定）求得。

例 3-2　如图 3-13 所示，已知一阶单位反馈系统的单位阶跃响应为 $y(t)=1-\mathrm{e}^{-\alpha t}$，试求输入信号为单位脉冲时对应的响应 $y'(t)$，闭环传递函数 $\Phi(s)$ 以及开环传递函数 $G(s)$。

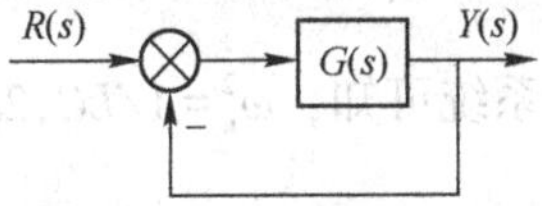

图 3-13　系统框图

解：由单位阶跃响应和单位脉冲响应的关系可得，单位脉冲响应为

$$y'(t)=\alpha\mathrm{e}^{-\alpha t}$$

那么闭环传递函数

$$\Phi(s)=\frac{Y'(s)}{R(s)}=L[\alpha\mathrm{e}^{-\alpha t}]=\frac{\alpha}{s+\alpha}$$

又由 $\Phi(s)=\dfrac{G(s)}{1+G(s)}$ 可解得

$$G(s)=\frac{\Phi(s)}{1-\Phi(s)}=\frac{\alpha}{s}$$

3.2.2　二阶系统的时域分析

相对于一阶系统而言，如果描述控制系统的运动方程是二阶微分方程，那么称系统为二阶系统。二阶系统在实际工程应用中有着重要的应用，比如 *RLC* 串联电路、质量-弹簧-阻尼系统、液位系统都是二阶系统。而且很多高阶系统也可以通过二阶近似等方法转化为二阶系统来研究，这表明对二阶系统的时域分析研究是非常有必要的。

1. 二阶系统的数学模型

二阶系统的微分方程为

$$\frac{\mathrm{d}^2y(t)}{\mathrm{d}t^2}+2\zeta\omega_{\mathrm{n}}\frac{\mathrm{d}y(t)}{\mathrm{d}t}+\omega_{\mathrm{n}}^2y(t)=\omega_{\mathrm{n}}^2r(t) \tag{3-31}$$

式中，$r(t)$ 为输入量，$y(t)$ 为输出量，ζ 为无量纲的阻尼比，$\omega_{\mathrm{n}}>0$ 为系统的无阻尼自然频率。

具有标准形式的二阶系统的结构如图 3-14 所示，这样的单位负反馈系统称为典型二阶

系统。该系统的开环传递函数为

$$G(s)=\frac{\omega_n^2}{s^2+2\zeta\omega_n s} \tag{3-32}$$

那么，对应的闭环传递函数为

$$\Phi(s)=\frac{G(s)}{1+G(s)}=\frac{Y(s)}{R(s)}=\frac{\omega_n^2}{s^2+2\zeta\omega_n s+\omega_n^2} \tag{3-33}$$

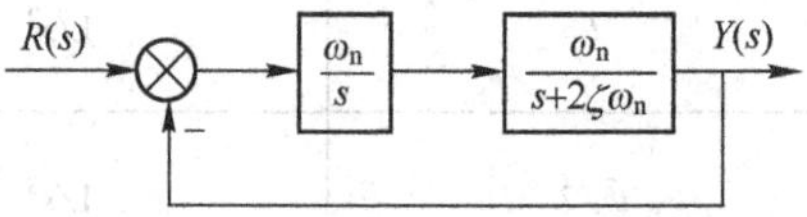

图 3-14 典型二阶系统框图

不难发现，二阶系统实际上是由一个惯性环节和一个积分环节串联组成的单位反馈系统，而 ζ、ω_n 是表征二阶系统动态特性的重要参数，且记 $K=\omega_n/2\zeta$ 是系统的开环增益或称开环放大系数。

在本节中，讨论的对象是标准的典型二阶系统，但是在实际应用中，并不是所有的二阶数学模型都是标准的典型二阶系统，所以在研究二阶系统前要先进行转化。比如 *RLC* 串联电路中 $\frac{U_o(s)}{U_i(s)}=\frac{1}{LCs^2+RCs+1}$，分子分母同时除以 LC，则 $\frac{U_o(s)}{U_i(s)}=\frac{1/LC}{s^2+Rs/L+1/LC}$，对比典型二阶系统可知，$\omega_n^2=1/LC, 2\zeta\omega_n=R/L$。再比如弹簧-质量-阻尼器系统中，$\frac{Y(s)}{F(s)}=\frac{1}{ms^2+fs+k}$，分子分母同时除以 m，则 $\frac{Y(s)}{F(s)}=\frac{1}{k}\cdot\frac{k/m}{s^2+fs/m+k/m}$，对比典型二阶系统可知，$\omega_n^2=k/m, 2\zeta\omega_n=f/m$。

典型二阶系统的特征方程为

$$s^2+2\zeta\omega_n s+\omega_n^2=0 \tag{3-34}$$

解得特征根(又称闭环极点)为

$$s_{1,2}=-\zeta\omega_n\pm\omega_n\sqrt{\zeta^2-1} \tag{3-35}$$

可以看出，系统的两个特征根与 ζ、ω_n 紧密相关，甚至完全取决于这两个参数，故称 ζ、ω_n 为二阶系统的特征参数。

2. 二阶系统的单位阶跃响应及性能指标

由式(3-35)，根据阻尼比 ζ 的大小，可以对二阶系统进行分类。

记 $\sigma=\zeta\omega_n, \Delta'=\zeta^2-1$，这时特征根 $s_{1,2}=-\sigma\pm\omega_n\sqrt{\Delta'}$。

1) 当 $\zeta>1$ 时，$\sigma>0, \Delta'>0$，特征根 $s_{1,2}$ 是两个不相等的负实数，称系统处于过阻尼状态。

2) 当 $\zeta=1$ 时，$\sigma>0, \Delta'=0$，特征根 $s_{1,2}$ 是两个相等的负实数，称系统处于临界阻尼状态。

3) 当 $0<\zeta<1$ 时，$\sigma>0, \Delta'<0$，特征根 $s_{1,2}$ 是一对共轭复数，称系统处于欠阻尼状态。

4) 当 $\zeta=0$ 时，$\sigma=0, \Delta'<0$，特征根 $s_{1,2}$ 是一对共轭纯虚数，称系统处于无阻尼或零阻尼状态。

5) 若 $-1<\zeta<0$ 时，$\sigma<0, \Delta'<0$，特征根 $s_{1,2}$ 是一对有正实部的共轭复数，称系统处于负阻尼状态。

6) 若 $\zeta=-1$ 时，$\sigma<0, \Delta'=0$，特征根 $s_{1,2}$ 是两个相等的正实数，称系统处于负临界阻尼状态。

7) 若$\zeta<-1$时，$\sigma<0,\Delta'>0$，特征根$s_{1,2}$是两个不相等的正实数，称系统处于负过阻尼状态。

如图3-15所示表示的是ζ对应不同值时，对应的系统特征方程的根的分布情况。

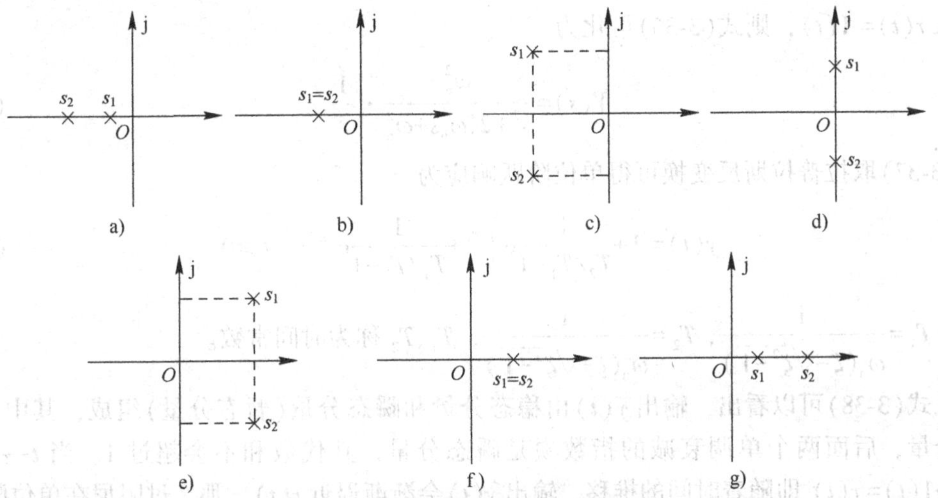

图3-15　s平面上特征根分布情况

a)过阻尼，$\zeta>1$　b)临界阻尼，$\zeta=1$　c)欠阻尼，$0<\zeta<1$　d)无阻尼，$\zeta=0$　e)负阻尼，$-1<\zeta<0$　f)负临界阻尼，$\zeta=-1$　g)负过阻尼，$\zeta<-1$

当二阶系统的阻尼比$\zeta<0$时，系统的特征根位于s平面的右半轴。这时，输入信号为单位阶跃时对应的单位阶跃响应如下。

当$-1<\zeta<0$时，有

$$y(t)=1-\frac{e^{-\zeta\omega_n t}}{\sqrt{1-\zeta^2}}\sin(\omega_n\sqrt{1-\zeta^2}\,t+\beta)\quad t\geqslant 0$$

当$\zeta=-1$时，有

$$y(t)=1+e^{\omega_n t}(\omega_n t-1)\quad t\geqslant 0$$

当$\zeta<-1$时，有

$$y(t)=1+\frac{e^{-(\zeta+\sqrt{\zeta^2-1})\omega_n t}}{2\sqrt{\zeta^2-1}(\zeta+\sqrt{\zeta^2-1})}-\frac{e^{-(\zeta-\sqrt{\zeta^2-1})\omega_n t}}{2\sqrt{\zeta^2-1}(\zeta-\sqrt{\zeta^2-1})}\quad t\geqslant 0$$

可以看出，响应$y(t)$是由1和指数函数组成的，并且该指数函数具有正幂指数，故系统的动态过程要么是发散的正弦振荡要么是单调发散，故当阻尼比$\zeta<0$时系统是不稳定的，关于稳定性的详细内容可参考3.3节，不稳定的系统在实际中是根本无法使用的，故不再对其进行分析。下面将分别讨论二阶系统在阻尼比$\zeta\geqslant 0$时的单位阶跃响应及其性能指标，单位斜坡响应及其性能指标，单位脉冲响应及其性能指标。

这里将讨论过阻尼、临界阻尼、欠阻尼和无阻尼的单位阶跃响应及动态性能。

(1) 过阻尼($\zeta>1$)二阶系统的单位阶跃响应及动态性能分析

由于$\zeta>1$，故系统有两个不相等的负实数特征根

$$s_{1,2}=-\zeta\omega_n\pm\omega_n\sqrt{\zeta^2-1}$$

由式(3-33)可知，系统的输出量的拉普拉斯变换为

$$Y(s)=\Phi(s)R(s)=\frac{\omega_n^2}{s^2+2\zeta\omega_n s+\omega_n^2}R(s) \tag{3-36}$$

又输入 $r(t)=1(t)$，则式(3-36)可化为

$$Y(s)=\frac{\omega_n^2}{s^2+2\zeta\omega_n s+\omega_n^2}\cdot\frac{1}{s} \tag{3-37}$$

对式(3-37)取拉普拉斯反变换可得单位阶跃响应为

$$y(t)=1+\frac{1}{T_2/T_1-1}e^{-t/T_1}+\frac{1}{T_1/T_2-1}e^{-t/T_2}\quad t\geqslant 0 \tag{3-38}$$

式中，$T_1=\dfrac{1}{\omega_n(\zeta-\sqrt{\zeta^2-1})}$，$T_2=\dfrac{1}{\omega_n(\zeta+\sqrt{\zeta^2-1})}$，$T_1$、$T_2$ 称为时间常数。

从式(3-38)可以看出，输出 $y(t)$ 由稳态分量和瞬态分量(暂态分量)组成，其中，1 是稳态分量，后面两个单调衰减的指数项是瞬态分量，其代数和不会超过 1。当 $t\to\infty$ 时，$y(t)\to 1(t)=r(t)$ 即随着时间的推移，输出 $y(t)$ 会渐渐逼近 $r(t)$，那么过阻尼在单位阶跃函数的作用下无稳态误差，其响应曲线如图 3-16 所示。可以看出过阻尼二阶系统的单位阶跃响应是非振荡的，呈单调变化的非周期的曲线，通常称为过阻尼响应，该响应过程随着阻尼比 ζ 的增大单调上升过程越缓慢。

由图 3-16 可知，过阻尼二阶系统的动态性能指标中超调量和峰值时间是不存在的，只有上升时间、调节时间和延迟时间存在，但是由于式(3-38)是超越方程，故无法根据定义反解出各指标的准确计算式，通常是通过近似估算去得到这些指标的值，下面从数值解法和解析式分析两个角度求解调节时间 t_s。根据式(3-38)计算不同的 ζ 值对应的无因次时间($T_1/T_2, t_s/T_1$)，并以 T_1/T_2 为横坐标，t_s/T_1 为纵坐标画出曲线图，如图 3-17 所示(该调节时间是在误差带为±5%的条件下)。根据图 3-17 可以看出，当 $T_1=4T_2$，即 $\zeta=1.25$ 时，调节时间 $t_s\approx 3.3T_1$；当 $T_1>4T_2$，即 $\zeta>1.25$ 时，调节时间 $t_s\approx 3T_1$。

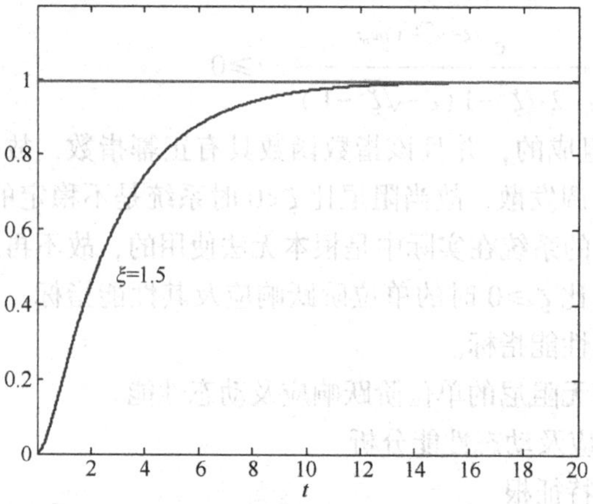

图 3-16 过阻尼二阶系统的单位阶跃响应曲线

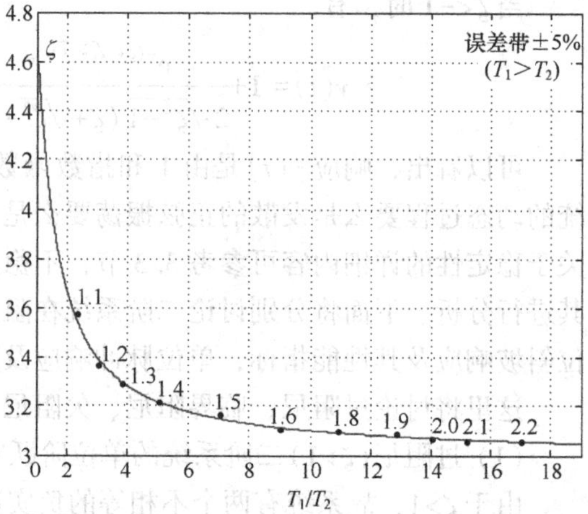

图 3-17 过阻尼二阶系统的调节时间特性

根据式(3-38)可以看出，$T_1>T_2$，两个衰减的指数项 e^{-t/T_2}比 e^{-t/T_1}衰减快得多，故它在动态分量中发挥的作用很小，只在响应的起始段有影响，但系统的响应主要取决于时间常数 T_1 的项，此时可略去时间常数 T_2 的项对系统响应的影响；当 $\zeta>1.25$ 时，$T_1>4T_2$，这时系统的调节时间 $t_s\approx 3T_1$。其实，过阻尼二阶系统在单位阶跃响应下的调节时间只需要考虑 $1<\zeta<1.25$的情况，因为当 $\zeta>1.25$ 时，过阻尼二阶系统可等效为一阶系统。此外，延迟时间 t_d 和上升时间 t_r 可由以下式子来近似描述：

$$t_d=\frac{1+0.6\zeta+0.2\zeta^2}{\omega_n},\quad t_r=\frac{1+1.5\zeta+\zeta^2}{\omega_n}$$

当过阻尼系统中的 ζ 值很大时，系统响应是非常缓慢，因而通常是不希望采用过阻尼系统的，但在某些情况下，如在低增益、大惯性的温度控制系统中，还是需要采用过阻尼系统，还有在计算某些高阶系统的时间响应时往往也需要过阻尼系统的时间响应来近似。

(2) 临界阻尼($\zeta=1$)二阶系统的单位阶跃响应及动态性能分析

由于 $\zeta=1$，故系统有两个相等的负实数特征根

$$s_1=s_2=-\omega_n \tag{3-39}$$

其系统的输出量的拉普拉斯变换为

$$Y(s)=\Phi(s)R(s)=\frac{\omega_n^2}{s^2+2\omega_n s+\omega_n^2}\cdot\frac{1}{s} \tag{3-40}$$

对式(3-40)取拉普拉斯反变换可得单位阶跃响应为

$$y(t)=1-e^{-\omega_n t}(1+\omega_n t)\quad t\geqslant 0 \tag{3-41}$$

其变化率为

$$\dot{y}(t)=\omega_n^2 e^{-\omega_n t}t\quad t\geqslant 0 \tag{3-42}$$

由式(3-41)可知，当 $t\to\infty$ 时，$y(t)\to 1(t)=r(t)$，临界阻尼二阶系统无稳态误差，其响应曲线如图3-18所示。从变化率式(3-42)可知，$\dot{y}(0)=0,\dot{y}(\infty)=0$，且 $y(t)$ 单调上升，故临界阻尼二阶系统的单位阶跃响应是一个无超调、无振荡、响应最迅速的单调上升非周期过程，稳态值为1，通常称为临界阻尼响应。事实上，临界阻尼响应是处于衰减振荡与单调变化的临界状态。

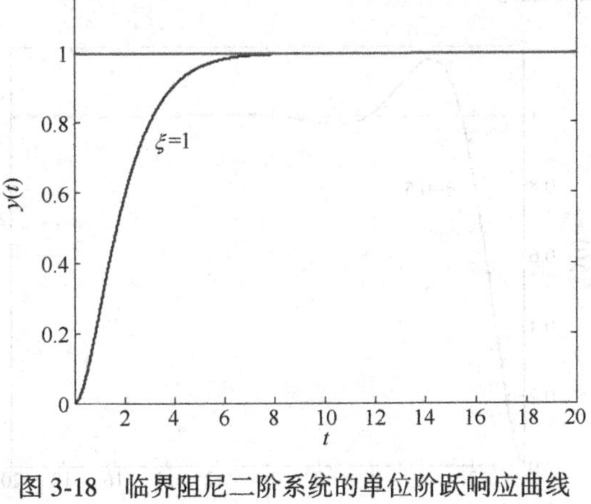

图3-18 临界阻尼二阶系统的单位阶跃响应曲线

由图 3-17 可得，当误差带等于±5%时，临界阻尼二阶系统的调节时间 $t_s \approx 4.75T_1 = 4.75/\omega_n$。

临界阻尼二阶系统的响应是非常迅速的，所有在不允许出现超调但又要求响应速度较快的情况下，往往会考虑使用临界阻尼二阶系统，比如记录仪表系统和指示仪表系统。

(3) 欠阻尼($0<\zeta<1$)二阶系统的单位阶跃响应及动态性能分析

欠阻尼二阶系统在实际中的应用最多，且在工程中具有普遍意义，大多数控制系统的性能都与欠阻尼二阶系统类似，所以对欠阻尼二阶系统的性能研究是本节的重要内容。

由于 $0<\zeta<1$，故系统有一对共轭的复数特征根

$$s_{1,2}=-\zeta\omega_n \pm \omega_n \mathrm{j}\sqrt{1-\zeta^2}=-\sigma \pm \omega_d \mathrm{j} \tag{3-43}$$

式中，$\sigma=\zeta\omega_n$ 为闭环极点的实部，$\omega_d=\omega_n\sqrt{1-\zeta^2}$ 为闭环极点的虚部，称 σ 为衰减系数，ω_d 为阻尼自然振荡频率。

那么，欠阻尼二阶系统的单位阶跃响应输出量的拉普拉斯变换为

$$\begin{aligned} Y(s)=\Phi(s)R(s)&=\frac{\omega_n^2}{s^2+2\zeta\omega_n s+\omega_n^2}\cdot\frac{1}{s} \\ &=\frac{1}{s}-\frac{s+\zeta\omega_n}{(s+\zeta\omega_n)^2+\omega_d^2}-\frac{\zeta\omega_n}{(s+\zeta\omega_n)^2+\omega_d^2} \end{aligned} \tag{3-44}$$

对式(3-44)取拉普拉斯反变换可得单位阶跃响应为

$$\begin{aligned} y(t)&=1-\mathrm{e}^{-\zeta\omega_n t}\left(\frac{\zeta}{\sqrt{1-\zeta^2}}\sin\omega_d t+\cos\omega_d t\right) \\ &=1-\frac{1}{\sqrt{1-\zeta^2}}\mathrm{e}^{-\zeta\omega_n t}\sin(\omega_d t+\beta) \quad t\geqslant 0 \end{aligned} \tag{3-45}$$

式中，$\beta=\arctan(\sqrt{1-\zeta^2}/\zeta)=\arccos\zeta$。

由式(3-45)可知，欠阻尼二阶系统的单位阶跃响应 $y(t)$ 由稳态分量和瞬态分量(暂态分量)组成，其中，稳态分量的值为1，瞬态分量是正弦振荡。其响应曲线如图 3-19 所示，当 $t\to\infty$ 时，$y(t)\to 1(t)=r(t)$，随着时间的推移，输出 $y(t)$ 会渐渐逼近 $r(t)$，故欠阻尼在单位阶跃函数的作用下无稳态误差。

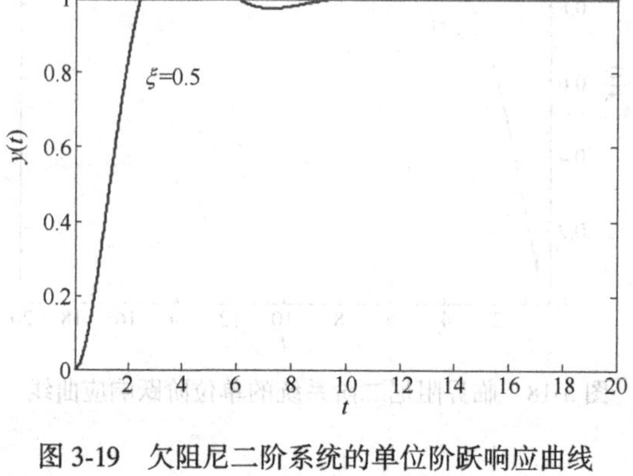

图 3-19 欠阻尼二阶系统的单位阶跃响应曲线

在实际控制工程应用中，通常希望包含振荡的控制系统有适当的阻尼比、较短的调节时间和较快的响应速度。故在设计二阶系统的控制时，阻尼比ζ通常取0.4~0.8之间的值。在这个区间的阻尼值对应的性能指标除了调节时间t_s需要采用工程近似计算得到，其他性能指标比如超调量$\sigma\%$、峰值时间t_p和上升时间t_r都可以用关于ζ,ω_n的解析式准确地表示出来。图3-20表明了各特征参数之间的关系，侧面说明了特征参数ζ、ω_n对系统性能的重要影响。由图3-20可知，闭环极点到虚轴的距离等于衰减系数$\sigma=\zeta\omega_n$；闭环极点到实轴的距离等于振荡频率ω_d；而闭环极点到s平面坐标原点的距离等于无阻尼自然振荡频率ω_n；阻尼比ζ等于ω_n与负实轴的夹角的余弦，即

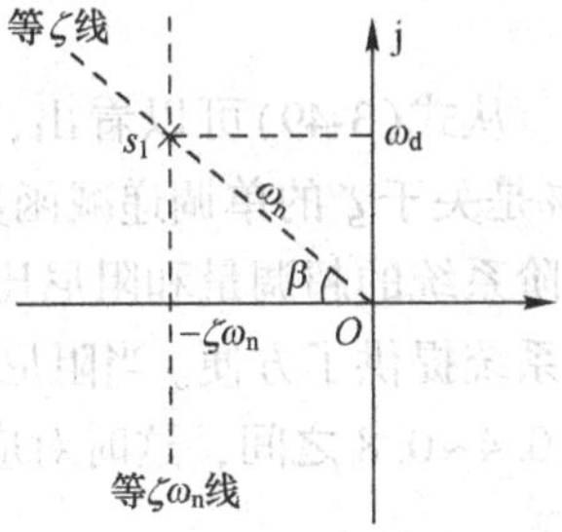

图3-20 闭环极点与特征参数

$$\zeta=\cos\beta \tag{3-46}$$

式中，$\beta=\arccos\zeta$称为阻尼角。

下面将求解欠阻尼二阶系统各项动态性能指标。

1) 上升时间t_r。

根据t_r的定义可知，将t_r带入式(3-45)有$y(t_r)=1$，则

$$\frac{e^{-\zeta\omega_n t_r}}{\sqrt{1-\zeta^2}}\sin(\omega_d t_r+\beta)=0$$

因$e^{-\zeta\omega_n t_r}\neq0$，故

$$t_r=\frac{\pi-\beta}{\omega_d} \tag{3-47}$$

由式(3-47)可知，当阻尼比ζ和阻尼角β取定时，上升时间t_r与ω_n成反比，那么系统的响应速度与自然振荡频率ω_n成正比；当阻尼振荡频率ω_d一定时，阻尼比ζ越小，自然振荡频率ω_n越大，上升时间t_r越短，响应速度越快。

2) 峰值时间t_p。

由峰值的定义可知，响应$y(t)$在t_p处的导数为零，故令

$$\left.\frac{dy(t)}{dt}\right|_{t=t_p}=\frac{\zeta\omega_n e^{-\zeta\omega_n t_p}}{\sqrt{1-\zeta^2}}\sin(\omega_d t+\beta)-\frac{\omega_d e^{-\zeta\omega_n t_p}}{\sqrt{1-\zeta^2}}\cos(\omega_d t+\beta)=0$$

整理可得

$$\tan(\omega_d t_p+\beta)=\frac{\sqrt{1-\zeta^2}}{\zeta}$$

又$\tan\beta=\sqrt{1-\zeta^2}/\zeta$，那么可解得$\omega_d t_p=k\pi(k=0,1,2,\cdots)$。根据峰值时间的定义可知(注意：欠阻尼二阶系统的初始斜率为零) $k=1$，故

$$t_p=\frac{\pi}{\omega_d} \tag{3-48}$$

式(3-48)表明，峰值时间等于阻尼振荡周期的一半。或者说，峰值时间与阻尼振荡频率成反比，当阻尼比取定时，阻尼振荡频率越大，峰值时间越小。

3) 超调量$\sigma\%$。

按超调量的定义$\sigma\%=\dfrac{y(t_p)-y(\infty)}{y(\infty)}\times100\%$，其中$y(\infty)=1$，将式(3-48)及$\sin\beta=\sqrt{1-\zeta^2}$

代入式(3-45)有

$$y(t_p)=1+e^{-\pi\zeta/\sqrt{1-\zeta^2}} \quad t\geqslant 0$$

故可求得

$$\sigma\%=e^{-\pi\zeta/\sqrt{1-\zeta^2}}\times 100\% \tag{3-49}$$

从式(3-49)可以看出，超调量只与阻尼比 ζ 有关，而与自然振荡频率 ω_n 无关，并且 $\sigma\%$是关于 ζ 的单调递减函数，即超调量 $\sigma\%$随着阻尼比 ζ 的增大而减小。同时，当欠阻尼二阶系统的超调量和阻尼比任意一个已知时，另一个都可以通过式(3-49)计算出来，这为设计系统提供了方便。当阻尼比 ζ 取不同的值时，对应的超调量的值见表 3-3，一般取阻尼比在 0.4~0.8 之间，这时对应的超调量在 25.4%~1.5%之间。

表 3-3 不同阻尼比下的超调量

ζ	0	0.1	0.2	0.3	0.4	0.5	0.6	0.7	0.8	0.9	1.0
$\sigma\%$	100	72.9	52.7	37.2	25.4	16.3	9.5	4.6	1.5	0.15	0

4）调节时间 t_s 的近似计算。

上文提到了按调节时间的定义直接计算求 t_s 是比较困难的，并且得不到准确值，故调节时间需要估算。欠阻尼单位阶跃响应在动态过程中的衰减快慢程度是由包络线 $1\pm e^{-\zeta\omega_n t}/\sqrt{1-\zeta^2}$ 决定的，其中，$\zeta\omega_n$ 为包络线的指数时间常数。取 $\zeta=0.5,\omega_n=2.5$ 对应的单位阶跃响应曲线如图 3-21 所示。由图 3-21 可知，包络线 $1\pm e^{-\zeta\omega_n t}/\sqrt{1-\zeta^2}$ 是关于单位阶跃函数 $1(t)$ 对称的指数函数，将单位阶跃响应曲线包含在内，且输出量 $y(t)$ 的衰减快慢取决于包络线的收敛速度，故当包络线进入误差带时，$y(t)$ 也必将进入误差带。从这个思路出发，那么一般用包络线来代替系统响应去估算调节时间，则令

$$|\Delta|=|y(t)-y(\infty)|\approx|1\pm e^{-\zeta\omega_n t}/\sqrt{1-\zeta^2}-1|=e^{-\zeta\omega_n t}/\sqrt{1-\zeta^2}$$

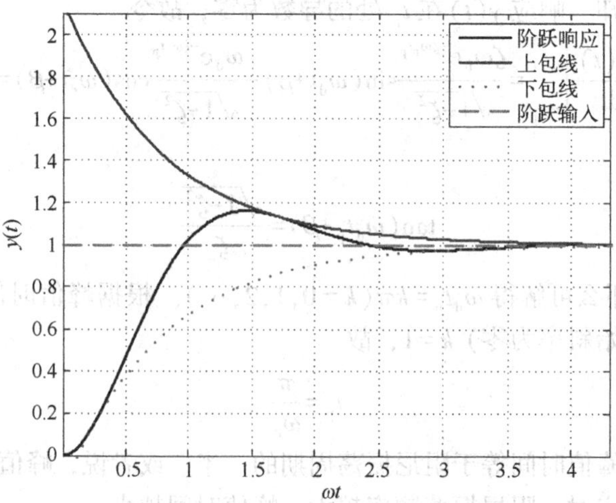

图 3-21 欠阻尼二阶系统的单位阶跃响应曲线

若误差带取±5%，则由上式可解得

$$t_s \geqslant \frac{3.5+\ln(1/\sqrt{1-\zeta^2})}{\zeta\omega_n}$$

若误差带取±2%，则由上式可解得

$$t_s \geqslant \frac{4.4+\ln(1/\sqrt{1-\zeta^2})}{\zeta\omega_n}$$

当$\zeta \leqslant 0.8$时，令上式$\zeta=0.8$，则调节时间可近似估算为

$$t_s=\begin{cases}\dfrac{3.5}{\zeta\omega_n}=\dfrac{3.5}{\sigma} & (\Delta=\pm5\%)\\ \dfrac{4.4}{\zeta\omega_n}=\dfrac{4.4}{\sigma} & (\Delta=\pm2\%)\end{cases} \tag{3-50}$$

式(3-50)表明，调节时间t_s与衰减系数σ成反比，当衰减系数越大时，系统的调节时间越小。而由于阻尼比ζ主要是针对系统超调量的要求进行确定的，故系统的调节时间t_s主要由无阻尼自然频率ω_n确定。假如阻尼比的值取定，增加自然频率的值，则可以在不改变超调量的条件下减少调节时间。

5) 延迟时间t_d的近似计算。

根据延迟时间的定义，将t_d带入式(3-45)中有$y(t_d)=0.5$，由t_d的隐函数表达式可得到当$0<\zeta<1$时，欠阻尼二阶系统的延迟时间t_d可用下式近似描述：

$$t_d=\frac{1+0.7\zeta}{\omega_n} \tag{3-51}$$

从上面的各项性能指标计算可知：

① 欠阻尼二阶系统的性能指标是由特征参数ζ、ω_n确定的，综合考虑系统对快速性、平稳性的要求，通常将系统的阻尼比取0.4~0.8之间的值，对应的超调量在25.4%~1.5%之间；同时，最佳阻尼比为$\zeta=0.707$，其超调量为$\sigma\%=4.3\%$，调节时间$t_s=3.5/0.707\omega_n(\Delta=\pm5\%)$。

② 根据各项性能指标的计算式可知各指标之间是存在矛盾的，比如，上升时间对应响应速度，超调量对应阻尼程度，不可能同时使两者都达到满意的结果。当自然频率ω_n增大时，系统响应速度虽然增加，但阻尼比ζ减小，超调量$\sigma\%$增加，系统的平稳性降低。因此，对要使系统阻尼程度增加的同时又要使其响应速度加快的二阶系统的控制设计，需要采用合理的折中或补偿方法以达到要求。

例 3-3　设系统的结构图为标准的典型二阶系统，若要求系统的性能指标$\sigma\%=0.2$，$t_p=2\,\text{s}$，试计算系统单位阶跃响应的动态性能指标。

解：由超调量和阻尼比之间的关系，即式(3-49)可得

$$\zeta=\frac{\ln(1/\sigma\%)}{\sqrt{\pi^2+\ln^2(1/\sigma\%)}}=0.46$$

再根据峰值时间计算公式，即式(3-48)有

$$\omega_n=\frac{\pi}{t_p\sqrt{1-\zeta^2}}=1.77\,\text{rad/s}$$

又$\omega_d=\omega_n\sqrt{1-\zeta^2}=1.57\,\text{rad/s}$，$\beta=\arccos\zeta=1.09\,\text{rad}$

故可得上升时间 $t_r=\dfrac{\pi-\beta}{\omega_d}=1.31\ \text{s}$

调节时间 $t_s=3.5/\zeta\omega_n=4.30\ \text{s}\quad(\Delta=\pm5\%)$

$t_s=4.4/\zeta\omega_n=5.40\ \text{s}\quad(\Delta=\pm2\%)$

例 3-4 设某单位反馈的二阶系统的阶跃响应曲线如图 3-22 所示，试确定该系统的开环传递函数。

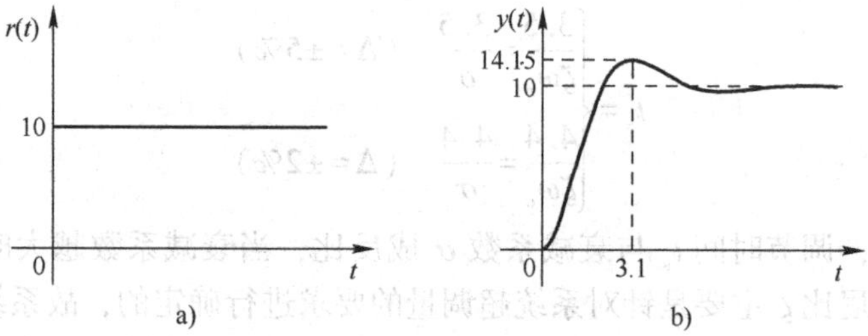

图 3-22 输入曲线和响应曲线图

a) 系统输入曲线 b) 系统阶跃响应曲线

解： 由阶跃响应曲线可得

$$\sigma\%=\frac{14.15-10}{10}\times100\%=41.5\%,t_p=3.1\ \text{s}$$

根据超调量和阻尼比之间的关系式有

$$\zeta=\frac{\ln(1/\sigma\%)}{\sqrt{\pi^2+\ln^2(1/\sigma\%)}}=0.27$$

再根据峰值计算公式可得

$$\omega_n=\frac{\pi}{t_p\sqrt{1-\zeta^2}}=1.05\ \text{rad/s}$$

故系统的开环传递函数为

$$G(s)=\frac{\omega_n^2}{s^2+2\zeta\omega_n s}=\frac{1.1025}{s^2+0.567s}$$

(4) 无阻尼($\zeta=0$)二阶系统的单位阶跃响应及动态性能分析

由于$\zeta=0$，故系统有两个不相等的纯虚数特征根

$$s_{1,2}=\pm\omega_n \text{j} \tag{3-52}$$

其系统的输出量的拉普拉斯变换为

$$Y(s)=\Phi(s)R(s)=\frac{\omega_n^2}{s^2+\omega_n^2}\cdot\frac{1}{s}=\frac{1}{s}-\frac{s}{s^2+\omega_n^2} \tag{3-53}$$

对式(3-53)取拉普拉斯反变换可得单位阶跃响应为

$$y(t)=1-\cos\omega_n t\quad t\geqslant0 \tag{3-54}$$

其响应曲线如图 3-23 所示，可以看出，无阻尼二阶系统的单位阶跃曲线是以自然频率 ω_n 做等幅振荡。此时的二阶系统处于临界稳定状态，其超调量等于 100%，是完成不了控制任务的。

固定无阻尼频率 ω_n 的值，对上述不同的阻尼比 ζ 值画出二阶系统单位阶跃响应曲线簇，如图 3-24 所示。由图 3-24 可知：

1）过阻尼和临界阻尼系统的响应曲线都是单调上升的，其中临界阻尼响应调节时间和上升时间最短，响应速度最快。

2）从欠阻尼响应曲线可以看出，阻尼比 ζ 越小，上升时间越短，超调量越大，系统的平稳性越差，通过计算可得，若阻尼比在 0.4~0.8 之间，则欠阻尼的单位阶跃响应的快速性和平稳性可以兼顾。

3）若取定阻尼比 ζ 的值，当自然频率 ω_n 取不同值时，系统的单位阶跃响应虽然响应速度不同但超调量相同，且自然频率 ω_n 越大，上升时间 t_r 越短，响应速度越快。

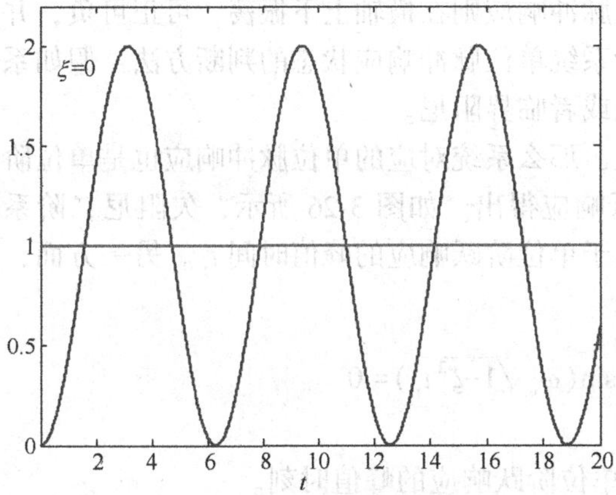

图 3-23 无阻尼二阶系统的单位阶跃响应曲线

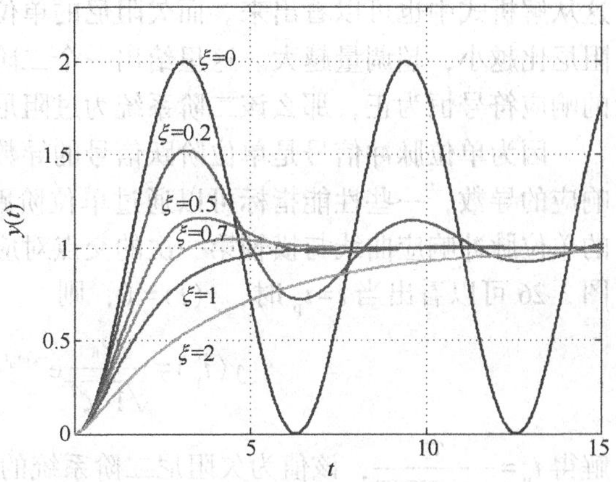

图 3-24 二阶系统的单位阶跃响应曲线簇

3. 二阶系统的单位脉冲响应及性能指标

下面将讨论过阻尼、临界阻尼、欠阻尼和无阻尼的单位脉冲响应及其动态性能。

二阶系统的单位脉冲响应即输入信号为 $r(t)=\delta(t)$ 时对应的输出，而单位脉冲的拉普拉斯变换等于 1，故由式(3-33)可得系统的输出量的拉普拉斯变换为

$$Y(s)=\Phi(s)R(s)=\frac{\omega_n^2}{s^2+2\zeta\omega_n s+\omega_n^2}R(s)=\frac{\omega_n^2}{s^2+2\zeta\omega_n s+\omega_n^2}\cdot 1 \tag{3-55}$$

1）当阻尼比 $\zeta>1$ 时，系统为过阻尼二阶系统，这时系统有两个不相等的负实数特征根

$$s_{1,2}=-\zeta\omega_n\pm\omega_n\sqrt{\zeta^2-1}$$

对式(3-55)取拉普拉斯反变换可得单位脉冲响应为

$$y(t)=\frac{\omega_n}{2\sqrt{\zeta^2-1}}\left[e^{-(\zeta-\sqrt{\zeta^2-1})\omega_n t}-e^{-(\zeta+\sqrt{\zeta^2-1})\omega_n t}\right] \quad t\geqslant 0$$

2）当阻尼比 $\zeta=1$ 时，系统为临界阻尼二阶系统，这时系统有两个相等的负实数特征根

$$s_1=s_2=-\omega_n$$

对式(3-55)取拉普拉斯反变换可得单位脉冲响应为

$$y(t)=\omega_n^2 t e^{-\omega_n t} \quad t\geqslant 0$$

3）当阻尼比 $0<\zeta<1$ 时，系统为欠阻尼二阶系统，这时系统有一对共轭的复数特征根

$$s_{1,2}=-\zeta\omega_n\pm\omega_n j\sqrt{1-\zeta^2}=-\sigma\pm\omega_d j$$

对式(3-55)取拉普拉斯反变换可得单位脉冲响应为

$$y(t)=\frac{\omega_{\rm n}}{\sqrt{1-\zeta^2}}{\rm e}^{-\zeta\omega_{\rm n}t}\sin(\omega_{\rm n}\sqrt{1-\zeta^2}t)\quad t\geqslant 0$$

4）当阻尼比$\zeta=0$时，系统为无阻尼二阶系统，这时系统有一对共轭的纯虚数特征根

$$s_{1,2}=\pm\omega_{\rm n}{\rm j}$$

对式(3-55)取拉普拉斯反变换可得单位脉冲响应为

$$y(t)=\omega_{\rm n}\sin\omega_{\rm n}t\quad t\geqslant 0$$

根据上面的单位脉冲响应做出对应的曲线如图3-25所示。由图3-25可以看出，过阻尼和临界阻尼的单位脉冲响应曲线是位于横轴的上方的，也就是说输出$y(t)$的值恒大于零，这从解析式中也可以看出来。而欠阻尼的单位脉冲响应则在横轴上下振荡，可正可负，并且阻尼比越小，超调量越大。这里给出一个二阶系统单位脉冲响应状态的判断方法：假如系统的响应符号恒为正，那么该二阶系统为过阻尼或者临界阻尼。

因为单位脉冲信号是单位阶跃信号的导数，那么系统对应的单位脉冲响应也是单位阶跃响应的导数，一些性能指标可以通过单位阶跃响应得出。如图3-26所示，欠阻尼二阶系统的单位脉冲响应曲线与横轴第一次的交点对应于单位阶跃响应的峰值时间$t_{\rm p}$。另一方面，从图3-26可以看出当$t=t_{\rm p}$时，$y(t)=0$，则

$$y(t_{\rm p})=\frac{\omega_{\rm n}}{\sqrt{1-\zeta^2}}{\rm e}^{-\zeta\omega_{\rm n}t_{\rm p}}\sin(\omega_{\rm n}\sqrt{1-\zeta^2}t_{\rm p})=0$$

解得$t_{\rm p}=\dfrac{\pi}{\omega_n\sqrt{1-\zeta^2}}$，该值为欠阻尼二阶系统的单位阶跃响应的峰值时刻。

例3-5 如图3-26所示，试求欠阻尼二阶系统的单位脉冲响应曲线与横轴在时刻0到峰值时间$t_{\rm p}$所围成的面积。

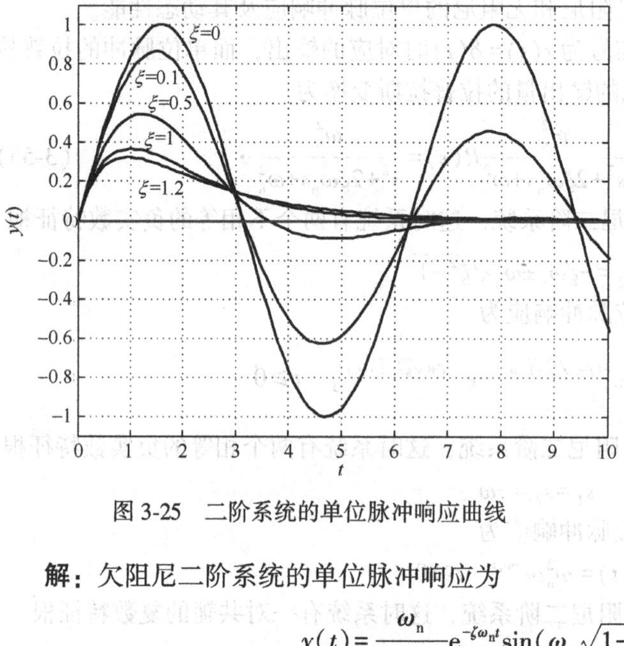

图3-25 二阶系统的单位脉冲响应曲线

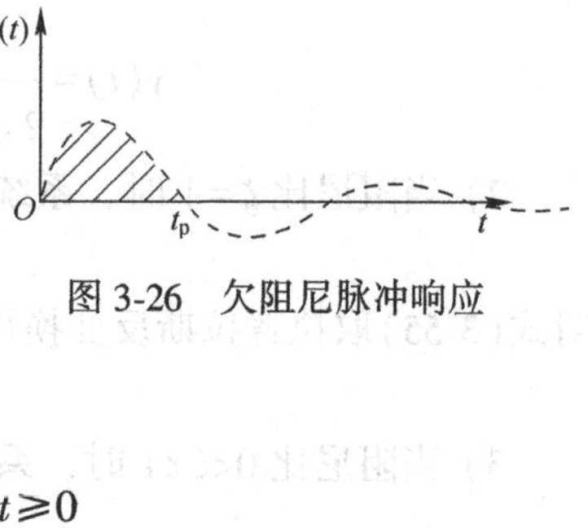

图3-26 欠阻尼脉冲响应

解： 欠阻尼二阶系统的单位脉冲响应为

$$y(t)=\frac{\omega_{\rm n}}{\sqrt{1-\zeta^2}}{\rm e}^{-\zeta\omega_{\rm n}t}\sin(\omega_{\rm n}\sqrt{1-\zeta^2}t)\quad t\geqslant 0$$

所求面积等于响应曲线在 $0\sim t_p$ 上的积分，即

$$S=\int_0^{t_p}y(t)\,\mathrm{d}t=\int_0^{t_p}\frac{\omega_n}{\sqrt{1-\zeta^2}}\mathrm{e}^{-\zeta\omega_n t}\sin(\omega_n\sqrt{1-\zeta^2}t)\,\mathrm{d}t$$

结合 t_p 的表达式可得

$$S=\int_0^{t_p}y(t)\,\mathrm{d}t=1+\mathrm{e}^{-\pi\zeta/\sqrt{1-\zeta^2}}=1+\sigma\%$$

式中，$\sigma\%$为欠阻尼二阶系统的单位阶跃响应对应的超调量。

4. 二阶系统的单位斜坡响应及性能指标

下面将讨论过阻尼、临界阻尼、欠阻尼和无阻尼的单位斜坡响应及其动态性能。

当二阶系统的输入信号为 $r(t)=t$ 时，其对应的输出为单位斜坡响应，而单位斜坡的拉普拉斯变换等于$\frac{1}{s^2}$，故由式(3-33)可得系统的输出量的拉普拉斯变换为

$$\begin{aligned}Y(s)&=\frac{\omega_n^2}{s^2+2\zeta\omega_n s+\omega_n^2}\cdot\frac{1}{s^2}\\&=\frac{1}{s^2}-\frac{2\zeta}{\omega_n}\frac{1}{s}+\frac{\frac{2\zeta}{\omega_n}(s+\zeta\omega_n)+(2\zeta^2-1)}{s^2+2\zeta\omega_n s+\omega_n^2}\end{aligned}\tag{3-56}$$

1）当阻尼比 $\zeta>1$ 时，系统为过阻尼二阶系统，这时系统有两个不相等的负实数特征根

$$s_{1,2}=-\zeta\omega_n\pm\omega_n\sqrt{\zeta^2-1}$$

对式(3-56)取拉普拉斯反变换可得单位斜坡响应为

$$\begin{aligned}y(t)=t&-\frac{2\zeta}{\omega_n}+\frac{2\zeta^2-1+2\zeta\sqrt{\zeta^2-1}}{2\omega_n\sqrt{\zeta^2-1}}\mathrm{e}^{-(\zeta-\sqrt{\zeta^2-1})\omega_n t}\\&-\frac{2\zeta^2-1-2\zeta\sqrt{\zeta^2-1}}{2\omega_n\sqrt{\zeta^2-1}}\mathrm{e}^{-(\zeta+\sqrt{\zeta^2-1})\omega_n t}\quad t\geqslant 0\end{aligned}\tag{3-57}$$

当 $t\to\infty$ 时，稳态误差 $e_{ss}=r(t)-y(t)\to\frac{2\zeta}{\omega_n}$。一般而言，过阻尼二阶系统的动态性能指标是通过计算机得出，人工计算太过复杂。

2）当阻尼比 $\zeta=1$ 时，系统为临界阻尼二阶系统，这时系统有两个相等的负实数特征根

$$s_1=s_2=-\omega_n$$

对式(3-56)取拉普拉斯反变换可得单位斜坡响应为

$$y(t)=t-\frac{2}{\omega_n}+\frac{2}{\omega_n}\left(1+\frac{1}{2}\omega_n t\right)\mathrm{e}^{-\omega_n t}\quad t\geqslant 0$$

当 $t\to\infty$ 时，稳态误差 $e_{ss}=r(t)-y(t)\to\frac{2}{\omega_n}$。利用数值解法可以近似求得调节时间为 $t_s=\frac{4.1}{\omega_n}(\Delta=\pm5\%)$。

3）当阻尼比 $0<\zeta<1$ 时，系统为欠阻尼二阶系统，这时系统有一对共轭的复数特征根

$$s_{1,2}=-\zeta\omega_n\pm\omega_n\mathrm{j}\sqrt{1-\zeta^2}=-\sigma\pm\omega_d\mathrm{j}$$

对式(3-56)取拉普拉斯反变换可得单位斜坡响应为

$$y(t)=t-\frac{2\zeta}{\omega_n}+\frac{1}{\omega_n\sqrt{1-\zeta^2}}\mathrm{e}^{-\zeta\omega_n t}\sin(\omega_d t+2\beta)\quad t\geqslant 0 \tag{3-58}$$

由式(3-58)可知，欠阻尼二阶系统的单位斜坡响应由稳态分量$\left(t-\frac{2\zeta}{\omega_n}\right)$和暂态分量$\left(\frac{1}{\omega_n\sqrt{1-\zeta^2}}\mathrm{e}^{-\zeta\omega_n t}\sin(\omega_d t+2\beta)\right)$构成，当$t\to\infty$时，稳态误差$e_{ss}=r(t)-y(t)\to\frac{2\zeta}{\omega_n}$。从系统的单位斜坡响应稳态误差公式可以看出，阻尼比ζ的增大会降低稳态的精度，而为了保证单位阶跃响应的平稳性，系统的阻尼比ζ不能太小，故解决办法是在两者之间折中选取参数。同时，利用数值解法可以近似求得调节时间为$t_s=\frac{3}{\zeta\omega_n}(\Delta=\pm5\%)$。

4）当阻尼比$\zeta=0$时，系统为无阻尼二阶系统，这时系统有一对共轭纯虚特征根

$$s_{1,2}=\pm\omega_n\mathrm{j}$$

对式(3-56)取拉普拉斯反变换可得单位斜坡响应为

$$y(t)=t-\frac{2\zeta}{\omega_n}-\frac{1}{\omega_n}\sin\omega_n t\quad t\geqslant 0$$

例 3-6 设控制系统如图 3-27 所示，输入信号$r(t)=t$，放大器增益K分别取为 13,200,1500。试分别写出系统的误差响应的表达式，并估算相应的性能指标。

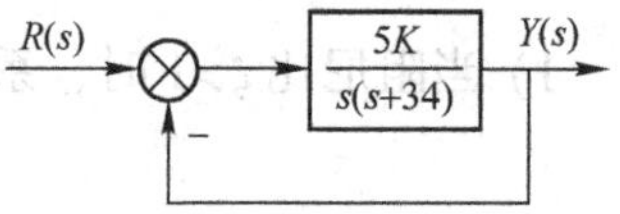

图 3-27 控制系统框图

解： 根据图 3-27 可得系统的开环传递函数为

$$G(s)=\frac{5K}{s(s+34)}=\frac{\omega_n^2}{s(s+2\zeta\omega_n)}$$

故$\omega_n=\sqrt{5K}$,$\zeta=17/\sqrt{5K}$。

1）当$K=13$时，$\omega_n=8.1\,\mathrm{rad/s}$,$\zeta=2.1$，$\zeta>1$为过阻尼二阶系统。由式(3-57)可知，误差响应为

$$e(t)=0.52(1-\mathrm{e}^{-2.05t}+0.004\mathrm{e}^{-31.97t})$$
$$\approx0.52(1-\mathrm{e}^{-2.05t})$$

此时，系统可以等效为一阶系统，对应的时间常数$T=0.49\,\mathrm{s}$。其性能指标分别为$t_r=1.08\,\mathrm{s}$,$t_s=1.47\,\mathrm{s}$,$e_{ss}=0.52\,\mathrm{rad}$。

2）当$K=200$时，$\omega_n=31.6\,\mathrm{rad/s}$,$\zeta=0.54$，$0<\zeta<1$为欠阻尼二阶系统。由式(3-57)可知，误差响应为

$$e(t)=0.034-0.038\mathrm{e}^{-17.1t}\sin(26.6t+115°)$$

可以计算性能指标分别为$t_p=0.08\,\mathrm{s}$,$t_s=1.44\,\mathrm{s}$,$e_{ss}=0.034\,\mathrm{rad}$。

3）当$K=1500$时，$\omega_n=86.6\,\mathrm{rad/s}$,$\zeta=0.2$，$0<\zeta<1$为欠阻尼二阶系统。由式(3-57)可知，误差响应为

$$e(t)=0.0046-0.012\mathrm{e}^{-17.3t}\sin(84.9t+157°)$$

可以计算性能指标分别为$t_p=0.02\,\mathrm{s}$,$t_s=0.17\,\mathrm{s}$,$e_{ss}=0.0046\,\mathrm{rad}$。

通过这道例题可以看出，放大器增益的增加会导致系统的阻尼比降低，自然频率升高，并在一定程度上减少了稳态误差，但是系统的动态性能却恶化了。所以，阻尼比不能太小，且自然频率希望能够足够大。在这样的系统控制中，仅仅通过调整增益的值以同时达到动态性能和静态性能的要求几乎是不可能的，下面介绍改善二阶系统性能的措施。

5. 改善二阶系统性能的措施

二阶系统性能改善的措施目前主要有两种，分别是比例-微分控制和测速反馈控制。对于标准的欠阻尼二阶系统，可看作对被控对象单纯地进行比例(P)控制作用，那么系统只有比例控制参数可以调整，要想改善系统动态性能只有想其他办法，其中一个方法就是对控制器引入新的信号以改变控制规律来保证系统平稳性。如图 3-28 所示是系统的阶跃响应曲线图，其中图 3-28a 为系统在比例控制下的阶跃响应曲线 $y(t)$，图 3-28b 为对应的误差响应曲线 $e(t)$，图 3-28c 为对应的误差速率响应曲线$\dot{e}(t)$。下面将从物理概念的角度来说明如何改善系统的动态性能。由图 3-28a 可知，只有比例控制的二阶系统阶跃响应的超调量很大，振荡很激烈，调节时间也相应地增加了。其根本原因从图形中可以看出，在时间区间$[0,t_1]$内正向比例控制作用很大，而在时间区间$[t_1,t_2]$内，反向控制作用不够。在时间区间$[0,t_1]$内，正的误差很大，对系统会产生过强的正向作用，从而使 $y(t)$ 上升速度加快；即使 $e(t_1)=0$，但是在 t_1 时刻的单位阶跃响应不可能马上就停止；$e(t)$的值在时间区间$[t_1,t_2]$内虽然为负，控制起反向作用，但由于惯性和开始的正向控制作用过于强大，响应 $y(t)$ 仍处于上升趋势，接着出现超调，直到在 t_2 时刻达到最大输出值，这时的反向控制作用也达到最大，因而在时间$[t_2,t_3]$时，系统在反向控制的作用下，$y(t)$下降到 $y(t_3)$时也无法停止在期望值上，这时将继续下降到 $y(t_4)$；在时刻 t_4 以后系统将重复在$[0,t_4]$内的过程变化使误差逐渐减小，进而使得 $y(t)$经过多次振荡后进入稳态过程，且随比例增益的值越大，超调和振荡会越剧烈。那么要想改善系统的动态性能就必须改变控制输出。观察图 3-28c 误差速率$\dot{e}(t)$的曲线形状及符号，若将误差速率加入到控制器中，即控制作用将由 $e(t)$变为 $e(t)+T_d\dot{e}(t)$(T_d 为微分时间常数)的作用。由图 3-28b、c 可以看出，在时间区间$[0,t_1]$内 $e(t)>0$，而$\dot{e}(t)<0$，那么 $e(t)+T_d\dot{e}(t)<e(t)$，这可以使得控制器正向输出作用减小并提前反向，进而降低 $y(t)$的上升速度；而在时间区间$[t_1,t_2]$内 $e(t)<0,\dot{e}(t)<0$，则 $e(t)+T_d\dot{e}(t)<e(t)<0$，这时控制器的反向作用增强，可以抑制过大的超调，使响应速度加快；在时间区间$[t_2,t_3]$内 $e(t)<0$，而$\dot{e}(t)>0$，控制器的反向输出减小，有利于系统的输出尽快达到稳态值。通过以上的分析可知，微分信号 $T_d\dot{e}(t)$的加入使控制器输出具有提前制动的“预见性”，从而使系统既能满足在阶跃输入作用下的精度要求，又能改善系统的动态性能。

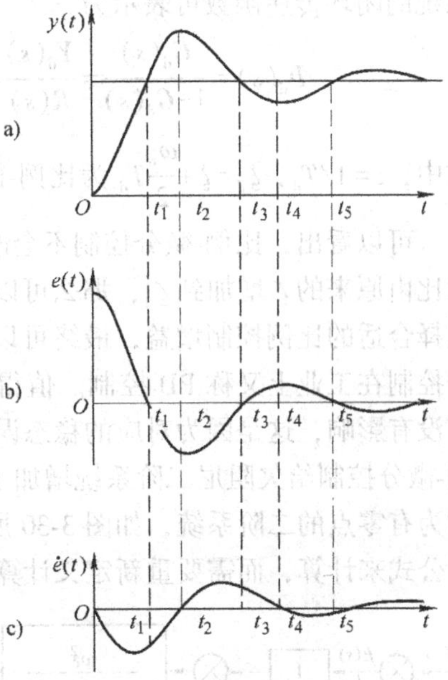

图 3-28 系统阶跃响应曲线

下面以欠阻尼二阶系统为例采用两种控制方案去分析系统的动态性能改善。

(1) 采用比例-微分控制分析欠阻尼二阶系统

比例-微分控制的二阶系统如图 3-29 所示，系统的开环传递函数为

$$G_d(s)=\frac{Y_d(s)}{E(s)}=\frac{(1+T_d s)\omega_n^2}{s(s+2\zeta\omega_n)} \tag{3-59}$$

系统的闭环传递函数可表示为

$$\Phi_d(s)=\frac{G_d(s)}{1+G_d(s)}=\frac{Y_d(s)}{R(s)}=\frac{(1+T_d s)\omega_n^2}{s^2+2(\zeta+T_d\omega_n/2)\omega_n s+\omega_n^2}=\frac{(s+z)\omega_n^2}{z(s^2+2\zeta_d\omega_n s+\omega_n^2)} \tag{3-60}$$

式中，$z=1/T_d$，$\zeta_d=\zeta+\frac{\omega_n}{2}T_d$ 为比例-微分控制的二阶系统阻尼比。

可以看出，比例-微分控制不会改变无阻尼自然振荡频率的大小，但会将二阶系统的阻尼比由原来的 ζ 增加到 ζ_d，那么可以通过选择合适的微分时间常数以得到想要的阻尼比，再选择合适的比例控制增益，最终可以使欠阻尼二阶系统的动态性能得到改善。这种比例-微分控制在工业上又称 PD 控制。值得注意的是，比例-微分控制对斜坡输入作用下的稳态精度没有影响，这是因为对应的稳态误差是常值，PD 控制中的微分项不起作用。事实上，比例-微分控制给欠阻尼二阶系统增加了一个闭环零点 $-z=-1/T_d$，因而比例-微分控制的系统又称为有零点的二阶系统，如图 3-30 所示。这时的二阶系统性能指标不能使用之前定义的计算公式来计算，而需要重新定义计算。

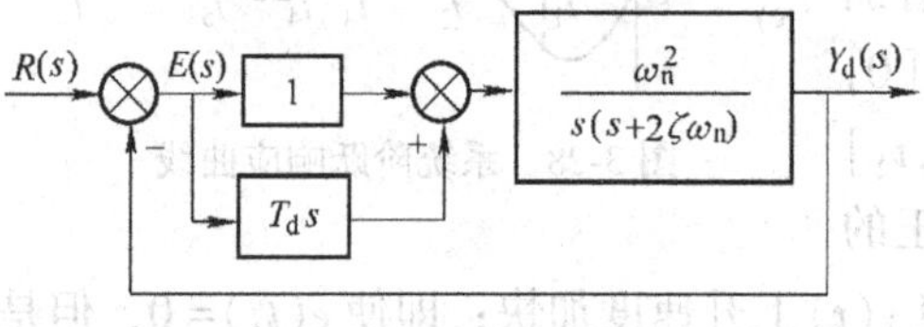

图 3-29 比例-微分控制的二阶系统

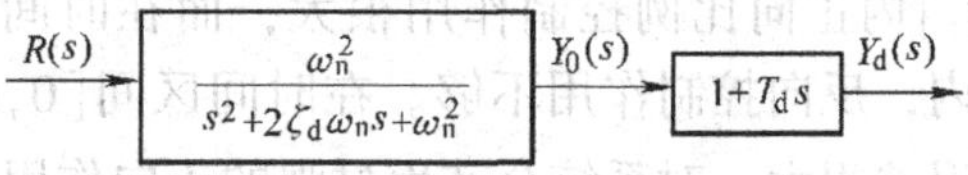

图 3-30 有零点的二阶系统

当输入信号为单位阶跃响应即 $r(t)=1(t)$ 时，那么根据式(3-60)可得系统的单位阶跃响应的拉普拉斯变换为

$$\begin{aligned}Y_d(s)=\Phi_d(s)R(s)&=\frac{(s+z)\omega_n^2}{z(s^2+2\zeta_d\omega_n s+\omega_n^2)}\cdot\frac{1}{s}\\&=\frac{\omega_n^2}{(s^2+2\zeta_d\omega_n s+\omega_n^2)s}+\frac{s\omega_n^2}{(s^2+2\zeta_d\omega_n s+\omega_n^2)s}\cdot\frac{1}{z}\end{aligned}$$

考虑欠阻尼($0<\zeta_d<1$)情况，对上式进行拉普拉斯反变换，可得到系统的单位阶跃响应为

$$y_d(t)=1-ce^{-\zeta_d\omega_n t}\sin(\omega_n\sqrt{1-\zeta_d^2}\,t+\varphi+\theta) \tag{3-61}$$

式中

$$c=\frac{\sqrt{z^2-2\zeta_d\omega_n z+\omega_n^2}}{z\sqrt{1-\zeta_d^2}} \tag{3-62}$$

$$\varphi=\arctan\frac{\omega_n\sqrt{1-\zeta_d^2}}{z-\zeta_d\omega_n},\theta=\arctan\frac{\sqrt{1-\zeta_d^2}}{\zeta_d} \tag{3-63}$$

由式(3-61)可分别求出有零点的欠阻尼二阶系统的单位阶跃响应的各项性能指标如下。

上升时间为

$$t_r=\frac{\pi-\varphi-\theta}{\omega_n\sqrt{1-\zeta_d^2}} \tag{3-64}$$

峰值时间为

$$t_p=\frac{\pi-\varphi}{\omega_n\sqrt{1-\zeta_d^2}} \tag{3-65}$$

超调量为

$$\sigma\%=c\cdot\sqrt{1-\zeta_d^2}\,e^{-\zeta_d\omega_n t_p}\times 100\% \tag{3-66}$$

调节时间计算如下。

令|Δ|=|实际响应-期望值|，则有

$$|\Delta|=|ce^{-\zeta_d\omega_n t}\sin(\omega_n\sqrt{1-\zeta_d^2}\,t+\varphi+\theta)|\leqslant ce^{-\zeta_d\omega_n t}$$

当|Δ|=5%时，可解得

$$t_s=(3+\ln c)/\zeta_d\omega_n \tag{3-67}$$

当|Δ|=2%时，可解得

$$t_s=(4+\ln c)/\zeta_d\omega_n \tag{3-68}$$

例3-7 设如图3-31所示是控制系统的框图。1)试确定当阻尼比$\zeta_d=0.5$时的微分时间常数T_d，并计算该控制系统单位阶跃响应的各项性能指标。2)计算没有闭环零点(即$T_d=0$)的二阶系统的各项性能指标，并比较两者的性能指标。

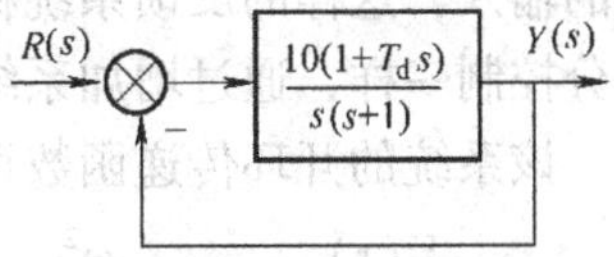

图3-31 控制系统框图

解： 1) 由框图可得系统的开环传递函数为

$$G_d(s)=\frac{10(1+T_d s)}{s(s+1)}$$

闭环传递函数为

$$\Phi_d(s)=\frac{10(1+T_d s)}{s^2+s+10T_d s+10}=\frac{10(1+T_d s)}{s^2+(1+10T_d)s+10}$$

由式(3-60)可知

$$\omega_n=3.16\,\text{rad/s},\quad 2\zeta_d\omega_n=2\times0.5\times3.16=1+10T_d$$

则

$$T_d=0.216,\quad z=\frac{1}{T_d}=4.63$$

由式(3-63)可得$\varphi=0.732\,\text{rad}$，$\theta=1.047\,\text{rad}$。

根据式(3-64)~式(3-67)可求得有零点的二阶系统单位阶跃响应的各项性能指标如下。

上升时间	$t_r=0.498\,\text{s}$
峰值时间	$t_p=0.88\,\text{s}$
超调量	$\sigma\%=21.99\%$
调节时间	$t_s=1.91\,\text{s}\ (\Delta=\pm5\%)$
稳态位置误差	$e_{ss}=0$

由系统开环增益$K=10=\omega_n/2\zeta$可得$\zeta=0.158$。在允许系统设置较大开环增益的前提下，

通过比例-微分控制有效地将阻尼比由 0.158 提高到了 0.5，明显改善了系统的动态性能。

2）当 $T_d=0$ 时，对应的典型二阶系统阻尼比 $\zeta=0.158$ 和自然振荡频率 $\omega_n=3.16\ \text{rad/s}$，根据欠阻尼二阶系统的性能指标计算公式可得各项性能指标如下。

上升时间 $t_r=0.554\ \text{s}$

峰值时间 $t_p=1.01\ \text{s}$

超调量 $\sigma\%=60.49\%$

调节时间 $t_s=7.01\ \text{s}(\Delta=\pm5\%)$

稳态位置误差 $e_{ss}=0$

通过比较可以看出，比例-微分控制没有改变系统的自然频率，而是增大了其阻尼比，进而降低了单位阶跃响应的超调量，缩短了调节时间、上升时间和峰值时间，系统的响应更迅速。所以，比例-微分控制可以通过增大阻尼比来改善系统的性能。应该注意的是，微分器对高频的噪声具有放大的作用，当系统的输入端有较严重的噪声时应避免采用比例-微分控制。

(2) 采用测速反馈控制分析欠阻尼二阶系统

比例-微分控制通过误差速率 $\dot{e}(t)$ 来改善系统的性能，其实输出量的导数 $\dot{y}(t)$ 也可以用来改善系统的性能。如图 3-32 所示，将输出信号反馈到输入端，并与误差信号做差作为系统的输入，这样的反馈系统称为测速反馈控制、速度反馈或微分反馈控制。其效果与比例-微分控制一样，通过增加系统的阻尼比改善系统的性能。

该系统的开环传递函数可表示为

$$G_t(s)=\frac{Y_t(s)}{E(s)}=\frac{\omega_n^2}{s(s+2\zeta\omega_n+K_t\omega_n^2)}=K\cdot\frac{1}{s[s/(2\zeta\omega_n+K_t\omega_n^2)+1]} \tag{3-69}$$

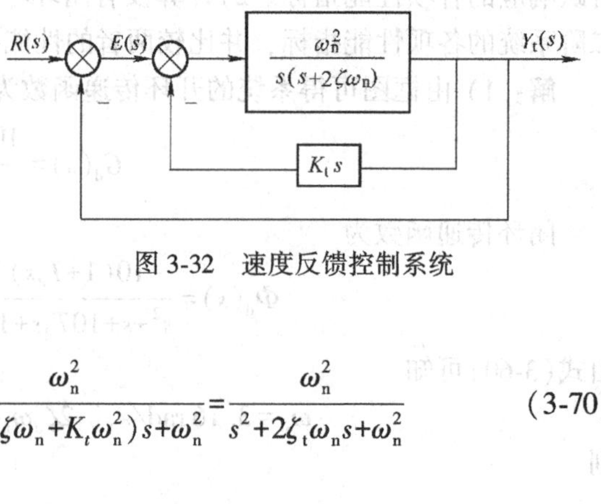

图 3-32 速度反馈控制系统

式中，$K=\frac{\omega_n}{2\zeta+K_t\omega_n}$为开环增益。

对应的测速反馈系统的闭环传递函数为

$$\Phi_t(s)=\frac{G_t(s)}{1+G_t(s)}=\frac{Y_t(s)}{R(s)}=\frac{\omega_n^2}{s^2+(2\zeta\omega_n+K_t\omega_n^2)s+\omega_n^2}=\frac{\omega_n^2}{s^2+2\zeta_t\omega_n s+\omega_n^2} \tag{3-70}$$

式中，ζ_t 是测速反馈二阶系统的阻尼比，且

$$\zeta_t=\zeta+\frac{\omega_n}{2}K_t \tag{3-71}$$

可以看出，所需的阻尼比可以通过调整测速反馈系数 K_t 的值，进而达到改善系统的动态性能的目的。

由式(3-69)～式(3-71)可知，测速反馈不会改变无阻尼自然频率的值 ω_n，但会使开环增益 K 降低，系统的阻尼比增大。比较 ζ_d 和 ζ_t 的表达式可知，当微分时间常数 T_d 与测速反馈系数 K_t 相等时，比例-微分控制二阶系统的阻尼比 ζ_d 等于测速反馈二阶系统的阻尼比 ζ_t，即测速反馈在增大阻尼比上的效果与比例-微分控制是一致的。另一方面，测速反馈并没有增加闭环零点，故系统仍然是典型的二阶系统，那么计算欠阻尼二阶系统单位阶跃响应的性能

指标原来的公式仍然适用。

但是，测速反馈控制降低了系统的开环增益，当输入信号为单位斜坡时，测速反馈控制的稳态误差为 $e_{ss}=1/K=(2\zeta+\omega_n K_t)/\omega_n=2\zeta/\omega_n+K_t$，较之前的稳态误差值增加了 K_t。在用测速反馈控制改善系统性能时，可以适当增加原系统的开环增益，同时合理选择测速反馈系数 K_t 使得阻尼比 ζ_t 在 0.4~0.8 范围内，进而满足所需的动态性能要求。

例 3-8　设控制系统的结构如图 3-33 所示。图 3-33a 为采用比例控制的系统，图 3-33b 为测速反馈控制系统。试确定使阻尼比为 0.6 时 K_t 的值，并比较两个系统的单位阶跃响应的各项性能指标及其特点。

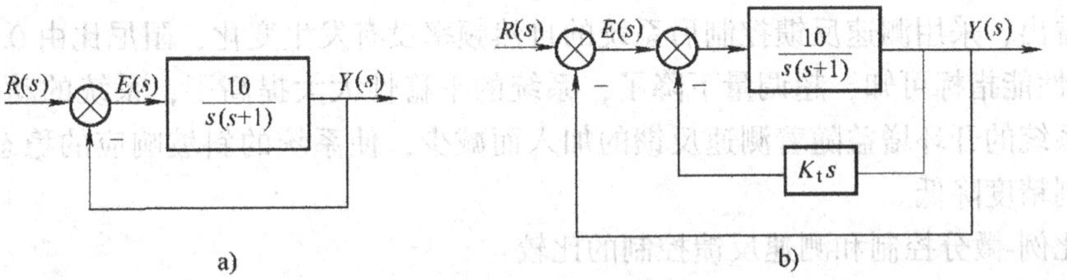

图 3-33　控制系统框图

解： 1）图 3-33a 所示的系统的闭环传递函数为

$$\Phi(s)=\frac{10}{s^2+s+10}$$

计算可得

$$\omega_n=\sqrt{10}=3.16\ \mathrm{rad/s},\quad \zeta=0.158$$

那么单位阶跃响应的性能指标为

上升时间　$t_r=\dfrac{\pi-\beta}{\omega_n\sqrt{1-\zeta^2}}=0.554\ \mathrm{s}$

峰值时间　$t_p=\dfrac{\pi}{\omega_n\sqrt{1-\zeta^2}}=1.01\ \mathrm{s}$

超调量　$\sigma\%=\mathrm{e}^{-\zeta\pi/\sqrt{1-\zeta^2}}\times 100\%=60.49\%$

调节时间　$t_s=\dfrac{3.5}{\zeta\omega_n}=7.01\ \mathrm{s}(\Delta=\pm5\%)$

斜坡响应的稳态误差　$e_{ss}=2\zeta/\omega_n=0.1\ \mathrm{rad}$

2）图 3-33b 所示的系统的闭环传递函数为

$$\Phi_t(s)=\frac{10}{s^2+(1+10K_t)s+10}$$

由式(3-71)可得，当阻尼比为 0.6 时 K_t 的值为

$$K_t=\frac{2(\zeta_t-\zeta)}{\omega_n}=0.28$$

又测速反馈系统的阻尼比为 $\zeta_t=0.6$，阻尼角为 $\beta_t=\arccos\zeta_t=0.927\ \mathrm{rad}$。

那么，单位阶跃响应的性能指标计算可得

上升时间 $t_r=\dfrac{\pi-\beta_t}{\omega_n\sqrt{1-\zeta_t^2}}=0.876\text{ s}$

峰值时间 $t_p=\dfrac{\pi}{\omega_n\sqrt{1-\zeta_t^2}}=1.24\text{ s}$

超调量 $\sigma\%=e^{-\zeta_t\pi/\sqrt{1-\zeta_t^2}}\times 100\%=9.48\%$

调节时间 $t_s=\dfrac{3.5}{\zeta_t\omega_n}=1.85\text{ s}(\Delta=\pm5\%)$

斜坡响应的稳态误差 $e_{ss}=2\zeta_t/\omega_n=0.38\text{ rad}$

可以看出，采用测速反馈控制后系统的自然频率没有发生变化，阻尼比由 0.158 增加到 0.6，对比性能指标可知，超调量下降了，系统的平稳性大大提高了，系统的动态性能明显改善了。系统的开环增益随着测速反馈的加入而减少，使系统的斜坡响应的稳态误差增大，进而使控制精度降低。

（3）比例-微分控制和测速反馈控制的比较

通过上面的分析计算可知，比例-微分控制和测速反馈控制都可以改善系统的性能，但是在实际的应用中应根据具体的情况采用适当的方法。下面将从使用环境、附加阻尼来源、对开环增益和自然频率的影响，以及对动态性能的影响 4 个方面展开说明和比较。

1）使用环境。当系统的输入端噪声很严重的时候，一般不宜选用比例-微分控制，这是因为比例-微分控制对噪声有明显的放大作用。并且微分器的输入信号为能量水平低的系统的误差，为了良好的效果，需要选用高质量的放大器，使得成本造价提高了。而测速反馈控制系统中输入端的输入信号的能量水平比较高，同时对输入端的噪声有滤波的功能，故没有过高的系统元件要求，在实际应用中使用得比较多。

2）附加阻尼来源。比例-微分控制中的阻尼作用来源于系统输入端的误差速率，而测速反馈则是来源于系统输出端响应的速率，两者都可以达到增大阻尼比的目的。

3）对开环增益和自然频率的影响。不管是比例-微分控制还是测速反馈控制都不会影响系统的自然频率，但是对系统的开环增益而言，比例-微分控制不会影响其大小，而测速反馈控制则会降低开环增益。值得注意的是，开环增益的增大会导致系统的自然频率的增大，这时如果系统存在高频噪声，那么可能会产生共振现象。

4）动态性能的影响。比例-微分控制最终的作用是在系统增加了一个零点，这可以使系统的上升时间缩短。考虑相同的阻尼比，测速反馈控制系统的超调量会小于比例-微分控制系统的超调量。

3.2.3 高阶系统的时域分析

在实际的控制工程中，几乎所有的控制系统的阶数都是高阶，即对应的微分方程的阶数大于 2。而目前对于高阶系统的研究采用的是近似处理，就是用一阶或者二阶系统去近似高阶系统，或者用数学软件 MATLAB 直接进行分析。

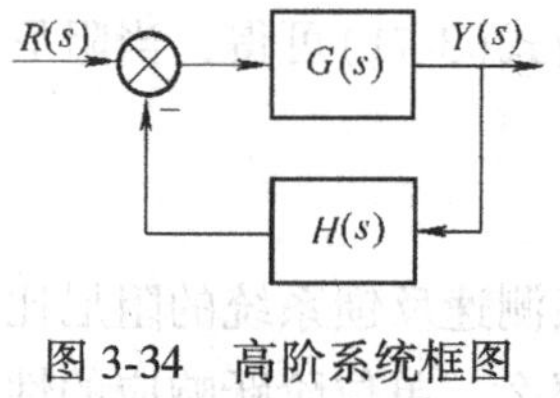

图 3-34 高阶系统框图

1. 高阶系统的单位阶跃响应

设高阶控制系统的结构如图 3-34 所示，考虑线性定常系统，

对应的闭环传递函数 $\Phi(s)$ 的表达式为

$$\begin{aligned}\Phi(s)&=\frac{Y(s)}{R(s)}=\frac{G(s)}{1+G(s)H(s)}\\&=\frac{b_0s^m+b_1s^{m-1}+\cdots+b_{m-1}s+b_m}{a_0s^n+a_1s^{n-1}+\cdots+a_{n-1}s+a_n},(m\leqslant n)\end{aligned}\tag{3-72}$$

将式(3-72)进行因式分解，则

$$\Phi(s)=\frac{Y(s)}{R(s)}=K\frac{\prod_{j=1}^{m}(s-z_j)}{\prod_{i=1}^{n}(s-s_i)}=\frac{K\prod_{j=1}^{m}(s-z_j)}{\prod_{k=1}^{q}(s-s_k)\prod_{l=1}^{r}(s^2+2\zeta_l\omega_{nl}s+\omega_{nl}^2)}\tag{3-73}$$

式中，$K=b_0/a_0$，$z_j(j=1,2,\cdots,m)$ 是传递函数的 m 个实零点，$s_i(i=1,2,\cdots,n)$ 是传递函数的 n 个不同的极点，且都位于 s 平面虚轴的左半平面，假设 $R(s)$ 有 q 个实根，r 对共轭复根，即满足 $n=q+2r$。因此高阶系统可以看成是由一阶系统串联组成或者二阶系统和少量的一阶系统串联组成。考虑零初始条件，那么高阶系统的单位阶跃响应的拉普拉斯变换为

$$Y(s)=\Phi(s)\cdot\frac{1}{s}=\frac{A_0}{s}+\sum_{i=1}^{n}\frac{A_i}{s-s_i}\tag{3-74}$$

式中，$A_0=[sY(s)]_{s=0}=[\Phi(s)]_{s=0}$ 为 $Y(s)$ 在阶跃输入作用下零极点的留数，$A_i=[(s-s_i)\cdot Y(s)]_{s=s_i},i\neq0$ 为 $Y(s)$ 在各个极点 $s_i(i=1,2,\cdots,n)$ 的留数。

对式(3-74)取拉普拉斯反变换，可以求得高阶系统的单位阶跃响应为

$$y(t)=A_0+\sum_{i=1}^{n}A_i\mathrm{e}^{s_it}\quad t\geqslant0\tag{3-75}$$

另一方面，对式(3-72)用 MATLAB 软件求解高阶系统的单位阶跃响应，一般的命令语句为

```
>> sys=tf([b0 b1 b2 … bm],[a0 a1 a2 … an]);     %建立高阶系统模型
>> step(sys);                                   %计算单位阶跃响应
```

例 3-9 设三阶系统的闭环传递函数为

$$\Phi(s)=\frac{3(s^2+3s+2)}{s^3+6s^2+10s+8}$$

试求对应的单位阶跃响应。

解：对传递函数进行因式分解，有

$$\Phi(s)=\frac{3(s+1)(s+2)}{(s+4)(s^2+2s+2)}$$

又因为输入信号的拉普拉斯变换为 $R(s)=1/s$，故单位阶跃响应的拉普拉斯变换可写为

$$\begin{aligned}Y(s)&=\frac{3(s+1)(s+2)}{s(s+4)(s^2+2s+2)}\\&=\frac{3}{4s}-\frac{5}{12(s+4)}+\frac{3\mathrm{j}-1}{6(s+1+\mathrm{j})}+\frac{-3\mathrm{j}-1}{6(s+1-\mathrm{j})}\end{aligned}$$

假设初始条件为零，则对上式取拉普拉斯反变换有

$$y(t)=\frac{3}{4}-\frac{5}{12}\mathrm{e}^{-4t}-2\mathrm{e}^{-t}\cos t+6\mathrm{e}^{-t}\sin t$$

另一方面，利用 MATLAB 软件进行求解其单位阶跃响应，命令如下：

```
>> num0=3*[1 3 2];den0=[1 6 10 8];     %闭环传递函数的分子、分母多项式系数
>> sys0=tf(num0,den0);                 %建立高阶系统模型
>> den=[1 6 10 8 0];                   %描述分母
>> [z,p,k]=tf2zp(num0,den0)            %对传递函数因式分解
>>sys=zpk(z,p,k)                       %给出闭环传递函数的零极点形式
>>[r,p,k]=residue(num0,den)            %对部分分式的展开
>>step(sys0)                           %计算单位阶跃响应
```

通过 MATLAB 软件得出的单位阶跃响应曲线如图 3-35 所示。从系统的动态响应曲线可以清楚地看出系统的动态性能。而系统动态响应的类型衰减与否、衰减的形式及衰减快慢都依赖于闭环极点 $s_i(i=1,2,\cdots,n)$，动态响应曲线的形状则取决于闭环零点 $z_j(j=1,2,\cdots,m)$。对于稳定的高阶系统而言，其动态分量随着时间的增加而衰减，最终只剩下系统的稳态分量。

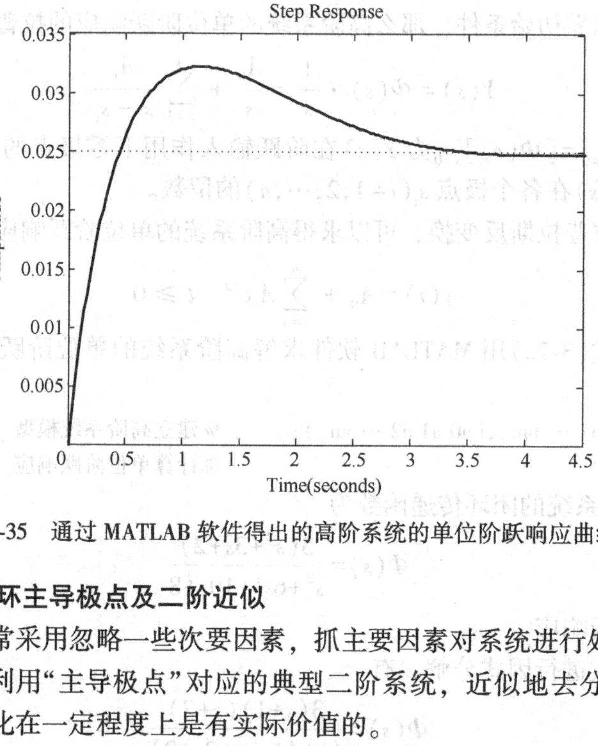

图 3-35 通过 MATLAB 软件得出的高阶系统的单位阶跃响应曲线

2. 高阶系统的闭环主导极点及二阶近似

在工程上人们常常采用忽略一些次要因素，抓主要因素对系统进行处理。常用的方法就是对高阶系统降阶，利用“主导极点”对应的典型二阶系统，近似地去分析和估计高阶系统的性能指标，这种简化在一定程度上是有实际价值的。

由式(3-75)可知，系统的动态响应的各分量都含指数项 $e^{s_i t}$，显然，闭环极点到虚轴的远近决定了各分量衰减的快慢，且距虚轴越远的极点对应的动态分量衰减得越快。设极点 s_k 与虚轴的距离很远，则 $Y(s)$ 在极点 s_k 处的留数为

$$A_k=[(s-s_k)Y(s)]_{s=s_k}=\frac{K(s_k-z_1)(s_k-z_2)\cdots(s_k-z_m)}{s_k(s_k-s_1)\cdots(s_k-s_{k-1})(s_k-s_{k+1})\cdots(s_k-s_n)}$$

注意到 $n>m$，故 A_k 很小，极点 s_k 对应的动态响应中的分量对 $y(t)$ 的作用也就很小，这样的极点可以忽略不计。

又因为高阶系统的动态响应中各分量 $A_i e^{s_i t}$ 对 $y(t)$ 的作用大小取决于 A_i，如果 $\Phi(s)$ 中有

一个靠近极点 s_p 的零点 z_q，即 $z_q \approx s_p$，那么 $Y(s)$ 在极点 s_p 处的留数为

$$A_p = [(s-s_p)Y(s)]_{s=s_p} = \frac{K(s_p-z_1)(s_p-z_2)\cdots(s_p-z_q)\cdots(s_p-z_m)}{s_p(s_p-s_1)\cdots(s_p-s_{p-1})(s_p-s_{p+1})\cdots(s_p-s_n)}$$

而 $z_q \approx s_p$ 即 $(s_p-z_q)\approx 0$，故 $A_p \approx 0$，这说明极点 s_p 对应的动态分量对 $y(t)$ 的作用微乎其微。

由上面的分析可知，对于稳定的高阶系统，闭环零点和极点在 s 平面的左半平面上，虽然有着各种分布模式，但与虚轴的距离有远近之分，靠近虚轴又远离闭环零点的极点对应的动态分量对 $y(t)$ 的作用大而且随时间衰减缓慢，对系统的动态性能起主导作用，这样的闭环极点称为系统的闭环主导极点。闭环主导极点可以是实数、复数，也可以是两者的组合。

若对于一个稳定的高阶闭环控制系统，其极点、零点分布满足下面两个条件。①在 s 平面的左半平面上，距离虚轴最近的是一对共轭复极点，且在附近没有零点；②系统的其他闭环极点距离这对共轭复极点足够远(两者的水平距离大于复极点实部 3 倍)，或者零、极点距离很近，其作用可以相互抵消。那么，这一对共轭复极点是该系统的闭环主导复极点。高阶系统的动态性能可由这对复极点对应的典型二阶系统近似估算。

3.3　控制系统的稳定性分析

控制系统能够正常工作的首要条件是具有稳定性，即系统在整个运行过程中，难免会受到外界或内部的某些因素的干扰，例如负载和能源的波动、系统参数变化及外界环境影响等。控制系统在这些扰动作用下会偏离原来的平衡位置，扰动消失后若系统能够回复到原有的平衡状态，工程上就认为这样的系统能够正常运行，即系统是稳定的，否则认为系统是不稳定的。因此，分析系统的稳定性并提出能够保证控制系统稳定运行的措施是系统分析与设计的关键任务。

3.3.1　稳定的基本概念

所谓平衡状态，是指系统在没有受到任何扰动作用时，系统的输出保持在某一状态不变。而系统在扰动作用下就会偏离原有的平衡状态从而产生初始偏差，但在扰动消失之后系统能够以足够大的准确度回复到原来的平衡位置，则称这样的系统是具有稳定性的，否则就是不稳定的。

通过以下的例子来深化稳定性的概念。图 3-36a 表示一个小球在光滑的凹槽里面，A 点为原来的平衡点位置，当小球受到扰动作用后偏离了原来的平衡点 A 点，扰动消失后，在重力和空气阻力的作用下，小球经过在槽内来回几次振荡最终会回复到原来的 A 点平衡位置，则称这样的平衡点是稳定的。又如图 3-36b 所示，当小球一开始处于原平衡点 B 点，外力作用之后小球向槽内运动，但由于重力原因，小球仅靠自身能力不可能再回到原平衡点 B 点，则 B 点就是不稳定平衡点。

上述所阐述的稳定性概念，实则是指平衡状态稳定性。但在分析线性系统的稳定性时，系统的运动稳定性才是关键，严格来说，平衡状态的稳定性和运动稳定性并不是同一回事，但可以证明，对于线性系统而言，运动稳定性与平衡状态稳定性是等价的，它是指系统方程

在不受任何外界输入作用的条件下，当时间 t 趋于无穷的时候系统方程的解的渐近行为，这个“解”就是系统方程的一个“运动”，分析系统方程的解的情况也就是分析系统的运动稳定性。

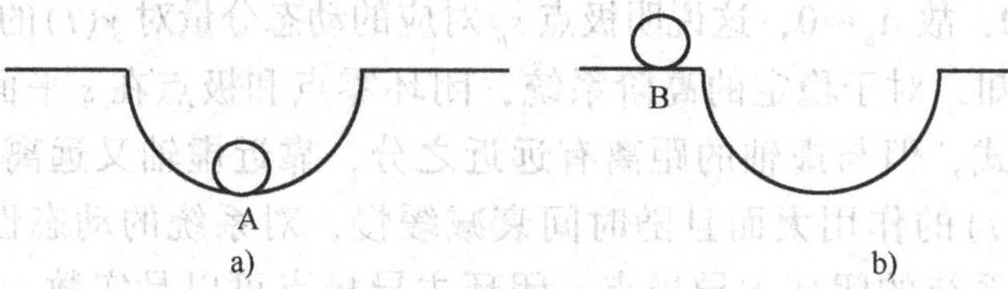

图 3-36 小球运动

综上所述，我们可以定义：①如果系统受到扰动作用，偏离了原平衡状态，产生了偏差，当扰动消失后系统可以逐渐自行回复到原来的平衡状态，则该系统是稳定的；②如果系统受到的扰动作用消失后，系统不能回复到原来的平衡状态，甚至偏差越来越大，则该系统是不稳定的；③如果扰动消失后，系统输出存在偏差但处于持续振荡状态，则称该系统为临界稳定。由此可见，系统稳定性是指系统在受到扰动之后的一种自我恢复能力，是系统的一种固有特性，对于线性控制系统而言，只取决于系统的结构、参数，而与初始条件和外界作用无关。

3.3.2 线性系统稳定的充分必要条件

根据以上对稳定性概念的定义，线性控制系统的稳定性就是系统的固有特性，与线性控制系统的输入和初始条件无关，仅与系统的结构和参数有关。因此，可以假设线性系统的初始条件为零，输入为理想单位脉冲函数，若系统稳定，则在干扰作用之后，系统的输出能够以足够精度回复到原有的平衡工作点，据此可以计算使系统处于稳定状态的充分必要条件。

根据线性系统稳定的定义，当 t 趋于无穷大时，系统的脉冲响应函数应该收敛，即

$$\lim_{t\to\infty} y(t)=0 \tag{3-76}$$

即输出增量收敛于原平衡点，则这样的线性系统是稳定的。

设系统的闭环传递函数为

$$\Phi(s)=\frac{Y(s)}{R(s)}=\frac{K\prod_{i=1}^{m}(s-z_i)}{\prod_{i=1}^{n}(s-s_i)} \tag{3-77}$$

其中，设系统的闭环极点 s_i（系统的闭环特征根）为互异的单根，由于单位脉冲函数 $\delta(t)$ 的拉普拉斯变换为 1，因此系统脉冲响应的拉普拉斯变换为

$$Y(s)=\Phi(s)R(s)=\frac{A_1}{s-s_1}+\frac{A_2}{s-s_2}+\cdots+\frac{A_n}{s-s_n}=\sum_{i=1}^{n}\frac{A_i}{s-s_i} \tag{3-78}$$

式(3-78)中的 $A_i=\lim\limits_{s\to s_i}(s-s_i)Y(s)$ 是 $Y(s)$ 在闭环实数极点 s_i 处的留数，对式(3-78)进行拉普拉斯反变换得系统的脉冲响应函数为

$$y(t)=\sum_{i=1}^{n}A_i e^{s_i t} \tag{3-79}$$

根据上述系统的稳定性的定义，系统稳定时应有

$$\lim_{t\to\infty}y(t)=\lim_{t\to\infty}A_i e^{s_i t}=0(i=1,2,\cdots,n) \tag{3-80}$$

由于留数 A_i 的任意性，要使式(3-80)脉冲响应函数收敛，只能有

$$\lim_{t\to\infty}e^{s_i t}=0(i=1,2,\cdots,n) \tag{3-81}$$

要使式(3-81)成立，特征根 s_i 必须具有负实部，同时，若系统的闭环特征根具有负实部，则式(3-81)一定成立，即此时系统稳定。若特征根中有一个或一个以上正实部根，则系统对初始条件的响应将随时间的推移而发散，即 $\lim\limits_{t\to\infty}y(t)\to\infty$，则表明系统不稳定；若特征根中具有一个或一个以上零实部根，其余根具有负实部，则 $y(t)$ 趋于常数，或是呈等幅振荡而不趋于零，此时系统则处于临界稳定状态，无法正常工作，所以经典控制理论中把临界稳定系统规划为不稳定系统。因此，可以判定，线性系统稳定的充分必要条件为：闭环系统的所有闭环特征根 s_i 都具有负实部或都位于 s 左半平面，或者说，系统闭环传递函数的所有极点均位于 s 左半平面(只有在闭环传递函数无零极点对消的情况下)，则系统是稳定的。

需要指出的是，由于所研究的系统实质是线性化系统，在建立系统线性化模型的过程中忽略了许多次要的因素，同时系统的参数又不断处于微小变化当中，因此临界稳定现象实际上是观察不到的。对于稳定的线性系统而言，当输入信号为有界函数时，响应过程中的动态分量会随着时间推移最终衰减至零，故系统输出必为有界函数；而对于不稳定的线性系统，其动态响应会随着时间的推移而发散，但也不会达到无穷大导致系统遭到破坏，或者进入非线性的工作状态，产生大幅度的持续的等幅振荡。

既然稳定性是指扰动消失后系统恢复原有平衡状态的能力，那么上述控制系统稳定的充分必要条件同样可由零输入响应条件得出，其分析结果都是一致的。

3.3.3 稳定判据

根据系统稳定性的充要条件来判别系统的稳定性，需要知道系统所有特征根的符号或者极点分布情况，若能解出全部特征根，则很容易就能判定系统的稳定性。然而，对于高阶系统，很难求出系统的全部特征根。因此，常常希望用一种不需要求解出特征根的方法就能够判断出特征根是否在 s 平面的虚轴以左。本节所要介绍的稳定判据(又称代数稳定判据)，就是根据系统闭环特征方程的各项系数的符号，判断系统的特征根是否处于 s 左半平面，或者是否具有负实部，还能指出在 s 右半平面和虚轴上的特征根的个数，从而判断系统的稳定性。

1. 劳斯-赫尔维茨稳定判据

(1) 系统稳定的必要条件

设系统的特征方程

$$D(s)=a_0s^n+a_1s^{n-1}+\cdots+a_{n-1}s+a_n=0 \tag{3-82}$$

式中，令 $a_0>0$，系统的 n 个特征根为 $s_1,s_2,\cdots,s_n$，所有特征根都位于 s 左半平面的必要条件为上述特征方程的所有系数都大于零，也就是系统稳定的必要条件，即

$$a_i>0(i=0,1,\cdots,n-1) \tag{3-83}$$

因而如果系统的特征方程系数存在小于零或等于零的情况，则系统一定是不稳定的。满足上述条件的一阶、二阶系统稳定，但高阶系统不一定稳定，高阶系统是否稳定还需要进一

步通过劳斯-赫尔维茨判据进行判定。

(2) 赫尔维茨(Hurwitz)判据

系统稳定的充分必要条件为系统特征方程的赫尔维茨行列式 $D_k(k=1,2,\cdots,n)$ 全部为正，各阶的赫尔维茨行列式为

$$D_1=a_1, D_2=\begin{vmatrix} a_1 & a_3 \\ a_0 & a_2 \end{vmatrix}, D_3=\begin{vmatrix} a_1 & a_3 & a_5 \\ a_0 & a_2 & a_4 \\ 0 & a_1 & a_3 \end{vmatrix}, \cdots. \tag{3-84}$$

即赫尔维茨稳定判据为

$$D_i>0(i=1,2,\cdots,n)$$

(3) 劳斯(Routh)判据

对于高阶的系统特征方程，赫尔维茨判据相对来说行列式计算量比较大，不容易判断系统的稳定性。因而，可以采用劳斯稳定判据来判定系统的稳定性，即根据特征方程系数来确定闭环极点也就是闭环特征根的分布。可将特征方程的系数排列成劳斯表(见表 3-4)，从而进行逐项计算。

表 3-4 劳斯表

s^n	a_0	a_2	a_4	a_6	……
s^{n-1}	a_1	a_3	a_5	a_7	……
s^{n-2}	$b_{13}=\dfrac{a_1a_2-a_0a_3}{a_1}$	$b_{23}=\dfrac{a_1a_4-a_0a_5}{a_1}$	$b_{33}=\dfrac{a_1a_6-a_0a_7}{a_1}$	b_{43}	……
s^{n-3}	$b_{14}=\dfrac{b_{13}a_3-a_1b_{23}}{b_{13}}$	$b_{24}=\dfrac{b_{13}a_5-a_1b_{33}}{b_{13}}$	$b_{34}=\dfrac{b_{13}a_7-a_1b_{43}}{b_{13}}$	b_{44}	……
……	……	……	……	……	……
s^1	$b_{1,n}$				
s^0	$b_{1,n+1}=a_n$				

根据代数方程的基本理论，线性系统稳定的充分且必要条件可由劳斯稳定判据获得。见表 3-4，劳斯表的前两行由系统特征方程式，即式(3-82)的系数直接构成，其他各行系数根据表中所示逐行计算，在运算过程中的空位均置为零，计算一直持续到 $n+1$ 行，第 $n+1$ 行(s^0 行)只有第一列系数有值，且为特征方程的最后一个系数 a_n，计算完成后的劳斯表呈上三角行列式。

劳斯稳定判据指出：实部为大于零的根的个数就等于劳斯表第一列系数符号改变的次数，因此，系统稳定的充分必要条件是，劳斯表的第一列系数都为正数，否则系统不稳定。

由劳斯表可以看出，劳斯判据和赫尔维茨判据实质上是相同的，劳斯表中第一列各数值与赫尔维茨行列式存在如下的关系：

$$a_0=a_0, a_1=D_1, b_{13}=D_2/D_1, b_{14}=D_3/D_2, \cdots, b_{1n}=D_{n-1}/D_{n-2}, b_{1,n+1}=D_n/D_{n-1} \tag{3-85}$$

例 3-10 系统的特征方程为

$$D(s)=3s^5+s^4+4s^3+5s^2+15s=0$$

试用赫尔维茨判据判断系统的稳定性。

解：由特征方程可知各项系数为

$$a_0=3,a_1=1,a_2=4,a_3=5,a_4=15$$

① 首项系数 $a_0=3>0$，满足条件。

② 计算行列式 $D_1=a_1=1>0$

$$D_2=\begin{vmatrix} a_1 & a_3 \\ a_0 & a_2 \end{vmatrix}=a_1a_2-a_0a_3=1\times4-3\times5=-11<0$$

由于 $D_2<0$，不满足赫尔维茨行列式全部为正的条件，因此可以不再计算 D_3、D_4 就可判定该系统不稳定。

例 3-11 已知系统的特征方程为

$$s^4+8s^3+10s^2+8s+1=0$$

试用劳斯判据判断该系统的稳定性。

解：根据系统特征方程列出劳斯表如下：

$$\begin{array}{llll}
s^4 & 1 & 10 & 1 \\
s^3 & 8 & 8 & \\
s^2 & \dfrac{8\times10-1\times8}{8}=9 & 1 & \\
s^1 & \dfrac{9\times8-8\times1}{9}=\dfrac{64}{9} & 0 & \\
s^0 & 1 & &
\end{array}$$

由劳斯表可见，第一列系数全部大于零，该系统是稳定的，这个四阶系统特征方程的所有根(4 个闭环极点)全部位于 s 左半平面。

例 3-12 设系统特征方程

$$s^4+2s^3+3s^2+4s+5=0$$

试用劳斯判据判定系统的稳定性，并确定系统正实部根的个数。

解：根据系统方程列出劳斯表

$$\begin{array}{llll}
s^4 & 1 & 3 & 5 \\
s^3 & 2 & 4 & \\
s^2 & \dfrac{2\times3-1\times4}{2}=1 & 5 & \\
s^1 & \dfrac{1\times4-2\times5}{1}=-6 & & \\
s^0 & 5 & &
\end{array}$$

根据劳斯表可见，第一列系数不全为正值，因此系统不稳定。由于表中第一列的系数符号改变了两次，因此系统的特征方程有两个正实部的根。

2. 劳斯判据的特殊情况的处理

1) 劳斯表中某一行的第一列为零，而该行的其余项系数不为零，或不全为零。

此时，计算劳斯表的下一行的第一个系数时，将出现无穷大项，使劳斯稳定判据的运行失效。其解决措施是，可用一个很小的正元素 ε 代替第一列的零元素参与计算，计算完成之后再令 $\varepsilon\to 0$，从而根据劳斯判据来判定系统的稳定性。

例 3-13 系统特征方程为

$$s^4+3s^3-3s^2-9s+6=0$$

判断系统在 s 右半平面的极点个数。

解：闭环特征方程的系数已经不满足系统稳定的必要条件，因此该系统不稳定，列出劳斯表

$$\begin{array}{llll}
s^4 & 1 & -3 & 6 \\
s^3 & 3 & -9 & \\
s^2 & 0=\varepsilon & 6 & \\
s^1 & -9-\dfrac{18}{\varepsilon}\to-\infty & & \\
s^0 & 6 & &
\end{array}$$

由此可见，劳斯表中第一列系数符号改变了两次，因此系统在 s 右半平面的极点有两个。

2）劳斯表中出现全零行。这种情况则表明，系统特征方程中存在大小相等、符号相反而对称于 s 平面坐标原点的特征根。例如，两个大小相等、符号相反的实根；一对共轭纯虚根；或是对称于实轴的两对共轭复根。为了计算全零行下面各行的系数，其解决措施是，用全零行上面一行的系数构造一个辅助方程 $F(s)=0$，并将辅助方程对复变量 s 求导，用所得导数方程的系数取代全零行的元素，此时便可按照劳斯稳定判据的要求继续运算下去，直到计算出完整的劳斯表。辅助方程的阶数通常为偶数，与大小相等、符号相反的特征根数相对应，还可通过辅助方程得到系统对称于平面 s 坐标原点的那些相对应的大小相等、符号相反的特征根值。

利用上述方法得到完整的劳斯表后，可由第一列系数的符号变化次数来确定系统右根的个数。如果第一列系数全大于零，在此两类情况中并不代表系统稳定，而代表系统右根个数为零，上述两种情况的系统实际上都处于临界稳定状态。根据两种代数判据可以得出两个推论：若劳斯表第一列元素变化 m 次，则有 m 个正实部根；若特征方程系数 $a_0\sim a_n$ 有缺项或小于零的项，则系统不稳定。

例 3-14 设控制系统的特征方程为

$$s^6+2s^5+8s^4+12s^3+20s^2+16s+16=0$$

试用劳斯稳定判据分析系统的稳定性。

解：按照劳斯稳定判据要求列出如下劳斯表：

$$\begin{array}{lllll}
s^6 & 1 & 8 & 20 & 16 \\
s^5 & 2 & 12 & 16 &
\end{array}$$

s^4	2	12	16
s^3	0	0	0

由于出现了全零行，因此用 s^4 行系数构造如下辅助方程：

$$F(s)=2s^4+12s^2+16=0$$

求辅助方程对复变量 s 的导数，得导数方程：

$$\frac{\mathrm{d}F(s)}{\mathrm{d}s}=8s^3+24s=0$$

用导数方程的系数取代全零行相应的元素，继续用劳斯判据计算，得到

s^6	1	8	20	16	
s^5	2	12	16	0	
s^4	2	12	16		
s^3	8	24	0		($\mathrm{d}F(s)/\mathrm{d}s=0$ 系数)
s^2	6	16			
s^1	$\frac{8}{3}$	0			
s^0	16				

由该劳斯表可知，第一列系数均为正值，表明该系统在 s 右半平面没有特征根。但该系统由于存在全零行，因此系统不稳定。令 $F(s)=0$，即 $2s^4+12s^2+16=0$，解得 $s_{1,2}=\pm\mathrm{j}\sqrt{2}$，$s_{3,4}=\pm\mathrm{j}2$，求得两对大小相等、符号相反的根，显然这个系统处于临界稳定状态。

3.3.4 系统参数对稳定性的影响

1）利用劳斯稳定判据既可以判定系统的稳定性，还可以确定系统的个别参数变化对稳定性的影响，以及为了使系统稳定，这些参数的取值范围。如果讨论的参数为开环放大系数 K，则能够使系统稳定的开环放大系数的临界值称为临界放大系数，记为 $K_{临}$，也即临界开环增益。对于开环传递函数不含右极点、右零点的系统，一般情况下开环增益在 $0<K<K_{临}$ 时系统稳定。换言之，随着开环增益 K 增大，闭环极点将向右移动，系统稳定性随之降低。K 越接近 $K_{临}$，闭环极点就越接近虚轴，系统稳定性就越差，当 $K=K_{临}$ 时，闭环极点已在虚轴上，系统特征方程具有纯虚根，系统处于临界稳定状态，属不稳定范畴。

例 3-15 已知单位负反馈系统开环传递函数为 $G(s)=\dfrac{K}{s(s+1)(s+2)}$，试用劳斯判据确定欲使闭环系统稳定的 K 的取值范围。

解： 由开环传递函数可得到系统特征方程：$s^3+3s^2+2s+K=0$。

列出劳斯表

s^3	1	2

$$
\begin{array}{lcc}
s^2 & 3 & K \\
s^1 & \dfrac{6-K}{3} & \\
s^0 & K &
\end{array}
$$

要使系统稳定，则有 $K>0$，$\dfrac{6-K}{3}>0$，因此 $0<K<6$。

2）系统结构确定时，临界开环增益 $K_{临}$ 值取决于各环节的参数特性。

① 当开环传递函数为 $G(s)=K/T_1s+1$ 时，其闭环特征方程为 $D(s)=T_1s+K+1$，则根据劳斯稳定判据可简单计算出 $K_{临}=-1$。

② 当开环传递函数为 $G(s)=K/(T_1s+1)(T_2s+1)$ 时，其闭环特征方程为 $D(s)=T_1T_2s^2+(T_1+T_2)s+K+1$，同理可根据劳斯稳定判据确定 $K_{临}=-1$。

③ 当开环传递函数为 $G(s)=K/(T_1s+1)(T_2s+1)(T_3s+1)$ 时，闭环特征方程为 $D(s)=T_1T_2T_3s^3+(T_1T_2+T_1T_3+T_2T_3)s^2+(T_1+T_2+T_3)s+K+1$，该系统为一个三阶系统，根据劳斯稳定判据(对于三阶系统而言即是中间两项系数的乘积大于两端系数乘积)，同样可计算得出 $K_{临}=\dfrac{T_1}{T_3}+\dfrac{T_1}{T_2}+\dfrac{T_2}{T_3}+\dfrac{T_2}{T_1}+\dfrac{T_3}{T_2}+\dfrac{T_3}{T_1}+3$。由此可得，随着系统结构惯性环节的增加，$K_{临}$ 的值将与惯性环节的时间常数的比值相关，增加时间常数比值，提高系统临界开环增益值，可改善系统性能，但惯性环节过于增多也将影响系统的稳定性，这一点将在后续讲到。

④ 当开环传递函数为 $G(s)=K/s(T_1s+1)$ 时，闭环特征方程为 $D(s)=T_1s^2+s+K$，根据劳斯稳定判据可计算 $K_{临}=0$；

⑤ 当开环传递函数为 $G(s)=K/s(T_1s+1)(T_2s+1)$，此时的闭环特征方程为 $D(s)=T_1T_2s^3+(T_1+T_2)\cdot s^2+s+K$，可根据劳斯稳定判据确定此时 $K_{临}=(T_1+T_2)/T_1T_2=1/T_2+1/T_1$。可见，当系统结构含有积分环节时，$K_{临}$ 的值只与时间常数有关，同理当系统结构中出现微分环节时同样可计算出相应的 $K_{临}$。因此，由不同的典型环节构成的系统结构，都可根据劳斯稳定判据计算出相应的临界增益值。

劳斯判据更常用来分析系统参数，特别是系统开环增益 K 值变化对系统稳定性的影响，从而确定使系统稳定的某个或某几个参数取值范围。

例 3-16 设某单位反馈系统的开环传递函数为

$$G(s)=\frac{K(s+1)}{s(Ts+1)(5s+1)}$$

试确定使该系统稳定时 K、T 的取值范围。

解：系统的闭环特征方程为

$$D(s)=5Ts^3+(T+5)s^2+(1+K)s+K=0$$

根据劳斯判据判定系统稳定的条件：

$$\begin{cases} K>0 \\ T>0 \\ 5TK<(T+5)(K+1) \end{cases}$$

由此可得，K、T应分别满足$0<T<\frac{5(K+1)}{4K-1}, K>\frac{1}{4}$。

3.3.5 系统的相对稳定性以及稳定裕度

前面利用稳定判据判断系统是否稳定，讨论的是系统的绝对稳定性。但实际上，对于很多情况来说，仅仅分析系统的绝对稳定性还不够全面。比如某些位于s左半平面的特征根，当它离虚轴很近时，这样尽管满足了稳定的条件，但系统的动态过程响应会比较缓慢，系统内部因素的变化很有可能会导致系统的不稳定。因此，在控制系统的设计分析中常常应用相对稳定性的概念来说明系统的稳定度。我们称离虚轴最近的系统特征根与虚轴之间的距离为稳定裕度。

利用劳斯判据可以检验系统具有的稳定裕度。假设特征根离虚轴的距离为a，可将原s平面的虚轴左移a，得到新的复平面s_1。其具体做法是：以$s=s_1-a$代入原系统特征方程，得出以s_1为变量的方程，然后将劳斯判据应用于新的方程，若满足系统稳定的充要条件，则系统的特征根都落在s平面的$s=-a$直线的左半部分，则具有a以上的稳定裕度。一般而言，a越大，则系统的稳定度越高。

例3-17 设系统的特征方程为

$$s^3+4s^2+6s+K=0$$

若要使系统具有$a=1$以上的稳定裕度，试确定K的取值范围。

解：将$s=s_1-1$代入系统特征方程中得

$$(s_1-1)^3+4(s_1-1)^2+6(s_1-1)+K=0$$

整理后得

$$s_1^3+s_1^2+s_1+K-3=0$$

根据劳斯判据，系统稳定的充要条件是

$$\begin{cases} K-3>0 \\ 1-(K-3)>0 \end{cases}$$

解得K的取值范围得

$$3<K<4$$

3.3.6 结构不稳定系统及其改善措施

对于某些系统，仅仅通过调整参数仍然无法实现稳定，则称这种系统为结构不稳定系统。例如图3-37所示的液位控制系统，其中$\frac{K_0}{s}$是控制器水箱的传递函数，K_P,K_I分别是连杆和放大器、进水阀门的传递函数，$\frac{K_m}{s(T_m s+1)}$是执行电机的传递函数。H_0是期望的液面高度，H是控制后实际的液面高度。根据结构图可知该系统的闭环特征方程为

$$D(s)=s^2(T_m s+1)+K_P K_m K_I K_0=T_m s^3+s^2+K_P K_m K_I K_0$$

很明显，特征方程中缺少s项，不满足系统稳定的必要条件，因此，无论怎样调整系统结构中的各参数K_P、K_I，都无法使系统稳定，因此这是一个结构不稳定系统。那么欲使系统稳定，就需要改变原系统的结构。

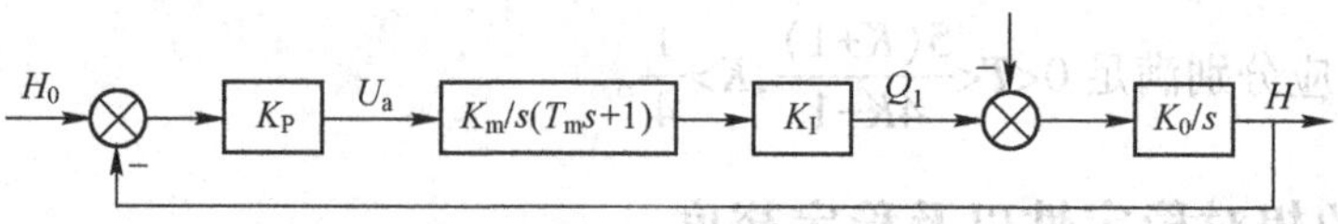

图 3-37 液位控制系统结构图

一般情况下，从改变系统结构上来解决结构不稳定的问题，其解决方法有两种，其一是改变积分性质，其二是引入比例-微分控制，补上特征方程中的缺项，即改变系统控制器的结构。例如上述例图中的结构不稳定系统，需要给闭环特征方程补上一个 s 项，可以通过给控制器串联一个一阶微分环节，从而使闭环特征方程不再缺项，达到系统稳定。

3.4 控制系统的稳态误差

控制系统的稳态误差，是系统控制准确度(控制精度)的一种度量，称为稳态性能指标。控制系统设计的目的在于使误差最小化，或是尽量减少系统的稳态误差。显然，研究稳态误差要在系统处于稳定状态时才有意义，对于不稳定的系统而言，根本不存在研究稳态误差的可能性。因此，本节主要讨论线性控制系统因系统结构与参数、输入作用形式和类型所产生的稳态误差，即原理性稳态误差的计算方法，以及介绍定量描述系统误差的静态误差系数法。至于非线性因素引起的系统误差，称为结构性稳态误差，本节内容不予考虑。

3.4.1 误差与稳态误差的定义及其计算

系统误差 $e(t)$ 一般定义为期望值与实际值之差，即

$$e(t)=\text{期望值}-\text{实际值} \tag{3-86}$$

对于如图 3-38 所示的系统典型结构，误差可从输入端和输出端定义。一般情况下从输入端定义：系统误差被定义为输入信号 $r(t)$ 与反馈信号 $b(t)$ 之差，或称为系统的偏差信号。其中输入信号是被控量的期望值，反馈信号是被控量的实际值，即

$$e(t)=r(t)-b(t)$$

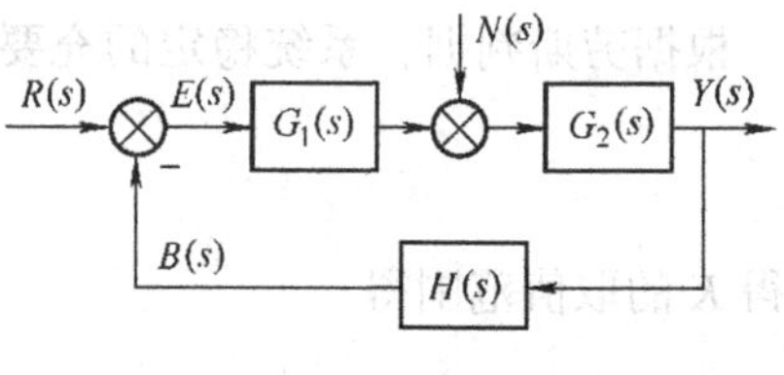

图 3-38 控制系统典型结构

其拉普拉斯变换为

$$E(s)=R(s)-B(s) \tag{3-87}$$

对于 $H(s)=1$ 的单位反馈系统，该误差可表示为

$$E(s)=R(s)-Y(s) \tag{3-88}$$

即输入与输出之间的差值，由此可见，对于 $H(s)=1$ 的单位反馈系统，输入和输出两种误差定义是完全一致的。但两种定义方法存在着内在联系，若需计算非单位反馈系统输出端误差时，可根据 $E'(s)=\dfrac{1}{H(s)}E(s)$ 计算得出，以下均只讨论从输入端定义的误差 $E(s)$。

根据线性系统叠加原理，图 3-38 所示的典型结构系统在给定输入和干扰输入同时作用下系统的误差为

$$E(s)=E_r(s)+E_n(s)=\Phi_e(s)R(s)+\Phi_{en}(s)N(s) \tag{3-89}$$

式中，$\Phi_e(s)$为$R(s)$作用下的误差传递函数，令$N(s)=0$，以$E(s)$为输出量，将图 3-38 演变为图 3-39，可计算得$\Phi_e(s)=\dfrac{E(s)}{R(s)}=\dfrac{1}{1+G_1(s)G_2(s)H(s)}$；$\Phi_{en}(s)$为$N(s)$作用下系统的误差传递函数，令$R(s)=0$以$N(s)$为输入量，$E(s)$为输出量，将图 3-38 演变为图 3-40，可计算得$\Phi_{en}(s)=\dfrac{E(s)}{N(s)}=\dfrac{-G_2(s)H(s)}{1+G_1(s)G_2(s)H(s)}$。前者为反馈量$B(s)$对输入$R(s)$的闭环传递函数，后者为反馈量$B(s)$对干扰$N(s)$的闭环传递函数。由此可见，系统的误差和系统的结构、参数有关，也和输入作用$R(s)$、$N(s)$的形式、幅值大小有关。

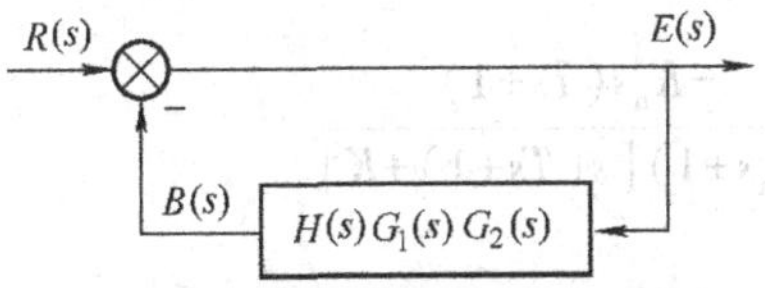

图 3-39　$R(s)$作用下的误差输出框图

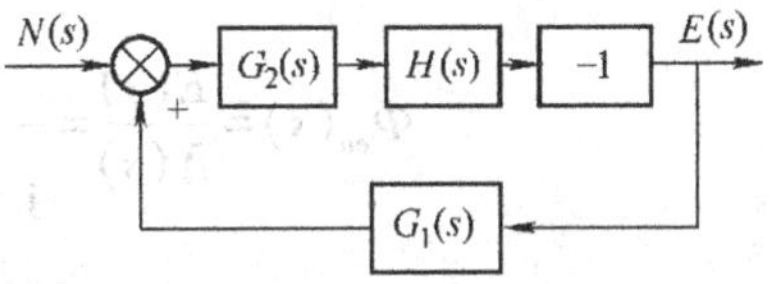

图 3-40　$N(s)$作用下的误差输出框图

首先说明终值定理及其应用条件，稳态系统误差的终值称为稳态误差，如果系统稳定，可利用终值定理求稳态误差。系统误差$e(t)$由动态响应e_{tr}和稳态响应e_{ss}组成，实际系统必须稳定，其动态响应随时间无限增长而趋于零，因此误差信号$e(t)$的稳态响应e_{ss}定义为稳态误差。$e(t)$的拉普拉斯变换为$E(s)$，实际系统必须稳定，也即是$\lim\limits_{t\to\infty}e(t)$，$\lim\limits_{s\to0}sE(s)$存在，则有

$$e_{ss}=\lim_{t\to\infty}e(t)=\lim_{s\to0}sE(s)=e_{ssr}+e_{ssn} \tag{3-90}$$

式中，e_{ssr}为给定输入引起的稳态终值误差，称为给定稳态误差。e_{ssn}为干扰输入引起的稳态误差终值，称为干扰稳态误差。当$E(s)$为有理分式函数时，终值定理的应用条件为：$sE(s)$除在原点处有唯一的极点外，在s右半平面及整个虚轴上解析，即$sE(s)$的所有极点均具有负实部(位于s左半平面，包括坐标原点)。由此，则可根据终值定理和式(3-89)求出系统的稳态误差：

$$\begin{cases} e_{ssr}=\lim\limits_{s\to0}sE_r(s)=\lim\limits_{s\to0}s\dfrac{1}{1+G_1(s)G_2(s)H(s)}R(s) \\ e_{ssn}=\lim\limits_{s\to0}sE_n(s)=\lim\limits_{s\to0}s\dfrac{-G_2(s)H(s)}{1+G_1(s)G_2(s)H(s)}N(s) \\ e_{ss}=e_{ssr}+e_{ssn} \end{cases} \tag{3-91}$$

控制系统的稳态误差因输入信号而异，因而需要规定一些典型信号，通过评价系统在这些典型信号作用下的稳态误差来衡量和比较系统的稳态性能。由式(3-91)计算出的稳态误差是误差信号稳态分量$e_{ss}(t)$在t趋于无穷时的数值，故称为终值误差，它不能反映$e_{ss}(t)$随时间t的变化规律，具有一定的局限性。

例 3-18　控制系统结构图如图 3-41 所示，其中$T>0,K>0$，已知$r(t)=n(t)=t$，求系统的稳态误差。

解：① 控制输入$r(t)$作用下的误差传递函数为

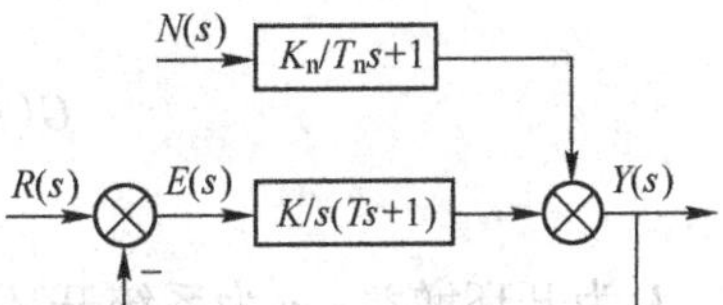

图 3-41　控制系统结构

$$\Phi_e(s)=\frac{E(s)}{R(s)}=\frac{1}{1+\frac{K}{s(Ts+1)}}=\frac{s(Ts+1)}{s(Ts+1)+K}$$

可得系统特征方程 $D(s)=Ts^2+s+K=0$。

由 $T>0,K>0$ 可知系统稳定，则控制输入下的稳态误差为

$$e_{ssr}=\lim_{s\to 0}s\Phi_e(s)R(s)=\lim_{s\to 0}s\frac{s(Ts+1)}{s(Ts+1)+K}\frac{1}{s^2}=\frac{1}{K}$$

② 干扰输入 $n(t)$ 作用下的误差传递函数为

$$\Phi_{en}(s)=\frac{E(s)}{N(s)}=\frac{-\frac{K_n}{T_ns+1}}{1+\frac{K}{s(Ts+1)}}=\frac{-K_ns(Ts+1)}{(T_ns+1)[s(Ts+1)+K]}$$

干扰作用下的稳态误差为

$$e_{ssn}=\lim_{s\to 0}s\Phi_{en}(s)N(s)=\lim_{s\to 0}s\frac{-K_ns(Ts+1)}{(T_ns+1)[s(Ts+1)+K]}\frac{1}{s^2}=\frac{-K_n}{K}$$

根据叠加原理系统稳态误差为

$$e_{ss}=e_{ssr}+e_{ssn}=\frac{1-K_n}{K}$$

3.4.2 给定输入作用下的稳态误差及计算

当只在给定输入作用下，控制系统结构图由图 3-38 简化成图 3-42，此时，该系统误差为

$$E(s)=\frac{1}{1+G(s)H(s)}R(s) \tag{3-92}$$

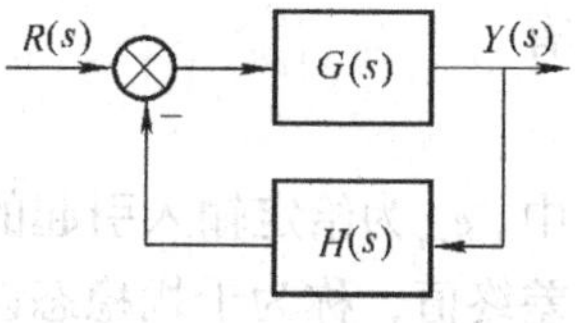

图 3-42 给定输入下的控制系统

由式(3-91)可知，此时系统的稳态误差可表示为

$$e_{ss}=e_{ssr}=\lim_{t\to\infty}e(t)=\lim_{s\to 0}sE(s)=\lim_{s\to 0}s\frac{1}{1+G(s)H(s)}R(s) \tag{3-93}$$

根据式(3-93)可见，给定输入作用下控制系统的稳态误差与开环传递函数的结构参数和输入信号的形式密切相关。对于一个给定的稳定系统，当输入信号形式一定时，系统是否存在稳态误差取决于开环传递函数描述的系统结构。因此，按照控制系统跟踪不同输入信号的能力来进行系统分类是有必要的，下面将通过系统类别和静态误差系数来说明系统结构、参数对给定稳态误差的影响，并计算稳态误差。

1）控制系统的类型。通常系统的开环传递函数可表示为

$$G(s)H(s)=\frac{K\prod_{i=1}^{m}(\tau_is+1)}{s^v\prod_{j=1}^{n-v}(T_js+1)} \tag{3-94}$$

式中，K 为开环增益；v 为系统开环传递函数中纯积分环节的个数，也即开环系统在 s 平面坐标原点上的极点的重数，称为系统型别，也称为系统的无差度，以便反映系统对典型输入

信号的跟踪能力。

当$v=0$时，相应闭环系统为0型系统，也称“有差系统”。

当$v=1$时，相应闭环系统为Ⅰ型系统，也称“一阶无差系统”。

当$v=2$时，相应闭环系统为Ⅱ型系统，也称“二阶无差系统”。

当$v>2$时，除复合控制系统外，难以使系统稳定。

将开环传递函数写成上述形式，除K和s^v项外，s趋于零时，分子分母中的每一项都为1，则开环增益直接与稳态误差相关。将式(3-94)代入式(3-93)，可得系统稳态误差计算通式为

$$e_{ss}(\infty)=\frac{\lim\limits_{s\to0}[s^{v+1}R(s)]}{K+\lim\limits_{s\to0}s^v} \tag{3-95}$$

式(3-95)表明，影响系统稳态误差的诸因素包括：系统型别，开环增益，输入信号的形式和幅度。下面进一步定义静态误差系数，讨论不同型别系统在不同输入信号形式作用下的稳态误差计算。

2）给定输入作用下系统的稳态误差与静态误差系数。

① 阶跃输入作用下的稳态误差与静态位置误差系数。

在图示3-42控制系统中，令$r(t)=A\cdot1(t)$，其中A为输入的阶跃函数的幅值，则$r(t)$的拉普拉斯变换为$R(s)=A/s$。则系统稳态误差为

$$e_{ss}=\lim_{s\to0}s\frac{1}{1+G(s)H(s)}\frac{A}{s}=\frac{A}{1+\lim\limits_{s\to0}G(s)H(s)}=\frac{A}{1+K_p} \tag{3-96}$$

式中

$$K_p=\lim_{s\to0}G(s)H(s)=\lim_{s\to0}\frac{K}{s^v} \tag{3-97}$$

式中，K_p称为静态位置误差系数，用来衡量各型系统跟踪阶跃输入时输出与输入在位置上的稳态误差。则根据式(3-96)和式(3-97)得各型系统稳态位置误差为

$$\begin{cases}0\text{型系统} \quad K_p=K, e_{ss}=\dfrac{A}{1+K} \quad \text{有差}\\ \text{Ⅰ型系统} \quad K_p=\infty, e_{ss}=0 \quad \text{无差}\\ \text{Ⅱ型系统} \quad K_p=\infty, e_{ss}=0 \quad \text{无差}\end{cases} \tag{3-98}$$

以上分析表明，对于阶跃输入作用，Ⅰ型及Ⅰ型以上的系统稳态误差为零，称为无静差系统，0型称为有静差系统，可见，积分的作用是消除静态误差。且在跟踪阶跃输入时，增大开环增益K可使稳态误差减小，但无法消除，随着K值增大，系统稳定性降低。

② 斜坡输入作用下的稳态误差与静态速度误差系数。

在图3-42所示控制系统中，令$r(t)=At$，其中A是常数，是输入斜坡函数的斜率，则$r(t)$的拉普拉斯变换为$R(s)=A/s^2$，则系统稳态误差为

$$e_{ss}=\lim_{s\to0}s\frac{1}{1+G(s)H(s)}\frac{A}{s^2}=\frac{A}{\lim\limits_{s\to0}sG(s)H(s)}=\frac{A}{K_v} \tag{3-99}$$

式中

$$K_v = \lim_{s\to 0} sG(s)H(s) = \lim_{s\to 0}\frac{K}{s^{v-1}} \tag{3-100}$$

式中，K_v 为静态速度误差系数，斜坡函数又称为等速度函数，“速度误差”是指斜坡(等速度)输入引起的系统稳态时的输出与输入在位置上的误差，用 K_v 来衡量各型系统跟踪斜坡输入时的稳态误差。则根据式(3-99)和式(3-100)可得各型系统稳态速度误差为

$$\begin{cases} 0\text{型系统} \quad K_v = 0 \quad e_{ss} = \infty \\ \text{Ⅰ型系统} \quad K_v = K \quad e_{ss} = \dfrac{A}{K} \\ \text{Ⅱ型系统} \quad K_v = \infty \quad e_{ss} = 0 \end{cases} \tag{3-101}$$

上述分析表明，0 型系统在稳态时无法紧紧跟踪斜坡输入，稳态误差达到了无穷大，也即是没有积分器，系统就无法实现跟踪；对于Ⅰ型单位反馈系统，稳态时，输出速度恰好与输入速度相同，但存在一个跟踪落后的稳态位置误差$\dfrac{A}{K}$无法消除，且随着输入信号变化速率越大，输出比输入落后的量就越大，图 3-43 为Ⅰ型系统对斜坡输入的响应；对于Ⅱ型及Ⅱ型以上的系统，稳态时能准确跟踪斜坡输入信号，因此二阶系统也称为二阶无差度系统，即不存在位置误差。

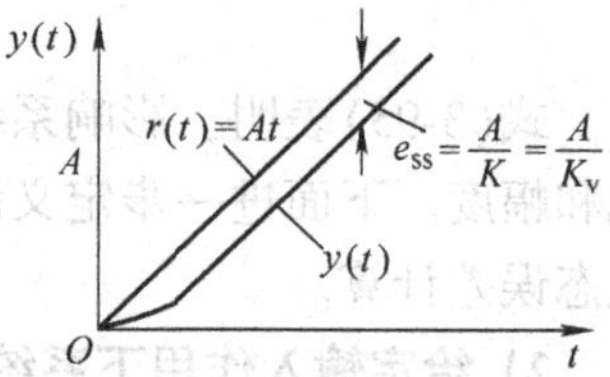

图 3-43 Ⅰ型系统的斜坡响应

③ 加速度输入作用下的稳态误差与静态加速度误差系数。

在图示 3-42 控制系统中，令 $r(t)=At^2/2$，其中常数 A 为加速度输入函数的速度变化率，则 $r(t)$ 的拉普拉斯变换为 $R(s)=A/s^3$，则系统的稳态误差为

$$e_{ss} = \lim_{s\to 0} s\frac{1}{1+G(s)H(s)}\frac{A}{s^3} = \frac{A}{\lim\limits_{s\to 0} s^2G(s)H(s)} = \frac{A}{K_a} \tag{3-102}$$

式中

$$K_a = \lim_{s\to 0} s^2G(s)H(s) = \lim_{s\to 0}\frac{K}{s^{v-2}} \tag{3-103}$$

式中，K_a 称为静态加速度误差系数，此处的加速度误差是指系统在加速度函数输入作用下，系统稳态输出与输入之间的位置误差。同理，可得到各型系统的稳态加速度误差为

$$\begin{cases} 0\text{型系统} \quad K_a = 0, e_{ss} = \infty \\ \text{Ⅰ型系统} \quad K_a = 0, e_{ss} = \infty \\ \text{Ⅱ型系统} \quad K_a = K, e_{ss} = \dfrac{A}{K} \\ \text{Ⅲ型系统} \quad K_a = \infty, e_{ss} = 0 \end{cases} \tag{3-104}$$

式(3-104)表明，0 型和Ⅰ型单位反馈系统，在系统稳态时都无法跟踪加速度输入信号；对于Ⅱ型单位反馈系统，稳态时输出的加速度与输入加速度函数相同，但存在一定的位置误差$\dfrac{A}{K}$，随着加速度输入信号的变化率的增大而增大，且无法消除，如图 3-44 所示；对于Ⅲ型

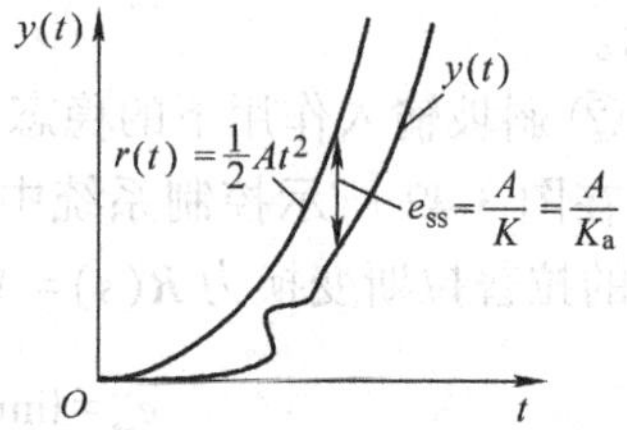

图 3-44 Ⅱ型系统的加速度响应

及Ⅲ型以上的系统，只要系统稳定，其稳态输出就能准确地跟踪上加速度输入信号，实现无静差跟踪，就不存在位置误差。

上述分析表明，静态误差系数 K_p、K_v、K_a，分别定量描述了系统跟踪不同形式输入信号减小或消除稳态误差的能力。其值越大，相应的稳态误差越小，控制精度就越高，同一输入信号作用下，系统的型别越大，其稳态误差就越小，但开环传递函数中的积分环节个数增加将导致系统不稳定，这就需要采用其他控制方式如复合控制才能获得无静差的跟踪能力。K_p、K_v、K_a 跟系统类型 v 一样，能够从系统本身的固有特性来反映系统的稳态性能，因此同样可作为衡量系统稳态性能的指标。当输入信号形式、输出量的期望值以及容许的稳态位置误差确定之后，就可以方便地根据静态误差系数选择系统的型别和开环增益。反馈控制系统的型别、静态误差系数和输入信号形式之间的关系可统一归纳为表 3-5。

表 3-5　给定输入信号作用下的稳态误差

系统型别	静态误差系数			阶跃输入 $r(t)=A\cdot 1(t)$	斜坡输入 $r(t)=At$	加速度输入 $r(t)=At^2/2$
	K_p	K_v	K_a	位置误差 $\dfrac{A}{1+K_p}$	速度误差 $\dfrac{A}{K_v}$	加速度误差 $\dfrac{A}{K_a}$
0	K	0	0	$\dfrac{A}{1+K}$	∞	∞
Ⅰ	∞	K	0	0	$\dfrac{A}{K}$	∞
Ⅱ	∞	∞	K	0	0	$\dfrac{A}{K}$
Ⅲ	∞	∞	∞	0	0	0

值得注意的是，计算系统稳态误差的前提条件是该系统须是稳定的，否则计算稳态误差没有意义；其次是表 3-5 稳态误差的计算方法只适用于输入信号是阶跃信号、斜坡信号以及加速度信号或三者的线性组合作用下的系统；其中 K 是系统开环传递函数的开环增益；另外，以上分析是基于单位反馈系统的稳态误差计算，若要对非单位反馈系统的稳态误差进行计算，则需要按照输出端定义的稳态误差换算关系进行换算即 $e'_{ss}=\dfrac{e_{ss}}{H(s)}$。

例 3-19　设单位反馈系统的开环传递函数为 $G(s)=\dfrac{24}{s(s+2)(s+3)}$，当输入信号分别为 $r_1(t)=1(t),r_2(t)=t\cdot 1(t),r_3(t)=t^2\cdot 1(t)$时，用静态误差系数法求系统的稳态误差 e_{ss1}，e_{ss2}，e_{ss3}。

解： 1）首先判断系统的稳定性。

系统的闭环特征方程为

$$D(s)=s^3+5s^2+6s+24$$

根据劳斯判据判定该系统是稳定的。

2）将题目中的开环传递函数等效成

$$G(s)=\frac{4}{s\left(\dfrac{1}{2}s+1\right)\left(\dfrac{1}{3}s+1\right)}$$

可见，该系统是Ⅰ型系统且 $K=4$。因此，根据稳态误差的归纳表可得 $K_p=\infty$，$K_v=K=4$，$K_a=0$。

当输入为单位阶跃 $r_1(t)=1(t)$ 时，系统稳态误差 $e_{ss1}=\dfrac{1}{1+K_p}=0$。

当输入为单位斜坡 $r_2(t)=t\cdot 1(t)$ 时，系统稳态误差 $e_{ss2}=\dfrac{A}{K_v}=\dfrac{1}{4}$。

当输入为单位加速度 $r_3(t)=t^2\cdot 1(t)$ 时，系统稳态误差 $e_{ss3}=\dfrac{A}{K_a}=\infty$。

例 3-20 系统结构图如图 3-45 所示，已知输入 $r(t)=2t+4t^2$，求系统的稳态误差。

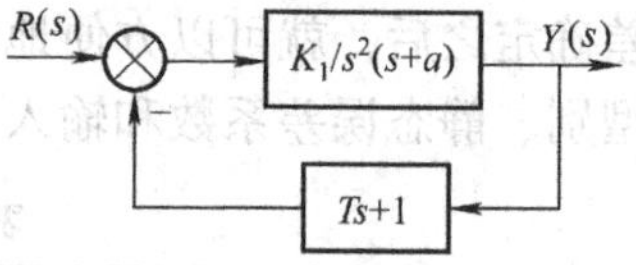

图 3-45 系统结构图

解：系统的开环传递函数为

$$G(s)=\frac{K_1(Ts+1)}{s^2(s+a)}$$

故可得

$$\begin{cases}K=K_1/a\\ v=2\end{cases}$$

又系统的闭环传递函数为

$$\Phi(s)=\frac{K_1}{s^2(s+a)+K_1(Ts+1)}$$

其特征方程为 $D(s)=s^3+as^2+K_1Ts+K_1=0$，根据劳斯判据，系统稳定的充要条件是 $\begin{cases}a>0\\ aT>1\\ K_1>0\end{cases}$。

当 $r_1(t)=2t$ 时，$e_{ss1}=0$；当 $r_2(t)=4t^2=8\cdot\dfrac{1}{2}t^2$ 时，$e_{ss2}=\dfrac{A}{K}=\dfrac{8a}{K_1}$。

根据叠加原理，系统稳态误差为

$$e_{ss}=e_{ss1}+e_{ss2}=\frac{8a}{K_1}$$

3.4.3 扰动作用下的稳态误差与系统结构参数的关系

控制系统除承受给定输入作用外，通常还处于各种干扰作用之下，例如负载力矩的变动、电源电压的波动以及环境温度变化等。这些干扰信号将破坏输出与输入信号之间的平衡关系，控制系统的设计希望干扰信号尽可能的小。因此，控制系统在扰动作用下的稳态误差，反映了系统的抗干扰能力。理想情况下扰动作用下的稳态误差应该为零，但实际情况不允许。由于输入信号和扰动信号作用于系统的不同位置，所以同一形式的给定信号(输入信号或者扰动信号)，只要其作用点不同，所产生的稳态误差就不同。

如图 3-38 所示系统结构中，根据误差的定义得出 $E(s)=R(s)-B(s)$，在研究扰动作用下的误差时，常常令 $r(t)=0$，则系统误差为 $E(s)=-B(s)$，即在扰动作用下理想的输出为零，整理后得

$$E(s)=-\frac{G_2(s)H(s)N(s)}{1+G_1(s)G_2(s)H(s)} \tag{3-105}$$

由此可见，若要减少扰动误差，则应增加误差信号与干扰作用点间的关节 $G_1(s)$ 的增益。

干扰 $N(s)$ 作用下系统的稳态误差由式(3-91)可得

$$e_{ssn}=\lim_{s\to0}sE_n(s)=\lim_{s\to0}s\frac{-G_2(s)H(s)}{1+G_1(s)G_2(s)H(s)}N(s) \tag{3-106}$$

式中，$N(s)$ 可设为斜坡函数 $N(s)=R/s^2$，R 为斜坡函数的斜率。分别将其中的 $G_1(s)$、$G_2(s)\times H(s)$ 写成典型环节串联的形式，即

$$G_1(s)=\frac{K_1\prod_{i=1}^{m_1}(\tau_{1i}s+1)}{s^{v_1}\prod_{j=1}^{n_1-v_1}(T_{1i}s+1)} \tag{3-107}$$

$$G_2(s)H(s)=\frac{K_2\prod_{i=1}^{m_2}(\tau_{2i}s+1)}{s^{v_2}\prod_{j=1}^{n_1-v_2}(T_{2i}s+1)} \tag{3-108}$$

式中，v_1、v_2 分别是环节 $G_1(s)$、$G_2(s)H(s)$ 中的积分环节个数，K_1、K_2 分别是环节 $G_1(s)$、$G_2(s)H(s)$ 的放大增益。将 $N(s)=R/s^2$ 及式(3-107)，式(3-108)代入式(3-106)中解得

$$e_{ssn}=-\lim_{s\to0}\frac{s^{v_1}RK_2}{(s^{v_1+v_2}+K_1K_2)s} \tag{3-109}$$

式中，无论 v_2 为任意值，当 $v_1=0$ 时，$e_{ssn}=\infty$；当 $v_1=1$ 时，$e_{ssn}=-\frac{R}{K_1}$；当 $v_1=2$ 时，$e_{ssn}=0$。因此，增大放大系数，可以减小稳态误差 e_{ssn}，但仍然无法消除。要使稳态误差为零，可在保证系统稳定的前提下，在误差信号与干扰作用点之间的环节中设置两个积分环节，使斜坡干扰引起的稳态误差为零。

综上所述，若当扰动作用为阶跃函数时，可同理根据上述分析过程计算得到相应的稳态误差值，若要使干扰引起的稳态误差为零，同样可在保证系统稳定的前提下，在误差信号与干扰作用点之间的环节适当设置相应的积分环节。

例 3-21 系统结构图如图 3-38 所示，系统将开环增益和积分环节分布在回路中的不同位置，其中，$G_1(s)=\frac{K_1}{s}$，$G_2(s)=\frac{K_2}{s}$，$H(s)=K_3(Ts+1)$，讨论它们分别对控制输入 $r(t)=\frac{t^2}{2}$，$n(t)=At$ 作用下产生的稳态误差的情况。

解：系统的开环传递函数为

$$G(s)=\frac{K_1K_2K_3(Ts+1)}{s^2}$$

1）给定输入作用下系统的误差传递函数为

$$\Phi_e(s)=\frac{E(s)}{R(s)}=\frac{s^2}{s^2+K_1K_2K_3(Ts+1)}$$

则系统特征多项式为

$$D(s)=s^2+K_1K_2K_3Ts+K_1K_2K_3$$

当$\begin{cases}K_1K_2K_3>0\\T>0\end{cases}$时，系统稳定。

当$r(t)=\dfrac{t^2}{2}$时，系统的稳态误差为

$$e_{ssr}=\lim_{s\to0}s\Phi_e(s)\frac{1}{s^3}=\lim_{s\to0}\frac{1}{s^2}\frac{s^2}{s^2+K_1K_2K_3(Ts+1)}=\frac{1}{K_1K_2K_3}$$

可见，开环增益和积分环节分布在回路的任意位置，对减小或消除给定输入作用下的误差均有效。

2）干扰作用下系统的误差传递函数为

$$\Phi_{en}(s)=\frac{E(s)}{N(s)}=\frac{-K_2K_3s(Ts+1)}{s^2+K_1K_2K_3Ts+K_1K_2K_3}$$

则系统稳态误差为

$$e_{ssn}=\lim_{s\to0}s\Phi_{en}(s)N(s)=-A/K_1$$

可见，只有分布在前向通道的主反馈口到干扰作用点之间的增益和积分环节才对减小或消除干扰作用下的稳态误差有效。

3.4.4 改善系统稳态精度的途径

改善系统的稳态精度，也即是减小或消除系统的稳态误差。针对上述两种信号的输入作用下产生的不同系统稳态误差，有相应的解决办法。对于给定输入信号的作用，增加系统开环传递函数中的积分环节个数 v 和增加系统开环增益 K 值，可使系统能够更好地跟踪给定输入，减小系统稳态误差 e_{ssr}；而对于干扰信号的作用，增加误差与干扰作用点之间环节的积分个数和增益，可提高系统的抗干扰能力，减小扰动稳态误差 e_{ssn}。总的来说，改善系统的稳态精度，其关键在于改变系统结构的积分环节和结构增益值，但若任意改动其值，系统的稳定性将会受到影响，例如如上节所讲，若 K 值过大甚至超过临界值，将会导致系统失去稳定性能。因此，应在保证系统稳定性的前提下去减小或消除系统稳态误差，以提高系统的稳态精度。除上述两种措施外，还可采用其他措施，比如：采用串级控制抑制内回路扰动；采用复合控制方法等。

3.5 借助 MATLAB 软件进行系统时域分析

使用 MATLAB 中的线性系统时域分析模块和 Simulink 可以方便地对指定线性系统进行时域分析。下面将通过几个例子进行展示。

例 3-22 已知典型一阶系统闭环传递函数为 $\Phi(s)=\dfrac{Y(s)}{R(s)}=\dfrac{1}{Ts+1}$，使用 MATLAB 分析时间常数 T 对系统阶跃响应的影响。

解： MATLAB 程序如下所示：

```
%一阶系统在不同时间常数 T 下的阶跃响应
```

```
s=tf('s');
syms ka;
t = [0:0.1:10]; T=1.0;
for i = 1:4
      den = i*T;
      G=1/(den*s+1);
      step (G, t);
      hold on;
end;
xlabel('t/s'), ylabel('y(t)');
legend('T=1','T=2','T=3','T=4')
```

图3-46表明，可以使用时间常数 T 来描述一阶系统的响应特性，时间常数 T 是一阶系统的重要特征参数。T 越小，系统极点离虚轴越远，过渡过程越快。

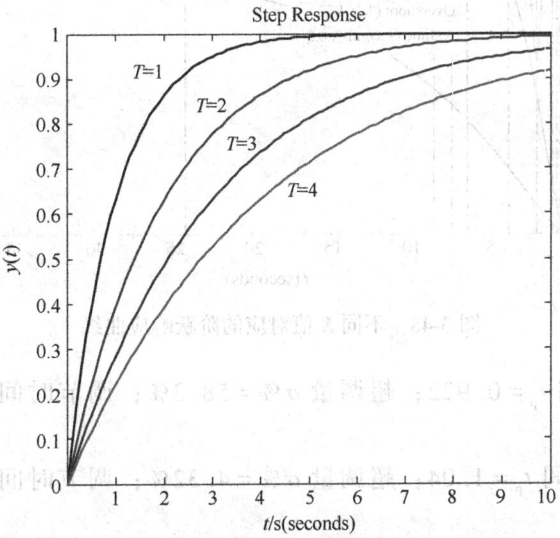

图3-46 一阶系统阶跃响应随时间常数 T 变化趋势

例3-23 系统结构图如图3-47所示。当开环增益 K 分别为0.09、0.5、10时，求取相应的系统动态性能指标。

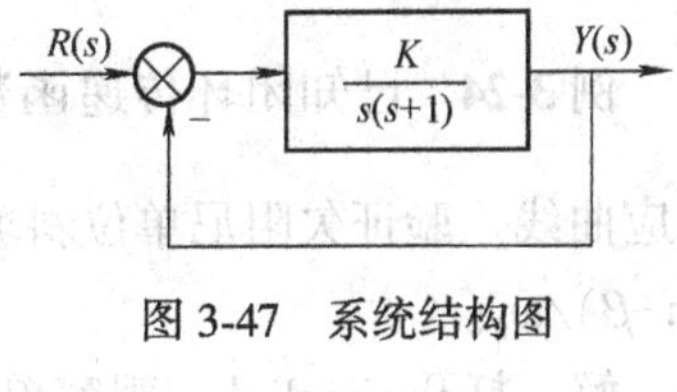

图3-47 系统结构图

解： MATLAB程序如下所示：

```
%一阶系统在不同时间常数T下的阶跃响应
s=tf('s');

syms ka
for K = [10 0.5 0.09]
      G=K/(s^2+s+K);
      step(G);
      hold on
end
```

```
xlabel('t'); ylabel('y(t)');
legend('K=10','K=0.5','K=0.09');
```

超调量 $\sigma\%$、调节时间 t_s 和峰值时间 t_p 以及上升时间 t_r 等性能指标可以从图 3-48 直接得出(MATLAB 默认值是误差带为 $\Delta=\pm2\%$)。在图 3-48 中，通过鼠标右键的下拉式菜单操作由仿真图可以直接读取所需的系统动态参数，如下所示。

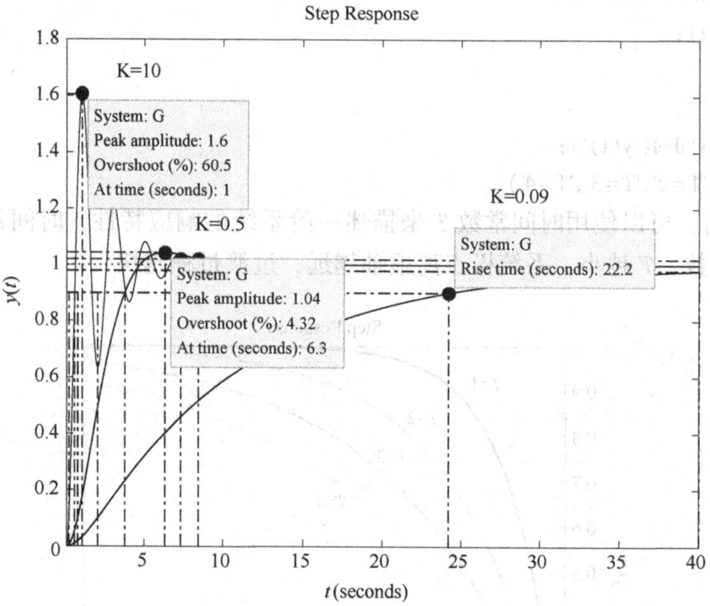

图 3-48　不同 K 值对应的阶跃响应曲线

$K=10$：峰值时间 $t_p=0.922$；超调量 $\sigma\%=58.3\%$；调节时间 $t_s=7.31$；上升时间 $t_r=0.374$。

$K=0.5$：峰值时间 $t_p=1.04$；超调量 $\sigma\%=4.32\%$；调节时间 $t_s=8.43$；上升时间 $t_r=3.04$。

$K=0.09$：调节时间 $t_s=40.3$；上升时间 $t_r=22.2$。

易知：当 $K=10$，$K=0.5$ 时，系统为欠阻尼状态，当 $K=0.09$ 时，系统为过阻尼状态。调节系统参数可以使系统动态性能有所改善，但改善程度有限，而且，改善动态性能和改善稳态性能对 K 的要求相互矛盾，一般只能综合考虑，取折中方案。

例 3-24　已知闭环传递函数 $\Phi(s)=\dfrac{36}{s^2+8s+36}$，作系统在单位斜坡输入作用下的误差响应曲线。验证欠阻尼单位斜坡响应的稳态误差 $e_{ss}(\infty)=2\zeta/\omega_n$，误差响应的峰值时间 $t_p=(\pi-\beta)/\omega_d$。

解：打开 simulink，观察单位斜坡响应的模型结构按图 3-49 组建。

运行模型后，可以通过示波器模块 Scope 观察误差响应曲线如图 3-50 所示。由图可得 $e_{ss}(\infty)\approx0.22$，$t_p\approx0.52\,\text{s}$；由 $\Phi(s)$ 可知，系统 $\omega_n=6$，$\zeta\approx0.67$，$\omega_d\approx4.47$，$\beta\approx0.84$，代值计算可见，在示波器上所得 $e_{ss}(\infty)$、t_p 值与计算结果 $e_{ss}(\infty)=2\zeta/\omega_n=0.22$、$t_p=(\pi-\beta)/\omega_d=0.52\,\text{s}$ 一致。

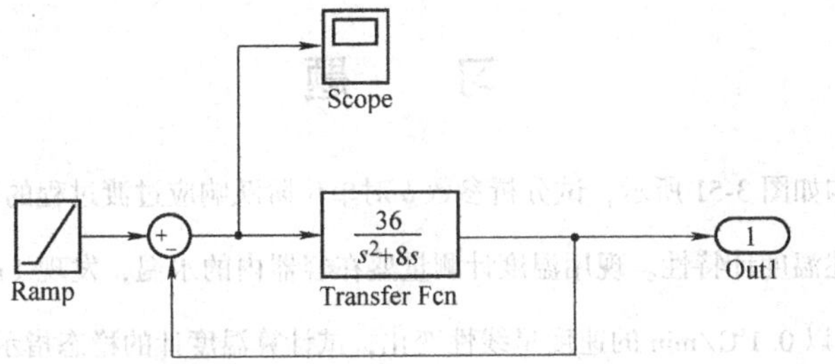

图 3-49　Simulink 图观察误差的方法

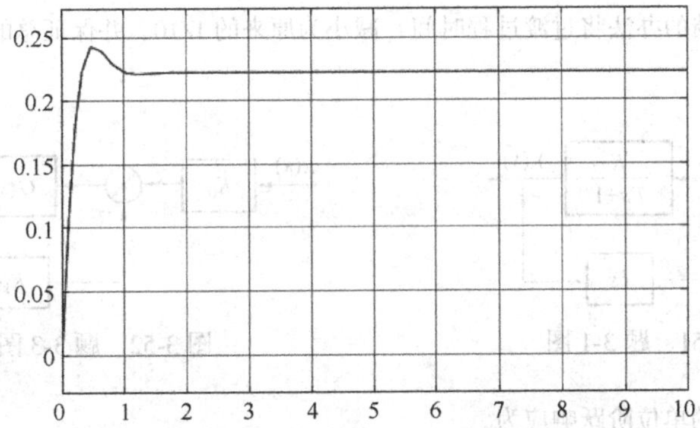

图 3-50　scope 模块显示的误差响应曲线

小　结

本章的主要意义不在于数学计算公式，而在于建立系统分析的基本概念。其中，典型二阶系统动态响应的基本性质和控制系统稳定性等基本概念是本章的重点内容。

从控制系统的动态响应可以看出系统相对稳定性和快速性，而系统的动态性能取决于系统参数、结构，或者说取决于闭环系统的极点、零点分布。本章给出了线性定常一阶和二阶系统在不同的输入作用下的时域响应，并给出了相应的性能指标计算公式，这些都可用作分析系统性能和设计计算的依据，也是分析高阶系统的基础。接着给出了线性定常高阶系统的动态响应，在一定的条件下可表示为一、二阶系统动态响应的合成；利用主导极点概念对高阶系统低阶近似，因而在工程实际中大多数高阶系统可以按欠阻尼二阶系统进行分析设计。

控制系统正常工作的首要条件是控制系统必须稳定。系统稳定性是由系统自身结构、参数所决定的一种固有特性，本章给出了闭环系统稳定的充要条件以及稳定性的判别方法。对稳定的控制系统，工程上常用单位阶跃响应曲线的稳态误差、调节时间和超调量等性能指标，评价控制系统控制质量的优劣。评价系统稳态性能的指标是系统稳态误差，稳态误差不仅与外作用(给定或干扰)形式有关，而且与系统结构参数密切相关。

利用计算机和 MATLAB 可以方便地分析给定输入信号下控制系统时域响应过程和动态性能指标。

习 题

3-1 设系统的结构如图 3-51 所示，试分析参数 b 对单位阶跃响应过渡过程的影响。

3-2 设用$\dfrac{1}{Ts+1}$描述温度计特性。现用温度计测量盛在容器内的水温，发现 1 min 后可指示 96%的实际水温值。如果容器水温以 0.1℃/min 的速度呈线性变化，试计算温度计的稳态指示误差。

3-3 已知一阶系统的传递函数为

$$G(s)=10/(0.2s+1)$$

欲采用图 3-52 所示负反馈的办法将过渡过程时间 t_s 减小为原来的 1/10，并保证总的放大倍数不变，试选择 K_H 和 K_0 的值。

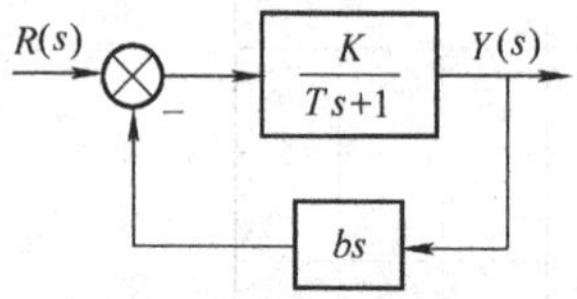

图 3-51 题 3-1 图

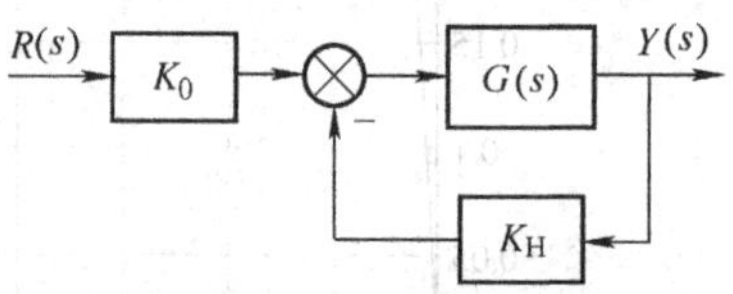

图 3-52 题 3-3 图

3-4 已知二阶系统的单位阶跃响应为

$$y(t)=10-12e^{-1.5t}\sin(1.6t+53.1°)$$

试求系统的超调量 $\sigma\%$，峰值时间 t_p，上升时间 t_r 和调节时间 t_s。

3-5 设单位反馈系统的开环传递函数为

$$G(s)=\frac{K}{s(0.2s+1)}$$

试求开环增益 K 分别为 10 和 20 时系统的阻尼比 ζ、无阻尼自振频率 ω_n、单位阶跃响应的超调量 $\sigma\%$ 和峰值时间 t_p，并讨论 K 的大小对系统的动态性能的影响。

3-6 系统的结构图和单位阶跃响应曲线如图 3-53 所示，试确定 K_1、K_2 和 a 的值。

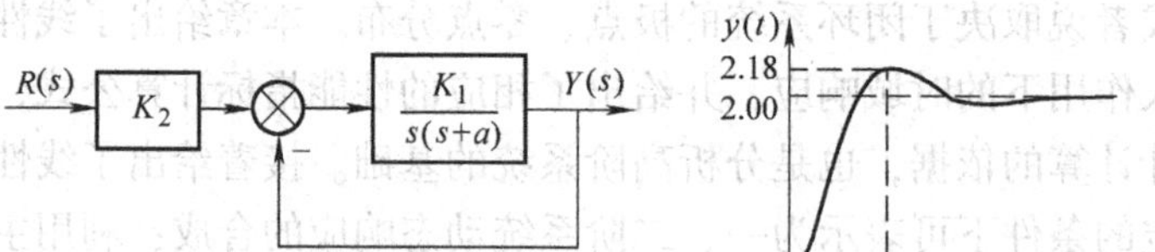

图 3-53 题 3-6 图

3-7 设系统的闭环传递函数为

$$\frac{Y(s)}{R(s)}=\frac{\omega_n^2}{s^2+2\zeta\omega_n s+\omega_n^2}$$

1）试求 $\zeta=0.1$，$\omega_n=1\,\text{rad/s}$；$\zeta=0.1$，$\omega_n=4\,\text{rad/s}$；$\zeta=0.1$，$\omega_n=12\,\text{rad/s}$ 时对应的单位阶跃响应的超调量 $\sigma\%$和调节时间 t_s（取误差带 $\Delta=\pm5\%$）。

2）试求 $\zeta=0.5$，$\omega_n=4\,\text{rad/s}$ 时单位阶跃响应的超调量 $\sigma\%$和调节时间 t_s。

3）讨论 ζ 和 ω_n 与过渡过程性能指标的关系。

3-8 典型二阶系统单位阶跃响应超调量 $\sigma\%=30\%$，峰值时间 $t_p=0.1\,\text{s}$，试求系统的开环传递函数。

3-9 设二阶系统如图 3-54 所示，欲加负反馈使系统阻尼比由原来的 ζ 提高到 $\bar{\zeta}$，且放大系数 K 和自然频率 ω_n 保持不变，试确定 $H(s)$。

3-10 设系统结构如图 3-55 所示。如果要求系统阶跃响应的超调量等于 20%，峰值时间等于 1 s，试确定 K_1 和 K_t 的值，并计算此时调节时间 t_s。

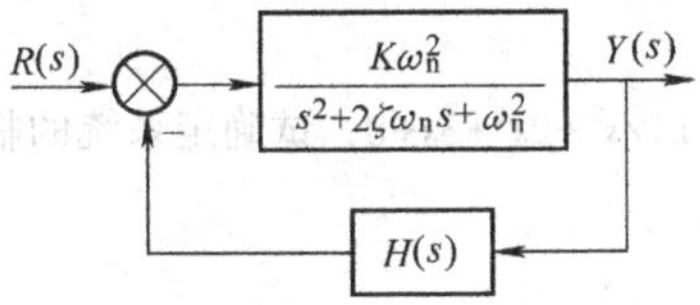

图 3-54 题 3-9 图

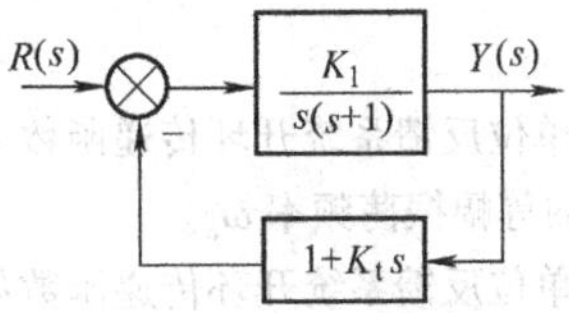

图 3-55 题 3-10 图

3-11 已知某控制系统如图 3-56 所示，要求该系统的单位阶跃响应 $y(t)$ 具有超调量 $\sigma\%=15\%$、峰值时间 $t_p=0.8\,\text{s}$，试确定前置放大器的增益 K 及内反馈系数 K_t 之值。

3-12 设单位反馈系统开环传递函数为

$$G(s)=\frac{K(T_d s+1)}{s(s+1)}$$

式中，K 为开环增益。若要求 $e_{ss}=0.1\,\text{rad}$、$\zeta_d=0.6$，试确定 K 与 T_d 值，并估算系统单位阶跃响应的各项性能指标。

3-13 试用劳斯稳定判据确定具有下列闭环特征方程式的系统的稳定性。

1) $(s+1)(2s+1)(4s+1)+20=0$　　2) $s^4+8s^3+18s^2+16s+5=0$

3) $s^5+6s^4+3s^3+2s^2+s+1=0$　　4) $s^5+2s^4+24s^3+48s^2-25s-50=0$

3-14 设单位反馈系统开环传递函数分别为

1) $G(s)=K/s(s+1)(s+2)$

2) $G(s)=K/s\left(\frac{1}{3}s+1\right)\left(\frac{1}{6}s+1\right)$

3) $G(s)=K(s+1)/s^2(2s+4)$

试确定使系统稳定的 K 值范围。

3-15 系统结构图如图 3-57 所示。试就 $T_1=T_2=T_3$，$T_1=T_2=2T_3$，$T_1=2T_2=3T_3$，三种情况求使系统稳定的临界开环增益值。

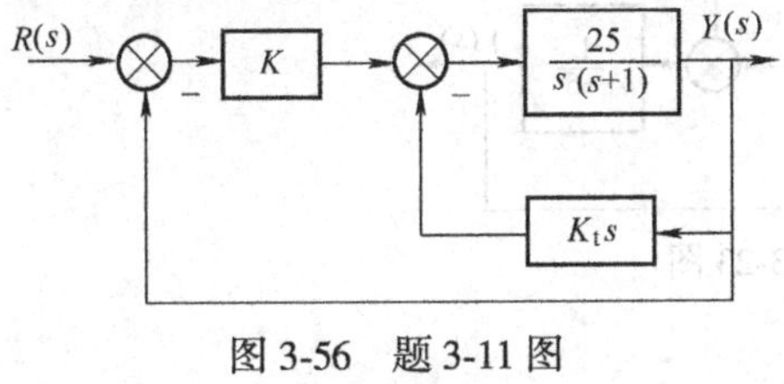

图 3-56 题 3-11 图

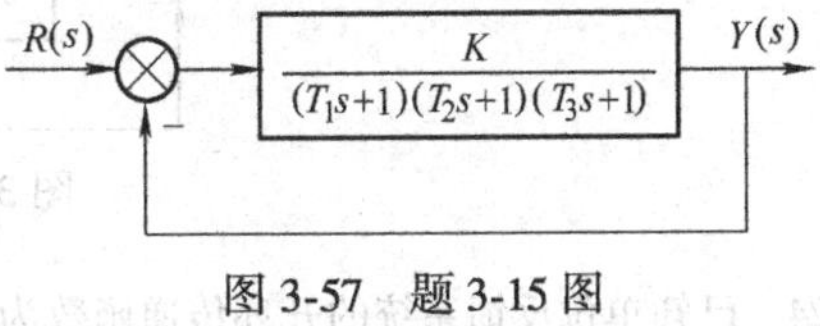

图 3-57 题 3-15 图

3-16 试分析如图 3-58 所示系统的稳定性，其中增益 $K>0$。

3-17 设某系统如图 3-59 所示。若系统以 $\omega_n=3\,\text{rad/s}$ 的频率作等幅振荡，试确定振荡时参数 K 与 a 之值。

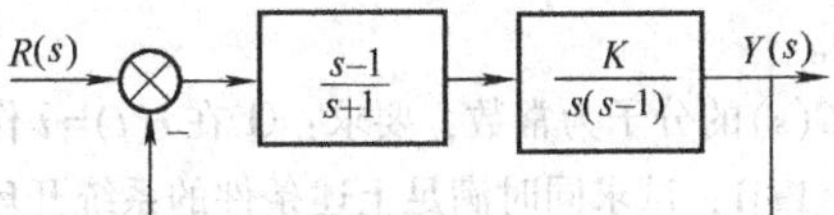

图 3-58 题 3-16 图

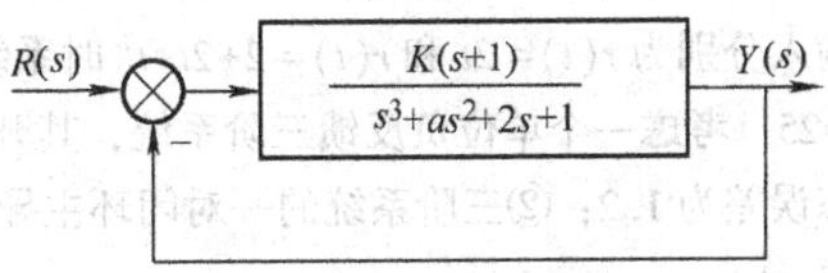

图 3-59 题 3-17 图

3-18 已知单位反馈系统开环传递函数 $G(s)=K/s(0.1s+1)(0.25s+1)$。

1）试求使系统稳定的 K 值范围。

2）若要求闭环系统的特征根全部位于垂线 $s=-1$ 以左，试确定参数 K 的取值范围。

3-19 已知单位负反馈系统的开环传递函数为 $G(s)=\dfrac{K(s+1)}{s(1+Ts)(1+2s)}$，确定使闭环系统稳定的 K、T 的取值范围。

3-20 已知单位反馈系统开环传递函数 $G(s)=K^*(s+1)/s^3+2s^2+3s+8$，试确定系统的临界稳定时的参数 $K^*_{临}$值和系统的等幅振荡频率 ω_n。

3-21 已知单位反馈系统开环传递函数如下：

1）$G(s)=50/[(0.1s+1)(2s+1)]$

2）$G(s)=K/[s(s^2+4s+200)]$

3）$G(s)=10(2s+1)(4s+1)/[s^2(s^2+2s+10)]$

试求位置误差系数 K_p、速度误差系数 K_v、加速度误差系数 K_a。

3-22 设控制系统如图 3-60 所示，其中干扰信号 $n(t)=1(t)$，可否通过选择某一合适的 K_1 值，使系统在扰动作用下的稳态误差 $e_{ssn}=-0.1$。

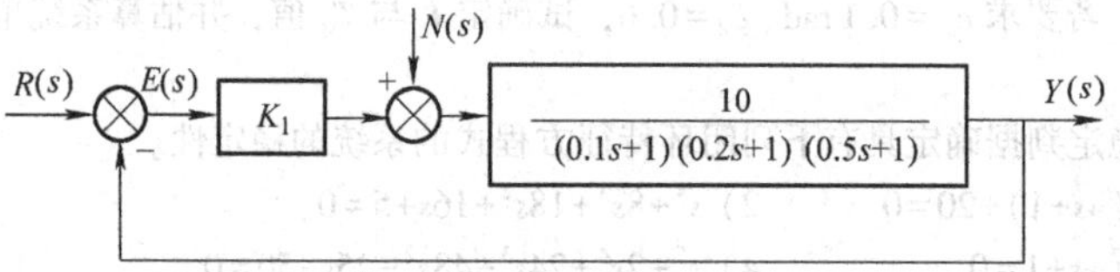

图 3-60 题 3-22 图

3-23 已知系统如图 3-61 所示。

1）当 $K=50$ 时求系统的稳态误差。

2）当 $K=10$ 时，其结果如何？

3）在扰动作用点之前的前向通道中引入积分环节 $1/s$，对结果有什么影响？在扰动作用点之后引入积分环节 $1/s$，结果又如何？

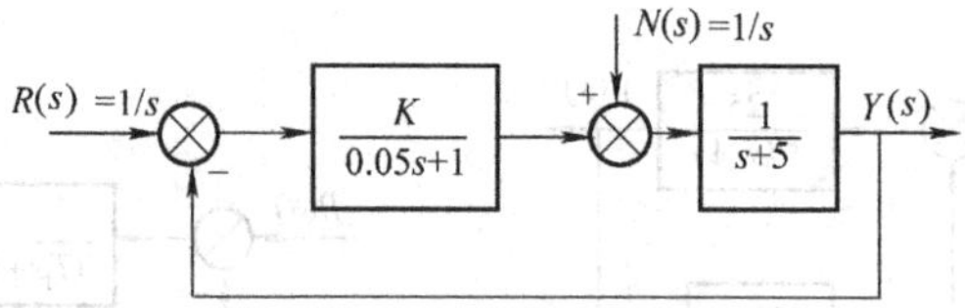

图 3-61 题 3-23 图

3-24 已知单位反馈系统的开环传递函数为

1）$G(s)=\dfrac{100}{(0.1s+1)(s+5)}$

2）$G(s)=\dfrac{50}{s(0.1s+1)(s+5)}$

试求输入分别为 $r(t)=2t$ 和 $r(t)=2+2t+t^2$ 时系统的稳态误差。

3-25 考虑一个单位负反馈三阶系统，其开环传递函数 $G(s)$ 的分子为常数，要求：①在 $r(t)=t$ 作用下的稳态误差为 1.2；②三阶系统的一对闭环主导极点为 $s_{1,2}=-1\pm j1$；试求同时满足上述条件的系统开环传递函数 $G(s)$。

3-26 设速度控制系统如图 3-62 所示。为消除系统的稳态误差，使斜坡输入通过比例-微分元件再进入系统。

1）试计算该系统总的稳态误差。

2）适当选择 K_d 使系统总的稳态误差为零（$e=r-y$）。

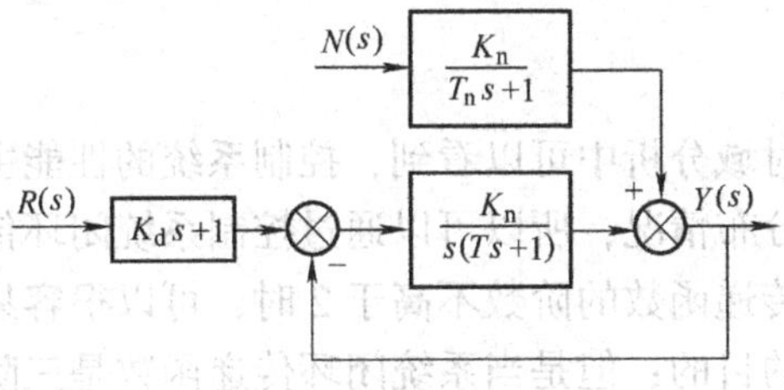

图 3-62　题 3-26 图

3-27　已知二阶系统的传递函数为

$$\Phi(s)=\frac{Y(s)}{R(s)}=\frac{\omega_n^2}{s^2+2\zeta\omega_n s+\omega_n^2}$$

分别取 $\omega_n=2.5$，$\zeta=0$、0.2、0.4、0.6、0.8、1.25，用 MATLAB 绘制系统单位阶跃响应曲线，并进行分析。

3-28　已知系统的闭环传递函数为

$$\Phi_1(s)=\frac{10s+4}{s^2+4s+4};\quad \Phi_2(s)=\frac{4}{s^2+4s+4}$$

用 MATLAB 在同一坐标中作出两个系统的单位阶跃响应曲线，求其超调量 $\sigma\%$、峰值时间 t_p、调节时间 t_s，并进行比较。

3-29　已知两个闭环系统传递函数分别为

$$\Phi_1(s)=\frac{0.64}{s^2+0.8s+0.64};\quad \Phi_2(s)=\frac{4.2\times0.64}{(s+4.2)(s^2+0.8s+0.64)}$$

用 MATLAB 在同一坐标上绘制它们的阶跃响应曲线，并比较系统的超调量 $\sigma\%$、上升时间 t_r、调节时间 t_s，讨论极点 -4.2 的影响。

第 4 章　控制系统的根轨迹分析

在第 3 章控制系统的时域分析中可以看到，控制系统的性能主要取决于控制系统闭环传递函数的极点在复平面的分布情况，所以可以通过控制系统闭环传递函数零点和极点来研究系统的性能。当系统闭环传递函数的阶数不高于 2 时，可以很容易求得系统的闭环零点和极点，达到对系统性能分析的目的；但是当系统闭环传递函数是三阶及以上的代数方程时，求解系统的闭环零点和极点的过程就变得相当复杂，并且当系统参数发生变化时，需要重新求解方程，也无法直观地看出参数变化对系统的影响，不利于系统的性能分析。1948 年，美国学者伊文思(W. R. Evans)根据控制系统开环、闭环传递函数之间的关系，提出直接由系统的开环传递函数求闭环极点的图解方法，并建立了一套绘制法则，为简化系统闭环极点的求取过程提供了一种有效手段，这种方法就是根轨迹法。根轨迹法给控制系统的分析、设计带来了极大的方便，广泛地应用于工程实践中。

4.1　引言

4.1.1　根轨迹

根轨迹就是指当系统的开环传递函数的某个参数(如开环增益 K)从零变到无穷时，闭环极点，即特征方程的根在复平面上变化的轨迹。

可以通过下面一个简单的反馈控制系统，具体、直观地说明根轨迹的概念。设控制系统如图 4-1 所示，其开环传递函数为

$$G(s)=\frac{K}{s(0.5s+1)} \tag{4-1}$$

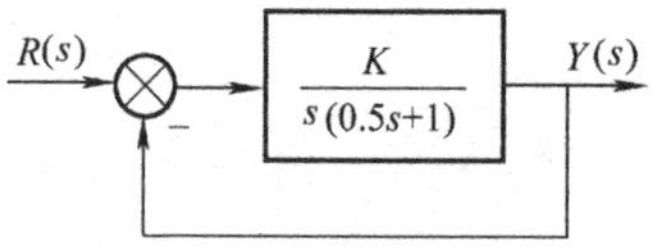

图 4-1　反馈控制系统

系统开环增益为 K，开环传递函数的极点为 $p_1=0$，$p_2=-2$，没有零点。由此可知系统的闭环传递函数为

$$\Phi(s)=\frac{Y(s)}{R(s)}=\frac{2K}{s^2+2s+2K}=\frac{K^*}{s^2+2s+2K} \tag{4-2}$$

系统的闭环特征方程为

$$D(s)=s^2+2s+2K=s^2+2s+K^*=0 \tag{4-3}$$

显然系统闭环特征方程式的根为

$$s_1=-1+\sqrt{1-2K}=-1+\sqrt{1-K^*},\quad s_2=-1-\sqrt{1-2K}=-1-\sqrt{1-K^*} \tag{4-4}$$

由式(4-4)可以看到，当开环增益 K 从零变化到无穷时，系统闭环极点也将随着开环增益 K 的变化而发生改变。在$[0,+\infty]$内取不同的 K 值，就可以通过解析法得到相应的闭环极点，见表 4-1，把这些闭环极点标注在图 4-2 所示的 s 平面中，用光滑曲线连接起来，并用箭头标示当 K 逐渐增加时曲线的变化趋势，就是图 4-1 所示闭环系统的根轨迹。

表 4-1　反馈系统闭环极点

序　　号	K 值	闭 环 极 点	
1	$K=0$	$s_1=0$	$s_2=-2$
2	$K=0.2$	$s_1=-0.225$	$s_2=-1.775$
3	$K=0.5$	$s_1=-1$	$s_2=-1$
4	$K=1$	$s_1=-1+j$	$s_2=-1-j$
5	$K=2.5$	$s_1=-1+2j$	$s_2=-1-2j$
⋮	⋮	⋮	⋮
n	$K=+\infty$	$s_1=-1+j\infty$	$s_2=-1-j\infty$

4.1.2　根轨迹与系统性能

从根轨迹中可以直观地看出，当开环增益 K 变化时，系统的闭环极点变化的情况和分布规律，所以有了根轨迹，就可以对系统的各种性能进行分析。以图 4-1 所示系统及其根轨迹为例。

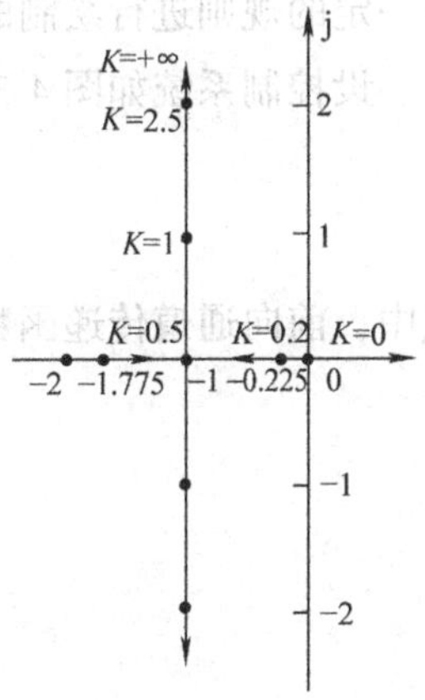

图 4-2　系统根轨迹

（1）稳定性

从图 4-2 可以看到，当开环增益 K 从零变化到无穷时，系统的根轨迹一直在 s 平面的左半平面，也就是说系统闭环极点始终分布于 s 平面的左半平面，所以系统对于任意的 $K>0$，系统始终是稳定的。

（2）稳态性能

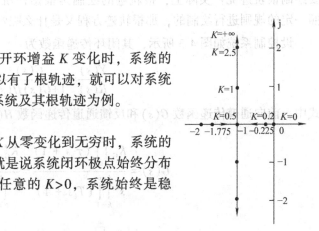

从图 4-2 可以看到，系统有一个开环极点位于坐标原点，所以该系统是 Ⅰ 型系统，系统在给定输入信号下的稳态误差由静态速度误差系数决定，当根轨迹上的闭环极点位置确定后，其所对应的开环增益也就确定了，就可以得到系统的稳态误差；相反，如果系统稳态误差已经确定，可以通过相应的开环增益，在根轨迹中找到符合稳态误差要求的闭环极点。

（3）动态性能

图 4-1 所示系统是一个典型的二阶系统，从系统根轨迹图中可以看到：

1）当 $0<K<0.5$ 时，根轨迹始终位于负实轴上，系统具有两个不相等的负实闭环极点，即系统处于过阻尼状态，单位阶跃响应为非周期过程。

2）当 $K=0.5$ 时，根轨迹为一个点，系统具有两个相等的实数闭环极点，系统处于临界阻尼状态，单位阶跃响应为非周期过程。

3）当 $0.5<K<+\infty$ 时，根轨迹进入复平面，系统具有两个不相等的共轭复数闭环极点，系统处于欠阻尼状态，单位阶跃响应为阻尼振荡过程，并且 K 值越大，系统的阻尼比越小，系统的超调量越大。

根据上面的分析，可以看到，根轨迹与系统的性能有着密切的联系，尤其是对于高阶系统，可以通过其根轨迹的分布规律，方便快捷地分析系统性能随着参数变化的情况。

4.2 根轨迹法的基本概念

4.2.1 根轨迹方程

从图 4-1 所示系统的根轨迹中可以看到，通过绘制系统的根轨迹，可以方便快捷地分析系统性能随着参数变化而变化的情况，但是如果根轨迹的绘制是通过取不同的 K 值，利用解析法求出系统闭环极点来绘制的话，就达不到“简化系统闭环极点求取过程”的目的，既然可以求出系统的闭环极点，就可以直接分析系统的性能，为什么还要绘制根轨迹呢？实际上，根轨迹的绘制是根据根轨迹方程按照一定的规则进行绘制的，那根轨迹方程又是什么呢？

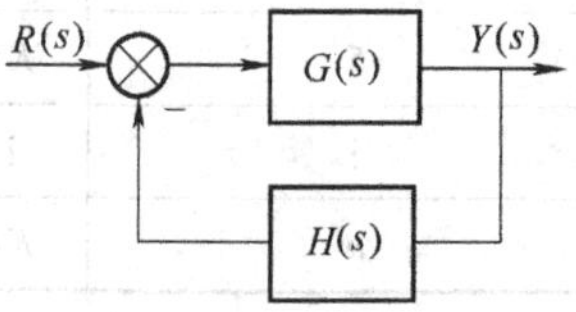

图 4-3 控制系统框图

设控制系统如图 4-3 所示，其闭环传递函数为

$$\frac{Y(s)}{R(s)}=\frac{G(s)}{1+G(s)H(s)} \tag{4-5}$$

式中，前向通道传递函数 $G(s)$ 和反馈通道传递函数 $H(s)$ 可以分别表示为

$$G(s)=\frac{K_{\mathrm{G}}\prod_{k=1}^{a}(\tau_k s+1)}{s^{v}\prod_{k=1}^{b-v}(T_k s+1)}=\frac{K_{\mathrm{G}}^{*}\prod_{k=1}^{a}(s-z_k)}{\prod_{k=1}^{b}(s-p_k)} \tag{4-6}$$

$$H(s)=\frac{K_{\mathrm{H}}\prod_{l=1}^{c}(\tau_l s+1)}{\prod_{l=1}^{d}(T_l s+1)}=\frac{K_{\mathrm{H}}^{*}\prod_{l=1}^{c}(s-z_l)}{\prod_{l=1}^{d}(s-p_l)} \tag{4-7}$$

式中，K_{G} 是前向通道增益；K_{G}^{*} 是前向通道根轨迹增益；K_{H} 是反馈通道增益；K_{H}^{*} 是反馈通道根轨迹增益；z_k、z_l 分别是前向通道和反馈通道的零点；p_k、p_l 分别是前向通道和反馈通道的极点。对于有 m 个零点和 n 个极点的系统，必有 $a+c=m$，$b+d=n$，则系统开环传递函数为

$$G(s)H(s)=\frac{K_{\mathrm{G}}^{*}K_{\mathrm{H}}^{*}\prod_{k=1}^{a}(s-z_k)\prod_{l=1}^{c}(s-z_l)}{\prod_{k=1}^{b}(s-p_k)\prod_{l=1}^{d}(s-p_l)}=\frac{K^{*}\prod_{j=1}^{m}(s-z_j)}{\prod_{i=1}^{n}(s-p_i)} \tag{4-8}$$

式中，$K^{*}=K_{\mathrm{G}}^{*}K_{\mathrm{H}}^{*}$ 称为系统开环根轨迹增益；z_j、p_i 为系统开环零点和开环极点，式(4-5)的闭环传递函数为

$$\frac{Y(s)}{R(s)}=\frac{G(s)}{1+G(s)H(s)}=\frac{K_{\mathrm{G}}^{*}\prod_{k=1}^{a}(s-z_k)\prod_{l=1}^{d}(s-p_l)}{\prod_{k=1}^{b}(s-p_k)\prod_{l=1}^{d}(s-p_l)+K^{*}\prod_{k=1}^{a}(s-z_k)\prod_{l=1}^{c}(s-z_l)}$$

$$
= \frac{K_G^* \prod_{k=1}^{a}(s - z_k)\prod_{l=1}^{d}(s - p_l)}{\prod_{i=1}^{n}(s - p_i) + K^* \prod_{j=1}^{m}(s - z_j)} \tag{4-9}
$$

根轨迹的绘制的实质就是在 s 平面标注系统闭环极点的过程，而系统的闭环极点由下式所得

$$
1 + G(s)H(s) = \prod_{i=1}^{n}(s - p_i) + K^* \prod_{j=1}^{m}(s - z_j) = 0 \tag{4-10}
$$

所以，方程(4-10)称为根轨迹方程。

4.2.2　系统闭环零点、极点和开环零点、极点的关系

在利用根轨迹方程进行根轨迹绘制之前，首先要了解系统闭环零点、极点和开环零点、极点之间的关系，这有助于理解为什么可以通过根轨迹方程绘制系统的根轨迹。

由式(4-8)和式(4-9)可知：

1）系统的闭环零点由系统前向通道的零点和反馈通道的极点组成，当系统是单位反馈系统时，即 $H(s)=1$ 时，系统的闭环零点等于系统的开环零点。

2）系统的闭环极点与系统的开环零点、开环极点和开环根轨迹增益 K^* 有关。

3）系统的闭环根轨迹增益等于系统前向通道的根轨迹增益，当系统是单位反馈系统时，即 $H(s)=1$ 时，系统的闭环根轨迹增益等于系统的开环根轨迹增益。

4）系统的开环根轨迹增益与系统的开环增益之间只相差一个系数，如式(4-11)所示。

$$
K^* = K_G^* K_H^* = \frac{K_G K_H \prod_{k=1}^{a}\tau_k \prod_{l=1}^{c}\tau_l}{\prod_{k=1}^{b} T_k \prod_{l=1}^{d} T_l} = K\frac{\prod_{k=1}^{a}\tau_k \prod_{l=1}^{c}\tau_l}{\prod_{k=1}^{b} T_k \prod_{l=1}^{d} T_l} \tag{4-11}
$$

4.2.3　相角条件和幅值条件

对于高阶系统，通常情况下，系统的开环零、极点是很容易得到的，而闭环极点难以求取。从系统闭环零点、极点和开环零点、极点之间的关系可以看到，系统闭环极点与系统的开环零点、开环极点和开环根轨迹增益 K^* 有关，而这些信息都集中反映在根轨迹方程中，所以根轨迹的主要任务就是简化闭环极点求取过程，利用根轨迹方程，通过系统的开环零、极点绘制系统根轨迹，通过图解的方法找到对应根轨迹增益下的闭环极点。由式(4-10)所示的根轨迹方程可得

$$
G(s)H(s) = -1 \tag{4-12}
$$

即

$$
\frac{K^* \prod_{j=1}^{m}(s - z_j)}{\prod_{i=1}^{n}(s - p_i)} = -1 \tag{4-13}
$$

式中，z_j、p_i 分别是系统开环零点和开环极点，从式(4-13)可以看到，根轨迹方程是关于 s 的复数方程，即

$$\frac{K^*\prod_{j=1}^{m}(s-z_j)}{\prod_{i=1}^{n}(s-p_i)}=1\mathrm{e}^{\mathrm{j}(2k+1)\pi}\quad k=0,\ \pm1,\ \pm2,\cdots \tag{4-14}$$

等式两边相等，就可以得到绘制根轨迹的相角条件和幅值条件。

相角条件
$$\sum_{j=1}^{m}\angle(s-z_j)-\sum_{i=1}^{n}\angle(s-p_i)=(2k+1)\pi\quad k=0,\ \pm1,\ \pm2,\cdots \tag{4-15}$$

幅值条件
$$K^*=\frac{\prod_{i=1}^{n}|s-p_i|}{\prod_{j=1}^{m}|s-z_j|} \tag{4-16}$$

当系统无开环零点时，幅值条件可表示为

$$K^*=\prod_{i=1}^{n}|s-p_i| \tag{4-17}$$

从相角条件和幅值条件可以看到，相角条件只与系统的开环零、极点有关，满足相角条件的点就是系统在某个根轨迹增益下的符合条件的闭环极点，所以相角条件是绘制根轨迹的充分必要条件，即绘制根轨迹时，只需要利用相角条件即可；而幅值条件除了和开环零、极点有关外，还和系统的根轨迹增益有关，所以幅值条件主要用于求取确定闭环极点下对应的根轨迹增益 K^* 的值，或根据已知的 K^* 值确定闭环极点的具体位置。

例 4-1 已知反馈系统的开环传递函数 $G(s)H(s)=K/s(0.5s+1)$，试用相角条件和幅值条件确定 $s_1=-1+\mathrm{j}$，$s_2=-1-\mathrm{j}$ 是系统的共轭闭环极点，并计算此时系统开环增益 K 的值。

解：因为 $$G(s)H(s)=\frac{K}{s(0.5s+1)}=\frac{2K}{s(s+2)}$$

所以该系统没有零点，只有两个开环极点 $p_1=0$，$p_2=-2$，用符号“×”标注在复平面中，如图 4-4 所示，如果 s_1，s_2 是系统的闭环极点，就要满足相角条件，即

$$0-\angle(s_1-p_1)-\angle(s_1-p_2)=(2k+1)\pi\quad k=0,\pm1,\pm2,\cdots$$
$$0-\angle(s_2-p_1)-\angle(s_2-p_2)=(2k+1)\pi\quad k=0,\pm1,\pm2,\cdots$$

从图 4-4 可得：

$$0-135°-45°=-180°=-\pi$$
$$0-225°-315°=540°=3\pi$$

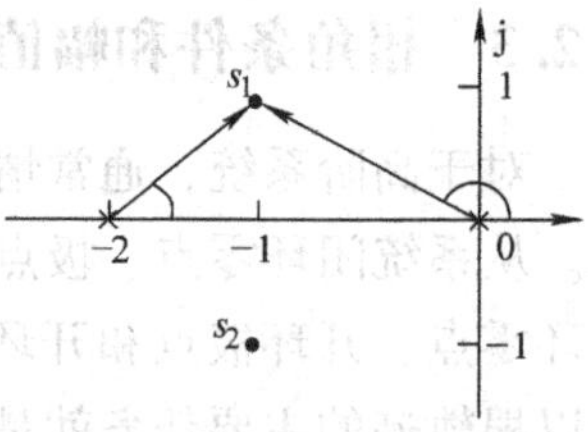

图 4-4 例 4-1 系统极点分布图

满足相角条件，所以 s_1，s_2 是系统的闭环极点。

要计算此时系统开环增益 K 的值，就要知道此时系统根轨迹增益 K^* 的值，因为

$$G(s)H(s)=\frac{2K}{s(s+2)}=\frac{K^*}{s(s+2)}$$

且 s_1，s_2 是系统在同一参数 K^* 下得到的共轭闭环极点，所以只需要用其中任一闭环极点就可计算出 K^* 值，由幅值条件，有

$$K^*=\prod_{i=1}^{2}|s-p_i|=|s_1-p_1||s_1-p_2|$$

从图 4-4 可得

$$K^* = |s_1-p_1||s_1-p_2| = \sqrt{2}\times\sqrt{2} = 2$$

所以

$$K = \frac{K^*}{2} = 1$$

4.3 根轨迹的绘制

根轨迹的绘制并不需要在 s 平面上找点进行描绘，而是有一些绘制法则可以简化根轨迹的绘制过程，使根轨迹的绘制简便而快捷。

4.3.1 绘制根轨迹图的基本法则

1. 根轨迹的连续性和对称性

根轨迹是连续的，并且对称于实轴。由于在根轨迹中闭环极点随着根轨迹增益 K^* 的变化而变化，而 K^* 在零到无穷连续变化，则闭环极点的变化也是连续的，所以根轨迹是连续的。又因为系统特征方程的根或是实数，或是共轭复数，所以根轨迹一定是对称于实轴的。

2. 根轨迹的分支数

根轨迹在 s 平面上的分支数等于闭环传递函数的阶数 n，也即是开环传递函数的阶数。当参数 K^* 从零变化到无穷时，系统的每个闭环极点也会随之变化，在 s 平面中绘制出一条根轨迹，称为根轨迹的一条分支。因为 n 阶系统就有 n 个闭环极点，每个闭环极点都对应一条根轨迹，所以系统应该有 n 条根轨迹，即系统的分支数等于闭环传递函数的阶数 n。

3. 根轨迹的起点和终点

根轨迹起始于系统的开环极点，终止于系统的开环零点。

当根轨迹增益 $K^*=0$ 时，就是根轨迹的起始位置。根据根轨迹方程(4-10)有

$$\frac{\prod_{j=1}^{m}(s-z_j)}{\prod_{i=1}^{n}(s-p_i)} = -\frac{1}{K^*} \tag{4-18}$$

当 $K^*=0$ 时，等式(4-18)右端等于∞，若要等式成立，左端必有 $s=p_i$，所以根轨迹起始于系统的开环极点。

当根轨迹增益 $K^*=\infty$ 时，就是系统的终止位置。当 $K^*\to\infty$ 时，由式(4-18)有

$$\lim_{K^*\to\infty} -\frac{1}{K^*} = \frac{\prod_{j=1}^{m}(s-z_j)}{\prod_{i=1}^{n}(s-p_i)} = 0 \tag{4-19}$$

若要等式成立，必有 $s=z_i$，即轨迹终止于系统的开环零点。在根轨迹绘制的基本法则 2 中，我们知道根轨迹分支数是 n，具有实际物理意义的系统必有 $m\leqslant n$，也就是说只有 m 条根轨迹可以终止于 m 个开环零点，那么其他 $n-m$ 条根轨迹终止于哪里呢？式(4-19)除了在 $s=z_i$ 时成立，在 $s\to\infty$ 时也成立，即

$$\lim_{K^* \to \infty} -\frac{1}{K^*} = \lim_{s \to \infty} \frac{\prod_{j=1}^{m}(s - z_j)}{\prod_{i=1}^{n}(s - p_i)} = \lim_{s \to \infty} \frac{1}{s^{n-m}} = 0 \tag{4-20}$$

也就是说将有 $n-m$ 条根轨迹终止于无穷远处，我们把有限数值的开环零点称为有限零点，把无穷远处的零点称为无限零点，这样可以看到根轨迹总是终止于系统的开环零点。

4. 实轴上的根轨迹

实轴上的某一区域，如果其右边开环实数零点、极点的个数之和为奇数，则该区域必是根轨迹。

设系统的开环零点、极点分布如图 4-5 所示，在实轴上任取一点 s_1，如果 s_1 是根轨迹上的点，其必满足相角条件，从图中可以看到，s_1 与复平面中开环共轭极点 p_2、p_3 的相角和为 $\theta_1+\theta_2=2\pi$，s_1 与实轴上其左边的开环零点 z_2、开环极点 p_5 的相角都为 0，所以这些开环零点、极点都不影响根轨迹方程的成立。s_1 与实轴上其右边的复平面中的开环零点 z_1、开环极点 p_1、p_4 的相角都为 π，会影响根轨迹方程中的相角的叠加。由相角条件有

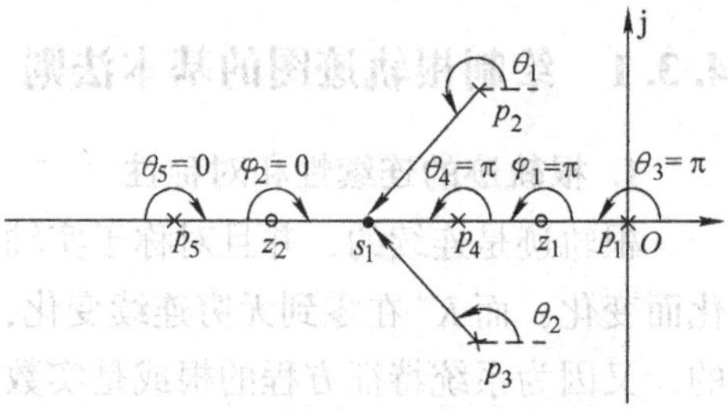

图 4-5 系统零、极点分布图

$$\begin{aligned}
&\sum_{j=1}^{m} \angle(s_1 - z_j) - \sum_{i=1}^{n} \angle(s_1 - p_i) \\
&= (\varphi_1 + \varphi_2) - (\theta_1 + \theta_2 + \theta_3 + \theta_4 + \theta_5) \\
&= \varphi_1 - (\theta_3 + \theta_4) \\
&= \pi - 2\pi \\
&= -\pi
\end{aligned}$$

所以 s_1 是根轨迹上的点。

可见，对于实轴上的任一区域，复平面中的开环共轭极点以及其左边的开环实数零点、极点对相角条件成立不产生影响，只有其右边的开环零点、极点才产生有效叠加，所以如果其右边开环实数零点、极点的个数之和为奇数，则该区域必是根轨迹。

5. 根轨迹的渐近线

如果系统的开环极点数 n 大于开环零点数 m，当根轨迹增益 K^* 由 0→∞ 时，必有 $n-m$ 条根轨迹沿着与实轴正方向夹角为 φ_a、交点为 σ_a 的一组渐近线趋向无穷远处。其中

渐近线与实轴的交点 $$\sigma_a = \frac{\sum_{i=1}^{n} p_i - \sum_{j=1}^{m} z_j}{n - m} \tag{4-21}$$

渐近线与实轴夹角 $$\varphi_a = \frac{(2k+1)\pi}{n-m} \quad (k=0,\pm1,\pm2,\cdots) \tag{4-22}$$

6. 根轨迹的起始角和终止角

根轨迹起始于开环复极点处的切线与正实轴的夹角 θ_{p_i} 称为根轨迹的起始角；根轨迹终止于开环复零点处的切线与正实轴的夹角 θ_{z_i} 称为根轨迹的终止角，这些角度可由以下公式

求出

$$\theta_{p_i} = (2k+1)\pi + \sum_{j=1}^{m} \angle(p_i - z_j) - \sum_{\substack{j=1 \\ j\neq i}}^{n} \angle(p_i - p_j)$$

$$= (2k+1)\pi + \sum_{j=1}^{m} \varphi_{z_j p_i} - \sum_{\substack{j=1 \\ j\neq i}}^{n} \theta_{p_j p_i} \tag{4-23}$$

$$\varphi_{z_i} = (2k+1)\pi - \sum_{\substack{j=1 \\ j\neq i}}^{m} \angle(z_i - z_j) + \sum_{j=1}^{n} \angle(z_i - p_j)$$

$$= (2k+1)\pi - \sum_{\substack{j=1 \\ j\neq i}}^{m} \varphi_{z_j z_i} + \sum_{j=1}^{n} \theta_{p_j z_i} \tag{4-24}$$

设开环系统有 m 个零点，n 个极点，其开环零点、极点分布如图 4-6 所示。起始于开环极点 p_i 的根轨迹的起始角为 θ_{p_i}，在起始于开环极点 p_i 的根轨迹上取一点 s_1，使 s_1 十分接近 p_i，这样可以认为 s_1 刚好位于根轨迹起始点的切线上，由于 s_1 是根轨迹上的点，所以它必满足相角条件

$$\sum_{j=1}^{m} \angle(s_1 - z_j) - \sum_{j=1}^{n} \angle(s_1 - p_j) = (2k+1)\pi \tag{4-25}$$

因为取的 s_1 十分接近 p_i，所以可以用 p_i 代替上式中的 s_1，则有

$$\sum_{j=1}^{m} \angle(p_i - z_j) - \sum_{\substack{j=1 \\ j\neq i}}^{n} \angle(p_i - p_j) - \theta_{p_i} = (2k+1)\pi \tag{4-26}$$

对上式变形得到

$$\theta_{p_i} = (2k+1)\pi + \sum_{j=1}^{m} \angle(p_i - z_j) - \sum_{\substack{j=1 \\ j\neq i}}^{n} \angle(p_i - p_j) \tag{4-27}$$

同理，设开环系统有 m 个零点，n 个极点，其开环零点、极点分布如图 4-7 所示。终止于开环零点 z_i 的根轨迹的终止角为 φ_{z_i}，在终止于开环零点 z_i 的根轨迹上取一点 s_1，使 s_1 十分接近 z_i，这样可以看作 s_1 刚好位于这条根轨迹终止点的切线上，由于 s_1 是根轨迹上的点，所以它必满足相角条件

$$\sum_{j=1}^{m} \angle(s_1 - z_j) - \sum_{j=1}^{n} \angle(s_1 - p_j) = (2k+1)\pi \tag{4-28}$$

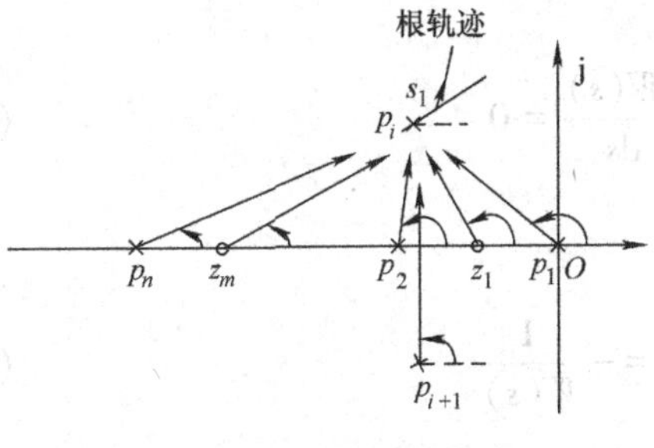

图 4-6　根轨迹的起始角

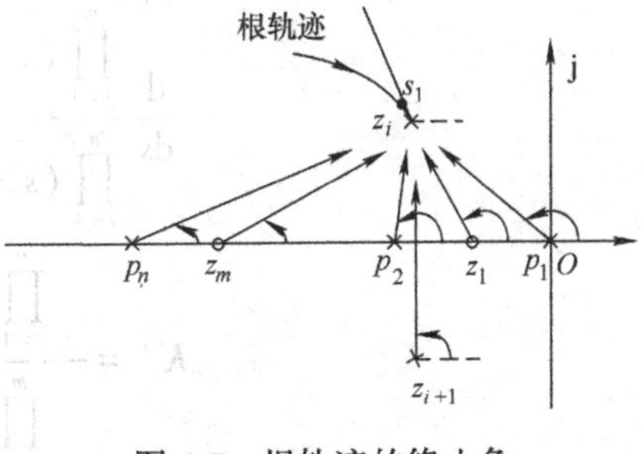

图 4-7　根轨迹的终止角

因为取的 s_1 十分接近 z_i，可以用 z_i 近似代替上式中的 s_1，则有

$$\sum_{\substack{j=1\\j\neq i}}^{m}\angle(z_i-z_j)+\varphi_{z_i}-\sum_{j=1}^{n}\angle(z_i-p_j)=(2k+1)\pi \tag{4-29}$$

对上式变形得到

$$\varphi_{z_i}=(2k+1)\pi-\sum_{\substack{j=1\\j\neq i}}^{m}\angle(z_i-z_j)+\sum_{j=1}^{n}\angle(z_i-p_j) \tag{4-30}$$

7. 根轨迹的分离点

根轨迹在复平面中会出现相交的现象，当两条或两条以上根轨迹在复平面中相交又分离的点称为根轨迹的分离点(或会合点)。因为分离点是根轨迹上的点，且根轨迹相对于实轴对称，所以分离点或出现在实轴上，或以共轭复数的形式成对出现在复平面中。当根轨迹出现了相交的情况，就说明此时系统的闭环特征方程出现了重根现象，求根轨迹的分离点，就是求取闭环特征方程的重根。设系统的闭环特征方程为

$$D(s)=1+G(s)H(s)=1+\frac{K^*\prod_{j=1}^{m}(s-z_j)}{\prod_{i=1}^{n}(s-p_i)}=0 \tag{4-31}$$

则根轨迹的分离点就是方程(4-31)的解，即

$$\frac{\mathrm{d}K^*}{\mathrm{d}s}=0 \tag{4-32}$$

在代数方程求解中，可知如果代数方程 $f(x)=0$ 有重根，则方程式 $\mathrm{d}f(x)/\mathrm{d}x=0$ 的解中必有方程 $f(x)=0$ 的重根，但是不是所有 $\mathrm{d}f(x)/\mathrm{d}x=0$ 的解都是 $f(x)=0$ 的重根。根据这个思路，如果系统闭环特征方程(4-31)有重根，则 $\mathrm{d}D(s)/\mathrm{d}s=0$ 的解中必有闭环特征方程 $D(s)=0$ 的重根，则有

$$\frac{\mathrm{d}D(s)}{\mathrm{d}s}=\frac{\mathrm{d}}{\mathrm{d}s}\left[1+\frac{K^*\prod_{j=1}^{m}(s-z_j)}{\prod_{i=1}^{n}(s-p_i)}\right]=K^*\frac{\mathrm{d}}{\mathrm{d}s}\frac{\prod_{j=1}^{m}(s-z_j)}{\prod_{i=1}^{n}(s-p_i)}=0 \tag{4-33}$$

令 $W(s)=\dfrac{\prod_{j=1}^{m}(s-z_j)}{\prod_{i=1}^{n}(s-p_i)}$，则有

$$\frac{\mathrm{d}}{\mathrm{d}s}\frac{\prod_{j=1}^{m}(s-z_j)}{\prod_{i=1}^{n}(s-p_i)}=\frac{\mathrm{d}W(s)}{\mathrm{d}s}=0 \tag{4-34}$$

又

$$K^*=-\frac{\prod_{i=1}^{n}(s-p_i)}{\prod_{j=1}^{m}(s-z_j)}=-\frac{1}{W(s)} \tag{4-35}$$

且

$$\frac{\mathrm{d}K^*}{\mathrm{d}s}=-\frac{\mathrm{d}}{\mathrm{d}s}\left[\frac{1}{W(s)}\right]=\frac{1}{[W(s)]^2}\frac{\mathrm{d}W(s)}{\mathrm{d}s}=0 \tag{4-36}$$

由式(4-34)、式(4-35)和式(4-36)就可得式(4-32)。

需要说明的是，只有位于根轨迹上的解才是根轨迹的分离点(汇合点)，不在根轨迹上的点应舍去。

例 4-2　设反馈系统的开环传递函数 $G(s)H(s)=\dfrac{K^*}{s(s+1)(s+2)}$，求系统根轨迹的分离点坐标。

解：由系统的开环传递函数可以得系统的特征方程为

$$1+G(s)H(s)=1+\frac{K^*}{s(s+1)(s+2)}=0$$

则有

$$K^*=-s(s+1)(s+2)$$

求解

$$\frac{\mathrm{d}K^*}{\mathrm{d}s}=-(3s^2+6s+2)=0$$

得到根 $s_1=-0.423$，$s_2=-1.577$。

可以看到实轴上的根轨迹是[-1,0]，而 s_1 正好位于实轴根轨迹上，所以 s_1 是分离点，即 $d=-0.423$，但是 s_2 却不是实轴根轨迹上的点，所以 s_2 不是分离点。

另外，当系统阶次较高，难以求得式(4-32)的解时，工程上可以通过式(4-37)，使用试探法，找到使等式近似成立的点，这个点就是系统的分离点。

$$\sum_{j=1}^{m}\frac{1}{d-z_j}=\sum_{i=1}^{n}\frac{1}{d-p_i} \tag{4-37}$$

当控制系统的开环传递函数没有有限开环零点时，式(4-37)可以转化为

$$\sum_{i=1}^{n}\frac{1}{d-p_i}=0 \tag{4-38}$$

例 4-3　设反馈系统的开环传递函数 $G(s)H(s)=\dfrac{K^*(s+1)}{s(s+2)(s+3)}$，试绘制系统的根轨迹。

解：(1) 根轨迹的分支数：因为系统开环传递函数阶次是 3，所以系统有 3 条根轨迹。

(2) 根轨迹的起始点和终止点：根轨迹起始于系统 3 个开环极点 $p_1=0$，$p_2=-2$，$p_3=-3$，终止于系统一个有限开环零点 $z_1=-1$，两个无限开环零点。

(3) 实轴上的根轨迹：实轴上[-1,0]，[-3,-2]是根轨迹区域。

(4) 根轨迹的渐近线：系统有两条根轨迹终止于无限开环零点，其渐近线与实轴的交点坐标为

$$\sigma_a=\frac{\sum_{i=1}^{n}p_i-\sum_{j=1}^{m}z_j}{n-m}=\frac{(0-2-3)-(-1)}{3-1}=-2$$

其渐近线与正实轴的夹角为

$$\varphi_a=\frac{(2k+1)\pi}{n-m}=\frac{(2k+1)\pi}{3-1}=90°,270°$$

(5) 根轨迹的分离点：如图 4-8 所示，系统的分离点会出现在实轴根轨迹区域[-3,-2]上，所以可以用试探法求取系统的分离点 d，即

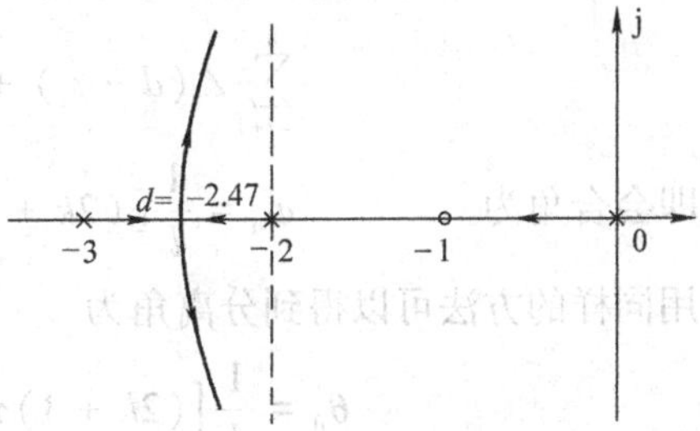

图 4-8　例 4-3 系统的根轨迹图

$$\frac{1}{d+1}=\frac{1}{d+0}+\frac{1}{d+2}+\frac{1}{d+3}$$

在[-3,-2]上取一试探点 $d=-2.5$，带入上式，有

$$\frac{1}{d+1}=-0.67 \quad 和 \quad \frac{1}{d+0}+\frac{1}{d+2}+\frac{1}{d+3}=-0.4$$

等式两边不等，在带入 $d=-2.47$，计算得

$$\frac{1}{d+1}=-0.68 \quad 和 \quad \frac{1}{d+0}+\frac{1}{d+2}+\frac{1}{d+3}=-0.65$$

等式两边近似相等，所以分离点 $d=-2.47$。综上，系统的根轨迹如图 4-8 所示。

8. 会合角和分离角

当根轨迹在分离点处会合后，就会离开分离点。根轨迹在进入分离点时与实轴正方向的夹角称为会合角，根轨迹在离开分离点时与实轴正方向的夹角称为分离角。可以通过下面的公式计算会合角和分离角

$$\varphi_d=\frac{1}{l}\left[(2k+1)\pi-\sum_{i=l+1}^{n}\angle(d-s_i)+\sum_{i=1}^{n}\angle(d-p_i)\right] \tag{4-39}$$

$$\theta_d=\frac{1}{l}\left[(2k+1)\pi+\sum_{i=1}^{m}\angle(d-z_i)-\sum_{i=l+1}^{n}\angle(d-s_i)\right] \tag{4-40}$$

式中，l 为分离点处相遇或分离的根轨迹条数；d 为分离点坐标；z_i 为系统的开环零点；p_i 为系统的开环极点；s_i 为根轨迹在发生会合(分离)现象时，除 l 个重极点外的 $n-l$ 个系统闭环极点。

系统在 $K^*=K_d$ 时，在 d 点出现 l 条根轨迹会合，为了计算系统在分离点处的会合角，可以重新构建一个新系统，新系统的全部根轨迹与原系统在 $K^*=0\to K_d$ 的根轨迹重合，则原系统的开环极点 p_i 构成新系统的开环极点，即新系统根轨迹的起始点，原系统在 $K^*=K_d$ 时的闭环极点 s_i 构成新系统的开环零点，即新系统根轨迹的终止点，则新系统的特征方程为

$$K'^*(s-d)^l\prod_{i=l+1}^{n}(s-s_i)+\prod_{i=1}^{n}(s-p_i)=0 \tag{4-41}$$

新系统的根轨迹方程为

$$\frac{K'^*(s-d)^l\prod_{i=l+1}^{n}(s-s_i)}{\prod_{i=1}^{n}(s-p_i)}=-1 \tag{4-42}$$

新系统在 d 点的入射角就是原系统在分离点 d 的会合角。

$$\sum_{i=l+1}^{n}\angle(d-s_i)+l\varphi_d-\sum_{i=1}^{n}\angle(d-p_i)=(2k+1)\pi \tag{4-43}$$

即会合角为

$$\varphi_d=\frac{1}{l}[(2k+1)\pi-\sum_{i=l+1}^{n}\angle(d-s_i)+\sum_{i=1}^{n}\angle(d-p_i)] \tag{4-44}$$

用同样的方法可以得到分离角为

$$\theta_d=\frac{1}{l}\left[(2k+1)\pi+\sum_{i=1}^{m}\angle(d-z_i)-\sum_{i=l+1}^{n}\angle(d-s_i)\right] \tag{4-45}$$

同时需要注意的是，当分离角定义为 l 条根轨迹进入分离点的切线方向与离开分离点的切线

方向之间的夹角时，分离角可由式(4-46)计算：

$$\theta_d=\frac{(2k+1)\pi}{l}\quad (k=0,1,2,\cdots,l-1) \tag{4-46}$$

9. 根轨迹与虚轴的交点

在根轨迹的绘制中，也会出现根轨迹与虚轴相交的情况，当根轨迹与虚轴相交，表明此时系统出现了纯虚数的闭环极点，即系统处于临界稳定状态，所以这个交点位置非常重要，可以通过以下两个方法求取。

(1) 利用劳斯判据求取

如果系统的特征方程可表示为

$$a_0s^n+a_1s^{n-1}+a_2s^{n-2}+\cdots+a_{n-1}s+a_n=0 \tag{4-47}$$

通过系统的特征方程可以列出劳斯表，由劳斯判据，在劳斯表第一列元素中有一项为零，其他项都大于零，此时系统处于临界稳定状态。

(2) 利用特征方程求取

根轨迹与虚轴相交，说明此时系统的特征方程的根有纯虚根，所以可以将 $s=j\omega$ 带入系统的特征方程，得

$$1+G(j\omega)H(j\omega)=0 \tag{4-48}$$

即

$$\begin{cases}\mathrm{Re}[1+G(j\omega)H(j\omega)]=0\\ \mathrm{Im}[1+G(j\omega)H(j\omega)]=0\end{cases} \tag{4-49}$$

由式(4-49)可以解出根轨迹与虚轴的交点坐标值 ω 及对应的临界 K 值。

例 4-4 设系统的开环传递函数为 $G(s)H(s)=\dfrac{K^*}{s(s+1)(s+2)}$，试确定根轨迹与虚轴的交点及此时临界稳定的 K^* 值。

解：方法 1 利用劳斯判据求取

系统的特征方程为：$s(s+1)(s+2)+K^*=s^3+3s^2+2s+K^*=0$

根据特征方程可以列出劳斯表

s^3	1	2
s^2	3	K
s^1	$(6-K^*)/3$	0
s^0	K^*	0

令第一列元素 $(6-K^*)/3=0$，得到临界稳定的 $K^*=6$，再由劳斯表中 s^2 项构造辅助方程

$$3s^2+K^*=0$$

得到根轨迹与虚轴的交点为 $s_{1,2}=\pm j\sqrt{2}$

方法 2 利用特征方程求取

将 $s=j\omega$ 带入系统的特征方程，有

$$(j\omega)^3+3(j\omega)^2+2(j\omega)+K^*=K^*-3\omega^2+j(2\omega-\omega^3)=0$$

令实部和虚部都为零

$$\begin{cases}K^*-3\omega^2=0\\ (2\omega-\omega^3)=0\end{cases}$$

解上述方程组得$\begin{cases}\omega=0\\K^*=0\end{cases}$　或　$\begin{cases}\omega=\pm\sqrt{2}\\K^*=6\end{cases}$

第一组解是根轨迹的起始点，第二组就是根轨迹与虚轴的交点坐标及临界稳定K^*值。

10. 根之和与根之积

如果系统的特征方程可以表述为以下几种形式，即

$$\begin{aligned}&s^n+a_1s^{n-1}+a_2s^{n-2}+\cdots+a_{n-1}s+a_n\\&=K^*\prod_{i=1}^{m}(s-z_i)+\prod_{i=1}^{n}(s-p_i)\\&=\prod_{i=1}^{n}(s-s_i)\\&=s^n+(-\sum_{i=1}^{n}s_i)s^{n-1}+\cdots+\prod_{i=1}^{n}(-s_i)\\&=0\end{aligned}\tag{4-50}$$

式中，z_i、p_i为系统的开环零点、极点；s_i为系统的闭环极点。有以下结论。

1）当$n-m\geqslant2$时，无论K^*取何值，系统n个开环极点之和总等于系统n个闭环极点之和，即

$$\sum_{i=1}^{n}s_i=\sum_{i=1}^{n}p_i\tag{4-51}$$

2）闭环特征根之和的负值，等于闭环特征方程的第二项系数a_1，即

$$-\sum_{i=1}^{n}s_i=a_1\tag{4-52}$$

3）闭环特征根之积乘以$(-1)^n$，等于闭环特征方程的常数项，即

$$(-1)^n\prod_{i=1}^{n}s_i=a_n\tag{4-53}$$

由根之和与根之积的关系可以看到，当$n-m\geqslant2$时，开环根轨迹增益K^*从零变化到无穷时，因为开环极点的和已定，所以闭环某些极点在s平面中向右移动，则一定有另一部分闭环极点在s平面中向左移动，以保证闭环极点之和始终等于开环极点之和，这对判断根轨迹的走向十分重要。

4.3.2　绘制根轨迹图举例

例 4-5　设系统的开环传递函数$G(s)H(s)=\dfrac{K^*}{s(s+4)(s^2+2s+2)}$，试绘制系统的根轨迹。

解：（1）根轨迹的分支数。因为系统阶次是4，所以系统有4条根轨迹。

（2）根轨迹的起始点和终止点。根轨迹起始于系统4个开环极点$p_1=0$，$p_2=-4$，$p_3=-1+j$，$p_4=-1-j$由于系统没有有限开环零点，所以根轨迹终止于4个无限开环零点。

（3）实轴上的根轨迹。实轴上$[-4,0]$是符合要求的根轨迹区域；

（4）根轨迹的渐近线。系统有4条根轨迹终止于无限开环零点，其渐近线与实轴的交点坐标为

$$\sigma_a=\frac{\sum_{i=1}^{n}p_i-\sum_{j=1}^{m}z_j}{n-m}=\frac{(0-4-1+j-1-j)-0}{4-0}=-1.5$$

其渐近线与正实轴的夹角为

$$\varphi_a=\frac{(2k+1)\pi}{n-m}=\frac{(2k+1)\pi}{4-0}=\pm 45°,\ \pm 135°$$

(5) 根轨迹的起始角和终止角。因为系统没有有限开环零点，所以只有起始角，不需要求取终止角。

$$\theta_{p_1}=(2k+1)\pi-0-315°-45°=-180°=180°$$

$$\theta_{p_2}=(2k+1)\pi-180°-14°-346°=-360°=0°$$

$$\theta_{p_3}=(2k+1)\pi-135°-14°-90°=-59°$$

$$\theta_{p_4}=(2k+1)\pi-225°-346°-270°=-661°=59°$$

(6) 根轨迹的分离点。如图 4-9 所示，系统的分离点会出现在实轴根轨迹区域[-4,0]上，所以有

$$\frac{1}{d+0}+\frac{1}{d+4}+\frac{1}{d+1+\mathrm{j}}+\frac{1}{d+1-\mathrm{j}}=0$$

解得分离点 $d=-3.1$。

(7) 根轨迹与虚轴的交点。根据根之和原理，可以看到有两条根轨迹系统向左移动，则必然另外两条根轨迹会向右移动，向右移动的根轨迹会和虚轴相交，系统的特征方程为

$$s(s+4)(s^2+2s+2)+K^*=s^4+6s^3+10s^2+8s+K^*=0$$

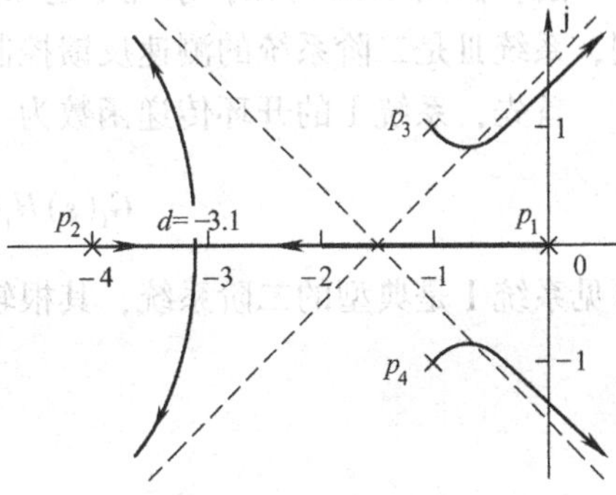

图 4-9　例 4-5 系统的根轨迹图

将 $s=\mathrm{j}\omega$ 带入系统的特征方程，令实部和虚部为零，得到如下方程：

$$\begin{cases}\omega^4-10\omega^2+K^*=0\\ 8\omega-6\omega^3=0\end{cases}$$

解上面方程得：$\omega_1=0$，$\omega_2=1.15$，$\omega_3=-1.15$，$K^*_{临}=11.56$

所以，根轨迹与虚轴的交点为 $s_{1,2}=\pm\mathrm{j}1.15$。综上，系统的根轨迹如图 4-9 所示。

4.4　广义根轨迹的绘制

在控制系统中，有时根轨迹增益 K^* 并不是系统唯一的参数，还有其他的参数。一般，将负反馈系统中以根轨迹增益 K^* 为参数变化时绘制的根轨迹称为常规根轨迹；常规根轨迹以外的根轨迹称为广义根轨迹。如参数根轨迹、零度根轨迹都是典型的广义根轨迹，下面将详细介绍这两种根轨迹的绘制方法。

4.4.1　参数根轨迹图的绘制

通常，在负反馈系统中，以开环放大倍数 K 以外的参数为参变量绘制的根轨迹称为参数根轨迹。参数根轨迹图的绘制与常规根轨迹图的绘制方法相同，只要找到以非 K 参数 T 为独立变量的等效开环传递函数，就可以利用常规根轨迹绘制法则进行绘制。

首先将以参数 T_a(非根轨迹增益 K^*)为参变量的负反馈控制系统的闭环特征方程整理为

$$Q(s)+T_aP(s)=0 \tag{4-54}$$

式中，$P(s)$和$Q(s)$是与参数T_a无关的首项系数为1的多项式，则由式(4-54)有

$$Q(s)+T_aP(s)=1+\frac{T_aP(s)}{Q(s)}=1+G_a(s)H_a(s)=0 \tag{4-55}$$

式中，$T_aP(s)/Q(s)$就为控制系统的等效开环传递函数$G_a(s)H_a(s)$，则控制系统根轨迹的绘制问题就回到了常规根轨迹的绘制上，利用常规根轨迹图绘制法则，就可以完成参数根轨迹图的绘制。

例4-6 二阶系统的3种控制方法：比例控制、比例-微分控制和测速反馈控制如图4-10所示，试分析参数T_a变化对系统性能的影响，并比较这3种控制方法下二阶系统的性能。

解：由图4-10可知，系统Ⅰ是二阶系统的比例控制，系统Ⅱ是二阶系统的比例-微分控制，系统Ⅲ是二阶系统的测速反馈控制。

首先，系统Ⅰ的开环传递函数为

$$G_{\mathrm{I}}(s)H_{\mathrm{I}}(s)=\frac{5}{s(5s+1)}=\frac{1}{s(s+0.2)} \tag{4-56}$$

可见系统Ⅰ是典型的二阶系统，其根轨迹很容易得到，如图4-11a所示。

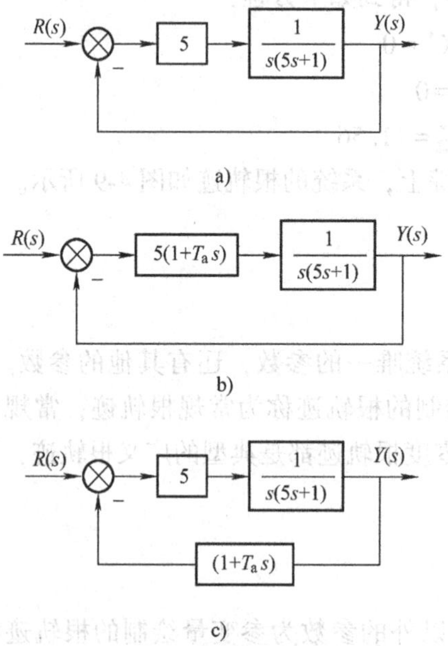

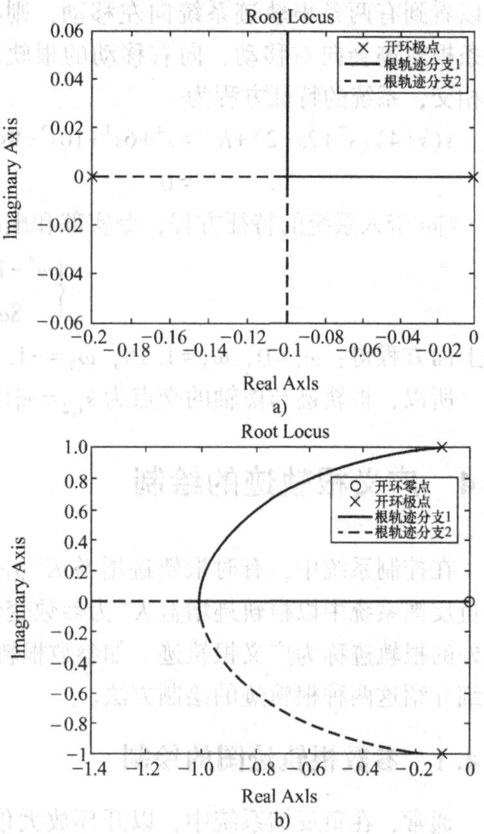

图4-10 二阶系统控制框图

a) 系统Ⅰ：比例控制 b) 系统Ⅱ：比例-微分控制 c) 系统Ⅲ：测速反馈控制

图4-11 二阶系统根轨迹图比较

a) 系统Ⅰ b) 系统Ⅱ，系统Ⅲ

然后，可以看到系统Ⅱ和系统Ⅲ具有相同的开环传递函数，见式(4-57)，即系统Ⅱ和系统Ⅲ闭环极点相同，具有相同的轨迹图。

$$G_{\mathrm{II}}(s)H_{\mathrm{II}}(s)=G_{\mathrm{III}}(s)H_{\mathrm{III}}(s)=\frac{5(T_{a}s+1)}{s(5s+1)} \tag{4-57}$$

将式(4-57)写成闭环特征方程的形式有

$$1+\frac{5(T_{a}s+1)}{s(5s+1)}=s(5s+1)+5(T_{a}s+1)=0 \tag{4-58}$$

将上式整理成式(4-54)的形式

$$5s^{2}+s+5+5T_{a}s=0 \tag{4-59}$$

则有

$$1+G(s)H(s)=1+\frac{5T_{a}s}{5s^{2}+s+5}=1+\frac{T_{a}s}{s^{2}+0.2s+1}=0 \tag{4-60}$$

$$G(s)H(s)=\frac{T_{a}s}{s^{2}+0.2s+1} \tag{4-61}$$

式(4-61)就是系统Ⅱ和系统Ⅲ的等效开环传递函数，其根轨迹图可以很容易利用参数根轨迹图绘制的方法获得，如图 4-11b 所示。值得注意的是，系统Ⅱ和系统Ⅲ的闭环极点相同，但并不代表它们具有相同的性能表现，因为系统Ⅱ和系统Ⅲ的闭环传递函数是不同的，系统Ⅱ比系统Ⅲ多了一个闭环零点，如下式所示：

$$\Phi_{\mathrm{II}}(s)=\frac{5(T_{a}s+1)}{s(5s+1)+5(T_{a}s+1)} \tag{4-62}$$

$$\Phi_{\mathrm{III}}(s)=\frac{5}{s(5s+1)+5(T_{a}s+1)} \tag{4-63}$$

为了更好地比较 3 个系统的性能，设 3 个系统的阻尼比 $\zeta=0.5$，此时系统Ⅱ和系统Ⅲ的 $T_{a}=0.8$，则 3 个系统的闭环传递函数为

$$\Phi_{\mathrm{I}}(s)=\frac{1}{(s+0.1+\mathrm{j}0.995)(s+0.1-\mathrm{j}0.995)}$$

$$\Phi_{\mathrm{II}}(s)=\frac{0.8(s+1.25)}{(s+0.5+\mathrm{j}0.87)(s+0.5-\mathrm{j}0.87)}$$

$$\Phi_{\mathrm{III}}(s)=\frac{1}{(s+0.5+\mathrm{j}0.87)(s+0.5-\mathrm{j}0.87)}$$

3 个系统的单位阶跃响应为下式，其单位阶跃响应曲线如图 4-12 所示。

$$y_{\mathrm{I}}(t)=1-\mathrm{e}^{-0.1t}(\cos 0.995t+0.1\sin 0.995t)$$

$$y_{\mathrm{II}}(t)=1-\mathrm{e}^{-0.5t}(\cos 0.87t-0.347\sin 0.87t)$$

$$y_{\mathrm{III}}(t)=1-\mathrm{e}^{-0.5t}(\cos 0.87t+0.578\sin 0.87t)$$

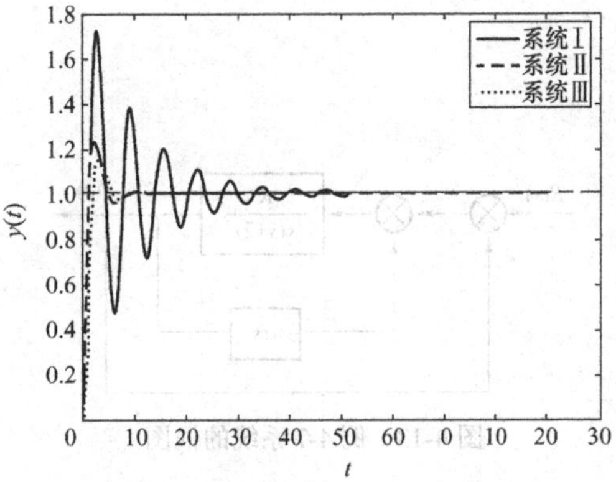

图 4-12　例 4-6 系统的单位阶跃响应

由图 4-12 可见，由于系统Ⅰ采用了比例控制，增强了误差信号的控制作用，所以系统的初始响应速度较快，但是也增大了系统的超调量，使系统振荡剧烈，长时间后才能达到稳态；系统Ⅱ采用了比例-微分控制，微分控制反映了误差信号的变化率，使系统的响应速度加快，但是由于比例-微分控制给系统引入了一个闭环零点，所以比系统Ⅲ具有更大的超调量；系统Ⅲ采用速度反馈控制，加强了反馈信号的控制作用，所以提高了响应速度，且具有

最小的超调量。

当系统中的参数不止一个时，仍然可以绘制其根轨迹图。在绘制时取其中的一个参数从0变化到∞，其他的参数取不同的值，这样绘制的根轨迹图将是一幅根轨迹簇。

例 4-7 设控制系统结构图如图 4-13 所示，试绘制该系统关于 K 和参数 α 同时改变时的根轨迹图。

解：系统的开环传递函数为

$$G(s)H(s)=\frac{K/s(s+2)}{1+\alpha Ks/s(s+2)}$$

由其闭环特征方程

$$1+\frac{K/s(s+2)}{1+\alpha Ks/s(s+2)}=0$$

可得

$$s(s+2)+K+\alpha Ks=0$$

将上式整理成式(4-55)的形式为

$$1+\frac{\alpha Ks}{s(s+2)+K}=0$$

绘制 K 取不同值，α 从 0 变化到∞ 的根轨迹簇如图 4-14 所示。由图可见，当 $K=1$ 时，该例中系统的两条闭环根轨迹全部位于实轴上：一条起于开环重极点-1，止于位于坐标原点的开环零点(图中加竖线的部分)；另一条起于该重极点，止于无穷远的实轴零点。当 K 分别取正整数 2~6 时，各自的根轨迹除了位于整个实轴外，还有位于复平面上的根轨迹。

从图 4-14 可知，在 $\alpha>0$ 的情况下，该系统总是稳定的。

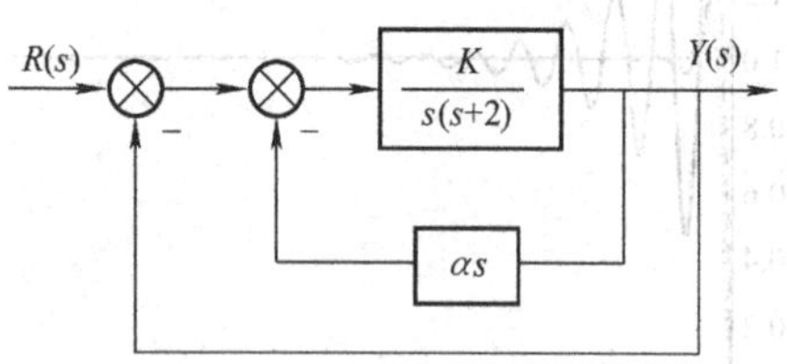

图 4-13 例 4-7 系统的框图

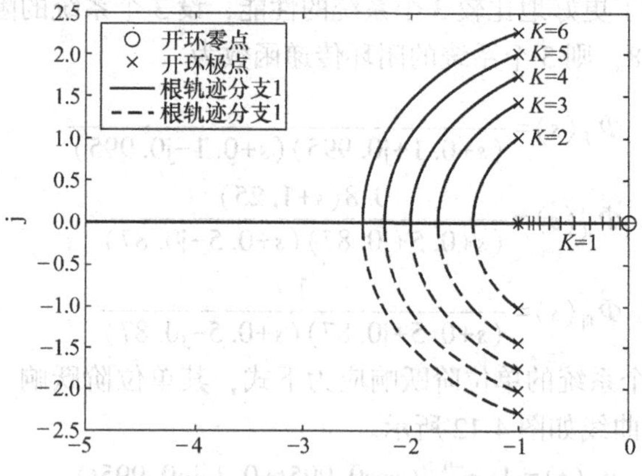

图 4-14 例 4-7 系统的根轨迹

可以证明，若系统有两个开环复数极点，1 个开环零点，且在复平面存在根轨迹，则复平面上的闭环根轨迹一定是以该开环零点为圆心、以开环零点到开环极点的距离为半径的圆弧，这一特点对分析带零点的二阶系统根轨迹走势及绘制系统的根轨迹很有益处。

还需要说明的是，该例及以后的例题大多是利用 MATLAB 绘制的根轨迹图，该软件绘制的图不带根轨迹图必需的箭头标示，读者自行绘制时需要加箭头标示参数 0→∞ 时闭环极点走势。

4.4.2 零度根轨迹图的绘制

有的时候，会碰到系统具有开环右零点、右极点，或者系统内环是正反馈回路的情况，在这些情况下，有可能就要绘制正反馈回路根轨迹，也称为零度根轨迹。如果系统的开环零点和极点都在 s 平面的左半平面，这种系统称为最小相位系统；相反，如果系统有开环零点或极点位于右半 s 平面上，则这样的系统称为非最小相位系统。非最小相位系统的特性将在第 5 章中详细介绍。

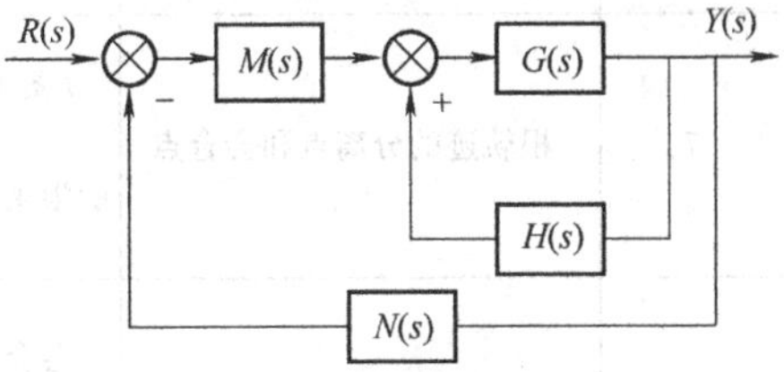

图 4-15 控制系统框图

以正反馈系统为例，设控制系统如图 4-15 所示，其内环是一个正反馈回路，要分析整个系统的性能，就必须知道内环回路的零点和极点，如果使用根轨迹分析法，就需要绘制零度根轨迹。

图 4-15 所示系统的内环正反馈回路的闭环传递函数为

$$\Phi(s)=\frac{G(s)}{1-G(s)H(s)}$$

可以得到正反馈回路的根轨迹方程为：

$$G(s)H(s)=1$$

绘制正反馈系统根轨迹的相角条件和幅值条件为

相角条件

$$\sum_{j=1}^{m}\angle(s-z_j)-\sum_{i=1}^{n}\angle(s-p_i)=2k\pi \quad k=0,\pm1,\pm2,\cdots \tag{4-64}$$

幅值条件

$$K^*=\frac{\prod_{i=1}^{n}|s-p_i|}{\prod_{j=1}^{m}|s-z_j|} \tag{4-65}$$

可以看到，零度根轨迹的绘制条件和负反馈回路根轨迹的绘制条件很像，它们的幅值条件相同，只是相角条件略有不同，只要把负反馈回路根轨迹绘制法则作一些改动，就可以用于零度根轨迹的绘制。零度根轨迹图绘制法则见表 4-2，其中法则 4、5、6、8 做了改动。

表 4-2 零度根轨迹图绘制法则

序号	内容	法则
1	根轨迹的分支数	根轨迹的分支数等于开环极点的个数 n
2	根轨迹的对称性	根轨迹连续且对称于实轴
3	根轨迹的起点和终点	根轨迹起始于系统的 n 个开环极点，终止于系统的 m 个开环零点和 $n-m$ 个无穷大开环零点
4	实轴上的根轨迹	实轴上根轨迹区段右侧开环零点和极点的个数之和应为偶数
5	根轨迹的渐近线	有 $(n-m)$ 条渐近线，其于实轴的交点为：$\sigma_a=\dfrac{\sum_{i=1}^{n}p_i-\sum_{j=1}^{m}z_j}{(n-m)}$ 与实轴正方向的夹角为：$\varphi_a=\dfrac{2k\pi}{(n-m)}\quad k=0,\pm1,\pm2,\cdots$

（续）

序号	内 容	法 则
6	根轨迹的起始角和终止角	起始角：$\angle\theta_{p_i} = 2k\pi + \left(\sum_{j=1}^{m}\angle(p_i - z_j) - \sum_{j=1,j\neq i}^{n}\angle(p_i - p_j)\right)$ 终止角：$\angle\theta_{z_i} = 2k\pi + \left(\sum_{j=1,j\neq i}^{m}\angle(z_i - z_j) - \sum_{j=1}^{n}\angle(z_i - p_j)\right)$
7	根轨迹的分离点和会合点	l 条根轨迹分支相遇，其分离点坐标由 $\frac{d}{ds}\left[\frac{1}{G(s)H(s)}\right]=0$ 的根来确定，或者由 $\sum_{j=1}^{m}\frac{1}{(d-z_j)} = \sum_{i=1}^{n}\frac{1}{(d-p_i)}$ 来确定
8	会合角和分离角	会合角：$\varphi_d = \frac{1}{l}\left[2k\pi - \sum_{i=l+1}^{n}\angle(d-s_i) + \sum_{i=1}^{n}\angle(d-p_i)\right]$ 分离角：$\theta_d = \frac{1}{l}\left[2k\pi + \sum_{i=1}^{m}\angle(d-z_i) - \sum_{i=l+1}^{n}\angle(d-s_i)\right]$
9	根轨迹与虚轴的交点	根轨迹于虚轴的交点可以 $s=j\omega$ 带入特征方程求解，或者由劳斯判据确定
10	根之和	当 $n-m\geqslant 2$ 时，闭环极点之和等于开环极点之和，若有的根轨迹向右移动，必定有其他的根轨迹会向左移动：$\sum_{i=1}^{n}s_i = \sum_{i=1}^{n}p_i$

例 4-8 控制系统结构图如图 4-16 所示，试绘制控制系统内环回路的根轨迹图，并确定使内环回路稳定的 K 值范围。

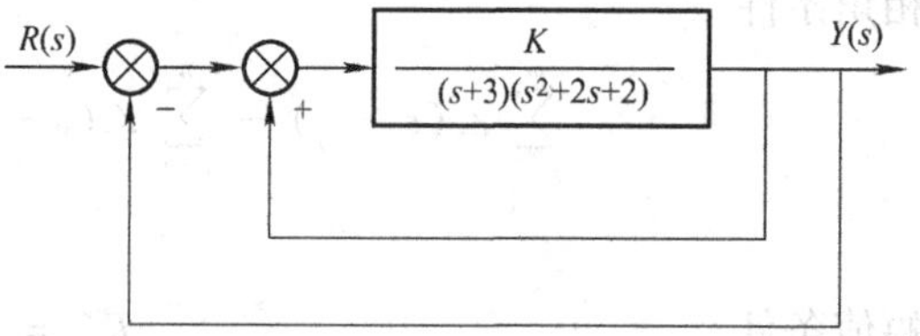

图 4-16 例 4-8 系统的框图

解：内环回路的开环传递函数为

$$G(s)H(s)=\frac{K}{(s+3)(s^2+2s+2)}$$

（1）根轨迹的分支数：内环开环传递函数阶次是 3，所以内环回路有 3 条根轨迹。

（2）根轨迹的起始点和终止点：根轨迹起始于系统 3 个开环极点 $p_1=-3$，$p_2=-1+j$，$p_3=-1-j$，由于系统没有有限开环零点，所以根轨迹终止于 3 个无限开环零点。

（3）实轴上的根轨迹：实轴上$[-3,+\infty]$是符合要求的根轨迹区域。

（4）根轨迹的渐近线：系统有 3 条根轨迹终止于无限开环零点，其渐近线与实轴的交点坐标为

$$\sigma_a = \frac{\sum_{i=1}^{n}p_i - \sum_{j=1}^{m}z_j}{n-m} = \frac{(0-3-1+j-1-j)-0}{3-0} = -\frac{5}{3}$$

其渐近线与实轴的夹角为

$$\varphi_a = \frac{2k\pi}{n-m} = \frac{2k\pi}{3-0} = 0°, \pm 120°$$

（5）根轨迹的起始角和终止角

因为系统没有有限开环零点，所以只有起始角，不需要求取终止角。

$$\theta_{p_1}=2k\pi-0-207°-153°=0°$$

$$\theta_{p_2}=2k\pi-207°-270°=-117°$$

$$\theta_{p_3}=2k\pi-153°-90°=117°$$

（6）根轨迹的分离点：系统的分离点会出现在实轴根轨迹区域$[-3,+\infty]$上，所以有

$$\frac{1}{d+3}+\frac{1}{d+1+\mathrm{j}}+\frac{1}{d+1-\mathrm{j}}=0$$

解得分离点 $d_1=-1.33$，$d_2=-2$。

综上，系统的根轨迹如图 4-17 所示。

（7）内环回路稳定的 K 值范围确定

由根轨迹图可以看到，当根轨迹从左半平面进入右半平面时，内环回路就从稳定进入不稳定，坐标原点对应的 K^* 值就是临界 $K_{临}$。由幅值条件有

$$K^*=K_{临}=|0-(-3)|\times|0-(-1+\mathrm{j})|\times|0-(-1-\mathrm{j})|=6$$

所以当 $0<K<6$ 时，内环回路是稳定的。

例 4-9　单位负反馈控制系统的开环传递函数为 $G(s)H(s)=\dfrac{K(1-s)(s+2)}{s(s^2+2s+2)}$，试绘制控制系统的根轨迹图。

解：控制系统的根轨迹方程为

$$1+G(s)H(s)=1+\frac{K(1-s)(s+2)}{s(s^2+2s+2)}=1-\frac{K(s-1)(s+2)}{s(s^2+2s+2)}=1-G'(s)H'(s)$$

所以应该按照零度根轨迹的绘制规则绘制根轨迹，其根轨迹如图 4-18 所示。

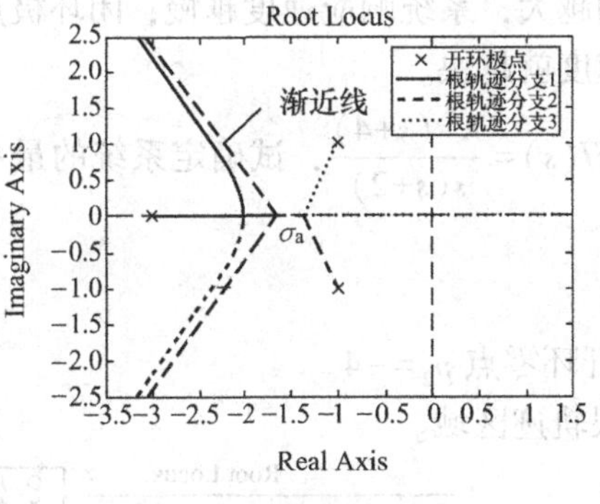

图 4-17　内环根轨迹图

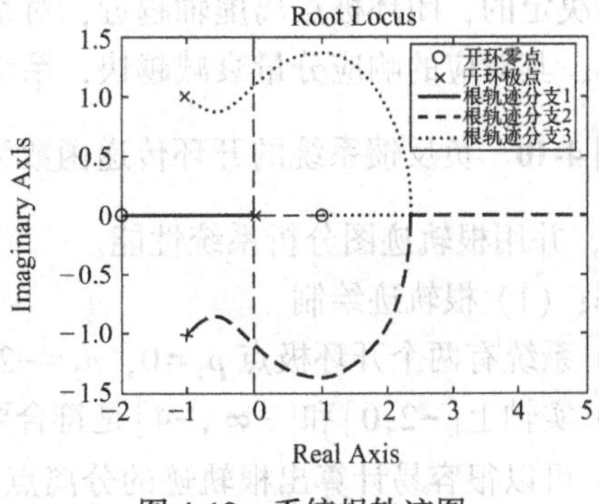

图 4-18　系统根轨迹图

4.5　利用根轨迹图分析控制系统性能

4.5.1　闭环系统极点、零点的位置与系统性能的关系

根轨迹绘制的最终目的就是通过根轨迹图分析控制系统在特定参数下的闭环极点，然后利用高阶系统闭环主导极点和偶极子的分析方法来分析控制系统性能。

在系统时域分析中，可以知道系统的性能表现主要取决于系统的阶跃响应，控制系统闭

环零、极点在复平面中的位置，直接决定了系统的性能。

首先，系统的稳定性。系统的稳定性可以由系统闭环极点在复平面中的位置决定，只有闭环极点都位于复平面的左半平面，即系统闭环极点都具有负实部，系统才是稳定的，并且，闭环极点离虚轴越远，系统的相对稳定性越好。从根轨迹中可以清晰直观地看到系统的闭环极点在复平面中的分布情况，从而便于分析特定参数变化对系统稳定性的影响。

其次，系统的控制精度。控制系统的稳态误差与系统的输入信号、系统型别和系统开环增益 K 有关。在给定输入信号下，可以在根轨迹中坐标原点的位置清楚地看到系统的型别，当系统闭环极点确定以后，就可以知道此时根轨迹增益 K^* 的大小，由于根轨迹增益 K^* 与开环增益 K 只差一个系数，如下式所示，就可以得到系统开环增益 K，其中 z_j、p_i 是系统的开环零、极点。

$$K = K^* \frac{\prod_{j=1}^{m} |z_j|}{\prod_{i=1}^{n} |p_i|} \tag{4-66}$$

最后，系统的动态性能、控制系统的极点决定了系统的运动形式，闭环零点和极点共同决定了系统的动态平稳性和响应速度。

1）运动形式，如果控制系统中除了闭环偶极子以外，闭环极点都是实数极点，则系统响应是单调的；如果闭环极点有复数极点，则系统响应是振荡的。

2）动态平稳性，超调量是衡量系统动态平稳性的主要性能指标，它主要取决于控制系统闭环主导极点的衰减率，并且闭环零点的位置也会影响超调量的大小。

3）响应速度，控制系统的响应速度是由控制系统闭环零点的位置以及闭环极点离虚轴的距离决定的，闭环极点离虚轴越近，对系统影响越大，系统响应速度越慢；闭环极点离虚轴越远，其对应的响应分量衰减越快，系统响应速度就越快。

例 4-10　负反馈系统的开环传递函数为 $G(s)H(s)=\dfrac{K^*(s+4)}{s(s+2)}$，试确定系统的最小阻尼比 $\zeta_{\min}$，并用根轨迹图分析系统性能。

解：（1）根轨迹绘制

1）系统有两个开环极点 $p_1=0$，$p_2=-2$，1 个开环零点 $p_2=-4$。

2）实轴上 $[-2,0]$ 和 $[-\infty,-4]$ 是符合要求的根轨迹区域。

3）可以很容易计算出根轨迹的分离点为：$d_1=-1.2$，$d_2=-6.8$。

4）具有一个零点的二阶系统，只要零点没有位于两个极点之间，当 K^* 从 $0\to\infty$ 时，闭环根轨迹的复数部分，是以该零点为圆心，以零点到分离点的距离为半径的一个圆，或圆弧。综上所述，系统的根轨迹如图 4-19 所示。

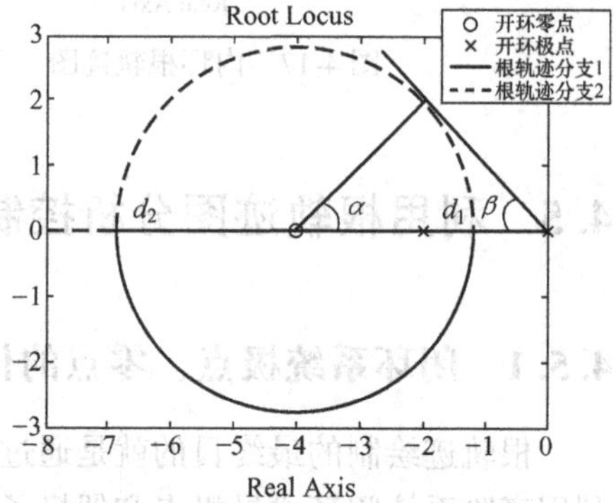

图 4-19　例 4-10 系统的根轨迹图

（2）系统最小阻尼比确定

系统的阻尼比 $\zeta=\cos\beta$，过坐标原点做复平面内的切线，切线点处就是系统最小阻尼比对应的闭环极点。

因为　　$\beta=90°-\arccos\alpha$

$$\cos\alpha=\frac{|d_1-d_2|/2}{z_1}=\frac{|-6.8-(-1.2)|/2}{4}=0.7$$

所以 $\zeta_{min}=\cos\beta=0.714$，$\beta=44.5°$。

（3）系统性能分析

1）稳定性。从根轨迹图中可以看到，随着 K^* 的变化，根轨迹始终在 s 平面的左半平面，所以无论 K^* 是何值，系统都是稳定的。

2）控制精度。系统是Ⅰ型系统，在单位斜坡信号下，系统的稳态误差为

$$e_{ss}=\frac{1}{K}=\frac{|p_1|\times|p_2|}{K^*\times|z_1|}$$

3）动态特性。

① 运动形式随着 K^* 的变化而变化，在不同范围内的 K^* 值下，系统将工作在不同的状态下。由根轨迹图 4-19 可知 $K_{d_1}^*=\dfrac{|d_1-p_1|\times|d_1-p_2|}{|d_1-z_1|}=0.34$，$K_{d_2}^*=\dfrac{|d_2-p_1|\times|d_2-p_2|}{|d_2-z_1|}=11.7$。

当 $0<K^*<K_{d_1}^*$ 或者 $K^*>K_{d_2}^*$ 时，系统有两个不相等的实数闭环极点，其单位阶跃响应是单调非周期的。

当 $K_{d_2}^*<K^*<K_{d_1}^*$ 时，系统有一对共轭复数闭环极点，其单位阶跃响应是振荡衰减的。

当 $K^*=K_{d_1}^*$ 或者 $K^*=K_{d_2}^*$ 时，系统有两个相等的实数闭环极点，其单位阶跃响应是单调非周期的。

② 动态平稳性，系统的最小阻尼比 $\zeta_{min}=0.714$，所以系统具有较好的平稳性。

③ 响应速度，在 $K_{d_1}^*<K^*<K_{d_2}^*$ 时，随着 K^* 的变化，系统闭环极点逐渐远离虚轴，系统的响应速度逐渐加快。

4.5.2　由根轨迹图确定条件稳定系统的参数取值范围

在控制系统根轨迹绘制中可以看到，很多时候都会出现根轨迹随着根轨迹增益 K^* 的增大从 s 平面的左半平面移动到右半平面的情况，也就是说系统会从稳定变为不稳定，要使系统稳定，K^* 必须在一定的范围之内，否则系统就不稳定，这样的系统就称为条件稳定系统。使用根轨迹图分析方法，可以方便地确定条件稳定系统的参数取值范围。

例 4-11　负反馈系统的开环传递函数为 $G(s)H(s)=\dfrac{K^*}{s(s+4)(s+9)}$，试用根轨迹图确定使系统稳定的开环增益 K 的取值范围，并分析当实数闭环极点 $s_1=-10$ 时系统的性能。

解：（1）根轨迹绘制

1）系统有 3 个开环极点 $p_1=0$，$p_2=-4$，$p_2=-9$。

2）实轴上[-4,0]和[-∞,-9]是符合要求的根轨迹区域。

3）系统有 3 条根轨迹终止于无限开环零点，其渐近线与实轴的夹角和交点坐标为

$$\varphi_a=\frac{(2k+1)\pi}{n-m}=\frac{(2k+1)\pi}{3}=0,\pm\frac{\pi}{3}$$

$$\sigma_a = \frac{\sum_{i=1}^{n} p_i - \sum_{j=1}^{m} z_j}{n-m} = \frac{(0-4-9)-0}{3} = -\frac{13}{3}$$

4）由$\frac{d}{ds}\left[\frac{1}{G(s)H(s)}\right]_{K^*=1}=0$，有 $3s^2+26s+36=0$，可以计算根轨迹的分离点 $d_1=-1.73$，$d_2=-6.94$（舍去）。

5）系统的特征方程为

$$s^3+13s^2+36s+K^*=0$$

将 $s=j\omega$ 带入系统的特征方程，令实部和虚部为零，得到如下方程组

$$\begin{cases} 36\omega-\omega^3=0 \\ K^*-13\omega^2=0 \end{cases}$$

解上面方程组得到 $\omega_1=0$，$\omega_2=6$，$\omega_3=-6$，$K^*_{临}=468$，所以，根轨迹与虚轴交点为 $s_{1,2}=\pm j6$。综上，系统的根轨迹如图 4-20 所示。

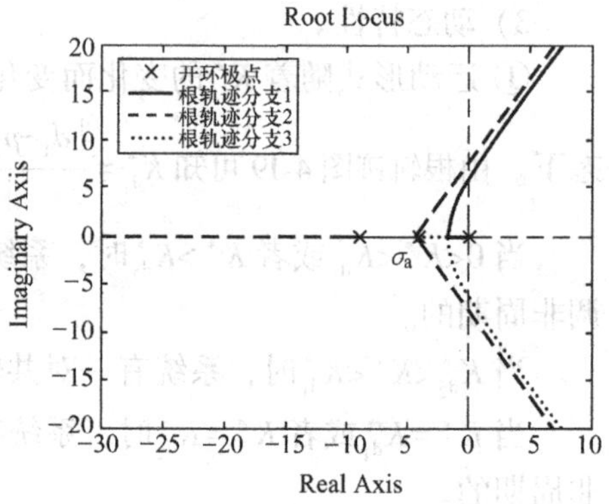

图 4-20 例 4-11 系统根轨迹图

（2）使系统稳定开环增益 K 值范围

由以上计算可以看到，使系统稳定的临界根轨迹增益为 $K^*_{临}=468$，则使系统稳定的临界开环增益为

$$K_{临}=\frac{K^*_{临}}{|p_2||p_3|}=\frac{468}{4\times9}=13$$

所以当 $0<K<13$ 时，控制系统是稳定的，否则系统不稳定。

（3）系统性能分析

当系统有实数闭环极点 $s_1=-10$ 时，要分析系统的动态性能就必须知道其他两个闭环极点的值。由闭环极点 $s_1=-10$，可知此时系统的根轨迹增益为

$$K^*=\prod_{i=1}^{n}|s_1-p_i|=|-10-0|\times|-10-(-4)||-10-(-9)|=60$$

在分离点处 $$K^*_d=\prod_{i=1}^{n}|d_1-p_i|=|-1.73-0|\times|-1.73-(-4)||-1.73-(-9)|=28.55$$

因为 $K^*_d<K^*<K^*_{临}$，所以系统有实数闭环极点 $s_1=-10$ 时，另外两个闭环极点是共轭复数极点，设其为 $s_{2,3}=a\pm jb$，由于系统 $n-m>2$，则由根之和原理、根之积原理有

$$s_1+s_2+s_3=p_1+p_2+p_3 \longrightarrow a=-1.5$$

$$(-1)^n\prod_{i=1}^{n}s_i=(-1)^3\times(-10)(-1.5+jb)(-1.5-jb)=a_n=K^* \longrightarrow b=1.94$$

所以系统的 3 个闭环极点为：$s_1=-10$，$s_2=-1.5+j1.94$，$s_3=-1.5-j1.94$，其闭环传递函数为

$$\Phi(s)=\frac{60}{(s+10)(s+1.5+j1.94)(s+1.5-j1.94)}$$

接下来就可以进行系统性能分析了。

1）稳定性。从根轨迹图中可以看到，随着 K^* 的变化，根轨迹并不是始终在 s 平面的左半平面，只有在一定的范围内，系统才是稳定的，这个稳定的根轨迹增益取值范围是 $0<K^*<468$，当闭环极点 $s_1=-10$ 时，此时系统根轨迹增益为60，所以系统是稳定的。

2）控制精度。系统是Ⅰ型系统，所以在单位斜坡信号下，系统的稳态误差为

$$e_{ss}=\frac{1}{K}=\frac{|p_2|\times|p_3|}{K^*}=\frac{4\times 9}{60}=0.6$$

3）动态特性。此控制系统的复数闭环极点与实数闭环极点的距离有5倍以上，由高阶系统分析方法可以知道，此时对系统起主导作用的是两个复数闭环极点，而实数闭环极点离虚轴和复数闭环极点的距离较远，其所对应的响应分量衰减较快，对系统影响较小，所以其作用可以忽略，则原三阶系统可以近似地看成如下式所示的二阶系统。

$$\Phi'(s)=\frac{60}{(s+1.5+j1.94)(s+1.5-j1.94)}$$

绘制原三阶系统和近似二阶系统的单位阶跃响应曲线如图4-21所示，可以看到两个系统的性能非常接近，说明这种处理方法是可行的，是可以用近似二阶系统的性能指标估算原系统的性能。

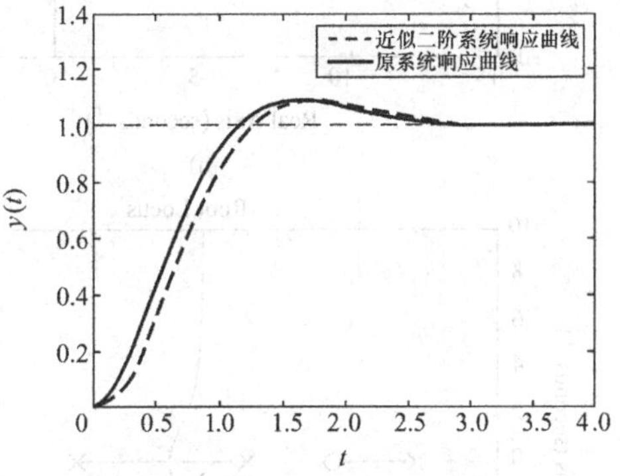

图4-21 系统单位阶跃响应曲线

① 运动形式。由高阶系统分析法可知，此系统近似一个欠阻尼二阶系统，其单位阶跃响应如图4-21所示，是振荡衰减的。

② 性能指标估算。

$$\omega_n=\sqrt{(1.5)^2+(1.94)^2}=2.45$$

$$\zeta=1.5/2.45=0.612$$

峰值时间：$t_p=\dfrac{\pi}{\omega_n\sqrt{1-\zeta^2}}=1.62\,\text{s}$

超调量：$\sigma_p\%=e^{-\zeta\pi/\sqrt{1-\zeta^2}}\%=8.8\%$

调节时间：$t_s=\dfrac{3.5}{\zeta\omega_n}=2.33\,\text{s}$ （取5%误差带）

4.5.3 增加开环零、极点对根轨迹的影响

控制系统的性能是由系统闭环极点在复平面的位置决定的，根轨迹是系统特征方程的根随某个参数变化而在复平面走过的轨迹。不同形状的根轨迹就代表不同性质的特征根，系统的工作性能就不一样。在控制系统设计和工程校正中，往往需要通过改变根轨迹的形状来实现控制系统性能的改善。由根轨迹的绘制法则可知，控制系统的开环零、极点决定了根轨迹的形状，因此研究增加系统开环零、极点对系统根轨迹的影响，对改善系统的性能有重要的实际应用意义。

1. 增加开环零点对根轨迹的影响

设控制系统的开环传递函数为

$$G(s)=\frac{K^*}{(s+1)(s+3)(s+5)}$$

其根轨迹如图 4-22a 所示，给系统增加不同位置的开环零点 z_1 的系统根轨迹如图 4-22b、c、d 所示，可以看到附加开环零点 z_1 可以改变系统的根轨迹形状，对根轨迹有吸引作用，使根轨迹发生趋向附加零点 z_1 的方向变化，并且从图 4-22b、c、d 可以看到附加开环零点 z_1 离虚轴越近，吸引作用越强。利用这个特性，可以选择合适的附加开环零点 z_1，从而吸引根轨迹向左偏移，以改善控制系统的动态性能和稳定性。

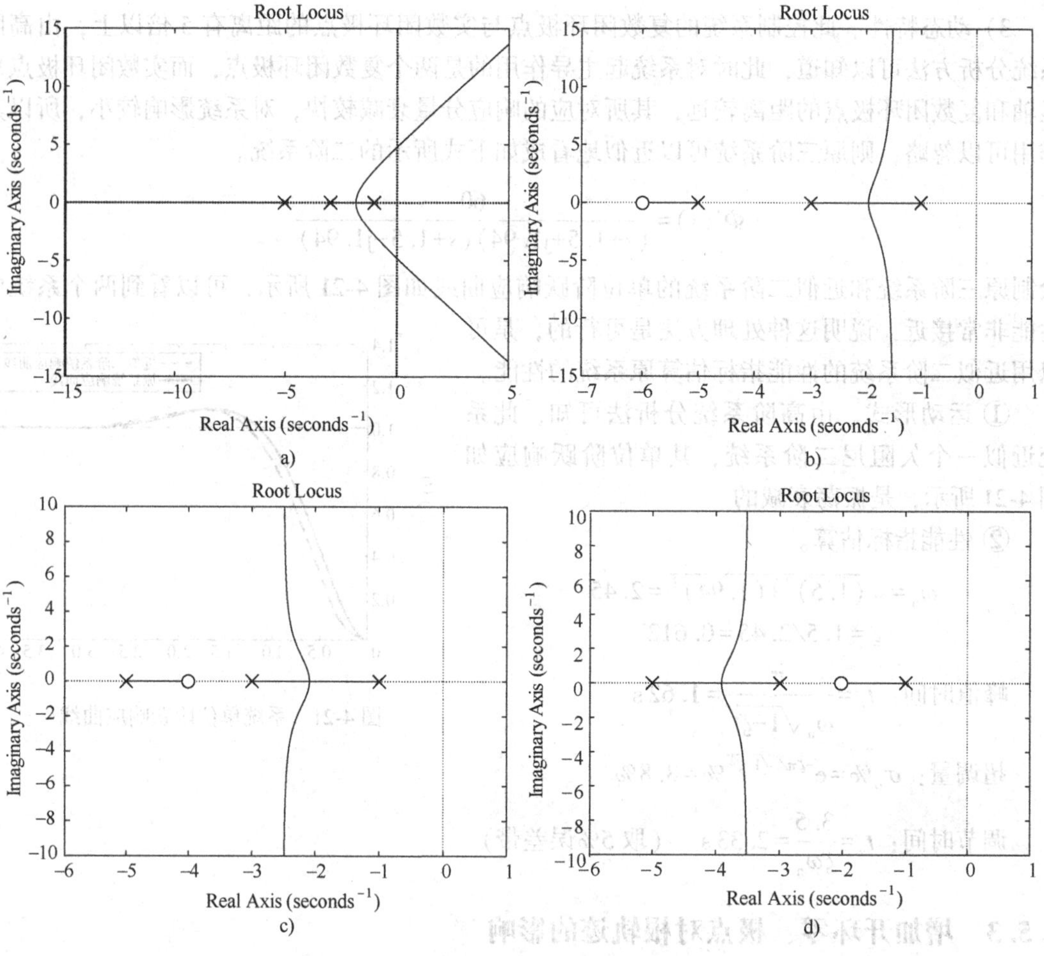

图 4-22　增加开环零点对根轨迹的影响

2. 增加开环极点对根轨迹的影响

设控制系统的开环传递函数为

$$G(s)=\frac{K^*}{s(s+2)}$$

其根轨迹如图 4-23a 所示，给系统增加不同位置的开环极点 p_1 的系统根轨迹如图 4-23b、c 所示，可以看到增加开环极点 p_1，可以改变系统的根轨迹形状，增加根轨迹的分支数，对根轨迹有排斥作用，使根轨迹发生背向附加极点 p_1 的方向变化。将附加极点 p_1 分别为-1、

−4、−15 的根轨迹作于一幅图，如图 4-23d 所示，可见附加开环极点 p_1离虚轴越近，排斥作用越强。同样，可以利用这个特性，选择合适的附加开环极点 p_1，从而推动根轨迹发生偏移，以改善控制系统的动态性能。

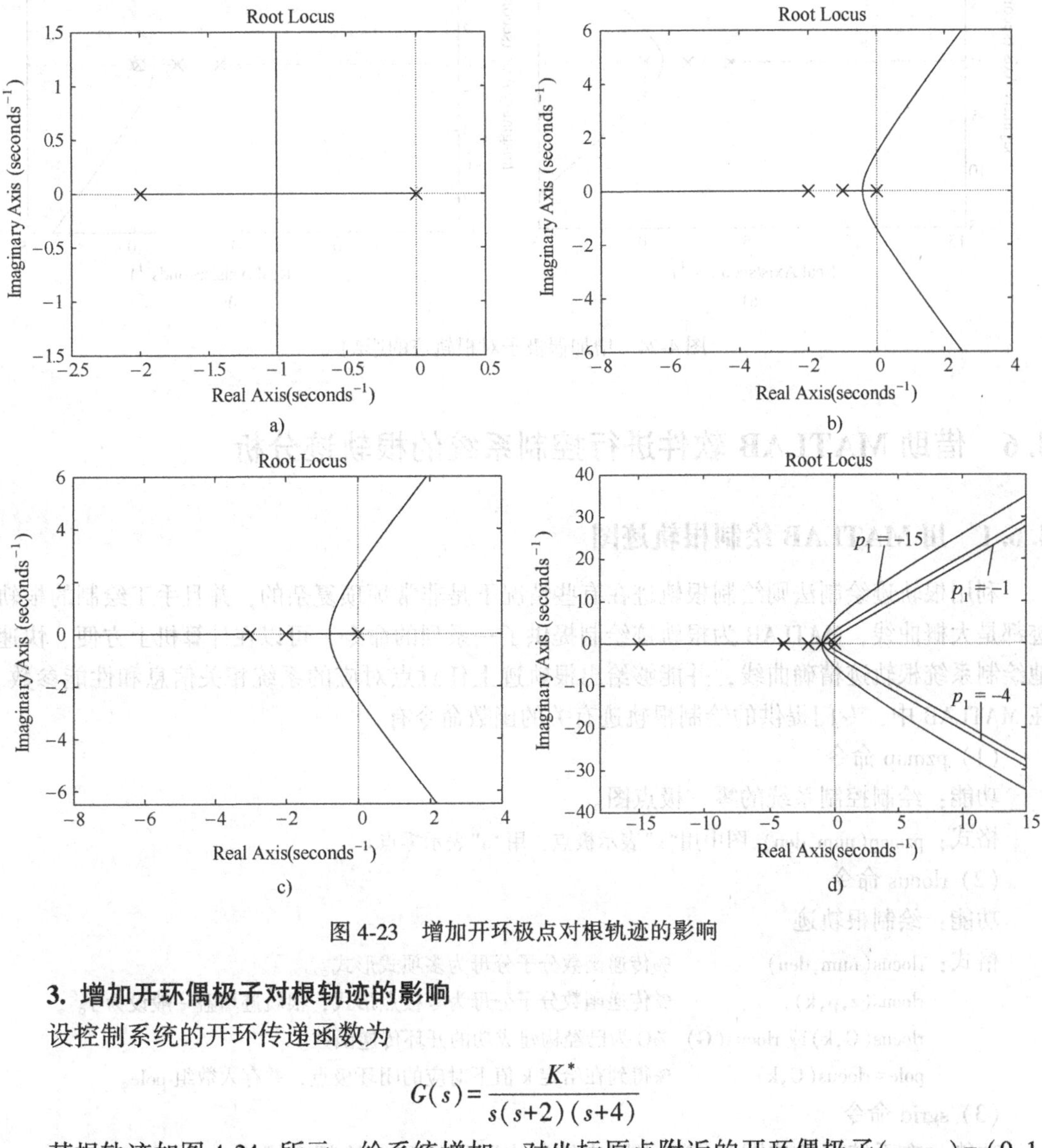

图 4-23　增加开环极点对根轨迹的影响

3. 增加开环偶极子对根轨迹的影响

设控制系统的开环传递函数为

$$G(s)=\frac{K^*}{s(s+2)(s+4)}$$

其根轨迹如图 4-24a 所示，给系统增加一对坐标原点附近的开环偶极子$(z_1,p_1)=(0.1,0.01)$的系统根轨迹如图 4-24b 所示，可以看到增加位于坐标原点附近的开环偶极子(z_1,p_1)，不改变系统主根轨迹形状，对主根轨迹的形状影响非常小。

但是如式(4-67)所示，增加开环偶极子后，系统的开环放大系数得到了有效的增大，因此可以利用这个特点，改善控制系统的稳态性能。

$$G(s)=\frac{K^*}{s(s+2)(s+4)}\ \frac{(s+0.1)}{(s+0.01)}=\frac{K^*}{s(s+2)(s+4)}\ \frac{10\times(10s+1)}{(100s+1)} \tag{4-67}$$

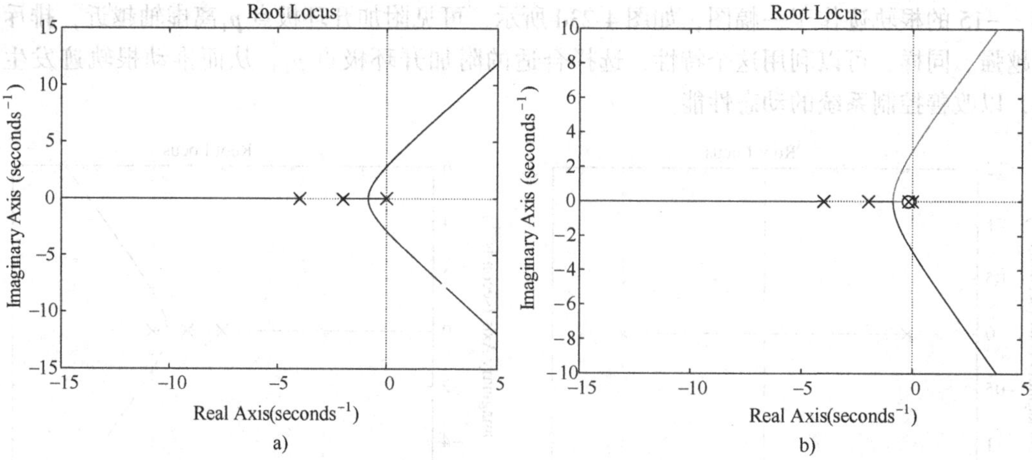

图 4-24 增加偶极子对根轨迹的影响

4.6 借助 MATLAB 软件进行控制系统的根轨迹分析

4.6.1 用 MATLAB 绘制根轨迹图

利用根轨迹绘制法则绘制根轨迹在有些情况下是非常烦琐复杂的，并且手工绘制的根轨迹都是大概曲线，MATLAB 为根轨迹绘制提供了一系列的命令，可以在计算机上方便、快速地绘制系统根轨迹精确曲线，并能够给出根轨迹上任意点对应的系统相关信息和性能参数。在 MATLAB 中，专门提供的绘制根轨迹有关的函数命令有

（1）pzmap 命令

功能：绘制控制系统的零、极点图。

格式：pzmap(num,den),图中用“x”表示极点，用“o”表示零点。

（2）rlocus 命令

功能：绘制根轨迹

格式：

rlocus(num,den)	%传递函数分子分母为多项式形式。
rlocus(z,p,k)	%传递函数分子分母为零极点形式，根轨迹增益一般设为 1。
rlocus(G,k)或 rlocus(G)	%G 为已经构建成功的开环传递函数。
pole=rlocus(G,k)	%得到在给定 k 值下对应的闭环极点，并存入数组 pole。

（3）sgrid 命令

功能：在系统根轨迹图和零极点图中绘制出阻尼比和自然频率栅格。

格式：

sgrid	%当ζ，ω_n 缺省时阻尼比线以步长 0.1 从$\zeta=0$到$\zeta=1$绘出。
sgrid('new')	%先清除图形屏幕，然后绘制出栅格线，并设置成hold on，使后续绘图命令能绘制在栅格上。
sgrid(ζ，ω_n)	%绘制以输入的ζ，ω_n值的栅格线。
sgrid(ζ，ω_n，'new')	

（4）rlocfind 命令

功能：找出给定的一组闭环极点所对应的根轨迹增益。

格式：[K,pole]=rlocfind(num,den) %传递函数分子分母为多项式形式。

[K,pole]=rlocfind(z,p,k) %传递函数分子分母为零极点形式，根轨迹增益一般设为 1。

本函数可以用来求取根轨迹上指定点的开环根轨迹增益值，并将该增益下所有的闭环极点显示出来。当这个函数启动起来之后，在图形窗口上出现要求使用鼠标定位的提示，这时用鼠标单击根轨迹上所要求的点后，将返回一个 k 值，同时返回该 k 值下的所有闭环极点的值，最后把这些值存入向量数组[K,pole]中，并将此闭环极点直接在根轨道曲线上显示出来，其中 K 为选定点处的根轨迹增益，pole 为此点处的闭环特征根，此命令要在 rlocus 命令后执行。

4.6.2 用 MATLAB 对系统根轨迹进行分析举例

例 4-12 单位负反馈系统的开环传递函数为：$G(s)H(s)=\dfrac{K^*(s+5)}{s(s+3)(s+8)}$，试用 MATLAB 绘制其根轨迹图。

解：在 MATLAB 命令窗口键入以下命令：

```
num=[1 5];              %输入传递函数分子系数向量。
a=[1 3 0];              %输入传递函数分母系数向量。
den=conv(a,[1 8]);
G=tf(num,den);          %构建开环传递函数 G。
rlocus(G)               %绘制根轨迹。
```

则绘制的根轨迹图如图 4-25 所示。

例 4-13 单位负反馈系统的开环传递函数为

$$G(s)H(s)=\frac{K^*}{s^3+8s^2+15s}$$

试用 MATLAB 绘制其根轨迹图，并求出当 $K^*=30$ 是系统的闭环极点值。

解：在 MATLAB 命令窗口键入以下命令

```
num=[1];
den=[1 8 15 0];
G=tf(num,den);
figure('color','w');
rlocus(G)
```

则绘制的根轨迹图如图 4-26 所示。然后键入命令

```
pole= rlocus(G,30)
```

在命令窗口中就会显示对应的闭环极点

```
pole =
   -6.3869
   -0.8066 + 2.0116i
   -0.8066 - 2.0116i
```

例 4-14 单位负反馈系统的开环传递函数为：$G(s)H(s)=\dfrac{K^*}{(s+1)(s+2)(s+4)(s+8)}$，试用 MATLAB 绘制其根轨迹图，在图中标注所有阻尼比 $\zeta=0.2,0.5,0.707$ 和自然振荡频率 $\omega_n=3,6,10$

的所有闭环极点，并求取当ζ=0. 707 时系统的闭环极点和根轨迹增益K值。

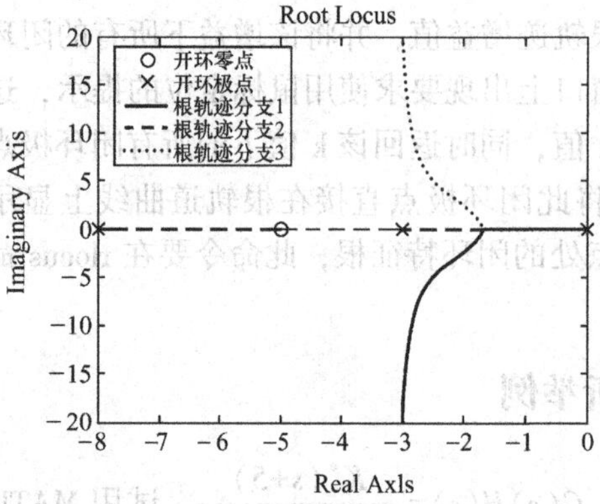

图 4-25 例 4-12 系统的根轨迹图

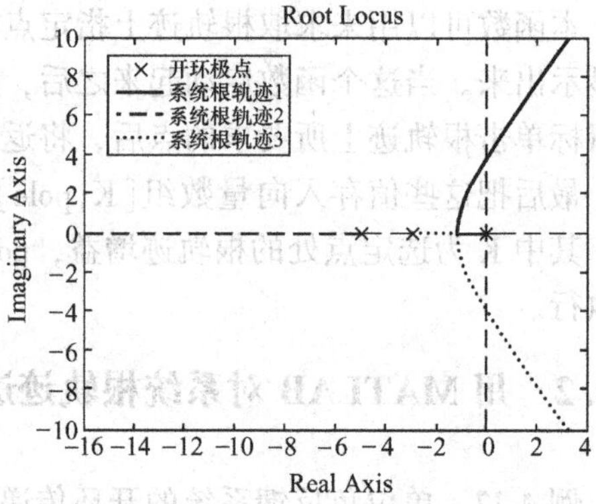

图 4-26 例 4-13 系统的根轨迹图

解：在 MATLAB 命令窗口键入以下命令

```
num=[1];
a=conv([1 1],[1 2]);
b=conv([1 4],[1 8]);
den=conv(a,b);
G=tf(num,den);
figure('color','w');
rlocus(G)
hold on
sgrid([0.2 0.707 0.5],[3 6 10])
```

则绘制的根轨迹图如图 4-24 所示。

然后在键入命令

```
[k,pole]=rlocfind(G)
```

在命令窗口中会出现提示

```
Select a point in the graphics window
```

然后在图 4-27 所示根轨迹中会出现十字交叉线，然后可以用交叉线在图 4-27 中找到阻尼比ζ=0. 707 的点，用鼠标选定，如图 4-28 所示，在命令窗口中就会出现选定点对应的闭环极点和根轨迹增益值，如下

```
selected_point =
   -1.1967 + 1.1646i
k =
    35.0113
pole =
   -7.7610
    -4.9780
   -1.1305 + 1.1335i
   -1.1305 - 1.1335i
```

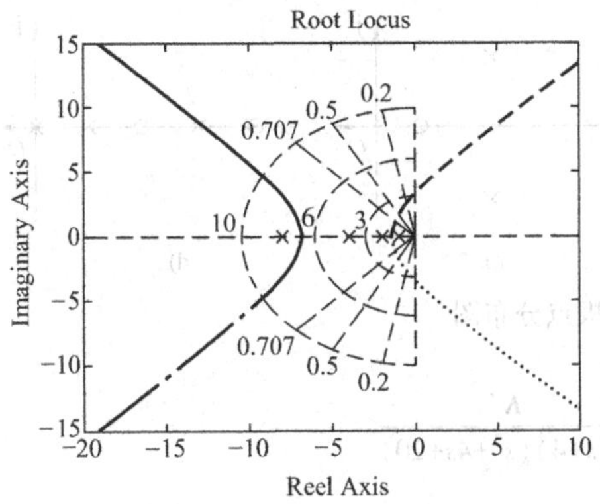

图 4-27　例 4-14 系统的根轨迹图

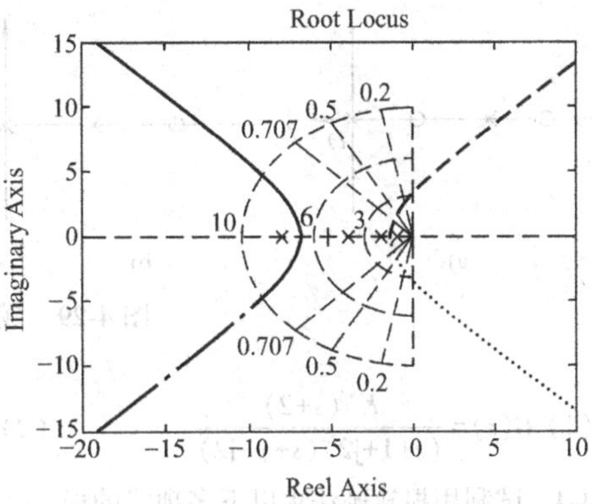

图 4-28　在根轨迹图中选取阻尼比为 0.707

小　结

控制系统的性能与其闭环零点、极点在 s 平面的分布位置有密切的关系。对于高阶系统，其闭环极点在 s 平面的位置是难以确认的。根轨迹法提供了一种避免直接求取闭环极点，而通过开环零点、极点作图的方法求取系统闭环极点的简便方法。根轨迹就是指当系统的开环传递函数的某个参数(如开环增益 K)从零变化到无穷时，闭环极点，即特征方程的根在复平面上变化的轨迹。

由根轨迹方程得到的幅值条件和相角条件可以推出一系列绘制根轨迹的法则，利用这些法则就能够比较简单、快速地绘制出系统根轨迹的大致形状，从而可以分析当开环增益变化时，系统闭环极点位置的变化规律及其对系统性能的影响。

根轨迹的绘制除了以开环增益为参数绘制以外，还能够以系统其他参数为变量绘制参数根轨迹。此时，只需要将特征方程化成与常规根轨迹相同的形式，就可以用常规根轨迹的绘制法则进行绘制。

当系统中出现局部正反馈，或者出现非最小相位环节时，系统的特征方程会与常规根轨迹的特征方程不同，此时相角条件就会发生变化，根轨迹绘制法则中与相角条件有关的法则都需要进行修改，即系统根轨迹的绘制需要按照零度根轨迹的绘制法则绘制。

由于根轨迹反映了系统闭环极点的信息，所以在根轨迹上，可以通过系统零、极点位置，应用闭环主导极点的方法对系统进行“稳、准、快”的分析。

习　题

4-1　假设负反馈系统开环传递函数的零、极点在 s 平面上的分布如图 4-29 所示，试绘制系统根轨迹图的大致图形。

4-2　已知单位负反馈系统的开环传递函数如下，试绘制出相应的闭环根轨迹图。

(1) $G(s)=\dfrac{K^*}{s(s+1)(s+3)}$　　(2) $G(s)=\dfrac{K^*(s+5)}{s(s+2)(s+3)}$

4-3　已知单位负反馈系统的开环传递函数如下，试绘制出相应的闭环根轨迹图。

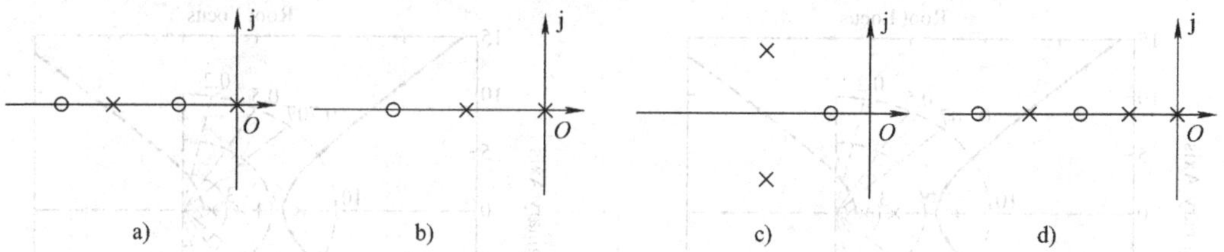

图 4-29 题 4-1 零、极点分布图

(1) $G(s)=\dfrac{K^*(s+2)}{(s+1+j2)(s+1-j2)}$ (2) $G(s)=\dfrac{K^*}{s(s+4)(s^2+4s+20)}$

4-4 试利用根轨迹法求以下多项式的根。

$$3s^4+10s^3+21s^2+24s-16=0$$

4-5 单位负反馈系统开环传递函数为 $G(s)=\dfrac{K^*}{s^2(s+2)}$，

(1) 绘制根轨迹，分析系统稳定性。

(2) 若增加一个零点 $z=-1$ 试问根轨迹有何变化，对稳定性有何影响。

4-6 设负反馈系统的开环传递函数为 $G(s)H(s)=\dfrac{K^*(s+1)}{s^2(s+a)}$，试绘制系统在下列条件下的根轨迹。

(1) $a=10$ (2) $a=9$ (3) $a=8$ (4) $a=3$

4-7 设负反馈系统的开环传递函数为 $G(s)H(s)=\dfrac{K^*(s+2)}{s(s^2+2s+a)}$，试绘制系统在下列条件下的根轨迹。

(1) $a=1$ (2) $a=1.185$ (3) $a=3$

4-8 设系统的框图如图 4-30 所示，绘制以 a 为变量的根轨迹，并：

(1) 求无局部反馈时系统单位斜坡响应的稳态误差、阻尼比及调节时间。

(2) 讨论 $a=2$ 时局部反馈对系统性能的影响。

(3) 求临界阻尼的 a 值。

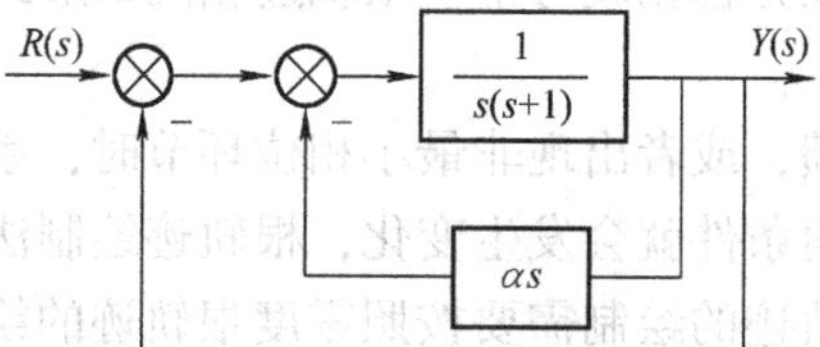

图 4-30 题 4-8 的系统框图

4-9 根据下列正反馈回路的开环传递函数，绘出其根轨迹的大致形状。

(1) $G(s)H(s)=\dfrac{K^*}{(s+1)(s+2)}$

(2) $G(s)H(s)=\dfrac{K^*}{s(s+1)(s+2)}$ (3) $G(s)H(s)=\dfrac{K^*(s+2)}{s(s+1)(s+3)(s+4)}$

4-10 设单位负反馈系统的开环传递函数为 $G(s)=\dfrac{K^*(1-s)}{s(s+2)}$，试绘制系统的根轨迹。

4-11 已知系统的闭环零点、极点分布图如图 4-31 所示，试近似估计系统单位阶跃响应的动态性能指标。

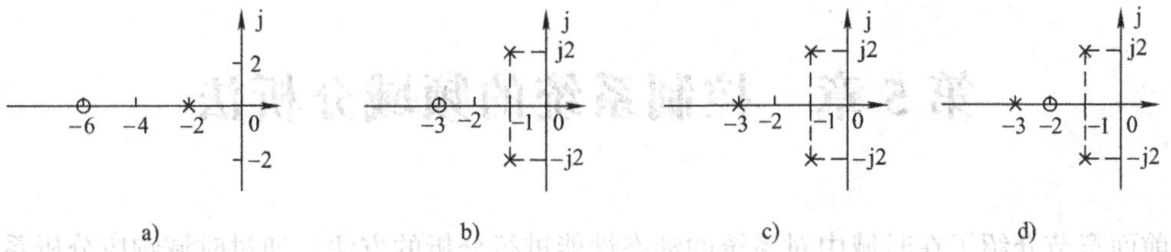

图 4-31　题 4-11 零、极点分布图

4-12　已知控制系统的框图如图 4-32 所示，题中 $G_1(s)=\frac{K^*}{(s+5)(s-5)}$；$G_2(s)=\frac{s+2}{s}$，试绘制闭环系统特征方程的根轨迹，并加以简要说明。

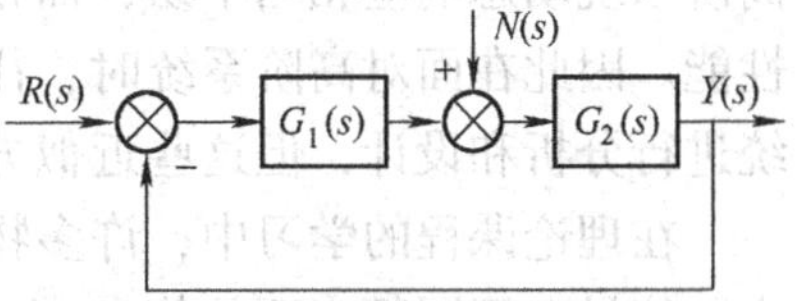

图 4-32　题 4-12 的系统框图

4-13　设单位负反馈系统的开环传递函数为 $G(s)=\frac{K^*(s+a)}{s^2(s+1)}$，试确定 a 值，使根轨迹图分别具有 0、1、2 个分离点，并画出这 3 种情况的根轨迹。

4-14　已知单位反馈系统开环传递函数为 $G(s)=K/s(0.1s+1)(0.25s+1)$，试利用 MATLAB 绘制系统的根轨迹，并由根轨迹图说明调整 K 值无法使闭环系统的特征根全部位于垂线 $s=-2$ 以左。

第 5 章　控制系统的频域分析法

前面章节介绍了在时域中对系统的动态性能进行分析的方法。通过时域响应分析系统的动态性能具有直观且便于理解的优点。但面对数字计算量大的高阶系统，用解析的方法求解高阶系统动态响应相当不易，而且难以确定如何修改系统的结构和(或)参数才能改善系统性能。因此在面对高阶系统时，往往通过使用诸如主导极点的方法将高阶系统近似成低阶系统进行分析和设计，但这些近似方法一般都有其局限性。

在理论课程的学习中，许多物理信号均可以表示为不同频率简单信号的和。在实际系统中，信号在不同频率下的信息(如振幅、功率、强度和相位)给我们带来不同的视角，往往能帮助我们更好地分析和设计系统。控制系统的频率分析就是通过系统的频率特性(频域数学模型)对系统的性能进行研究。频率特性具有明确的物理意义，与系统的时域指标、结构和参数具有密切的关系，可以用多种形式的曲线表示。频域分析法利用频率特性的图示方法，可以方便地进行系统分析和控制设计；由于频率特性可以通过实验法求得，面对复杂系统和元件时，频率分析法往往是比机理分析法更好的选择；在一定条件下，频率分析法还能推广应用于某些非线性系统。基于以上优点，频率分析法已经得到了广泛的应用，是经典控制理论的重点内容。

本章主要介绍频率特性的基本概念、频率特性曲线的图示方法、频域稳定判据及相对稳定性的概念。研究如何对系统进行相对稳定性分析，如何通过系统频率特性对系统性能进行定性分析与定量估算。最后通过例题展示如何用 MATLAB 对系统进行频域分析。

5.1　引言

5.1.1　频率特性的基本概念

线性控制系统在输入正弦信号时，其稳态输出随频率($\omega=0\to\infty$)变化的规律，称为该系统的频率响应。线性定常系统的频率特性的定义是系统的稳态正弦响应与输入正弦信号的复数比，通常用$G(\mathrm{j}\omega)$表示，即

$$G(\mathrm{j}\omega)=\frac{X\,|G(\mathrm{j}\omega)|\,\mathrm{e}^{\mathrm{j}\angle G(\mathrm{j}\omega)}}{X\mathrm{e}^{\mathrm{j}0}}=|G(\mathrm{j}\omega)|\,\mathrm{e}^{\mathrm{j}\angle G(\mathrm{j}\omega)}=A(\omega)\,\mathrm{e}^{\mathrm{j}\varphi(\omega)} \tag{5-1}$$

式中，$A(\omega)$为系统的幅频特性，$A(\omega)=|G(\mathrm{j}\omega)|$；$\varphi(\omega)$为系统的相频特性，$\varphi(\omega)=\angle G(\mathrm{j}\omega)$。

频率特性描述了不同频率下系统(或元件)传递正弦信号的能力。

如图 5-1 中的 RC 电路，首先列写电路电压平衡方程

$$u_r(t)=Ri(t)+u_c(t)=RC\dot{u}_c(t)+u_c(t) \tag{5-2}$$

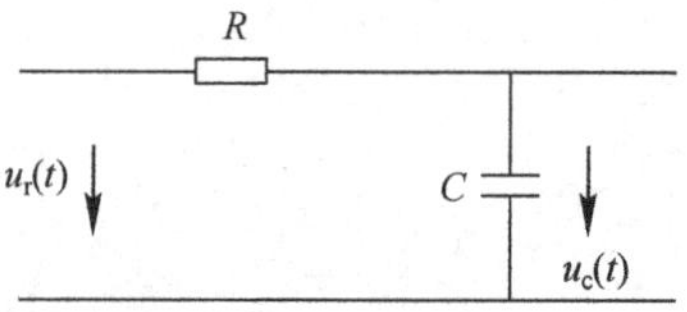

图 5-1　RC 电路

对上式进行拉普拉斯变换，可以导出电路的传递函

数为

$$G(s)=\frac{U_c(s)}{U_r(s)}=\frac{1}{RCs+1}=\frac{1}{Ts+1} \tag{5-3}$$

式中，$T=RC$ 为电路的时间常数。若给电路输入一个振幅为 X，频率为 ω 的正弦信号，即

$$u_r(t)=X\sin(\omega t) \tag{5-4}$$

当初始条件为 0 时，输出电压的拉普拉斯变换为

$$U_c(s)=\frac{1}{Ts+1}U_r(s)=\frac{1}{Ts+1}\frac{X\omega}{s^2+\omega^2} \tag{5-5}$$

对式(5-5)取拉普拉斯反变换，得到输出时域解为

$$u_c(t)=\frac{XT\omega}{1+T^2\omega^2}e^{-\frac{t}{T}}+\frac{X}{\sqrt{1+T^2\omega^2}}\sin(\omega t-\arctan T\omega) \tag{5-6}$$

式(5-6)右端第一项是瞬态分量，第二项是稳态分量。当 $t\to\infty$ 时，第一项趋于 0，电路稳态输出为

$$u_c(t)=\frac{X}{\sqrt{1+T^2\omega^2}}\sin(\omega t-\arctan T\omega)=B\sin(\omega t+\varphi) \tag{5-7}$$

对 $G(s)$ 做变量代换 $s=j\omega$，得到电路的频率特性为

$$G(j\omega)=\frac{1}{jT\omega+1} \tag{5-8}$$

上述结论具有普遍意义，对于稳定线性定常系统在输入正弦信号 $r(t)=X\sin(\omega t)$ 时，其稳态输出 $c_s(t)$ 是与输入 $r(t)$ 同频率的正弦信号。输出正弦信号与输入正弦信号的幅值之比为 $G(j\omega)$ 的幅值(幅频特性)，输出正弦信号的相角之差是 $G(j\omega)$ 的相角(相频特性)，它们都是频率 ω 的函数。下面为证明过程。

对于线性定常系统，系统的传递函数可以表示为

$$G(s)=\frac{Y(s)}{R(s)}=\frac{b_0s^m+b_1s^{m-1}+\cdots+b_{m-1}s+b_m}{a_0s^n+a_1s^{n-1}+\cdots+a_{n-1}s+a_n}\quad(n\geqslant m) \tag{5-9}$$

当输入正弦信号 $r(t)=X\sin(\omega t)$ 时，$R(s)=X\omega/(s^2+\omega^2)$，则相应的输出信号的拉普拉斯变换为

$$\begin{aligned}Y(s)&=G(s)\cdot R(s)=G(s)\cdot\frac{X\omega}{s^2+\omega^2}=\frac{b_0s^m+b_1s^{m-1}+\cdots+b_{m-1}s+b_m}{a_0s^n+a_1s^{n-1}+\cdots+a_{n-1}s+a_n}\cdot\frac{X\omega}{s^2+\omega^2}\\&=\frac{M(s)}{(s+p_1)(s+p_2)(s+p_3)\cdots(s+p_n)}\cdot\frac{X\omega}{(s-j\omega)(s+j\omega)}\\&=\frac{C_{-\alpha}}{s+j\omega}+\frac{C_{\alpha}}{s-j\omega}+\sum_{i=1}^{n}\frac{C_i}{s+p_i}\end{aligned} \tag{5-10}$$

式中，$M(s)$ 为传递函数 $G(s)$ 的 m 阶分子多项式；$-p_i$ 为传递函数 $G(s)$ 的极点(为讨论方便并且不失一般性，设所有极点为互异)；$C_{-\alpha}$、C_{α}、C_i 为待定常数。

对式(5-10)做拉普拉斯反变换，可得输出为

$$y(t)=\sum_{i=1}^{n}C_i e^{-p_i t}+C_\alpha e^{j\omega t}+C_{-\alpha}e^{-j\omega t} \tag{5-11}$$

假设系统稳定，当 $t\to\infty$ 时，式(5-11)右端除了最后两项外，其余各项都将衰减到0，因此 $y(t)$ 的稳态分量为

$$y_s(t)=\lim_{t\to\infty}y(t)=C_\alpha e^{j\omega t}+C_{-\alpha}e^{-j\omega t} \tag{5-12}$$

$C_{-\alpha}$，C_α 分别为

$$C_{-\alpha}=G(s)\frac{X\omega}{s^2+\omega^2}\cdot(s+j\omega)\Big|_{s=-j\omega}=-G(-j\omega)\frac{X}{2j}=\frac{X|G(j\omega)|}{-2j}e^{-j\angle G(j\omega)} \tag{5-13}$$

$$C_\alpha=G(s)\frac{X\omega}{s^2+\omega^2}\cdot(s-j\omega)\Big|_{s=j\omega}=G(j\omega)\frac{X}{2j}=\frac{X|G(j\omega)|}{2j}e^{j\angle G(j\omega)} \tag{5-14}$$

$$y_s(t)=C_{-\alpha}e^{-j\omega t}+C_\alpha e^{j\omega t}=X|G(j\omega)|\frac{e^{j[\omega t+\angle G(j\omega)]}-e^{-j[\omega t+\angle G(j\omega)]}}{2j}$$
$$=X|G(j\omega)|\sin[\omega t+\angle G(j\omega)] \tag{5-15}$$

证明完毕。

因此线性系统(或环节)对正弦输入的稳态响应特性可直接由下式求得：

$$\frac{Y(j\omega)}{R(j\omega)}=G(j\omega) \tag{5-16}$$

可见频率特性 $G(j\omega)$ 就是 $s=j\omega$ 这一特定条件下的传递函数。任何线性系统或环节的频率特性都可以令 $s=j\omega$ 由传递函数 $G(s)$ 得到。

在此，有关频率特性的推导均是在系统稳定的条件下给出的。若系统不稳定，输出响应最终不可能达到稳态过程。但从理论上讲，输出响应 $c(t)$ 中的稳态分量 $c_s(t)$ 总是可以分解出来的，所以频率特性的概念同样适合于不稳定系统。

频率特性 $G(j\omega)$ 也可以用实部和虚部的形式来描述，即

$$G(j\omega)=X(\omega)+jY(\omega) \tag{5-17}$$

式中，$X(\omega)$ 和 $Y(\omega)$ 分别称为系统的实频特性和虚频特性。由图5-2所示的几何关系可知，幅频、相频特性与实频、虚频特性之间的关系为

$$A(\omega)=\sqrt{[X(\omega)]^2+[Y(\omega)]^2}=|G(j\omega)| \tag{5-18}$$

$$\varphi(\omega)=\arctan\frac{Y(\omega)}{X(\omega)}=\angle G(j\omega) \tag{5-19}$$

$$X(\omega)=A(\omega)\cos\varphi(\omega) \tag{5-20}$$

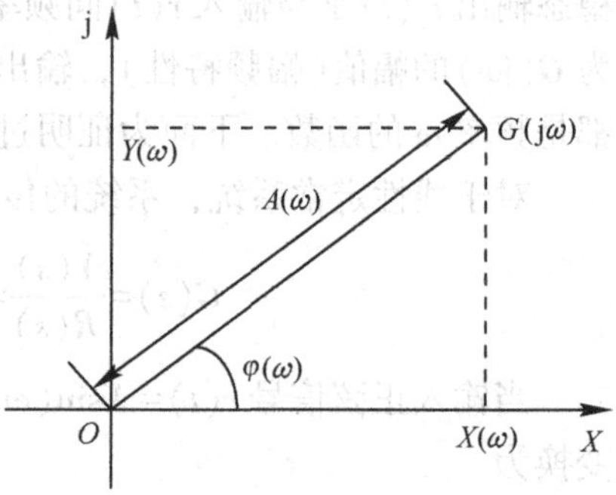

图5-2　$G(j\omega)$ 在复平面上的表示

$$Y(\omega)=A(\omega)\sin\varphi(\omega) \tag{5-21}$$

5.1.2　频率特性的图示方法

用频率法分析、设计控制系统时，常常不是从频率特性的函数表达式出发，而是将频率特性绘制成一些曲线，借助于这些曲线对系统进行图解分析。因此必须熟悉频率特性的各种图形表示方法和图解运算过程。表5-1给出了控制工程中常见的4种频率特性图示法，其中第2、3种图示方法在实际中应用最为广泛。

表 5-1 常用频率特性曲线及其坐标

序号	名 称	图形常用名	坐 标 系
1	幅频特性曲线 相频特性曲线	频率特性图	直角坐标
2	幅相频率特性曲线	极坐标图、奈奎斯特图	极坐标
3	对数幅频特性曲线 对数相频特性曲线	对数频率特性、伯德图	半对数坐标
4	对数幅相特性曲线	对数幅相图、尼柯尔斯图	对数幅相坐标

5.2 幅相频率特性

5.2.1 幅相频率特性曲线

幅相频率特性图(简称幅相曲线)也称为奈奎斯特图，由于它在复平面上以极坐标的形式表示，故又称为极坐标图，是频率特性最基本、最直观的图示方法。

根据式(5-17)频率特性的极坐标或直角坐标表达形式为

$$G(\mathrm{j}\omega)=A(\omega)\mathrm{e}^{\mathrm{j}\varphi(\omega)}=X(\omega)+\mathrm{j}Y(\omega)$$

当 ω 由 $0\to\infty$ 变化时，向量 $G(\mathrm{j}\omega)$ 端点的变化轨迹或者 $G(\mathrm{j}\omega)$ 实部和虚部间的关系曲线就是系统开环幅相频率特性图。

当 $\omega=\omega_i$ 时，总可以在复平面上找到一个向量，向量的长度为 $G(\mathrm{j}\omega_i)$ 指数形式中的幅值比 $A(\omega_i)$，向量相对于极坐标轴的转角为相位差 $\varphi(\omega_i)$，规定逆时针方向作为相角的正值，可作出向量 $G(\mathrm{j}\omega_i)$，如图 5-3a 所示。

将极坐标重合在复平面的直角坐标系中(极点和直角坐标的原点重合，极坐标和直角坐标的实轴重合)，向量 $G(\mathrm{j}\omega_i)$ 在实轴上的投影即为 $G(\mathrm{j}\omega_i)$ 的实部 $X(\omega_i)$，在虚轴上的投影即 $G(\mathrm{j}\omega_i)$ 的虚部 $Y(\omega_i)$，如图 5-3b 所示。

当频率 ω_i 由 $0\to\infty$ 变化时，用圆滑曲线绘制出向量 $G(\mathrm{j}\omega_i)$ 端点的轨迹，就是频率特性 $G(\mathrm{j}\omega)$ 的幅相频率特性图，如图 5-3c 所示。

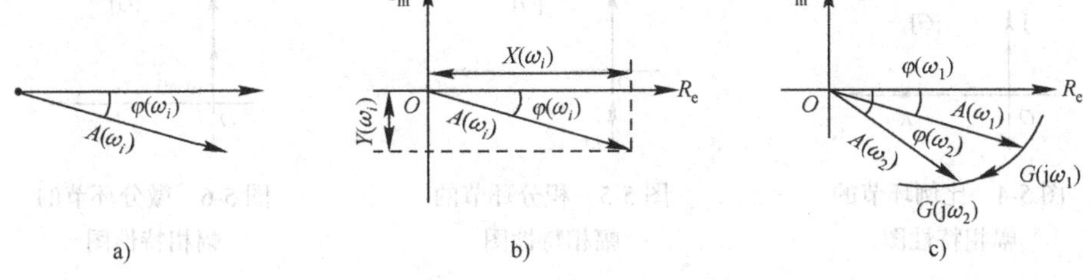

图 5-3 极坐标图表示法

在极坐标图上，频率 ω 增大时特性曲线的走向一般用小箭头标注，相角正负由象限角度定义。用幅相频率特性曲线描述频率特性的优势是能在一张图上描绘出整个频域($0\leqslant\omega<\infty$)中的频率特性；劣势是无法了解开环传递函数中各个环节的作用，若参数变化需要重新计算作图。

5.2.2 典型环节的幅相特性曲线

1. 比例环节(放大环节)

其传递函数为

$$G(s)=K$$

频率特性为

$$G(\mathrm{j}\omega)=K+\mathrm{j}0=K\mathrm{e}^{\mathrm{j}0}$$

比例环节的幅频特性 $A(\omega)=K$ 和相频特性 $\varphi(\omega)=0°$ 都是与频率 ω 无关的常量，其幅相特性仅为[G]平面正实轴上的一个点，表明比例环节稳态正弦响应的振幅是输入信号的 K 倍，且响应与输入同相位，如图 5-4 所示。

2. 积分环节

其传递函数为

$$G(s)=\frac{1}{s}$$

频率特性为

$$G(\mathrm{j}\omega)=\frac{1}{\mathrm{j}\omega}=0-\mathrm{j}\frac{1}{\omega}=\frac{1}{\omega}\mathrm{e}^{-\mathrm{j}90°}$$

积分环节的幅频特性 $A(\omega)=1/\omega$ 与频率 ω 成反比，相频特性 $\varphi(\omega)=-90°$。当 $\omega=0\to\infty$ 时，积分环节的幅相特性曲线为从虚轴 $-\mathrm{j}\infty$ 出发，沿负虚轴逐渐衰减到零的直线，如图 5-5 所示。

3. 微分环节

其传递函数为

$$G(s)=s$$

频率特性为

$$G(\mathrm{j}\omega)=\mathrm{j}\omega=\omega\mathrm{e}^{\mathrm{j}90°}$$

微分环节的幅频特性 $A(\omega)=\omega$，相频特性 $\varphi(\omega)=+90°$。当频率 $\omega=0\to\infty$ 时，微分环节的幅相特性曲线从坐标原点出发，沿正虚轴趋于 $+\mathrm{j}\infty$ 处，如图 5-6 所示。

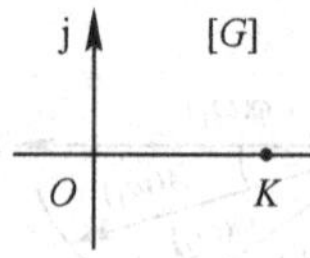

图 5-4 比例环节的幅相特性图

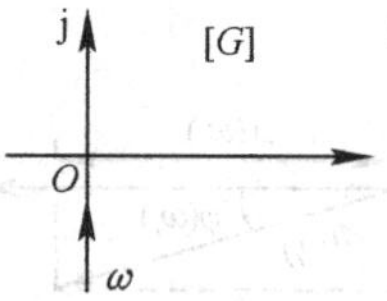

图 5-5 积分环节的幅相特性图

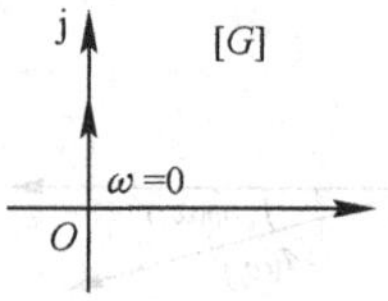

图 5-6 微分环节的幅相特性图

4. 惯性环节(一阶系统)

其传递函数为

$$G(s)=\frac{1}{Ts+1}$$

频率特性为

$$G(j\omega)=\frac{1}{1+jT\omega}=\frac{1}{1+T^2\omega^2}-j\frac{T\omega}{1+T^2\omega^2}=\frac{1}{\sqrt{1+T^2\omega^2}}e^{-j\arctan T\omega}$$

惯性环节的幅频特性为$A(\omega)=1/\sqrt{T^2\omega^2+1}$，相频特性为$\varphi(\omega)=-\arctan T\omega$。当$\omega$由0→∞变化时，惯性环节的幅频特性$A(\omega)$由1衰减到0；相频特性由0°→-90°，在$\omega=1/T$处，$A(\omega)=1/\sqrt{2}$，$\varphi(\omega)=-45°$，惯性环节幅相特性曲线是一个以点(0.5，0)为圆心、以0.5为半径的下半圆，如图5-7所示。

幅相特性图上还反映了惯性环节幅值比$A(\omega)$随ω的增加而减少，具有低通滤波特性，且具有随ω增加而增加的相位滞后，最大可达-90°的特点。

非最小相位惯性环节$G(s)=1/(1-Ts)$与最小相位惯性环节$G(s)=1/(1+Ts)$幅频特性相同，相频特性符号相反，它们的幅相特性图关于实轴互为镜像，如图5-8所示。这个特点对于非最小相位的振荡环节$1/(T^2s^2-2\zeta Ts+1)$、一阶微分环节$1-Ts$和二阶微分环节$T^2s^2-2\zeta Ts+1$分别与最小相位的振荡环节、一阶微分环节和二阶微分环节的幅相特性曲线也同样适用。

5. 一阶微分环节

其传递函数为

$$G(s)=Ts+1$$

频率特性为

$$G(j\omega)=1+jT\omega=\sqrt{1+T^2\omega^2}\,e^{j\arctan T\omega}$$

一阶微分环节的幅频特性$A(\omega)=\sqrt{1+T^2\omega^2}$，相频特性$\varphi(\omega)=\arctan T\omega$。当$\omega$由0→∞时，$A(\omega)$由1→∞，$\varphi(\omega)$由0°→+90°，其幅相特性是在[$G$]平面上，由(1,j0)点出发，平行于虚轴而一直向上延伸的直线，如图5-9所示。

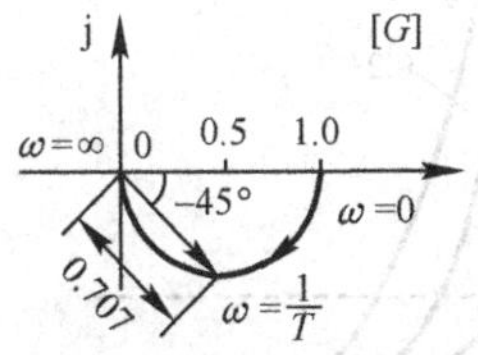

图5-7 惯性环节的幅相特性图

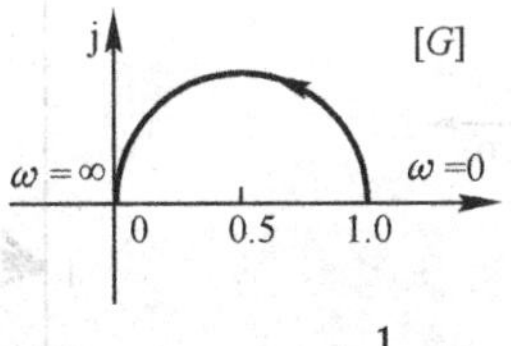

图5-8 $G(s)=\dfrac{1}{1-Ts}$的幅相特性图

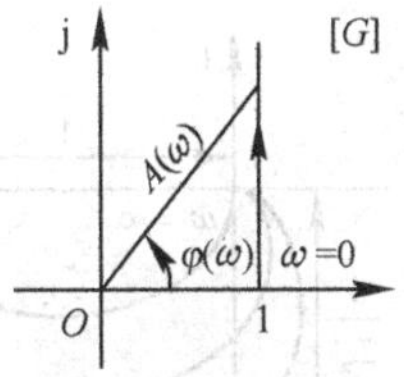

图5-9 一阶微分环节的幅相特性图

6. 振荡环节(二阶系统)

其传递函数为

$$G(s)=\frac{1}{T^2s^2+2\zeta Ts+1}=\frac{1}{(1/\omega_n)^2s^2+2\zeta s/\omega_n+1},\quad 0<\zeta<1$$

频率特性为

$$G(j\omega)=\frac{1}{1-\dfrac{\omega^2}{\omega_n^2}+\dfrac{j2\zeta\omega}{\omega_n}}=\frac{1}{\sqrt{[1-(\omega/\omega_n)^2]^2+4\zeta^2(\omega/\omega_n)^2}}e^{-j\arctan\frac{2\zeta\omega/\omega_n}{1-(\omega/\omega_n)^2}}$$

振荡环节的幅频特性为

$$A(\omega)=|G(j\omega)|=\frac{1}{\sqrt{[1-(\omega/\omega_n)^2]^2+4\zeta^2(\omega/\omega_n)^2}}$$

相频特性为

$$\varphi(\omega)=\angle G(j\omega)=-\arctan\frac{2\zeta\omega/\omega_n}{1-(\omega/\omega_n)^2}$$

振荡环节的频率特性是角频率 ω 和阻尼比 ζ 的二元函数。

当 $\omega=0$ 时，$A(\omega)=1$，$\varphi(\omega)=0°$。

当 $\omega=\infty$ 时，$A(\omega)=0$，$\varphi(\omega)=-180°$。

当 $\omega=1/T=\omega_n$ 时，$A(\omega_n)=1/2\zeta$、$\varphi(\omega_n)=-90°$。

可见振荡环节幅相特性图的起点和终点都与阻尼比无关，从复平面上(1,0)点处出发，与虚轴交点为 $-j/2\zeta$，当 $\omega\to\infty$ 时，$G(j\omega)$ 曲线最终沿负实轴趋于坐标原点，不同阻尼比 ζ 情况下振荡环节的极坐标图如图 5-10 所示。

由图 5-10 可看出，ζ 值较小时，随着 ω 增加，$A(\omega)$ 先增加然后逐渐衰减到零，$A(\omega)$ 在某一频率 ω_r 处的幅值达到极大值 M_r，此 M_r 称为谐振峰值，对应的频率称为谐振频率。

求 $A(\omega)$ 的极大值，令 $\frac{dA(\omega)}{d\omega}=0$，推导可得 $\omega_r=\omega_n\sqrt{1-2\zeta^2}\ (0<\zeta<0.707)$，代入 $A(\omega)$ 中，可得谐振峰值 $M_r=A(\omega_r)=\frac{1}{2\zeta\sqrt{1-\zeta^2}}$，谐振峰值只与阻尼比 ζ 有关，与 ω_n 无关。振荡环节的阻尼比 ζ 越小，谐振峰值越大（意味着环节的平稳性越差，超调量越大），谐振频率则随 ζ 减小而向无阻尼自然振荡频率 ω_n 值靠近，如图 5-11 所示。

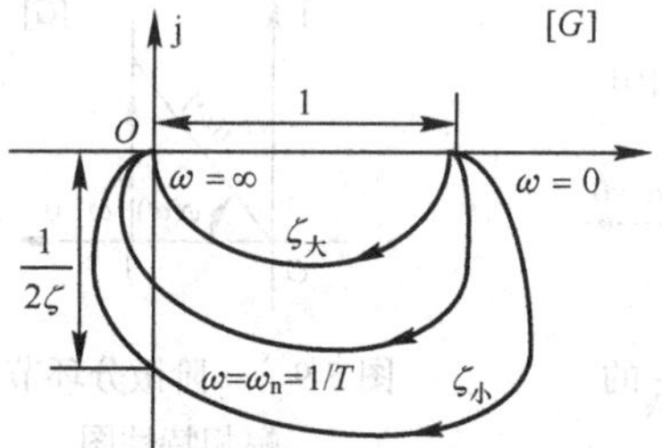

图 5-10 振荡环节频率特性极坐标图

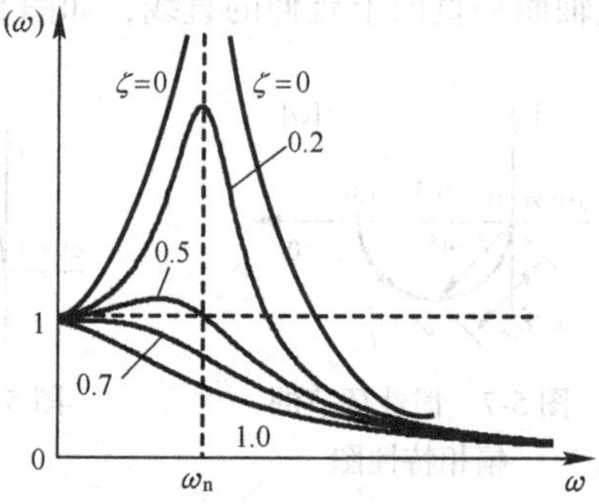

图 5-11 振荡环节的幅频特性

7. 二阶微分环节

其传递函数为

$$G(s)=T^2s^2+2\zeta Ts+1=(s/\omega_n)^2+2\zeta s/\omega_n+1$$

频率特性为

$$G(j\omega)=1-\frac{\omega^2}{\omega_n^2}+\frac{j2\zeta\omega}{\omega_n}=\sqrt{[1-(\omega/\omega_n)^2]^2+4\zeta^2(\omega/\omega_n)^2}\,e^{j\arctan\frac{2\zeta\omega/\omega_n}{1-(\omega/\omega_n)^2}}$$

二阶微分环节的幅频特性为

$$A(\omega)=|G(j\omega)|=\sqrt{[1-(\omega/\omega_n)^2]^2+4\zeta^2(\omega/\omega_n)^2}$$

相频特性为

$$\varphi(\omega)=\arctan\frac{2\zeta\omega/\omega_n}{1-(\omega/\omega_n)^2}$$

当 $\omega=0\to\infty$ 时，$A(\omega)$ 由 $1\to\infty$，$\varphi(\omega)$ 由 $0°\to180°$，即当 ω 增加时 $G(j\omega)$ 的实部减小，虚部增大，如图 5-12 所示。

8. 延迟环节

其传递函数为

$$G(s)=e^{-\tau s}$$

频率特性为

$$G(j\omega)=e^{-j\tau\omega}$$

延迟环节的幅频特性 $A(\omega)=1$ 是与角频率无关的常量，其相频特性 $\varphi(\omega)=-\tau\omega=-57.3\tau\omega°$ 是与角频率 ω 成正比的滞后相角。延迟环节的幅相特性图是圆心在原点，半径为 1 的圆，当 $\omega=0\to+\infty$ 时，幅相特性曲线从 $(1,j0)$ 点出发，周而复始地沿顺时针方向转动，τ 越大，曲线转动得越快，如图 5-13 所示。

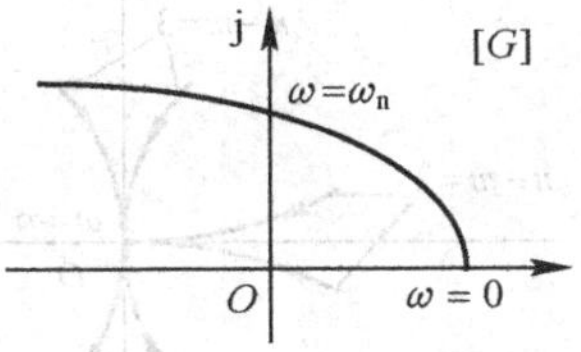

图 5-12 二阶微分环节的幅相特性图

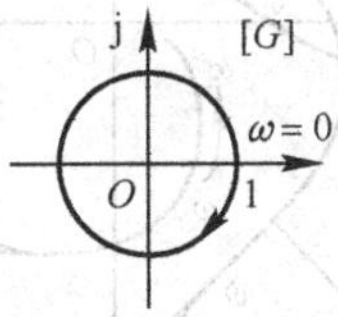

图 5-13 延迟环节频率特性极坐标图

5.2.3 系统开环幅相特性曲线的绘制

绘制系统开环幅相频率特性图，首先将开环传递函数 $G(s)$ 写成 N 个典型环节串联的形式，则相应有

$$G(s)=G_1(s)G_2(s)\cdots G_N(s)=\prod_{i=1}^{N}G_i(s)$$

令 $s=j\omega$，系统开环频率特性为

$$\begin{aligned}G(j\omega)&=G_1(j\omega)G_2(j\omega)\cdots G_N(j\omega)=\prod_{i=1}^{N}A_i(\omega)e^{j\sum_{i=1}^{N}\varphi_i(\omega)}\\&=A(\omega)e^{j\varphi(\omega)}\end{aligned}$$

故系统的开环幅频特性和相频特性分别为

$$A(\omega)=A_1(\omega)A_2(\omega)\cdots A_N(\omega)$$

$$\varphi(\omega)=\varphi_1(\omega)+\varphi_2(\omega)+\cdots\varphi_N(\omega)$$

即开环幅频特性、相频特性，分别为其组成环节的幅频特性相乘、相频特性相加。给出不同的 ω，列表计算相应的 $A(\omega)$、$\varphi(\omega)$，当 $\omega=0\to\infty$ 时，就可以描点作图得到开环幅相频率特性图。开环幅相特性曲线具有如下特点。

(1) 幅相特性图的起始段

当 $\omega\to0$ 时，$G(j\omega)$ 的低频段表达式为

$$\lim_{\omega\to 0}G(j\omega)=\lim_{\omega\to 0}\frac{K}{\omega^{v}}e^{j(-v90^\circ)}=\lim_{\omega\to 0}\frac{K}{\omega^{v}}\angle -v90^\circ$$

可见，幅相特性图的低频段取决于开环传递函数中积分环节的个数 v 和开环增益 K，如图 5-14 所示。

对 0 型系统（$v=0$），$A(0)=K$，$\varphi(0)=0^\circ$。

对Ⅰ型系统（$v=1$），$A(0)=\infty$，$\varphi(0)=-90^\circ$。

对Ⅱ型系统（$v=2$），$A(0)=\infty$，$\varphi(0)=-180^\circ$。

（2）幅相特性图的终止段

当 $\omega\to\infty$ 时，由于 $n>m$，幅相特性图总是以顺时针方向趋于 $\omega=\infty$ 点，可得

$$\lim_{\omega\to\infty}G(j\omega)H(j\omega)=0e^{j[-(n-m)90^\circ]}$$
$$=0\angle -(n-m)90^\circ$$

即幅相特性图以 $-(n-m)\times 90^\circ$ 方向终止于坐标原点，如图 5-15 所示。

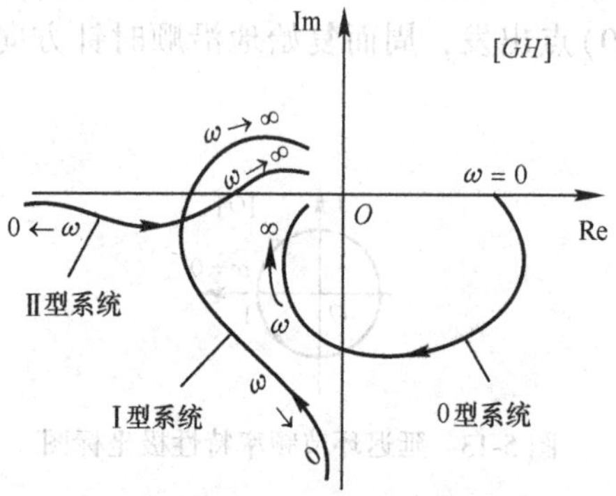

图 5-14 幅相特性图的起始段

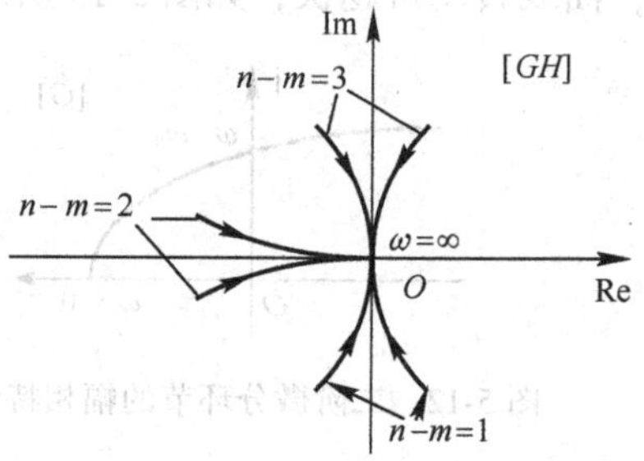

图 5-15 幅相特性图的终止段

（3）幅相特性图与实轴的交点

令 $I_m[G(j\omega_g)]=0$，即可求出交点频率 ω_g，开环频率特性曲线与实轴的交点坐标值为 $R_e[G(j\omega_g)]$，可得交点处幅值 $A(\omega_g)=|G(j\omega_g)|$。

若 $G(s)$ 的分子中没有一阶微分环节 $Ts+1$，即 $m=0$，则当 ω 从 0 趋于无穷时，幅相特性图是一条连续的平滑曲线；若 $G(s)$ 的分子中包含一阶微分环节 $Ts+1$，则曲线上会出现凹凸，如图 5-16 和图 5-17 所示。

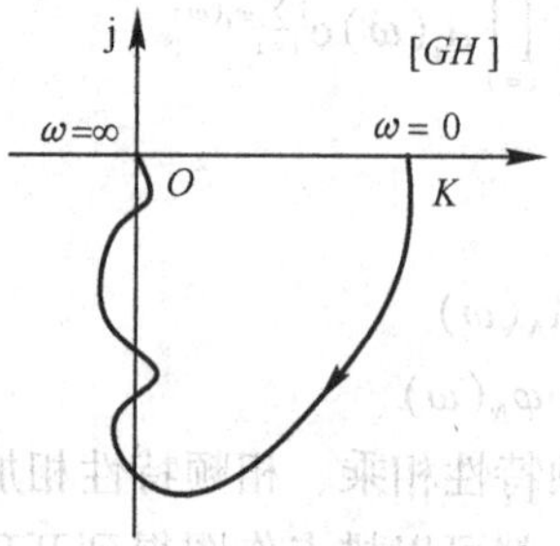

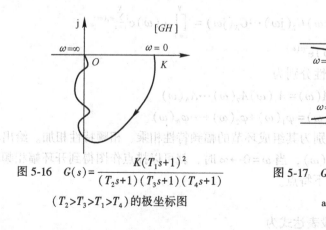

图 5-16 $G(s)=\dfrac{K(T_1s+1)^2}{(T_2s+1)(T_3s+1)(T_4s+1)}$

（$T_2>T_3>T_1>T_4$）的极坐标图

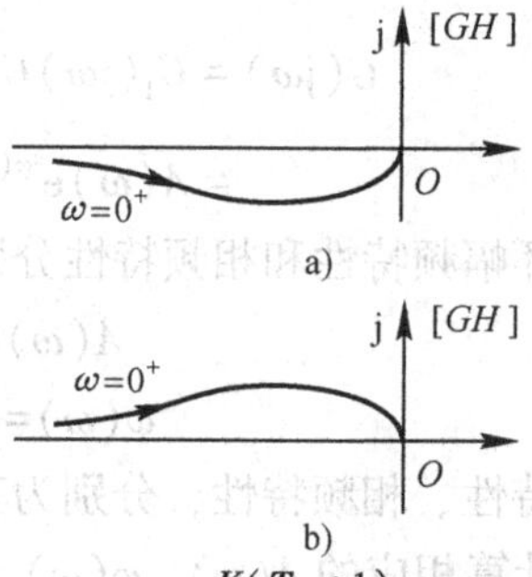

图 5-17 $G(s)=\dfrac{K(T_1s+1)}{s^2(T_2s+1)}$ 的极坐标图

a）$T_1>T_2$ b）$T_1<T_2$

例 5-1　某环节传递函数 $G(s)=\dfrac{K}{Ts+1}$，已知 $K=20$，$T=0.3$，试绘制系统的开环幅相特性图。

解：系统的开环频率特性为

$$G(\mathrm{j}\omega)=\frac{K}{\mathrm{j}T\omega+1}$$

将 $G(\mathrm{j}\omega)$ 有理化处理可得

$$G(\mathrm{j}\omega)=\frac{K}{T^2\omega^2+1}-\mathrm{j}\frac{KT\omega}{T^2\omega^2+1}$$

系统开环幅频特性和相频特性分别为

$$A(\omega)=|G(\mathrm{j}\omega)|=\frac{K}{\sqrt{T^2\omega^2+1}},\ \varphi(\omega)=\angle G(\mathrm{j}\omega)=-\arctan T\omega$$

将 $K=20$，$T=0.3$ 代入上式，取 ω 为不同数值，计算出相应的 $A(\omega)$、$\varphi(\omega)$ 值，见表 5-2，将它们分别画成图像如图 5-18a 所示的幅频特性与相频特性图，显然，更为直观的是直接画在[G]复平面上的如图 5-18b 所示的极坐标图。

表 5-2　例 5-1 的频率特性数据

ω	0	1	2	3	4	5	10	20	…∞
$A(\omega)$	20	19.16	17.15	14.87	12.80	11.09	6.32	3.29	…0
$\varphi(\omega)$	0°	−16.7°	−30.96°	−41.99°	−50.19°	−56.31°	−71.57°	−80.54°	…−90°

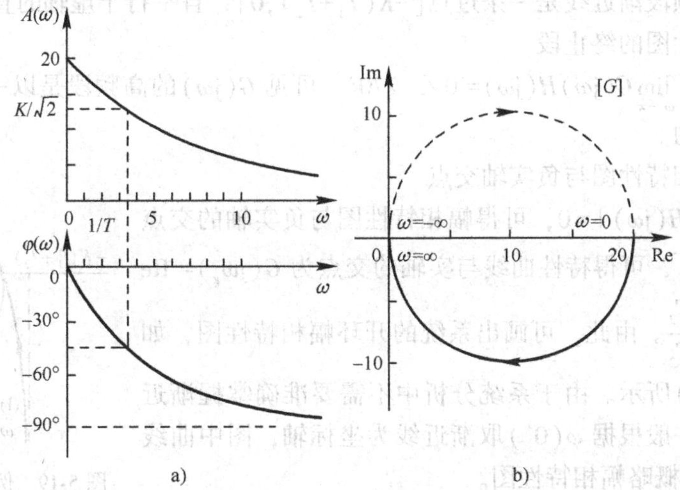

图 5-18　例 5-1 的幅频、相频特性和幅相频率特性图

a）幅频、相频特性　b）幅相频率特性图

图 5-18b 的图像是一个以$(K/2=10,\mathrm{j}0)$为圆心，半径为 $K/2=10$ 的下半圆。

另外，当 ω 变化于负实数区间 $-\infty<\omega\leqslant 0$ 时，$A(\omega)=|G(\mathrm{j}\omega)|$的值相等，$\varphi(\omega)=\angle G(\mathrm{j}\omega)$的值反号，即 $G(\mathrm{j}\omega)$与 $G(-\mathrm{j}\omega)$互为共轭对称，关于实轴互为镜像，如图 5-18b 所示。图 5-18b 中的这个特点是所有频率特性极坐标图所共有的，根据正频率的极坐标图，按镜像原则，即可画出负频率的图像。

例 5-2 已知某单位反馈系统的开环传递函数为

$$G(s)=\frac{K}{s(T_1s+1)(T_2s+1)},\quad 且 K,T_1,T_2>0$$

试绘制系统的开环幅相特性图。

解：系统开环频率特性为

$$G(\mathrm{j}\omega)=\frac{K}{\mathrm{j}\omega(\mathrm{j}T_1\omega+1)(\mathrm{j}T_2\omega+1)}$$

$$=\frac{-K(T_1+T_2)}{(T_1^2\omega^2+1)(T_2^2\omega^2+1)}-\mathrm{j}\frac{K-KT_1T_2\omega^2}{\omega(T_1^2\omega^2+1)(T_2^2\omega^2+1)}=A(\omega)\mathrm{e}^{\mathrm{j}\varphi(\omega)}$$

幅频特性为

$$A(\omega)=\frac{K}{\omega\sqrt{(T_1^2\omega^2+1)(T_2^2\omega^2+1)}}$$

相频特性为

$$\varphi(\omega)=-90°-\arctan T_1\omega-\arctan T_2\omega$$

(1) 幅相特性图的起始段

由于 $v=1$，当 $\omega\to0^+$时，$\lim\limits_{\omega\to0^+}G(\mathrm{j}\omega)H(\mathrm{j}\omega)=\infty\angle-90°$。

起点处幅相特性图渐近线与虚轴距离为

$$V_x=\lim_{\omega\to0^+}\mathrm{R_e}[G(\mathrm{j}\omega)H(\mathrm{j}\omega)]=\lim_{\omega\to0^+}\frac{-K(T_1+T_2)}{(T_1^2\omega^2+1)(T_2^2\omega^2+1)}=-K(T_1+T_2)$$

表明 $G(\mathrm{j}\omega)$的低频段渐近线是一条过点$[-K(T_1+T_2),0]$，且平行于虚轴的直线。

(2) 幅相特性图的终止段

当 $\omega\to\infty$ 时，$\lim\limits_{\omega\to\infty}G(\mathrm{j}\omega)H(\mathrm{j}\omega)=0\angle-270°$，可见 $G(\mathrm{j}\omega)$的高频段是以$-270°$作为极限角而趋向坐标原点的。

(3) 计算幅相特性图与负实轴交点

令 $I_\mathrm{m}[G(\mathrm{j}\omega)H(\mathrm{j}\omega)]=0$，可得幅相特性图与负实轴的交点频率 $\omega_\mathrm{g}=1/\sqrt{T_1T_2}$，可得特性曲线与实轴的交点为 $G(\mathrm{j}\omega_\mathrm{g})=\mathrm{Re}[G(\mathrm{j}\omega_\mathrm{g})]=-\dfrac{KT_1T_2}{T_1+T_2}$。由此，可画出系统的开环幅相特性图，如图 5-19 中曲线(1)所示。由于系统分析中不需要准确掌握渐近线的位置，因此一般根据 $\varphi(0^+)$取渐近线为坐标轴，图中曲线(2)为相应的开环概略幅相特性图。

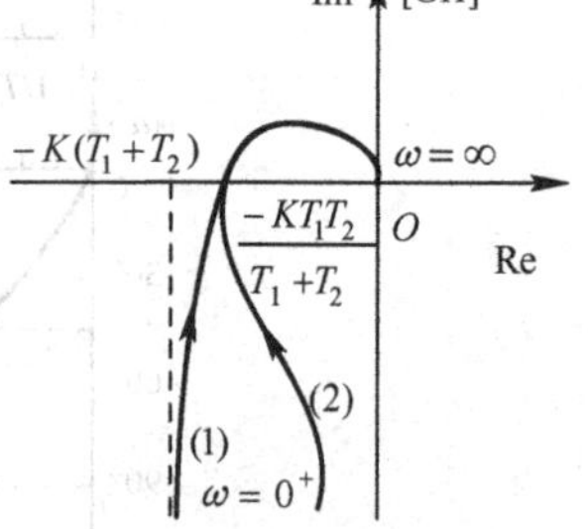

图 5-19 例 5-2 的极坐标图

例 5-3 绘制下列传递函数的幅相特性图。

$$G(s)H(s)=\frac{3}{Ts+1}\mathrm{e}^{-\tau s},T=2,\tau=0.6$$

解：延迟系统的开环传递函数可视为延迟环节 $\mathrm{e}^{-\tau s}$与最小相位环节 $G_0(s)$的串联，即

$$G(s)H(s)=G_0(s)\mathrm{e}^{-\tau s}$$

延迟环节的幅值为 1，故不影响 $G_0(s)$在 $\omega\to0$ 时的特点及 ω 取各频率时的幅值；延迟环节的相角滞后 $57.3\tau\omega$(单位为度)，随 ω 增加其相角滞后可达到无穷大，使得开环幅相特

性图呈螺旋状，τ 值越大螺旋状也越剧烈。

令 $s=j\omega$，系统的频率特性为

$$G(j\omega)H(j\omega)=\frac{3}{jT\omega+1}e^{-j\tau\omega}=\left(\frac{3}{4\omega^2+1}-\frac{6j\omega}{4\omega^2+1}\right)e^{-j0.6\omega}$$

幅频特性为

$$A(\omega)=\frac{3}{\sqrt{4\omega^2+1}}$$

相频特性为

$$\varphi(\omega)=\angle G(j\omega)=-\arctan T\omega-57.3\tau\omega=-\arctan 2\omega-34.38\omega°$$

可绘制开环系统的幅相特性图，如图 5-20 所示。

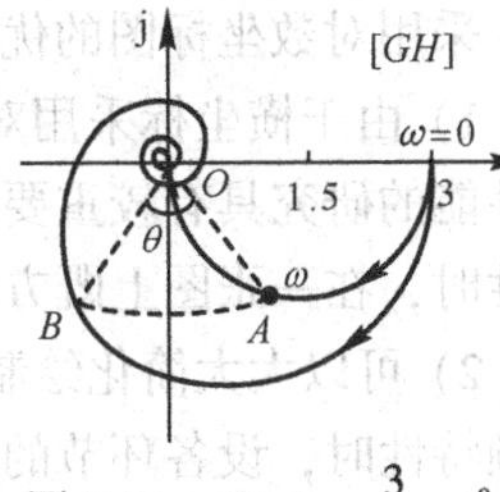

图 5-20　$G(s)=\frac{3}{2s+1}e^{-0.6s}$ 的幅相特性图

5.3　对数频率特性

5.3.1　对数频率特性曲线

对数频率特性曲线图又叫伯德(Bode)图。它由对数幅频特性和对数相频特性两条曲线所组成，是频率法中应用最广泛的一种表示方法。伯德图是在半对数坐标纸上绘制出来的，其横坐标采用对数刻度，纵坐标采用线性的均匀刻度。

在伯德图中，对数幅频特性是 $G(j\omega)$ 的对数值 $20\lg|G(j\omega)|$ 和频率 ω 的关系曲线；对数相频特性则是 $G(j\omega)$ 的相角 $\varphi(\omega)$ 和频率 ω 的关系曲线。在绘制伯德图时，为了作图和读数方便，常将两条曲线画在一起，采用同一横坐标作为频率轴，横坐标虽采用对数刻度，但以 ω 的实际值标定，单位为 rad/s(弧度/秒)。

画对数频率特性曲线时，必须注意对数刻度的特点。尽管在频率 ω 坐标轴上标明的数值是实际的值，但坐标上的距离却是按 ω 值的常用对数 $\lg\omega$ 来刻度的。坐标轴上任何两点 ω_1 和 ω_2(设 $\omega_1<\omega_2$)之间的距离为 $\lg\omega_2-\lg\omega_1$，而不是 $\omega_2-\omega_1$。横坐标上若两对频率间距离相同，则其比值相等。

频率 ω 每变化 10 倍称为一个十倍频程，又称“旬距”，记作 dec。每个 dec 沿横坐标走过的间隔为一个单位长度，如图 5-21 所示。

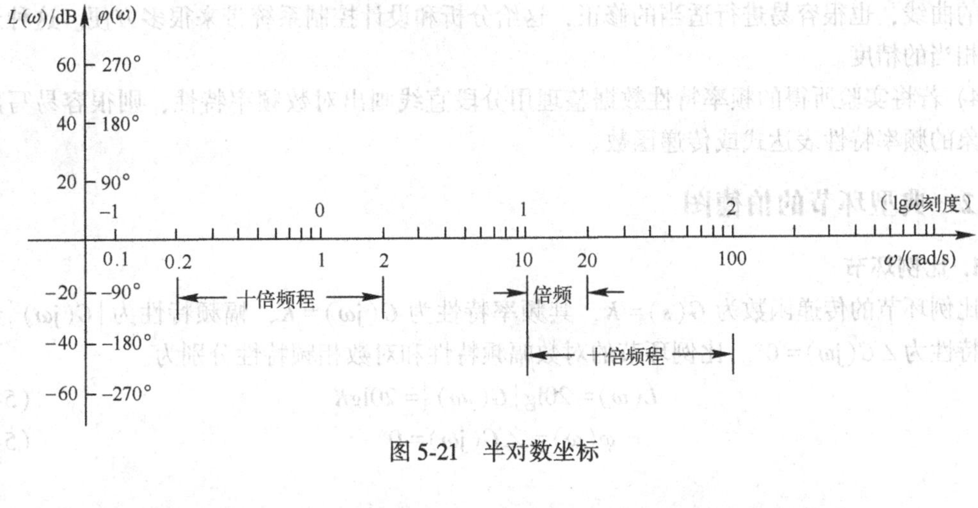

图 5-21　半对数坐标

对数幅频特性的纵坐标为$L(\omega)=20\lg A(\omega)$，称为对数幅值，单位是dB(分贝)。由于纵坐标$L(\omega)$已做过对数转换，故纵坐标按分贝值是线性刻度的。$A(\omega)$的幅值每增大10倍，对数幅值$L(\omega)$就增加20 dB。

对数相频特性的纵坐标为相角$\varphi(\omega)$，单位是度(°)，采用线性刻度。

采用对数坐标图的优点较多，主要表现在下述几方面。

1）由于横坐标采用对数刻度，相对“展”了低频段(低频段频率特性的形状对于控制系统性能的研究具有较重要的意义)，相对“压”了高频段。因此，在研究频率范围很宽的频率特性时，在一张图上既方便研究中、高频率段特性，又便于研究低频段特性。

2）可以大大简化绘制系统频率特性的工作。当绘制由多个环节串联而成的系统的对数幅频特性时，设各环节的频率特性为

$$G_1(j\omega)=A_1(\omega)e^{j\varphi_1(\omega)}$$

$$G_2(j\omega)=A_2(\omega)e^{j\varphi_2(\omega)}$$

$$G_3(j\omega)=A_3(\omega)e^{j\varphi_3(\omega)}$$

$$\vdots$$

$$G_n(j\omega)=A_n(\omega)e^{j\varphi_n(\omega)}$$

则串联后的开环系统频率特性为

$$G(j\omega)=A_1(\omega)e^{j\varphi_1(\omega)}A_2(\omega)e^{j\varphi_2(\omega)}\cdots A_n(\omega)e^{j\varphi_n(\omega)}=A(\omega)e^{j\varphi(\omega)}$$

式中，

$$A(\omega)=A_1(\omega)A_2(\omega)\cdots A_n(\omega)$$

$$\varphi(\omega)=\varphi_1(\omega)+\varphi_2(\omega)+\cdots+\varphi_n(\omega)$$

在绘制对数幅频特性时，由于

$$L(\omega)=20\lg A_1(\omega)+20\lg A_2(\omega)+\cdots+20\lg A_n(\omega)$$

将乘除运算变成了加减运算，这样，如果绘出各环节的对数幅频特性，然后进行加减就能得到串联各环节所组成系统的频率特性，从而简化了画图的过程。

3）在对数坐标图上，所有典型环节的对数幅频特性乃至系统的对数幅频特性均可以用分段的直线(渐近线)来代替典型环节的准确对数幅频特性。这时，只要使用铅笔、三角板，再加上简单的辅助计算，就可以在半对数坐标上绘制和修改系统的近似频率特性。如果需要精确的曲线，也很容易进行适当的修正，这给分析和设计控制系统带来很多方便。这种近似具有相当的精度。

4）若将实验所得的频率特性数据整理用分段直线画出对数频率特性，则很容易写出实验对象的频率特性表达式或传递函数。

5.3.2 典型环节的伯德图

1. 比例环节

比例环节的传递函数为$G(s)=K$，其频率特性为$G(j\omega)=K$，幅频特性为$|G(j\omega)|=K$，相频特性为$\angle G(j\omega)=0°$。比例环节的对数幅频特性和对数相频特性分别为

$$L(\omega)=20\lg|G(j\omega)|=20\lg K \tag{5-22}$$

$$\varphi(\omega)=\angle G(j\omega)=0° \tag{5-23}$$

比例环节的对数频率特性图如图5-22所示，从图中观察可知：比例环节的对数幅频特性曲线是一条与横轴平行的直线，且大小为20lgK dB；比例环节的对数相频特性曲线是一条与横轴重合的直线。

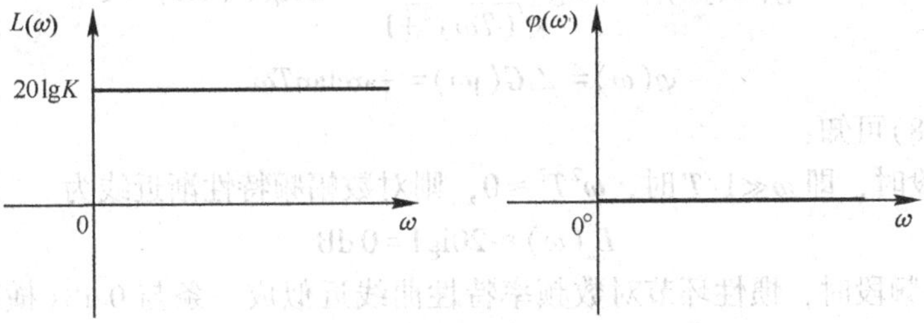

图5-22 比例环节的对数频率特性图

2. 积分环节

积分环节的传递函数为 $G(s)=1/s$，其频率特性为 $G(j\omega)=1/j\omega$，因此其幅频特性为 $|G(j\omega)|=1/\omega$，相频特性为 $\angle G(j\omega)=-90°$。比例环节的对数幅频特性和对数相频特性分别为

$$L(\omega)=20\lg|G(j\omega)|=20\lg\omega^{-1}=-20\lg\omega \tag{5-24}$$

$$\varphi(\omega)=\angle G(j\omega)=-90° \tag{5-25}$$

其对数频率特性图如图5-23所示，从图中可以观察到：积分环节的对数幅频特性曲线是一条斜率为-20 dB/dec的直线，当 $\omega=1$ 时，$20\lg|G(j\omega)|=0$ dB，该直线在 $\omega=1$ 处穿越横轴(横轴也称0 dB线)；积分环节对数相频特性曲线为一条通过纵轴上-90°且平行于横轴的直线。

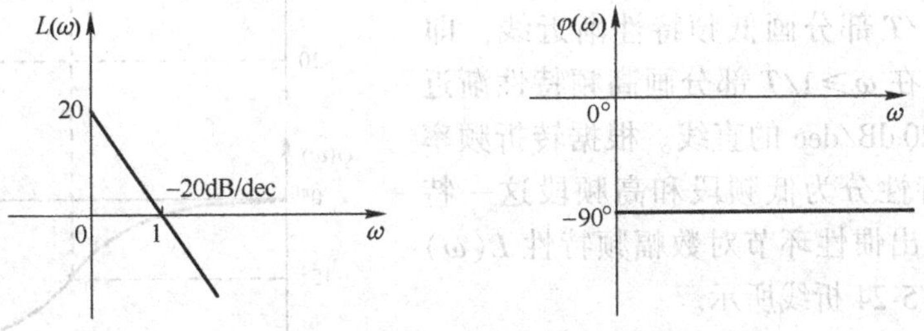

图5-23 积分环节的对数频率特性图

若有 v 个积分环节串联，则传递函数为 $G(s)=1/s^v$，其频率特性为 $G(j\omega)=1/(j\omega)^v$，则对数频率特性为

$$L(\omega)=20\lg|G(j\omega)|=20\lg 1/\omega^v=-20v\lg\omega \tag{5-26}$$

$$\varphi(\omega)=\angle G(j\omega)=-v\cdot 90° \tag{5-27}$$

因此，它的对数幅频特性图是一条以斜率为-20vdB/dec的直线，并在 $\omega=1$ 处穿越0 dB线；对数相频特性图为通过纵轴上 $-v\cdot 90°$ 且平行于横轴的直线。

3. 惯性环节

惯性环节的传递函数为 $G(s)=1/(Ts+1)$，频率特性为

$$G(j\omega)=\frac{1}{jT\omega+1}=\frac{1}{T^2\omega^2+1}-j\frac{T\omega}{T^2\omega^2+1}=A(\omega)\cdot e^{j\varphi(\omega)}$$

因此其幅频特性为 $|G(j\omega)|=1/\sqrt{(T\omega)^2+1}$，相频特性为 $\angle G(j\omega)=-\arctan T\omega$。惯性环节的对数幅频特性和对数相频特性分别为

$$20\lg|G(j\omega)|=20\lg\frac{1}{\sqrt{(T\omega)^2+1}}=-20\lg\sqrt{(T\omega)^2+1} \tag{5-28}$$

$$\varphi(\omega)=\angle G(j\omega)=-\arctan T\omega \tag{5-29}$$

根据式(5-28)可知：

1）在低频段时，即 $\omega\ll 1/T$ 时，$\omega^2T^2\approx 0$，则对数幅频特性渐近线为

$$L_a(\omega)\approx 20\lg 1=0\,\text{dB}$$

所以，在低频段时，惯性环节对数频率特性曲线近似成一条与 0 dB(横轴)重合的直线(低频渐近线)。

2）在高频段时，即 $\omega\gg 1/T$ 时，$T^2\omega^2\gg 1$，对数幅频特性近似为

$$L_a(\omega)=-20\lg\sqrt{T^2\omega^2+1}\approx -20\lg T\omega$$

因此，在高频段时，其对数幅频特性曲线可近似成一条斜率为-20 dB/dec 的直线(高频渐近线)。

3）当 $\omega=1/T$ 时，$L_a(\omega)=-20\lg T\omega=-20\lg 1=0\,\text{dB}$。根据以上分析可以概括出以下两点。

① $\omega=1/T$ 是低频段和高频段渐近线的交点频率，称为转折频率(或交接频率)，该频率是绘制惯性环节对数频率特性的一个重要参数。

② 惯性环节的对数幅频特性 $L(\omega)$ 可以用对数幅频特性渐近线 $L_a(\omega)$ 近似表示，渐近线 $L_a(\omega)$ 亦称为折线对数幅频特性。具体步骤为：在半对数坐标系的横轴上确定惯性环节的转折频率 $\omega=1/T$，在 $\omega<1/T$ 部分画低频特性渐近线，即 0 dB 的水平线；在 $\omega\geqslant 1/T$ 部分画高频特性渐近线，即斜率为-20 dB/dec 的直线。根据转折频率可将对数幅频特性分为低频段和高频段这一特点，可轻松地画出惯性环节对数幅频特性 $L(\omega)$ 的渐近线，如图 5-24 折线所示。

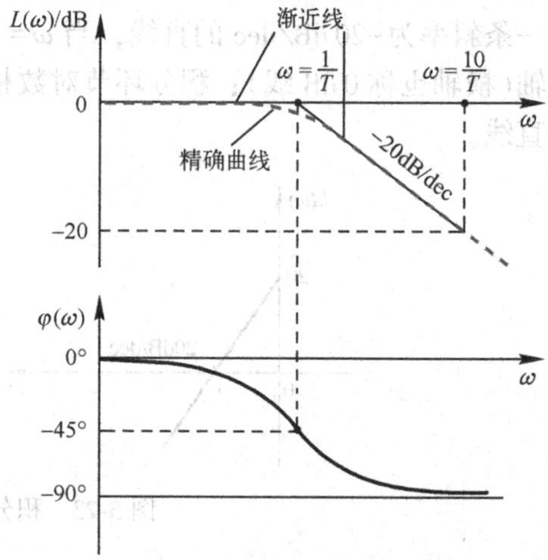

图 5-24 惯性环节的对数频率特性图及对数幅频渐近线

4）误差及其修正。在转折频率 $\omega=1/T$ 及附近范围，渐近线 $L_a(\omega)$ 与幅频特性 $L(\omega)$ 的精确值之间存在一定的误差 $\Delta L(\omega)=L(\omega)-L_a(\omega)$，其误差修正曲线如图 5-25 所示。当 $\omega=1/T$ 时，$\Delta L(\omega)=-3\,\text{dB}$，即幅频特性 $L(\omega)$ 的精确值在渐近线 $L_a(\omega)$ 的下方 3 dB 处；当 $\omega=0.5/T$ 或 $2/T$ 时，$\Delta L(\omega)=-1\,\text{dB}$，即幅频特性 $L(\omega)$ 的精确值在渐近线 $L_a(\omega)$ 下方 1 dB 处；当 $\omega=0.1/T$ 或 $10/T$ 时，误差 $\Delta L(\omega)$ 仅为-0.043 dB。因此，根据以上分析以及图 5-25 修正曲线可知：在转折频率的一定范围内($\omega=0.1/T\sim 10/T$)对渐近线 $L_a(\omega)$ 加以修正，就可较为准确地得到 $L(\omega)$ 的精确曲线。

到目前为止，对数相频特性的绘制没有类似幅频特性渐近线法的简化方法，只能根据式(5-29)，给定若干 ω 的数值，逐点计算，用平滑曲线连接，画出对数相频特性(图 5-24 所

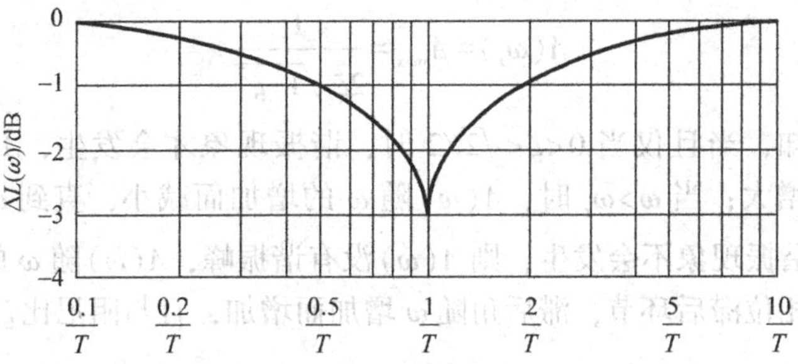

图5-25 惯性环节对数幅频特性修正曲线

示）。当惯性环节的时间常数 T 改变时，其转折频率 $\omega=1/T$ 在 ω 轴上会向左或向右移动，使其对数频率特性曲线在原位置基础上左右平移，但其曲线形状及特性不会发生改变。

4. 振荡环节

振荡环节的传递函数为

$$G(s)=\frac{1}{T^2s^2+2\zeta Ts+1}=\frac{1}{(1/\omega_n)^2s^2+2\zeta s/\omega_n+1}$$

式中 $\omega_n=1/T$ 为振荡环节的无阻尼自然振荡频率；T 为振荡环节的时间常数；ζ 为振荡环节的阻尼比且满足 $0<\zeta<1$。

下面分析振荡环节的频率特性。

（1）振荡环节的频率特性

$$G(j\omega)=\frac{1}{(j\omega/\omega_n)^2+j2\zeta\omega/\omega_n+1}=\frac{1}{1-(\omega/\omega_n)^2+j2\zeta\omega/\omega_n}=A(\omega)e^{j\phi(\omega)} \tag{5-30}$$

其幅频特性和相频特性分别表示为

$$A(\omega)=|G(j\omega)|=\frac{1}{\sqrt{[1-(\omega/\omega_n)^2]^2+4\zeta^2(\omega/\omega_n)^2}} \tag{5-31}$$

$$\varphi(\omega)=\angle G(j\omega)=-\arctan\frac{2\zeta\omega/\omega_n}{1-(\omega/\omega_n)^2} \tag{5-32}$$

从振荡环节的幅频特性和相频特性的表达式可以看出，这两者都是角频率 ω 和阻尼比 ζ 的二元函数。此外，根据式(5-31)和式(5-32)，可计算得出以下几组数据：

$$\begin{cases}\text{当 }\omega=0\text{ 时},A(\omega)=1,\varphi(\omega)=0^\circ\\ \text{当 }\omega=\infty\text{ 时},A(\omega)=0,\varphi(\omega)=-180^\circ\\ \text{当 }\omega=1/T=\omega_n\text{ 时},A(\omega)=1/2\zeta,\varphi(\omega)=-90^\circ\end{cases}$$

需要注意的是，当 ζ 在某些数值范围内时，幅频特性 $A(\omega)$ 将先随 ω 的增加而增大，然后再随 ω 的增加而减小，直到 $\omega\to\infty$ 时衰减为零。$A(\omega)$ 在某一频率下达到最大值，这一现象称为“谐振”。发生谐振对应的频率称为谐振频率 ω_r，且 ω_r 随 ζ 的减小而增大，最后趋于 ω_n；$A(\omega)$ 的最大值称为谐振峰 $A(\omega_r)$ 或 $A_{max}(\omega)$。谐振频率 ω_r 及谐振峰 $A(\omega_r)$ 可由 $\frac{dA(\omega)}{d\omega}=0$ 求得，分别为

$$\omega_r=\frac{1}{T}\sqrt{1-2\zeta^2}=\omega_n\sqrt{1-2\zeta^2} \tag{5-33}$$

$$A(\omega_{\mathrm{r}})=A_{\max}=\frac{1}{2\zeta\sqrt{1-\zeta^2}} \tag{5-34}$$

由式(5-33)可知，当且仅当 $0<\zeta<\sqrt{2}/2$ 时，谐振现象才会发生，$A(\omega)$对应的峰值 $A(\omega_{\mathrm{r}})$随 ζ 的减小而增大；当 $\omega>\omega_{\mathrm{r}}$ 时，$A(\omega)$随 ω 的增加而减小，直到 $\omega\to\infty$ 时衰减为零。当$\sqrt{2}/2\leqslant\zeta<1$ 时，谐振现象不会发生，则 $A(\omega)$没有谐振峰，$A(\omega)$随 ω 的增加而单调衰减。振荡环节也是一个相位滞后环节，滞后角随 ω 增加而增加，且与阻尼比 ζ 有关，最大滞后角为 180°。

(2) 对数频率特性

振荡环节的对数幅频特性和对数相频特性分别为

$$\begin{cases} L(\omega)=20\lg A(\omega)=-20\lg\sqrt{[1-(\omega/\omega_{\mathrm{n}})^2]^2+4\zeta^2(\omega/\omega_{\mathrm{n}})^2} \\ \varphi(\omega)=-\arctan\dfrac{2\zeta\omega/\omega_{\mathrm{n}}}{1-(\omega/\omega_{\mathrm{n}})^2} \end{cases} \tag{5-35}$$

根据不同的频率 ω 和阻尼比 ζ，可绘制出振荡环节的对数频率特性曲线簇，如图 5-26 所示。

振荡环节的对数幅频特性曲线也可由其渐近线 $L_{\mathrm{a}}(\omega)$绘制得到。

1) 当 $\omega\ll\omega_{\mathrm{n}}$ 时，式(5-35)可忽略 $\omega/\omega_{\mathrm{n}}$，则 $L_{\mathrm{a}}(\omega)\approx-20\lg1=0\,\mathrm{dB}$，即对数幅频特性渐近线的低频段(低频渐近线)为零分贝线。

2) 当 $\omega\gg\omega_{\mathrm{n}}$ 时，式(5-35)可忽略 1 和 $2\zeta\omega/\omega_{\mathrm{n}}$，则 $L_{\mathrm{a}}(\omega)\approx-20\lg(\omega/\omega_{\mathrm{n}})^2=-40\lg\omega/\omega_{\mathrm{n}}$，即对数幅频特性的渐近线高频段是在 $\omega=1/T=\omega_{\mathrm{n}}$ 处过 0 dB 线、斜率为−40 dB/dec 的直线。

低频渐近线和高频渐近线在转折频率(交接频率)$\omega=1/T=\omega_{\mathrm{n}}$ 处相交，从而构成了振荡环节对数幅频特性的渐近线，需要注意的是，渐近线与阻尼比 ζ 无关，如图 5-26 所示。

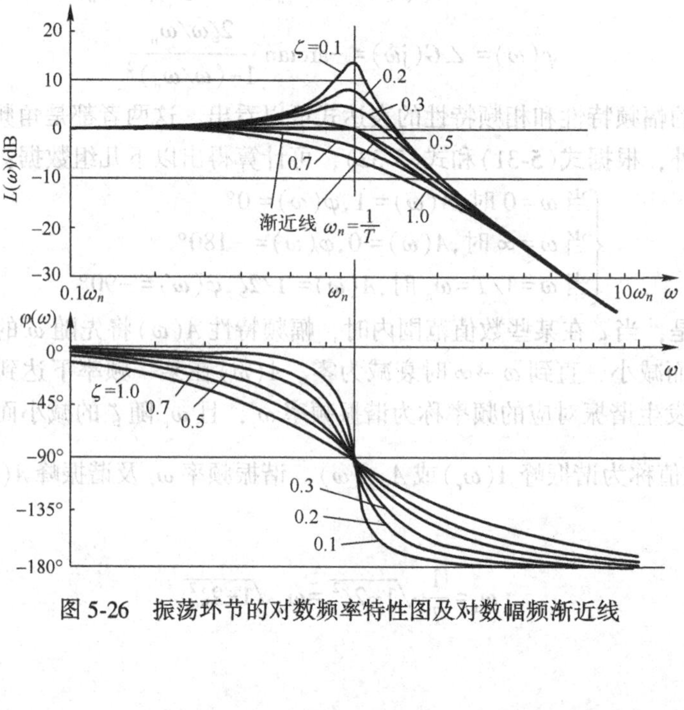

图 5-26 振荡环节的对数频率特性图及对数幅频渐近线

振荡环节的对数幅频特性渐近线 $L_a(\omega)$ 可按以下步骤绘制。

1）先在图纸横轴上确定转折频率 $\omega=1/T=\omega_n$，从转折频率向左画与 0 dB 线重合的水平直线段，向右画斜率为−40 dB/dec 的直线段，这两个直线段构成的折线就是振荡环节的对数幅频特性渐近线。

2）在转折频率 ω_n 附近，精确曲线与渐近线之间有误差存在，其误差不仅与 ω 有关，还取决于阻尼比 ζ，阻尼比 ζ 越小，则误差越大。

3）和惯性环节一样，渐近幅频特性的修正范围也只限于 $0.1\omega_n \sim 10\omega_n$ 的单位长度内。$L(\omega)$ 的修正值曲线 $\Delta L(\omega_n)$ 如图 5-27 所示。

振荡环节的对数相频特性与其对数幅频特性一样，也是 ω 和 ζ 的二元函数。尽管随着 ζ 的取值不同，相频特性曲线有很大差别，但是当 ω 从 $0\to\infty$ 变化时，相频特性曲线都由 0°变化到−180°，并且在转折频率 $\omega=1/T=\omega_n$ 处都为−90°。不同 ζ 值的相频特性曲线均是以 $\omega=\omega_n$ 和 $\varphi(\omega_n)=-90°$确定的点斜对称，如图 5-27 所示。

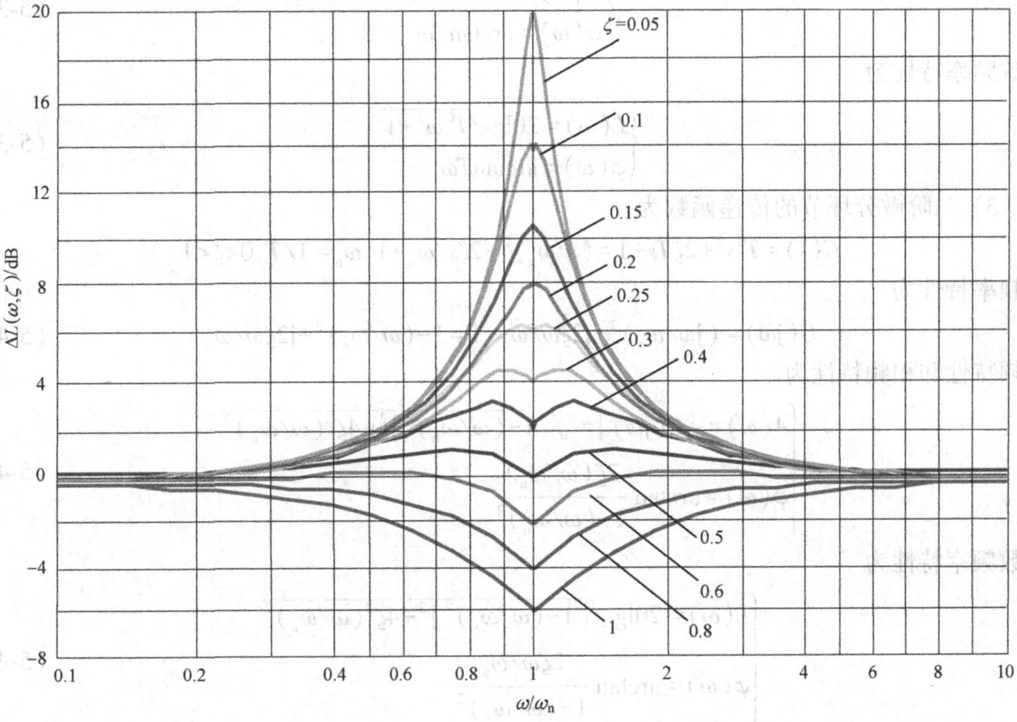

图 5-27　振荡环节对数幅频特性修正曲线

5. 微分环节

1）理想微分环节的传递函数为 $G(s)=s$，其频率特性为

$$G(j\omega)=j\omega=\omega e^{j90°} \tag{5-36}$$

从式(5-36)可知，理想微分环节的幅频特性等于角频率 ω，相频特性为90°，其对数频率特性为 $L(\omega)=20\lg\omega$，$\varphi(\omega)=90°$，如图 5-28 所示。

2）一阶微分环节的传递函数为

$$G(s)=1+Ts$$

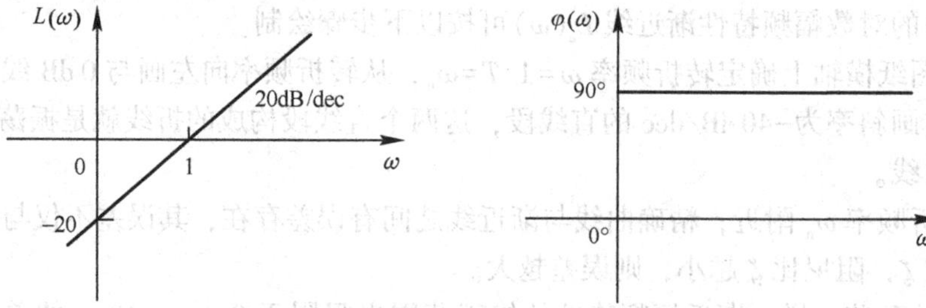

图 5-28 理想微分环节的对数频率特性图

其频率特性为

$$G(\mathrm{j}\omega)=1+\mathrm{j}T\omega=\sqrt{T^2\omega^2+1}\,\mathrm{e}^{\mathrm{j}\arctan T\omega} \tag{5-37}$$

其幅频特性和相频特性为

$$\begin{cases}A(\omega)=\sqrt{T^2\omega^2+1}\\ \varphi(\omega)=\arctan T\omega\end{cases} \tag{5-38}$$

对数频率特性为

$$\begin{cases}L(\omega)=20\lg\sqrt{T^2\omega^2+1}\\ \varphi(\omega)=\arctan T\omega\end{cases} \tag{5-39}$$

3）二阶微分环节的传递函数为

$$G(s)=T^2s^2+2\zeta Ts+1=(s/\omega_{\mathrm{n}})^2+2\zeta s/\omega_{\mathrm{n}}+1,\omega_{\mathrm{n}}=1/T,0<\zeta<1$$

其频率特性为

$$G(\mathrm{j}\omega)=(\mathrm{j}\omega/\omega_{\mathrm{n}})^2+\mathrm{j}2\zeta\omega/\omega_{\mathrm{n}}+1=1-(\omega/\omega_{\mathrm{n}})^2+\mathrm{j}2\zeta\omega/\omega_{\mathrm{n}} \tag{5-40}$$

幅频特性和相频特性为

$$\begin{cases}A(\omega)=|G(\mathrm{j}\omega)|=\sqrt{[1-(\omega/\omega_{\mathrm{n}})^2]^2+4\zeta^2(\omega/\omega_{\mathrm{n}})^2}\\ \varphi(\omega)=\arctan\dfrac{2\zeta(\omega/\omega_{\mathrm{n}})}{1-(\omega/\omega_{\mathrm{n}})^2}\end{cases} \tag{5-41}$$

对数频率特性为

$$\begin{cases}L(\omega)=20\lg\sqrt{[1-(\omega/\omega_{\mathrm{n}})^2]^2+4\zeta^2(\omega/\omega_{\mathrm{n}})^2}\\ \varphi(\omega)=\arctan\dfrac{2\zeta\omega/\omega_{\mathrm{n}}}{1-(\omega/\omega_{\mathrm{n}})^2}\end{cases} \tag{5-42}$$

需要注意的是，上述三种微分环节的传递函数分别与积分环节、惯性环节、振荡环节的传递函数互为倒数，且对数频率特性分别与后者的频率特性互为反号，因此它们的对数幅频和相频特性曲线(伯德图)分别与后者以 0 dB 线、0°线互为镜像对称。

一阶微分环节的对数幅频率特性和相频特性表达式 $\varphi(\omega)=\arctan T\omega$ 是经常用到的。一阶微分环节对数幅频特性渐近线的低频段(转折频率 $\omega=1/T$ 以左)为 0 dB 线，在转折频率 $\omega=1/T$ 的右侧为渐近线高频段且斜率为 20 dB/dec，显然，将惯性环节对数幅频特性的修正值取反号即为一阶微分环节对数幅频特性的修正值。当 $\omega=1/T$ 时，$\Delta L(\omega)=3$ dB，$L(\omega)$ 的精确值在渐近线上方 3 dB 处；当 $\omega=0.5/T$ 及 $2/T$ 时，$L(\omega)$ 的精确值在比渐近线高 1 dB；当 $\omega=0.1/T$ 及 $10/T$ 时，精确值与渐近线重合，从而可方便准确地由渐近线曲线得到对数幅频特性的精确曲线。二阶微分环节的对数幅频特性的渐近线低频段为 0 dB 线，转折频率 $\omega=\omega_n$ 右侧为渐近线的高频段，且斜率为 40 dB/dec。此外，修正值与参数 ζ 有关，是振荡环节对数幅频特性修正值的反号。

6. 延迟环节

延迟环节的传递函数为 $G(s)=e^{-\tau s}$，其频率特性可表示为

$$G(j\omega)=e^{-j\tau\omega}=1\cdot e^{-j\tau\omega} \tag{5-43}$$

延迟环节的幅频特性和相频特性为

$$A(\omega)=|G(j\omega)| \tag{5-44}$$

$$\varphi(\omega)=\angle G(j\omega)=-\tau\omega(\text{rad})=-57.3\tau\omega° \tag{5-45}$$

延迟环节的对数幅频特性和相频特性分别为

$$L(\omega)=20\lg A(\omega)=0\,\text{dB} \tag{5-46}$$

$$\varphi(\omega)=-\tau\omega(\text{rad})=-57.3\omega\tau° \tag{5-47}$$

因此，延迟环节的对数幅频为 0 dB。当延迟环节与其他环节串联后，其他环节的对数幅频特性不会改变，但延迟环节的滞后相角与 ω 成正比，ω 值越大，滞后越大。当 $\omega\to\infty$ 时，滞后相角也趋于无穷大，这会对系统的稳定性带来极大的负面影响。

5.3.3 系统开环伯德图的绘制

对控制系统进行频域分析时，常常是根据系统的开环频率特性来判断闭环系统的稳定性以及估算闭环系统的各种时域响应指标(或根据开环频率特性计算或绘制闭环频率特性，再分析及估算其动态性能)，因此掌握开环对数频率特性图的绘制是非常有必要的。由于对数坐标频率特性的优势，开环对数频率特性图(伯德图)比开环极坐标图更好用、更常用。掌握了典型环节的对数频率特性，则不难绘制出控制系统的开环对数频率特性。

采用对数频率特性图的主要优点在于：将串联环节中频率特性的幅值乘除运算转化为对数幅频特性的加减运算，并且可以采用对数幅频渐近线法近似地绘制对数幅频曲线，然后再对其进行修正，从而使频率特性的绘制过程大大简化。

绘制开环对数频率特性图时，将开环传递函数的分子、分母多项式采用因式分解的方法将其多项式转化为“时间常数型”描述的典型环节串联的标准形式，即开环传递函数中 K/s^v 以外分子、分母所含各一、二阶因式中常数项为 1 的形式，即

$$G(s)H(s)=\frac{K\prod_{j=1}^{m}(\tau_1 s+1)}{s^v\prod_{k=1}^{q}(T_k s+1)\prod_{l=1}^{r}(T_l^2 s^2+2\zeta_l T_l s+1)} \tag{5-48}$$

式中，$v+q+2r=n$；$n>m$。

开环传递函数通常写成式(5-48)所展示的由 N 个典型环节组成的串联形式，即

$$G(s)H(s)=G_1(s)G_2(s)\cdots G_N(s)=\prod_{i=1}^{N}G_i(s)$$

令 $s=j\omega$，则系统开环频率特性为

$$G(\mathrm{j}\omega)H(\mathrm{j}\omega)=G_1(\mathrm{j}\omega)G_2(\mathrm{j}\omega)\cdots G_N(\mathrm{j}\omega)=\prod_{i=1}^{N}G_i(\mathrm{j}\omega)=\prod_{i=1}^{N}A_i(\omega)\mathrm{e}^{\mathrm{j}\sum_{i=1}^{N}\varphi_i(\omega)}$$
$$=A(\omega)\mathrm{e}^{\mathrm{j}\varphi(\omega)}$$

则系统的开环对数幅频特性和相频特性分别为

$$L(\omega)=20\lg A(\omega)=\sum_{i=1}^{N}20\lg A_i(\omega)=\sum_{i=1}^{N}L_i(\omega) \tag{5-49}$$

$$\varphi(\omega)=\angle G(\mathrm{j}\omega)H(\mathrm{j}\omega)=\sum_{i=1}^{N}\varphi_i(\omega) \tag{5-50}$$

即开环对数幅频特性和相频特性，分别为各个组成环节的对数幅频特性的叠加以及相频特性的叠加。开环对数幅频特性可由开环对数幅频渐近线加以修正得到其精确曲线。

注意到典型环节的对数幅频渐近特性曲线均是一些不同斜率的直线或折线，故叠加后的开环特性曲线仍为不同斜率的线段所组成的折线群。因此，只要能确定低频渐近线的斜率和位置、转折频率和转折后线段斜率的变化量，就可以由低频到高频，一次作出串联环节的总的对数幅频渐近特性曲线，而不需要再逐条叠加，其步骤如下。

1）将开环传递函数 $G(s)H(s)$ 整理成式(5-48)所示的标准形式，即各典型环节传递函数的常数项为 1，以确定比例环节 K 值。若 $G(s)H(s)$ 分母(或分子)有二阶因子，当 $0<\zeta<1$ 时是振荡(或二阶微分)环节；若 $\zeta\geqslant1$，应分解成两个惯性(或一阶微分)环节的串联。

2）确定各典型环节的转折频率，按由低到高的顺序依次标注在 ω 轴上。

3）绘制开环对数幅频渐近特性的低频段($\omega<\omega_1$，ω_1 是最小转折频率)。

由式(5-48)可知，当 $\omega<\omega_1$ 时 $L_\mathrm{a}(\omega)$ 仅取决于 $G(s)H(s)$ 中的 K/s^{υ}，即

$$L(\omega)=20\lg\frac{K}{\omega^{\upsilon}}=20\lg K-\upsilon 20\lg\omega \tag{5-51}$$

表明低频段是斜率为 $-\upsilon 20$ dB/dec 的直线，其位置的确定有以下几种方法。

① 令 $20\lg K/\omega^{\upsilon}=0$，则低频段或其延长线与 0 dB 线交点频率为

$$\omega_0=K^{1/\upsilon} \tag{5-52}$$

对 $\upsilon\geqslant1$ 的系统，点 $A[\omega=1, L(\omega)=20\lg K\mathrm{dB}]$ 和点 $B[\omega=\omega_0=K^{1/\upsilon}, 0\,\mathrm{dB}]$ 的连线上，$\omega<\omega_1$ 的部分即斜率为 $-\upsilon 20$ dB/dec 的低频段，如图 5-29 所示。

② 在半对数坐标系上，找到横坐标 $\omega=1$，纵坐标 $L(\omega)=20\lg K\mathrm{dB}$ 的点 A，过该点作斜率为 $-\upsilon 20$ dB/dec 的直线，直线上 $\omega<\omega_1$ 部分即开环对数幅频渐近特性的低频段。

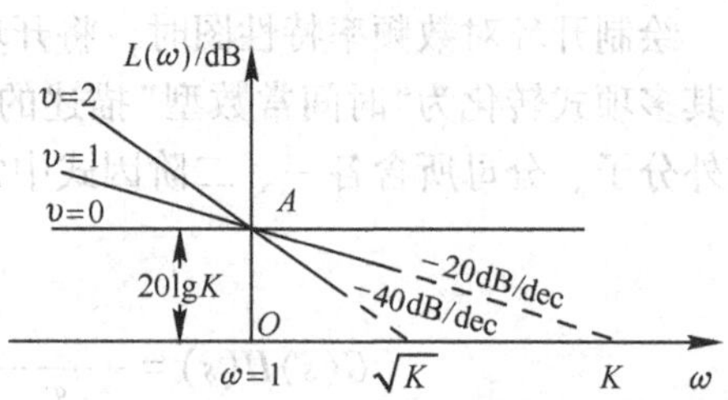

图 5-29 开环对数幅频特性的低频起始段

③ 过低频段($\omega<\omega_1$)上任一点 ω_x，计算 $L(\omega_x)=20\lg K-\upsilon 20\lg\omega_x$，过$[\omega_x, L(\omega_x)]$的点作斜率为 $-\upsilon 20$ dB/dec 的直线，该直线上 $\omega<\omega_1$ 段即为 $L_\mathrm{a}(\omega)$ 的低频段。

4）从低频渐近线开始按以下原则依次改变 $L_\mathrm{a}(\omega)$ 的斜率：若转折频率对应惯性环节，$L_\mathrm{a}(\omega)$ 斜率减少 20 dB/dec；若对应一阶微分环节，则斜率增加 20 dB/dec；若对应振荡(或二阶微分)环节，则 $L_\mathrm{a}(\omega)$ 斜率减少 40 dB/dec(或增加 40 dB/dec)。

当 $\omega\geqslant\omega_{\max}$ 时，斜率达到 $-(n-m)20$ dB/dec。于是绘制出开环对数幅频渐近特性曲线 $L_\mathrm{a}(\omega)$，工程上常用其代替精确曲线 $L(\omega)$。

5）如果需要，可按照各典型环节的误差曲线在相应转折频率 $1/T_i$ 及其附近（$0.1/T_i \sim 10/T_i$ 范围内）进行修正，以获得较精确的对数幅频特性曲线 $L(\omega)$。

6）绘制开环对数相频特性曲线。开环对数相频特性曲线 $\varphi(\omega)$ 可由各个典型环节的对数相频特性 $\varphi_i(\omega)$ 叠加而得。更简便的方法是由式（5-50）取若干个频率点，算出各点的相角值并标注在半对数坐标图中，然后将各点连接成光滑的曲线，即开环对数相频特性曲线 $\varphi(\omega)$。

令 $L(\omega)$ 通过 0 dB 线时的交点频率 $\omega=\omega_c$，称其为开环截止频率（或增益交界频率、穿越频率），通常由开环对数幅频渐近特性 $L_a(\omega)$ 与 0 dB 线的交点频率来近似代替，它是频域分析及系统设计中的一个重要参数。对于相频特性，除了了解它的大致趋向外，最关注的是系统在 $\omega=\omega_c$ 时的相角 $\varphi(\omega_c)$。

开环对数幅频渐近特性绘制简便，且在系统分析和综合校正中具有十分重要的作用，相比之下，精确的对数幅频特性曲线却较少使用。尽管利用 MATLAB 等软件即可方便地作出系统的开环对数频率特性的精确曲线，但熟悉掌握以渐近特性绘制为代表的描绘方法仍是十分必要的，即便在不使用 MATLAB 软件的情况下，也要能快速且准确地画出正确的频率特性草图，以便发现和总结出系统的主要特点。

下面举例说明开环对数频率特性的绘制过程。

例 5-4 绘制单位反馈系统开环传递函数为

$$G(s)=\frac{1250(s+0.4)}{s(s+0.1)(s^2+15s+50)}$$

的系统开环对数幅频渐近特性和相频特性曲线。

解：1）将 $G(s)$ 中的各因式写为典型环节串联的标准形式，即

$$G(s)=\frac{1250(s+0.4)}{s(s+0.1)(s^2+15s+50)}=\frac{100(2.5s+1)}{s(10s+1)(0.1s+1)(0.2s+1)}$$

本例中，开环增益 $K=100$，系统型别 $v=1$。$G(s)$ 分母中含二阶因子 $1/(s^2+15s+50)$，$\zeta>1$，由惯性环节 $1/(s+5)$ 与 $1/(s+10)$ 串联而成。

2）由小到大顺序标出转折频率，分别为惯性环节 $1/(10s+1)$ 的转折频率 $\omega_1=0.1$ rad/s，一阶微分环节 $2.5s+1$ 的转折频率 $\omega_2=0.4$ rad/s，惯性环节 $1/(0.2s+1)$ 的转折频率 $\omega_3=5$ rad/s，惯性环节 $1/(0.1s+1)$ 的转折频率 $\omega_4=10$ rad/s。

3）绘制开环对数幅频渐近特性的低频段。过点（$\omega=1$，$20\lg K=40$ dB）作一条斜率为 −20 dB/dec 的直线，该直线上第一个转折频率 $\omega_1=0.1$ 以左段即低频段。

4）绘制 $\omega\geqslant\omega_1$ 频段的渐近特性曲线。

在 $\omega=0.1$ 处，惯性环节使渐近特性斜率减少 20 dB/dec，由 −20 dB/dec 变为 −40 dB/dec。

在 $\omega=0.4$ 处，一阶微分环节使渐近特性斜率增加 20 dB/dec，由 −40 dB/dec 重新变为 −20 dB/dec。

在 $\omega=5$ 处，第二个惯性环节使渐近特性斜率减少 20 dB/dec，由 −20 dB/dec 转折为 −40 dB/dec。

在 $\omega=10$ 处，第三个惯性环节使渐近特性斜率再减少 20 dB/dec，成为 −60 dB/dec，以其通过 0 dB 线的频率作为系统的开环截止频率 ω_c，并标注出各段对应的斜率。由此绘制出系统的开环对数幅频渐近特性曲线 $L_a(\omega)$，如图 5-30 所示。

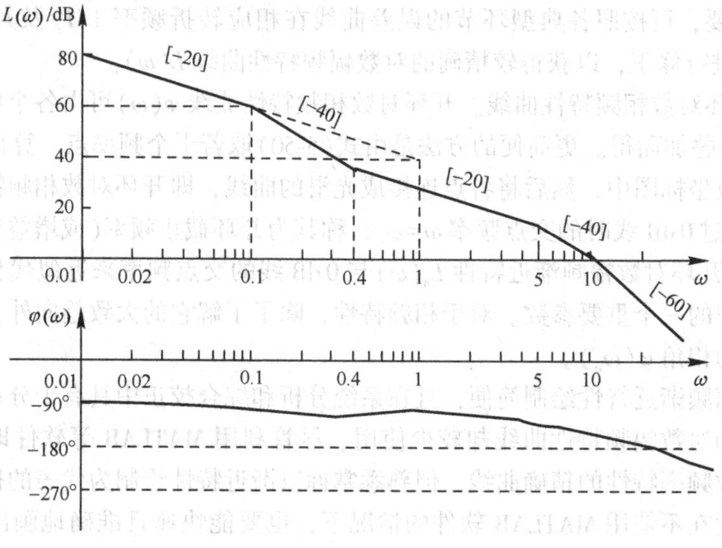

图 5-30 例 5-4 的对数频率特性曲线

5）由 $\varphi(\omega)=-90°-\arctan10\omega-\arctan0.1\omega-\arctan0.2\omega+\arctan2.5\omega$，采用计算描点的方法绘制出开环对数相频特性曲线，如图 5-30 所示。当 $\omega=0\to\infty$ 时，$\varphi(\omega)$ 由 $-90°$ 变化至 $-270°$，且当 $L_a(\omega)$ 斜率为负增量时，$\varphi(\omega)$ 也是负增量；而当 $L_a(\omega)$ 斜率为正增量时，$\varphi(\omega)$ 也是正增量，$\omega\to\infty$ 时，$\varphi(\omega)$ 将达到 $-270°$。

5.3.4 最小相位系统与非最小相位系统

根据零、极点在 s 平面上的分布情况，可将开环传递函数 $G(s)$ 分为最小相位传递函数和非最小相位传递函数。如果函数 $G(s)$ 在右半 s 平面内没有极点和零点，则称为最小相位传递函数。具有最小相位传递函数的系统称为最小相位系统。反之若函数 $G(s)$ 至少有一个极点或零点位于右半 s 平面，则称为非最小相位传递函数，相应的系统称为非最小相位系统。实际中可能出现的非最小相位环节有：非最小相位（或称不稳定）的惯性环节 $G(s)=1/(1-Ts)(T>0)$、振荡环节 $G(s)=1/(T^2s^2-2\zeta Ts+1)(T>0,0<\zeta<1)$ 和二阶微分环节 $G(s)=T^2s^2-2\zeta Ts+1(T>0,0<\zeta<1)$。

对于具有相同幅频特性的一些系统，最小相位系统相角变化量的绝对值相对最小，即所谓"最小相位"。例如两个系统的开环传递函数分别为 $G_1(s)=\dfrac{1+T_2s}{1+T_1s}$ 和 $G_2(s)=\dfrac{1-T_2s}{1+T_1s}(T_1>T_2>0)$，可计算出二者的对数幅频特性是完全相同的，但是相频特性却差异甚大，其中随角频率 ω 的增加，$\varphi_1(\omega)$ 的相角变化范围很小，而 $\varphi_2(\omega)$ 则由 0°开始，一直变化到 $-180°$，如图 5-31 所示。

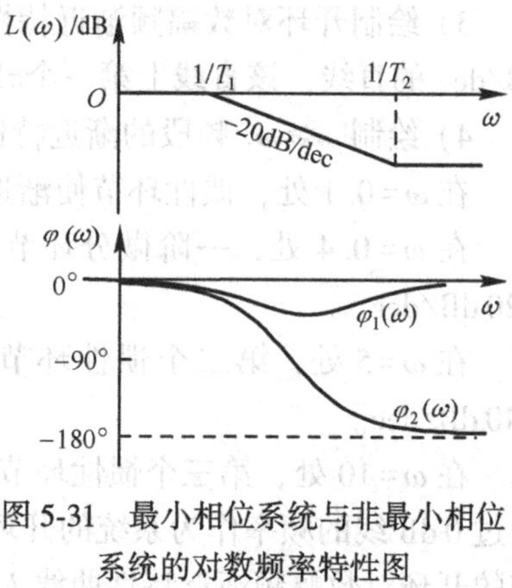

图 5-31 最小相位系统与非最小相位系统的对数频率特性图

由图 5-31 可知，$L(\omega)$ 的斜率由 0 dB/dec→-20 dB/dec→0 dB/dec，最小相位传递函数 $G_1(s)=(1+T_2s)/(1+$

T_1s)具有滞后的相频特性，$\varphi_1(\omega)$由 $0°\to\varphi_{1m}(\omega)\to 0°$，且$\varphi_1(\omega)$在 0°线下方呈对称状。可以证明，最大滞后角$\varphi_{1m}(\omega)$出现在$\omega_m=1/\sqrt{T_1T_2}$处，$\varphi_1(\omega)$曲线对称于$(\omega_m,\varphi_{1m})$点。

对于最小相位系统，对数幅频特性与对数相频特性之间存在着一一对应关系，见表 5-3，根据对数幅频特性便可以唯一地确定相应的相频特性和传递函数，反之亦然，因此在进行系统性能分析和综合校正时，仅需要绘制出对数幅频特性曲线$L(\omega)$即可。对于式(5-48)所描述的最小相位系统，当ω从 $0\to\infty$，$L(\omega)$的斜率由$-\upsilon 20$ dB/dec 变为$-(n-m)20$ dB/dec 时，$\varphi(\omega)$则由$-\upsilon 90°$变为$-(n-m)90°$；在某些频段范围，当$L(\omega)$的斜率有正增量(或负增量)时，$\varphi(\omega)$相应也有正增量(或负增量)；且当$L(\omega)$的斜率对称时，$\varphi(\omega)$曲线也是对称的。

表 5-3　最小相位系统中对数幅频斜率、相频关系

传递函数 $G(s)$	转 折 频 率	对数幅频 $L(\omega)$ 斜率	相频 $\varphi(\omega)$
K/s^{υ}	—	$-\upsilon 20$ dB/dec	$-\upsilon 90°$
$1/(Ts+1)$	$1/T$	0 dB/dec→−20 dB/dec	$0°\to-90°$
$Ts+1$	$1/T$	0 dB/dec→20 dB/dec	$0°\to 90°$
$1/(T^2s+2\zeta Ts+1)$	$1/T=\omega_n$	0 dB/dec→−40 dB/dec	$0°\to-180°$
$1\Big/\prod\limits_{i=1}^{k}(T_is+1)$	$\omega_i=1/T_i$ $i=1,2,\cdots,k$	0 dB/dec→⋯→$k(-20)$ dB/dec (每逢ω_i，斜率增加−20 dB/dec)	$0°\to\cdots\to k(-90°)$
$\prod\limits_{j=1}^{m}(T_js+1)$	$\omega_j=1/T_j$ $j=1,2,\cdots,m$	0 dB/dec→⋯→$m\cdot 20$ dB/dec (每逢ω_j，斜率增加 20 dB/dec)	$0°\to\cdots\to m\cdot 90°$

若非最小相位系统则不存在上述这种对应关系。尽管当$\omega\to\infty$时非最小相位系统的斜率也是$-(n-m)20$ dB/dec，但相角$\varphi(\infty)$却不等于$-(n-m)90°$。因此在系统分析、校正时，非最小相位系统必须同时绘制出其对数幅频特性曲线$L(\omega)$和对数相频特性曲线$\varphi(\omega)$。非最小相位系统可能出现在两种情况下：一是系统中包含一个或多个非最小相位环节；二是系统中含有不稳定的局部反馈回路。若系统中含有延迟环节，则属于非最小相位系统，其相角滞后较大，不利于系统的稳定和快速响应。因此，非最小相位系统属于较难控制的系统，若对系统响应快速性有较高要求，就不应采用具有非最小相位特性的元部件。

例 5-5　某控制系统如图 5-32a 所示，设延迟时间τ分别为 0、3 s、6 s。1) 试绘制开环对数频率特性曲线。2) 确定渐近特性$L_a(\omega)$穿过 0 dB 线时的频率，即系统开环截止角频率ω_c。

解：延迟系统的开环传递函数可视为延迟环节$e^{-\tau s}$与不含延迟环节的最小相位部分$G_0(s)$的串联，即

$$G(s)=\frac{0.22(2.5s+1)}{s^2}e^{-\tau s}$$

延迟系统开环对数幅频特性不受延迟时间τ的影响，由$G_0(s)=0.22(2.5s+1)/s^2$唯一确定，对数相频特性则因τ值不同而异，从而出现具有相同对数幅频特性的非最小相位系统相频特性不唯一现象。

1) 作开环对数幅频渐近特性$L_a(\omega)$曲线：由$G(s)$知$\upsilon=2, K=0.22$，过点$A(\omega=1, 20\lg K=-13.15\text{ dB})$画一条斜率为−40 dB/dec 的直线，该直线在$\omega\leqslant\omega_1(\omega_1=0.4)$以左段即$L_a(\omega)$的低频段。由于$G(s)$中含一阶微分环节 $2.5s+1$，故低频段在$\omega_1=0.4$处的斜率增加+20 dB/

dec，由−40 dB/dec 变为−20 dB/dec，绘制出开环对数幅频特性曲线 $L_a(\omega)$，如图 5-32b 所示。

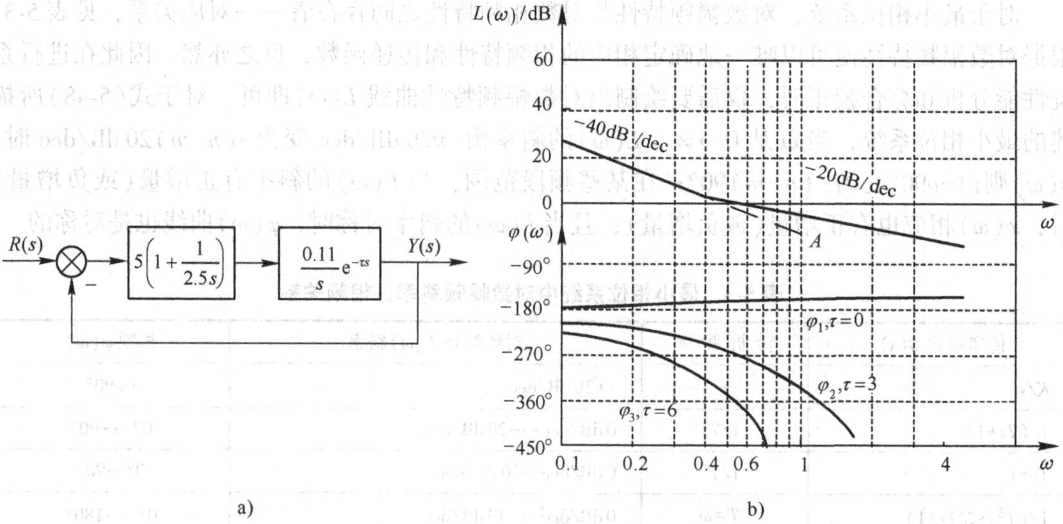

图 5-32 例 5-5 的系统框图及开环对数频率特性曲线

作开环对数相频特性 $\varphi(\omega)$ 曲线：

$$\varphi(\omega)=-\upsilon 90°+\arctan T\omega-57.3\tau\omega$$
$$=-90°\times 2+\arctan 2.5\omega-57.3\tau\omega$$

分别按 $\tau=0$、3 s、6 s，选取不同的 ω 值，绘制 $\varphi_1(\omega)$、$\varphi_2(\omega)$、$\varphi_3(\omega)$ 曲线，如图 5-32b 所示。由图可知，$\tau\neq 0$ 时，随着 ω 增加，$\varphi(\omega)$ 迅速向$-\infty$方向滑落，这正是延迟系统的特点。

2）计算系统的开环截止角频率 ω_c，由 $L_a(\omega)$ 可得

$$-20\lg\omega_c/\omega_1=-40\lg\omega_0/\omega_1=-20\lg(\omega_0/\omega_1)^2$$

所以

$$\omega_c\omega_1=\omega_0^2$$

可知当 $L_a(\omega)$ 的斜率在 ω_1 处由−40 dB/dec 变为−20 dB/dec 时，转折频率 ω_1 及 $L_a(\omega)$ 与两不同斜率段（或其延长线）与 0 dB 线交点频率 ω_2、ω_3，三者由小到大顺次排列，则位于中间的频率 ω_2 为其两侧频率 ω_1 和 ω_3 的几何中项，即

$$\omega_2^2=\omega_1\cdot\omega_3$$

当开环对数幅频渐近特性曲线 $L_a(\omega)$ 斜率由−20 dB/dec 转折为−40 dB/dec，或由+20 dB/dec 转折为+40 dB/dec，或由+40 dB/dec 转折为+20 dB/dec 时，上述关系也成立。ω_2、ω_3 常常是与开环截止角频率 ω_c 或开环增益 K 有关的频率值，掌握这一特点，可使系统分析计算便捷。

本例由图 5-32b 知，$L_a(\omega)$ 在 $\omega_1=0.4$ 处由斜率−40 dB/dec 转折为−20 dB/dec，将斜率−40 dB/dec 的低频段延长至与 0 dB 线相交，交点频率 ω_2，则 $\omega_2=\omega_0=\sqrt{K}=0.47$；在 $\omega_1=0.4$ 处斜率为−20 dB/dec 的 $L_a(\omega)$ 段与 0 dB 线的交点频率 ω_3 即所求的开环截止角频率，代入上式可得该系统开环截止角频率为

$$\omega_c=\omega_3=\omega_2^2/\omega_1=0.47^2/0.4\ \text{rad/s}=0.55\ \text{rad/s}$$

5.3.5 由频率特性曲线确定开环传递函数

频率特性实质上是线性系统在特定情况(输入正弦信号)下的传递函数，故由传递函数可以得到系统的频率特性。反过来，由频率特性可写出相应的传递函数。

稳定系统的频率响应为与输入同频率的正弦信号，其幅值和相角的变化均为频率的函数，因而可以运用频率响应实验确定稳定系统的数学模型。首先选择信号源输出的正弦信号幅值，使系统处于非饱和状态。在一定频率范围内，改变输入正弦信号频率，记录下各频率点处系统输出信号的波形。由稳态段的输入输出信号幅值比和相位差绘制对数频率特性曲线，实验原理如图5-33所示。

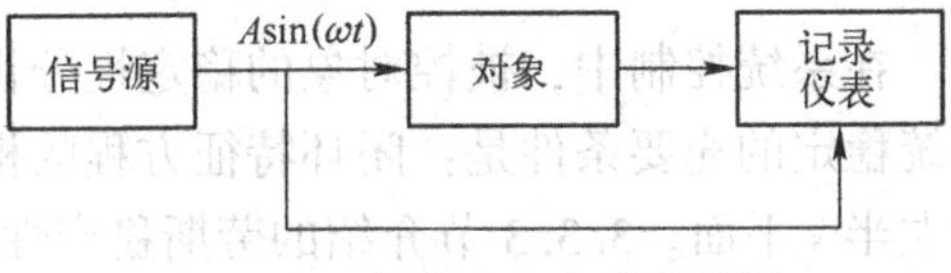

图5-33 频率响应实验原理图

从低频段起，用各段斜率分别为±20 dB/dec整倍数的渐近线逼近实验所得的对数幅频特性曲线，获得对数幅频渐近特性曲线。最小相位系统的幅频特性与相频特性是一一对应的，因而利用对数幅频特性曲线可确定最小相位条件下系统的传递函数。

由频率特性实验曲线$L(\omega)$、$\varphi(\omega)$确定对应的传递函数，步骤如下。

1) 用各段斜率为0 dB/dec，±20 dB/dec，±40 dB/dec，…的渐近线$L_0(\omega)$近似实验曲线$L(\omega)$。

2) 写出对应$L_0(\omega)$的最小相位传递函数$G_0(s)$，再由相频特性加以校验、修正，按所写$G_0(s)$作出最小相位的对数相频特性曲线$\varphi_0(\omega)$。

3) 将$\varphi_0(\omega)$与实验获得曲线$\varphi(\omega)$相比较，若两者相符，即当$\omega\to\infty$时$L(\omega)$的斜率为$-(n-m)20$ dB/dec，相角$\varphi(\omega)$等于$-(n-m)90°$，则被测系统(环节)是最小相位的，$G_0(s)$是其传递函数；若$\varphi_0(\omega)$与$\varphi(\omega)$不相符合，特别是高频区，则被测系统(环节)是非最小相位的。

4) 如果随ω增加$\varphi(\omega)$相位滞后很快增加，有随$\omega\to\infty$而增至负无穷的趋势，则说明含延迟环节$e^{-\tau s}$，对应传递函数为$G(s)=G_0(s)e^{-\tau s}$，可由$\varphi(\omega)$与$\varphi_0(\omega)$差值的变化求出τ。

5) 如果随ω增加$\varphi(\omega)$和$\varphi_0(\omega)$的差趋于常值，则说明传递函数的超前(或滞后)环节中有非最小相位。

下面举例说明如何由开环对数幅频特性$L(\omega)$确定传递函数$G(s)$。

例5-6 已知最小相位系统开环对数幅频特性曲线如图5-34所示。图中$\omega=2$附近的虚线为修正后的精确曲线。试确定开环传递函数。

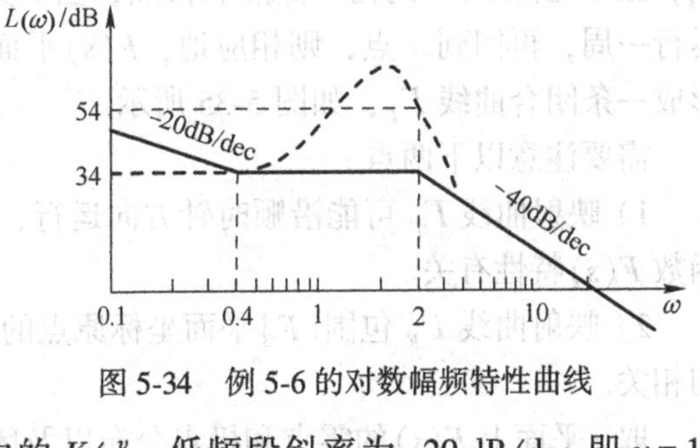

图5-34 例5-6的对数幅频特性曲线

解： 由图5-34中$L(\omega)$各段斜率变化，可以写出传递函数为

$$G(s)=\frac{K(Ts+1)}{s^{v}[(s/\omega_n)^2+2\zeta s/\omega_n+1]}$$

1) $L(\omega)$低频段($\omega<0.4$)仅取决于$G(s)$中的K/s^v，低频段斜率为-20 dB/dec即$v=1$，由图5-34可知$\omega=0.4$时，$L(\omega)|_{\omega=0.4}=34$ dB，则有$20\lg K-20\lg 0.4=34$ dB，可得$K=30$。

2) 由转折频率$\omega_1=0.4$知一阶微分环节的时间常数$T=1/\omega_1=2.5$。

3）振荡环节 $\omega_n=2$，ζ 值由 $\omega_n=2$ 处修正值 $54-34=20\ \text{dB}=20\lg 1/2\zeta$，求得 $\zeta=0.05$。故 $L(\omega)$ 对应的传递函数为

$$G(s)=\frac{30(2.5s+1)}{s(s^2/4+s/20+1)}=\frac{30(2.5s+1)}{s(0.25s^2+0.05s+1)}$$

5.4 频域稳定判据

在系统控制中，被控对象的稳定性分析是控制研究的最基本且最主要考虑的问题。闭环系统稳定的充要条件是：闭环特征方程的根均具有负实部，也就是说，全部的闭环极点都位于左半 s 平面。3.3.3 节介绍的劳斯稳定性判据是利用闭环特征方程的系数来判断系统的稳定性。本节介绍的频域稳定性判据是利用系统的开环频率特性 $G(j\omega)$ 来判断闭环系统的稳定性。频域稳定判据使用方便，易于推广。

5.4.1 奈奎斯特稳定判据的数学基础

频域稳定判据是由奈奎斯特提出的，因此也称为奈奎斯特稳定判据，该判据不但可以判断系统的稳定性和稳定程度，也可以用于分析系统的动态性能。因此，奈奎斯特稳定判据是一种重要且实用的系统稳定性工具。在介绍奈奎斯特稳定判据之前，先简单介绍复变函数中的辐角原理。

1. 辐角原理

设 s 为复数变量，$F(s)$ 是 s 的有理分式函数。为便于讨论，定义 $F(s)$ 为以下形式：

$$F(s)=\frac{(s-z_1)(s-z_2)\cdots(s-z_n)}{(s-p_1)(s-p_2)\cdots(s-p_n)}=\frac{\prod_{j=1}^{n}(s-z_j)}{\prod_{i=1}^{n}(s-p_i)} \tag{5-53}$$

式中，$z_1,\cdots,z_n$ 为 $F(s)$ 的零点；$p_1,\cdots,p_n$ 为 $F(s)$ 的极点。

在 s 平面上任意一点 A，通过复变函数 $F(s)$ 的映射关系，在 $[F]$ 平面（即 $F(s)$ 平面）上可以确定关于 A 的像（映射点）$F(A)$，需要强调的是：只要 A 不等于函数 $F(s)$ 的任何零点或者极点，那么 A 在 $[F]$ 平面上的像就是一个不为零的确定值。在 s 平面上画一条闭合曲线 Γ_s，且不通过 $F(s)$ 的任一零点和极点，当 s 从闭合曲线 Γ_s 上的任一点 A 出发，顺时针沿 Γ_s 运行一周，再回到 A 点，则相应地，$F(s)$ 平面上亦从像点 $F(A)$ 出发，再回到 $F(A)$ 点从而形成一条闭合曲线 Γ_F，如图 5-35 所示。

需要注意以下两点。

1）映射曲线 Γ_F 可能沿顺时针方向运行，也可能沿逆时针方向运行，该运行方式与复变函数 $F(s)$ 特性有关。

2）映射曲线 Γ_F 包围 $[F]$ 平面坐标原点的次数以及映射曲线的运行方向与系统稳定性密切相关。

取 s 平面上 $F(s)$ 的零点和极点分布以及闭合曲线的位置如图 5-35a 所示，包围了 $F(s)$ 的一个零点 z_1。因为

$$\angle F(s)=\angle(s-z_1)+\angle(s-z_2)-\angle(s-p_1)-\angle(s-p_2)-\angle(s-p_3)$$

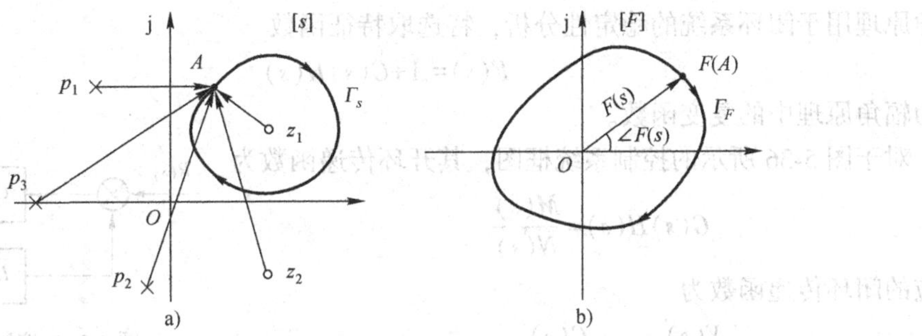

图 5-35 s 和 $F(s)$ 的映射关系

a) $F(s)$ 的零点、极点分布和闭合曲线 b) $[F]$ 平面映射曲线

因此，当 s 沿 Γ_s 变化一周时，$F(s)$ 的辐角变化为

$$\begin{aligned}\Delta\angle F(s) &= \sum_{j=1}^{2}\Delta\angle(s-z_j) - \sum_{i=1}^{3}\Delta\angle(s-p_i)\\ &= \Delta\angle(s-z_1) + \Delta\angle(s-z_2) - \Delta\angle(s-p_1) - \Delta\angle(s-p_2) - \Delta\angle(s-p_3)\end{aligned} \tag{5-54}$$

式中，$\Delta\angle(s-z_j)$ 代表 s 沿 Γ_s 变化时向量 $s-z_j$ 的辐角变化；$\Delta\angle(s-p_i)$ 代表 s 沿 Γ_s 变化时向量 $s-p_i$ 的辐角变化。此外，根据图 5-35a 分析可知以下几点。

1）零点 z_1 在闭合曲线 Γ_s 内；零点 z_2 和极点 p_1, p_2, p_3 在闭环曲线 Γ_s 之外。

2）当 s 沿 Γ_s 顺时针旋转一周时，在闭合曲线 Γ_s 内的零点 z_1 到 s 的向量也会顺时针旋转一周；根据复平面向量的相角定义可知：逆时针旋转为正，顺时针旋转为负，因此 $\Delta\angle(s-z_1)=-2\pi$。

3）未被 Γ_s 包围的所有零极点到 s 的各向量辐角变化均为零，即 $\Delta\angle(s-z_2)=\Delta\angle(s-p_i)=0$。

因此，根据式(5-54)可知，$F(s)$ 的辐角变化 $\Delta\angle F(s)$ 为

$$\Delta\angle F(s)=\Delta\angle(s-z_1)=-2\pi \tag{5-55}$$

这表明当 s 沿 Γ_s 闭合曲线顺时针旋转一周时，$[F]$ 平面上的映射闭合曲线 Γ_F 从 $F(A)$ 点开始绕其坐标原点顺时针旋转一周，即 $F(s)$ 的辐角变化 -2π，如图 5-35b 所示。同理，若 Γ_s 包围的是 $F(s)$ 的某一个极点 p_k，则当 s 绕 Γ_s 顺时针旋转一周时，$[F]$ 平面上向量 $F(s)$ 的辐角变化为

$$\Delta\angle F(s)=0-\Delta\angle(s-p_k)=0-(-2\pi)=2\pi$$

即 $F(s)$ 的映射闭合曲线 Γ_F 绕其坐标原点逆时针旋转一周。因此，形成如下辐角原理。

辐角原理：设 s 平面闭合曲线 Γ_s 包含 $F(s)$ 的 Z 个零点和 P 个极点，则 s 沿 Γ_s 顺时针运行一周时，在 $F(s)$ 平面上，闭合曲线 Γ_F 包围坐标原点的圈数为

$$R=P-Z \tag{5-56}$$

式中 $R<0$ 和 $R>0$ 分别表示 $F(s)$ 的映射闭合曲线 Γ_F 顺时针包围和逆时针包围 $[F]$ 平面的坐标原点；$R=0$ 表示不包围 $[F]$ 平面坐标原点（当且仅当封闭曲线 Γ_s 没有包围 $F(s)$ 的任何零极点时，$R=0$ 成立）。需要强调的是式(5-54)是由辐角原理导出的奈奎斯特稳定判据的重要依据。

2. 特征函数和奈奎斯特围线

控制系统的稳定性判据是利用已知的开环传递函数来判定闭环系统的稳定性。为了能将

辐角原理用于闭环系统的稳定性分析，特选取特征函数

$$F(s)=1+G(s)H(s)$$

作为辐角原理中的复变函数。

对于图 5-36 所示的控制系统框图，其开环传递函数为

$$G(s)H(s)=\frac{M(s)}{N(s)}$$

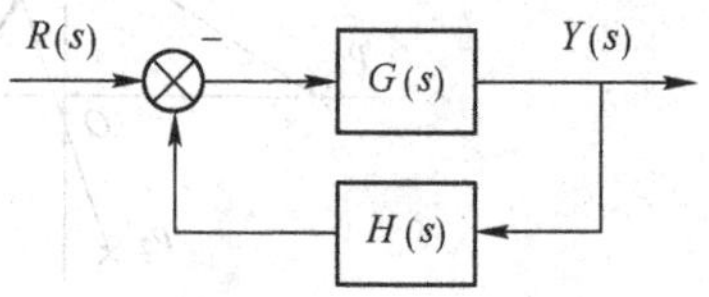

图 5-36 控制系统框图

相应的闭环传递函数为

$$\frac{Y(s)}{R(s)}=\frac{G(s)}{1+G(s)H(s)}$$

式中，$M(s)$为开环传递函数的分子多项式且为 m 阶；$N(s)$为开环传递函数的分母多项式且为 n 阶；m 和 n 满足 $n \geqslant m$。实际系统的开环传递函数 $G(s)H(s)$分母阶数 n 总是大于或等于分子阶数 m，因此特征函数 $F(s)$的分子和分母同阶，即零点个数和极点个数相等。设 z_i 和 p_i 分别为 $F(s)$的零点和极点，则 $F(s)$可写为

$$F(s)=1+G(s)H(s)=1+\frac{M(s)}{N(s)}=\frac{N(s)+M(s)}{N(s)}=\frac{\prod\limits_{j=1}^{n}(s-z_j)}{\prod\limits_{i=1}^{n}(s-p_i)} \tag{5-57}$$

综上所述，特征函数 $F(s)$具有以下特点。

1）特征函数 $F(s)$是闭环特征多项式 $N(s)+M(s)$与开环特征多项式 $N(s)$之比，$F(s)$的零点是系统闭环传递函数的极点，$F(s)$的极点是系统开环传递函数的极点。

2）$F(s)$的零点个数和极点个数相同，均为 n 个。

3）$F(s)$与开环传递函数 $G(s)H(s)$之间只差常量 1。

4）$F(s)=1+G(s)H(s)$的几何意义为：[F]平面的坐标原点就是[GH]平面上的(−1,j0)点，如图 5-37 所示。

5）映射曲线 Γ_F 对[F]平面坐标原点的包围情况就是映射曲线 Γ_{GH} 对[GH]平面(−1,j0)点的包围情况。

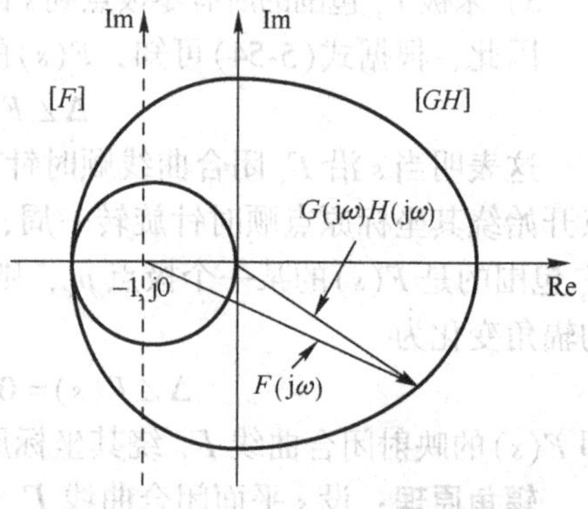

图 5-37 F 平面与 GH 平面关系图

闭环系统稳定的充要条件是：特征函数 $F(s)$的零点必须全部位于左半 s 平面。在使用奈奎斯特稳定判据分析系统的稳定性面临的问题是：当已知开环传递函数的极点时，如何判断 $F(s)=1+G(s)H(s)$在 s 平面的右半平面有无零点的问题，也就是说闭环传递函数在 s 右半平面有无极点的问题。为了解决该问题，现将闭合曲线 Γ_s 扩展为包含围整个 s 右半平面的闭合曲线，如图 5-38 所示，由 3 段曲线组成。

① 负虚轴：$s=\mathrm{j}\omega$，频率 ω 由$-\infty$变化到 0。

② 正虚轴：$s=\mathrm{j}\omega$，频率 ω 由 0 变化到 $\omega\to\infty$。

③ 半径为无穷大的右半圆：$s=Re^{\mathrm{j}\theta}$，$R\to\infty$，θ 由$\frac{\pi}{2}$变化到$-\frac{\pi}{2}$；

由以上 3 段组成的闭合曲线 Γ_s 称为奈奎斯特围线（或者叫奈奎斯特路径）。

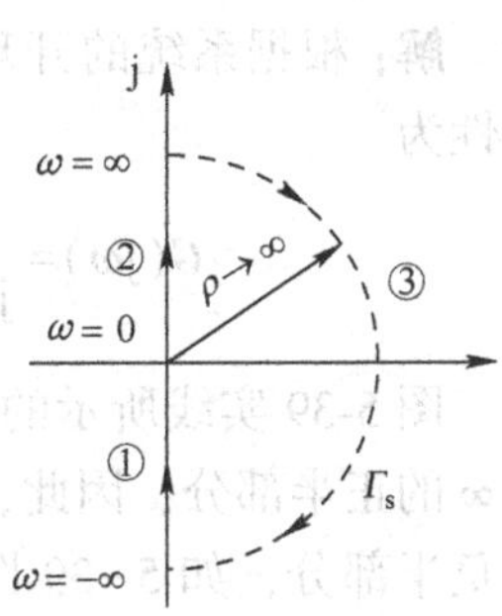

图 5-38　奈奎斯特围线

当 s 沿负虚轴和正虚轴变化时，$s=\mathrm{j}\omega$，ω 由 $-\infty$ 变化到 $+\infty$，它在[F]平面上的封闭的映射曲线就是 $F(\mathrm{j}\omega)$，且 $F(\mathrm{j}\omega)=1+G(\mathrm{j}\omega)H(\mathrm{j}\omega)$；当 s 沿无限大半径的半圆部分运动时，$s\to\infty$，其映射到[F]平面上为 $F(\infty)=1+G(\infty)H(\infty)$，由于开环传递函数 $G(s)H(s)$ 的分子阶次 m 小于分母阶次 n，则 $G(\infty)H(\infty)$ 等于零，这表明 s 沿半径为无穷大的半圆路径运动时，在[F]平面上只映射为一个点(1,j0)，也就是[GH]平面的坐标原点，这并不影响映射曲线对[F]平面坐标原点的包围。综上所述，只有当 s 从 $\omega=-\mathrm{j}\infty$ 沿虚轴运动并最终到达 $\omega=+\mathrm{j}\infty$ 时，才会在[GH]平面上映射出整个曲线 Γ_{GH}，即：s 沿虚轴由 $-\mathrm{j}\infty\to+\mathrm{j}\infty$ 时的 $G(\mathrm{j}\omega)H(\mathrm{j}\omega)$ 曲线就是 s 沿奈奎斯特围线 Γ_s 运动一周时在[GH]平面上产生的映射曲线 Γ_{GH}。

5.4.2　奈奎斯特稳定判据

1. 开环传递函数不包含积分环节的奈奎斯特稳定判据

根据辐角原理，奈奎斯特路径不应通过 $F(s)$ 的零极点，因此这里暂且假定 $F(s)$ 没有为零的极点，即开环系统不包含积分环节。设定 $F(s)=1+G(s)H(s)$ 在 s 右半平面上的零点数为 Z（即闭环特征方程在 s 右半平面的特征根数为 Z），极点数为 P（即开环特征方程在 s 右半平面的特征根数为 P），当 s 沿奈奎斯特路径顺时针移动一周时，在 $F(s)$ 平面上的围线 Γ_F 包围原点的次数 R，就是 $G(\mathrm{j}\omega)H(\mathrm{j}\omega)$ 曲线包围[GH]平面(-1,j0)点的次数 R，即

$$R=P-Z \tag{5-58}$$

由此即可得到奈奎斯特稳定判据。

系统稳定的充要条件是在 s 右半平面上闭环特征方程的根数为零，即 $F(s)$ 在 s 右半平面上的零点数为零，即 $Z=0$，因此，系统稳定的充分必要条件是

$$R=P \tag{5-59}$$

式(5-59)确定了闭环系统稳定性与开环频率特性之间的关系，因此，奈奎斯特稳定判据如下。

1）若系统在 s 右半平面有 P 个开环极点，则闭环系统稳定的充分必要条件是：当 ω 由 $-\infty\to+\infty$ 变化时，$G(\mathrm{j}\omega)H(\mathrm{j}\omega)$ 曲线逆时针包围[GH]平面上(-1,j0)点的次数 R 等于开环传递函数右极点个数 P。

2）若系统在 s 右半平面没有极点，即 $P=0$，则闭环系统稳定的充要条件是：当 ω 由 $-\infty\to+\infty$ 变化时 $G(\mathrm{j}\omega)H(\mathrm{j}\omega)$ 曲线不包围(-1,j0)点。如果 $R\neq P$，则闭环系统不稳定，且可由式(5-58)确定闭环右极点个数为 $Z=P-R$。

需要强调的是：若奈奎斯特曲线 $G(\mathrm{j}\omega)H(\mathrm{j}\omega)$ 正好通过(-1,j0)点，表明闭环系统临界稳定，此时闭环特征方程有纯虚根，所以称(-1,j0)点为临界稳定点（临界点或稳定边界）。对于实际系统是不允许有闭环极点位于虚轴上的。

例 5-7　设系统的开环传递函数为 $G(s)=\dfrac{K}{s-1}$ 且 $K=2$，其极坐标图如图 5-39 中实线所示，判断闭环系统的稳定性。

解：根据系统的开环传递函数，可知系统的开环频率特性为

$$G(\mathrm{j}\omega)=\frac{K}{\mathrm{j}\omega-1}=-\frac{2}{1+\omega^2}-\mathrm{j}\frac{2\omega}{1+\omega^2}$$

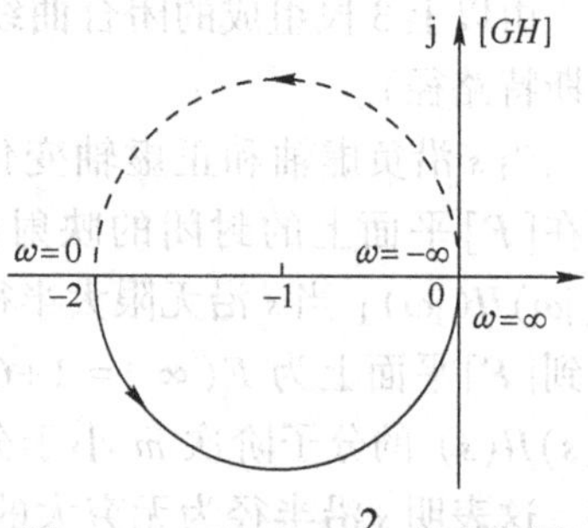

图 5-39 $G(\mathrm{j}\omega)=\dfrac{2}{\mathrm{j}\omega-1}$ 极坐标图

图 5-39 实线所示的开环频率特性极坐标图是当 ω 从 0 $\to\infty$ 的正半部分，因此，对称于实轴可以画出 ω 从 $-\infty\to 0$ 的负半部分，如 5-39 图中虚线所示。由此可知，当 ω 由 $-\infty$ 变化到 $+\infty$ 时，$G(\mathrm{j}\omega)H(\mathrm{j}\omega)$ 的闭合曲线逆时针包围(-1,j0)点一次，而开环传递函数有一个右极点，即 $P=1$，则根据奈奎斯特判据有 $R=P=1$，故闭环系统是稳定的。

2. 开环传递函数包含积分环节时奈奎斯特稳定判据的应用

对于包含有积分环节的系统，辐角原理不能直接应用。因为如果开环传递函数包含有 v 个积分环节，当 s 沿虚轴变化时，必然要通过 $F(s)$ 在 s 平面上的 v 个极点，这将不满足辐角原理对闭合曲线 Γ_s 的要求。为了能继续使用奈奎斯特稳定判据来分析闭环系统的稳定性，且使奈奎斯特围线不经过原点处的极点但却仍能包围整个 s 右半平面，现以原点为圆心画一个半径为无穷小的右半圆绕过原点处的极点，则奈奎斯特路径将由以下 4 段组成。

① 负虚轴：$s=\mathrm{j}\omega$，频率 ω 由 $-\infty$ 变化到 0^-。

② 半径为无穷小的右半圆：$s=\varepsilon\mathrm{e}^{\mathrm{j}\theta}$，$\varepsilon\to 0$，$\theta$ 由 $-\dfrac{\pi}{2}$ 变化到 $\dfrac{\pi}{2}$。

③ 正虚轴：$s=\mathrm{j}\omega$，频率 ω 由 0^+ 变化到 ∞。

④ 半径为无穷大的有半圆：$s=R\mathrm{e}^{\mathrm{j}\theta}$，$R\to\infty$，$\theta$ 由 $\dfrac{\pi}{2}$ 变化到 $-\dfrac{\pi}{2}$。

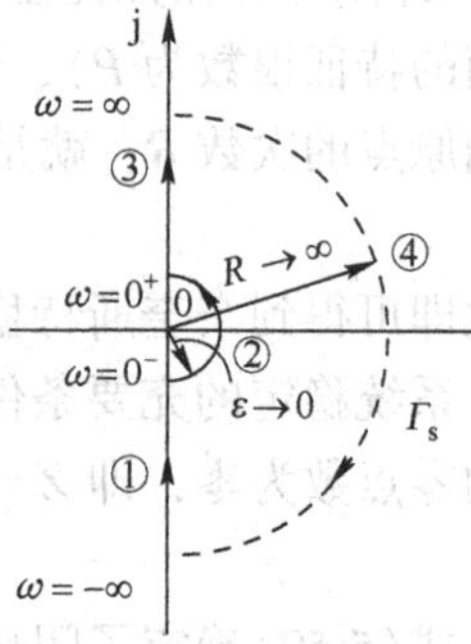

图 5-40 开环系统包含积分环节时的奈奎斯特路径

如图 5-40 所示，从而可继续使用奈奎斯特判据分析系统的稳定性。

3. 奈奎斯特稳定判据在系统开环频率特性极坐标图上的应用

通常，在利用奈奎斯特曲线判断闭环系统的稳定性时，为简便起见，只要画出 ω 从 0 变化到 ∞ 的频率特性曲线，此时应该把确定系统在 s 右半平面的极点数公式(5-58)改为

$$Z=P-2N \tag{5-60}$$

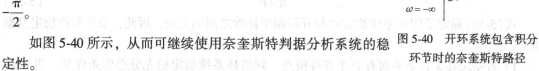

式中，P 为开环系统在 s 右半平面上的极点数；N 为 ω 从 0 变化到 ∞ 时，开环频率极坐标图围绕(-1,j0)点的次数(逆时针方向运行时 N 为正，顺时针运行时 N 为负)，则有 $R=2N$。同理，当 $Z=0$ 时闭环系统稳定，故

$$N=\frac{P}{2} \tag{5-61}$$

奈奎斯特稳定判据可进一步描述如下。

1) 若系统在 s 右半平面有 P 个开环极点，则闭环系统稳定的充分必要条件是：当 ω 由 0 $\to+\infty$ 变化时，$G(j\omega)H(j\omega)$ 极坐标图逆时针包围[GH]平面上$(-1,j0)$点的次数 N 为 $P/2$。

2) 若系统在 s 右半平面没有极点，即 $P=0$，则闭环系统稳定的充要条件是：当 ω 由$-\infty\to+\infty$ 变化时，$G(j\omega)H(j\omega)$ 曲线不包围$(-1,j0)$点。如果 $R\neq P$，则闭环系统不稳定，且闭环右极点个数为 $Z=P-2N$。

如果开环传递函数 $G(s)H(s)$ 中含 v 个积分环节，则应该根据图 5-40 所示，对奈奎斯特路径进行修改，然后再进行稳定性分析。

例 5-8　已知开环传递函数为

$$G(s)=\frac{K}{s(Ts+1)},K>0,T>0$$

绘制奈奎斯特曲线并分析闭环系统的稳定性。

解：由 $G(s)$ 表达式可知，$G(s)$ 在坐标原点处有一个极点且在 s 右半平面没有极点，即 $P=0$。当 s 沿小半圆移动从 $\omega=0$ 变化到 $\omega=0^+$ 时，在 $G(j\omega)$ 极坐标图为半径 $R\to\infty$ 的 $\pi/2$ 圆弧，如图 5-41 所示。因为 $G(s)$ 的奈奎斯特曲线不包围$(-1,j0)$点，则 $N=0$，因此 $Z=P-2N=0$，即闭环系统是稳定的。

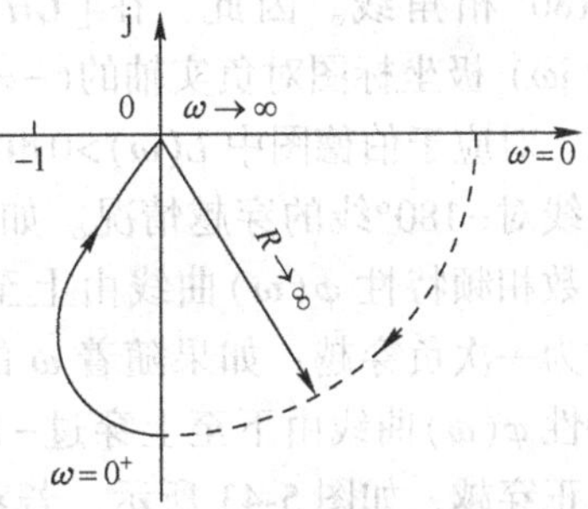

图 5-41　例 5-8 的奈奎斯特图

4. 由“正负穿越次数”判稳

开环频率特性极坐标图对$(-1,j0)$点的包围情况也可以用其对负实轴上$(-\infty,-1)$区段的穿越情况来表示。如图 5-42 所示，当 ω 增加时，频率特性从 s 上半平面穿过负实轴的$(-\infty,-1)$段到 s 下半平面，称为频率特性对负实轴的$(-\infty,-1)$段的正穿越（这时随着 ω 的增加，频率特性的相角增加）；反之称为负穿越。正穿越意味着频率特性曲线对$(-1,j0)$点的逆时针方向的包围，负穿越意味着顺时针方向的包围；若极坐标图始于或止于$(-1,j0)$点以左的$(-\infty,-1)$实轴段，则穿越次数为 1/2，或称“半次穿越”，也有相应的正、负之分。若用 N_+ 表示正穿越次数，N_- 表示负穿越次数，则开环极坐标图对$(-1,j0)$点逆时针包围次数 $N=N_+-N_-$，故而奈奎斯特稳定判据可叙述如下。

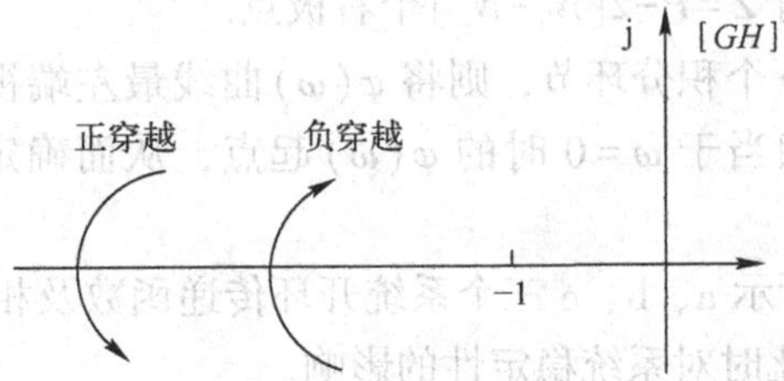

图 5-42　极坐标图上的频率特征的正、负穿越

若开环传递函数 $G(s)H(s)$ 在 s 右半平面的极点数为 P，则闭环系统稳定的充要条件是：当 ω 从 $0\to\infty$ 变化时，开环频率特性 $G(j\omega)H(j\omega)$ 极坐标图对$(-\infty,-1)$实轴段的正负穿越次数之差为 $P/2$，即

$$N_+-N_-=\frac{P}{2} \tag{5-62}$$

若不满足式(5-62)，则闭环系统不稳定，且有 Z 个右极点

$$Z=P-2[N_+-N_-] \tag{5-63}$$

5.4.3 对数意义上的奈奎斯特稳定判据

在实际工程中广泛使用的是频域分析设计方法，在对数频率特性图上利用奈奎斯特判据确定系统的稳定性是十分有意义的。将奈奎斯特稳定判据以伯德图的形式表现出来，就成为了对数意义上的奈奎斯特判据。在伯德图上运用奈奎斯特稳定判据的关键在于如何确定 $G(s)H(s)$ 包围$(-1,\mathrm{j}0)$点的圈数 N。

$[GH]$平面上的$(-1,\mathrm{j}0)$点，其幅值为 1，相角为$-180°$，该点在伯德图上分别对应为 0dB 线和$-180°$相角线。因此，在$[GH]$平面上 $G(\mathrm{j}\omega)H(\mathrm{j}\omega)$ 极坐标图对负实轴的$(-\infty,-1)$段的穿越情况，对应于伯德图中 $L(\omega)>0\,\mathrm{dB}$ 的频段以及$\varphi(\omega)$曲线对$-180°$线的穿越情况。如果随着 ω 的增加，对数相频特性 $\varphi(\omega)$ 曲线由上至下穿过$-180°$线，称为一次负穿越；如果随着 ω 的增加，对数相频特性 $\varphi(\omega)$ 曲线由下至上穿过$-180°$线，则称为一次正穿越，如图 5-43 所示。若对数幅频特性曲线起于或止于$-180°$线上，称为半次穿越，也有相应的正、负半穿越之分。

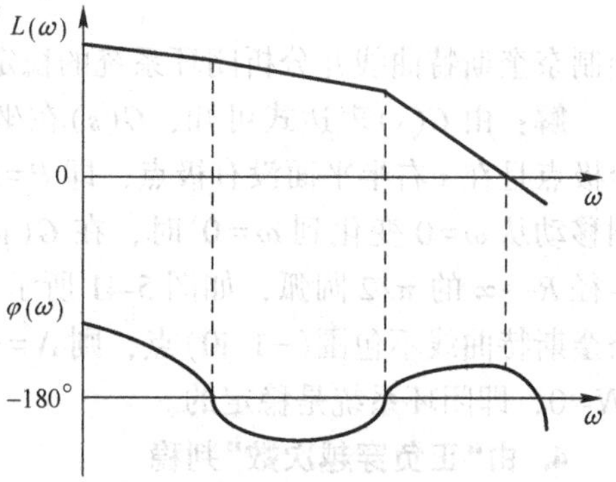

图 5-43 对数频率特性分析系统的稳定性

综上所述，对数意义上的奈奎斯稳定判据可叙述如下。

若开环传递函数 $G(s)H(s)$ 有 P 个右极点，则闭环系统稳定的充要条件是：当 $0<\omega<\infty$ 时，在开环对数幅频特性 $L(\omega)>0\,\mathrm{dB}$ 的频段内，以及对数相频特性 $\varphi(\omega)$ 曲线对$-180°$线的正、负穿越次数之差为 $P/2$，即

$$N_+-N_-=\frac{P}{2} \tag{5-64}$$

否则，闭环系统不稳定且有 $Z=P-2[N_+-N_-]$个右极点。

若开环传递函数中有 v 个积分环节，则将 $\varphi(\omega)$ 曲线最左端视为 $\omega=0^+$处，由下至上补绘 $v\times90°$的虚直线，找到相当于 $\omega=0$ 时的 $\varphi(\omega)$ 起点，从而确定 $\varphi(\omega)$ 对$-180°$线的穿越情况。

例 5-9 已知图 5-44 所示 a、b、c 三个系统开环传递函数及相应的伯德图。判断闭环系统的稳定性并讨论 K 值变化时对系统稳定性的影响。

解： 对于图 5-44a 所示系统而言：由开环传递函数 $G(s)H(s)=\dfrac{K}{s(T_1s+1)}$可知，右极点个数 $P=0$，有一个积分环节，即 $v=1$，则在 $\varphi(\omega)$ 最左端补绘$-90°$虚直线后可知，在 $L(\omega)>0$ 的频段内，$\varphi(\omega)$不穿越$-180°$线，即 $N_+-N_-=0=P/2$，所以闭环系统稳定，而且在任何 K 值下，系统均稳定。

对于图 5-44b 所示系统而言：由开环传递函数可知 $P=0$，$\upsilon=2$，因此在 $\varphi(\omega)$ 最左端补绘 $2\times-90°$ 虚直线后可知，在 $L(\omega)>0$ 的频段内，$N_+=0$，$N_-=1$，所以 $N_+-N_-=-1\neq P/2$，则闭环系统不稳定，而且任何 K 值下均无法稳定，这是一个结构不稳定系统。

对于图 5-44c 所示系统而言：由于系统有一个开环右极点和一个积分环节，即 $P=1$，$\upsilon=1$，则在 $\varphi(\omega)$ 最左端补绘 $-90°$ 虚直线后可知，在 $L(\omega)>0$ 的频段范围内，$\varphi(\omega)$ 对 $-180°$ 线有半次负穿越，一次正穿越，即 $N_+-N_-=1-1/2=1/2=P/2$，因此在图 5-44 所示的 K 值下，闭环系统稳定。若 K 增大，$L(\omega)$ 会平行上移，仍有 $N_+-N_-=1/2=P/2$，故闭环系统是稳定的；但若 K 值减小，$L(\omega)$ 平行下移；当 $K<1/T_2$ 时，在 $L(\omega)>0$ 频段内 $\varphi(\omega)$ 对 $-180°$ 线有 1/2 次负穿越而无正穿越，则系统不稳定；若 $K=1/T_2$，则 $L(\omega)=0\text{ dB}$ 时有 $\varphi(\omega)=-180°$，闭环系统处于临界稳定状态。这说明与一般最小相位系统不同，非最小相位系统 K 的变化会影响系统的稳定性。

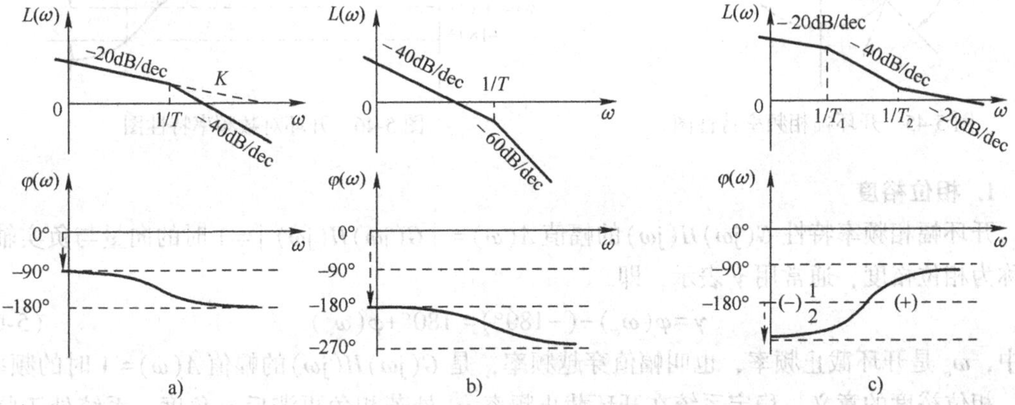

图 5-44 由伯德图分析闭环系统的稳定性

a) $G(s)H(s)=\dfrac{K}{s(Ts+1)}$ b) $G(s)H(s)=\dfrac{K}{s^2(Ts+1)}$ c) $G(s)H(s)=\dfrac{K(T_2s+1)}{s(T_1s-1)}$, $T_1>T_2$

5.5 稳定裕度

在对系统进行分析或者建立数学模型时，常常要对其进行简化处理。因此在设计实际的控制系统时，不仅希望设计的控制系统是绝对稳定的，而且希望该系统能抵抗一定量的扰动或参数变化，也就是相对稳定性。相对稳定性反映了系统稳定的程度，与系统的动态性能指标有着密切的联系。

根据奈奎斯特稳定判据，开环频率特性 $G(j\omega)H(j\omega)$ 与 $(-1,j0)$ 点在极坐标图上的相对位置反映了闭环系统的稳定性。对于最小相位系统，不仅能由此分析闭环系统是否稳定，还可以定量地反映出系统的相对稳定性。进一步分析和工程应用表明，相对稳定性还影响着系统时域响应的性能。一般来说，$G(j\omega)H(j\omega)$ 曲线越靠近 $(-1,j0)$ 点，系统阶跃响应的振荡就越强烈，系统的相对稳定性就越差。因此，通常利用 $G(j\omega)H(j\omega)$ 曲线对 $(-1,j0)$ 点的靠近程度来度量稳定的闭环系统的相对稳定性（不适用于条件稳定系统）。这种靠近程度以稳定裕度（即相位裕度和幅值裕度）来表示。无论在开环幅相频率特性图（如图 5-45 所示）还是开环对数频率特性图(如图 5-46 所示)上，都可获得闭环系统稳定的相位裕度和幅值裕度。相比之下伯德图更为直观方便。

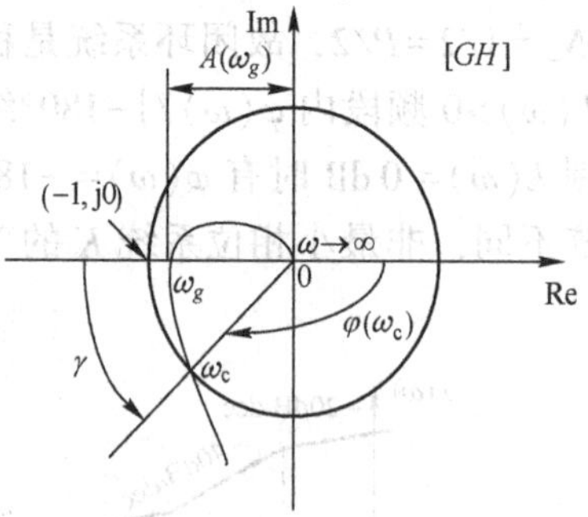

图 5-45 开环幅相频率特性图

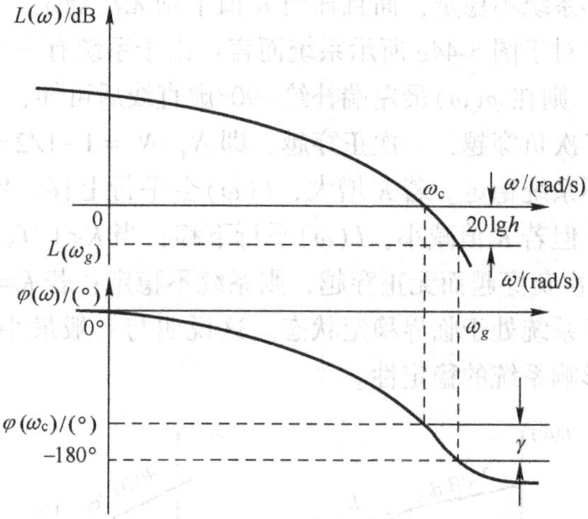

图 5-46 开环对数频率特性图

1. 相位裕度

开环幅相频率特性 $G(\mathrm{j}\omega)H(\mathrm{j}\omega)$ 的幅值 $A(\omega)=|G(\mathrm{j}\omega)H(\mathrm{j}\omega)|=1$ 时的向量与负实轴夹角称为相位裕度，通常用 γ 表示，即

$$\gamma=\varphi(\omega_c)-(-180°)=180°+\varphi(\omega_c) \tag{5-65}$$

式中，ω_c 是开环截止频率，也叫幅值穿越频率，是 $G(\mathrm{j}\omega)H(\mathrm{j}\omega)$ 的幅值 $A(\omega)=1$ 时的频率。

相位裕度的意义：稳定系统在开环截止频率 ω_c 处若相角再滞后 γ 角度，系统处于临界稳定状态；若相角滞后大于 γ 角度，系统将变得不稳定。

对最小相位系统，若 $\gamma>0$，则 $\varphi(\omega_c)>-180°$，说明 $G(\mathrm{j}\omega)H(\mathrm{j}\omega)$ 极坐标图不包围$(-1,\mathrm{j}0)$点；若 $\gamma=0$，则 $G(\mathrm{j}\omega)H(\mathrm{j}\omega)$ 曲线刚好通过$(-1,\mathrm{j}0)$点；若 $\gamma<0$，则 $\varphi(\omega_c)<-180°$，这意味着 $G(\mathrm{j}\omega)H(\mathrm{j}\omega)$ 极坐标图顺时针方向包围了$(-1,\mathrm{j}0)$点。

2. 幅值裕度(增益裕量)

开环频率特性 $G(\mathrm{j}\omega)H(\mathrm{j}\omega)$ 极坐标图与负实轴交点处的频率 ω_g 称为相角交界频率(伯德图上穿越-180°相角对应的频率，即 $\varphi(\omega_g)=\angle G(\mathrm{j}\omega_g)H(\mathrm{j}\omega_g)=-180°$)。定义在相角交界频率 ω_g 处，开环幅频特性 $A(\omega_g)$ 的倒数为闭环系统的幅值裕度 h，即

$$h=\frac{1}{A(\omega_g)}=\frac{1}{|G(\mathrm{j}\omega_g)H(\mathrm{j}\omega_g)|} \tag{5-66}$$

幅值裕度的意义：若开环幅频特性 $A(\omega_g)=|G(\mathrm{j}\omega_g)H(\mathrm{j}\omega_g)|$ 增大 h 倍(即：将开环增益增大 h 倍)，其幅相频率特性曲线将正好通过$(-1,\mathrm{j}0)$点，闭环系统达到临界稳定状态；若开环增益增大倍数大于 h，系统将变成不稳定。若 $h>1$，则 $G(\mathrm{j}\omega)H(\mathrm{j}\omega)$ 极坐标图不包围$(-1,\mathrm{j}0)$点；若 $h<1$，则 $|G(\mathrm{j}\omega_g)H(\mathrm{j}\omega_g)|>1$，$G(\mathrm{j}\omega)H(\mathrm{j}\omega)$ 极坐标图顺时针包围了$(-1,\mathrm{j}0)$点。若$G(\mathrm{j}\omega)H(\mathrm{j}\omega)$ 极坐标图仅在坐标原点才与负实轴相交，则 $h=\infty$。

由上所述，要使最小相位系统稳定，必须有相位裕度 $\gamma>0$，幅值裕度 $h>1$；若相位裕度 $\gamma<0$ 或幅值裕度 $h<1$，则系统不稳定。为保证系统的相对稳定性，往往要求稳定裕度不能太

小。工程上一般要求 $\gamma>30°$（一般取 $40°\sim60°$），$20\lg h>6$ dB（一般取 10~20 dB）。

3. 控制系统的相对稳定性分析

利用相位裕度和幅值裕度对控制系统进行稳定性分析一般针对的是最小相位系统的单位负反馈闭环系统的稳定性。相位裕度和幅值裕度反映系统性能，并能反映参数变化对系统性能影响的不灵敏程度。幅值裕度和相位裕度并不能完全表征系统的相对稳定性。稳定裕度 γ、h 和开环截止频率 ω_c 是分析和设计系统的重要频域指标。相位裕度 γ 和幅值裕度 h 大的系统往往响应速度较慢，相位裕度 γ 和幅值裕度 h 小的系统则振荡加剧，所以，相位裕度和幅值裕度过大、过小都不好。相位裕度 γ 和幅值裕度 h 并无固定的简单比例关系，不能根据相位裕度 γ 的大小来判断幅值裕度 h 的大小，反之亦然。为了确定系统的相对稳定性，必须同时给出相位裕度和幅值裕度，但在粗略估算系统性能时，往往主要对相位裕度 γ 提出要求。

最小相位系统开环传递函数通常为

$$G(s)H(s)=\frac{K\prod_{j=1}^{m}(T_js+1)}{s^v\prod_{i=1}^{n}(T_is+1)}$$

则系统的相位裕度为

$$\gamma=180°+\varphi(\omega_c)=180°-v90°-\sum_{i=1}^{n-v}\arctan T_i\omega_c+\sum_{j=1}^{m}\arctan T_j\omega_c \tag{5-67}$$

对于高阶系统，通常难以准确计算开环截止频率 ω_c 的值。在工程设计和分析时通常利用开环对数幅频渐近特性穿过 0 dB 线的频率作为系统的开环截止频率 ω_c，即：按 $L(\omega_c)=0$ 来计算 ω_c，再根据相频特性确定相位裕度 γ，分析系统的相对稳定性。

例 5-10　某单位反馈系统开环传递函数为

$$G(s)=\frac{100}{s(s+2)(s+10)}$$

试计算系统的相位裕度 γ、幅值裕度 h，分析系统的稳定性。

解： 解法 1，用幅相曲线求 γ,h，有

$$|G(j\omega_c)|=1=\frac{100}{\omega_c\sqrt{\omega_c^2+2^2}\sqrt{\omega_c^2+10^2}}$$

$$\omega_c^2[\omega_c^4+104\omega_c^2+400]=10000$$

试根得 $\omega_c=2.9$，则

$$\begin{aligned}\gamma&=180°+\angle G(j\omega_c)=180°+\varphi(2.9)\\&=180°-90°-\arctan\frac{2.9}{2}-\arctan\frac{2.9}{10}\\&=90°-55.4°-16.1°\\&=18.5°\end{aligned}$$

令
$$\varphi(\omega_g)=-180°=-90°-\arctan\frac{\omega_g}{2}-\arctan\frac{\omega_g}{10}$$

解得
$$\omega_g=4.47$$

$$h=\frac{1}{|G(j\omega_g)|}=\frac{\omega_g\sqrt{\omega_g^2+2^2}\sqrt{\omega_g^2+10^2}}{100}=2.4$$

$$20\lg h=7.6\ \text{dB}$$

解法 2，由伯德图近似计算，有

$$L(\omega):|G(j\omega_c)|=1=\frac{5}{\omega_c\cdot\frac{\omega_c}{2}\cdot 1}=\frac{10}{\omega_c^2}$$

$$\therefore \omega_c=\sqrt{10}=3.16$$

$$\omega_g=\sqrt{2\times 10}=4.47$$

$$h=\frac{1}{|G(j4.47)|}=\frac{1}{0.4167}=2.4$$

$$\gamma=180^\circ+\angle G(j\omega_c)=180^\circ+\varphi(3.16)$$

$$=180^\circ-90^\circ-\arctan\frac{3.16}{2}-\arctan\frac{3.16}{10}$$

$$=90^\circ-57.67^\circ-17.54^\circ$$

$$=14.8^\circ$$

虽然 $20\lg h=7.6\ \text{dB}>6\ \text{dB}$，极坐标图仅从负实轴方向远离$(-1,j0)$点，但 $\gamma=18.5^\circ<30^\circ$ 偏小，系统的平稳性并不理想。幅相频率特性曲线和对数频率特性曲线分别如图 5-47 和图 5-48 所示。

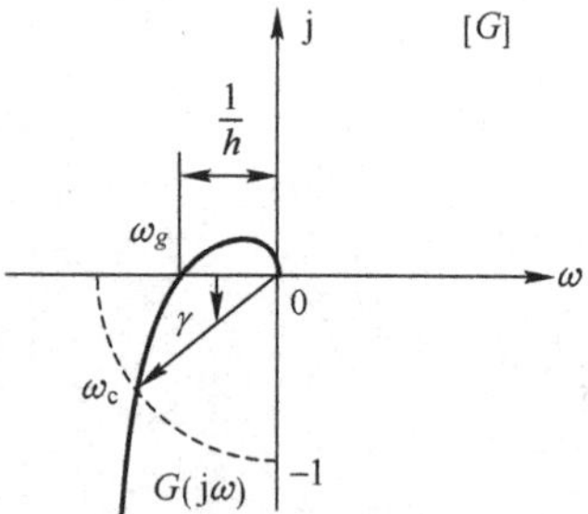

图 5-47 幅相频率特性曲线

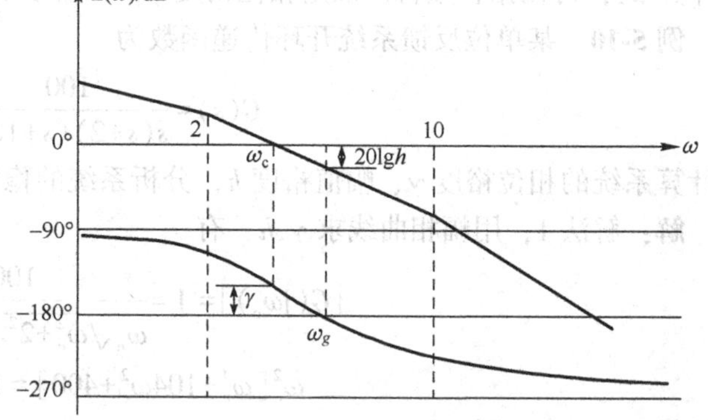

图 5-48 对数频率特性曲线

对一个稳定的系统，通常可以通过对数频率特性曲线读出 ω_c，避免复杂计算过程。系统的对数幅频特性曲线的斜率与对数相频特性曲线对应相角有唯一对应关系。如果开环截止频率 ω_c 处 $L(\omega)$ 的斜率为-40 dB/dec，则系统可能稳定也可能不稳定，即使系统稳定，相位裕度也较小；若在开环截止频率 ω_c 处 $L(\omega)$ 的斜率为-60 dB/dec 或更陡，则系统很可能是不稳定的。一般要求在开环截止频率 ω_c 处，对数幅频特性 $L(\omega)$ 的斜率应大于-40 dB/dec。在设计系统时总是使 $L(\omega)$ 在开环截止频率 ω_c 附近足够宽的频率范围内斜率为-20 dB/dec，称这一段为 $L(\omega)$ 的中频段，它将集中反映出闭环系统的动态性能。

例 5-11 已知单位反馈系统，其开环传递函数为

$$G(s)=\frac{2K_1}{s(s+2)}$$

为满足系统性能，要求 $K_v=20(1/s)$，相位裕度 $\gamma=50°$。

1）试确定满足 K_v 要求的参数 K_1 值。

2）分析系统能否同时满足相位裕度的要求。

解： 1）由 $G(s)=\frac{2K_1}{s(s+2)}=\frac{K_1}{s(0.5s+1)},\upsilon=1$

可知 $K_v=K_1$，要求 $K_v=20$，则有 $K_1=20$。

2）将 $K_1=20$ 代入 $G(s)$。由 $G(s)=40/[s(s+2)]$ 画出系统开环对数频率特性，如图 5-49 所示。由图可见，开环截止频率位于 $L(\omega)$ 斜率 -40 dB/dec 的段上。计算可得

$$\omega_c=\sqrt{\frac{1}{T}\cdot K_v}=\sqrt{2\times20}(1/s)=6.32(1/s)$$

计算系统的相位裕度为

$$\gamma=180°+\varphi(\omega_c)=180°-90°-\arctan0.5\times6.32=17.5°$$

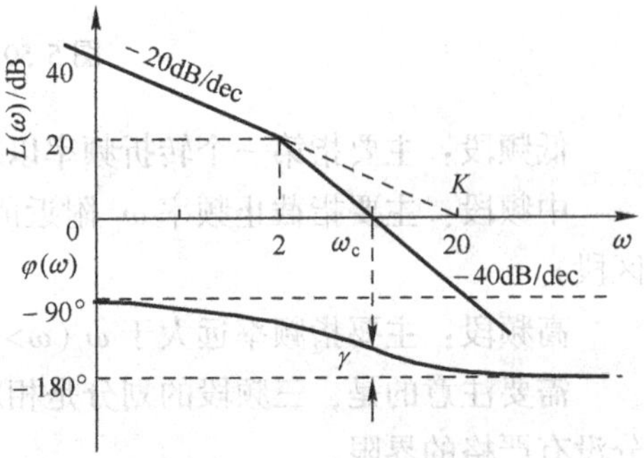

图 5-49 例 5-11 的开环对数频率特性

尽管该系统幅值裕度 $h=\infty$，但当达到控制精度要求满足 $K_v=20(1/s)$ 时，相位裕度仅为 17.5°，本例为典型二阶系统，其阻尼比仅为 0.158，显然不能满足系统平稳性要求。若为了提高 γ 减小 K_1 值，则又会增大斜坡输入下的稳态误差。为了满足系统控制精度的要求可以采用添加校正装置的方法，通过改变开环对数频率特性(伯德图)形状，达到系统的性能要求，具体校正方法将在第 6 章详细讨论。

5.6 控制系统的频域分析

分析反馈控制系统的性能，既可以用开环频率特性估算，也可以通过闭环频率特性来分析。系统的开环频率特性是指闭环系统从反馈点断开后，开环传递函数 $G(s)$ 对应的开环频率特性 $G(j\omega)$。系统的闭环频率特性是指整个系统的传递函数 $\Phi(s)$ 对应的闭环频率特性 $\Phi(j\omega)$。相应的频域指标也分为开环频域指标和闭环频域指标。

5.6.1 利用开环频率特性分析系统性能

在分析系统性能时，频域指标没有时域指标直接、准确。因此，一般利用频率指标和时域指标之间的关系进行系统性能分析。因为对数频率特性应用的广泛性和便利性，本节以伯德图为基础，利用频域指标和时域指标的关系估算系统的时域响应性能。

对于实际系统的开环对数频率特性 $L(\omega)$ 一般都具有左端高(频率低)，右端低(频率高)的特征。依据此可以将 $L(\omega)$ 人为地分为 3 个频段：低频段、中频段和高频段，如图 5-50 所示。

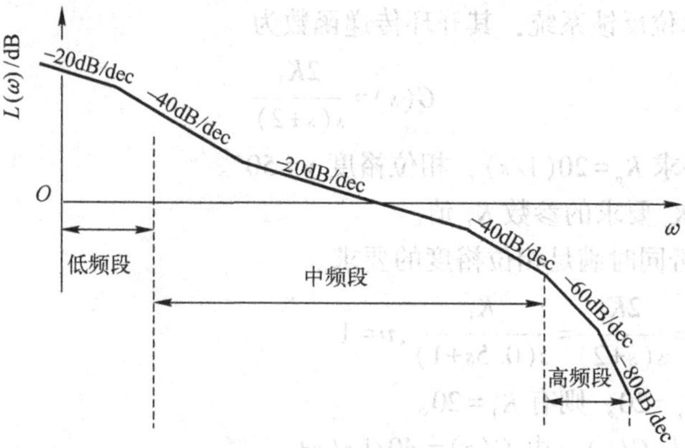

图 5-50 对数频率特性三频段

低频段：主要指第一个转折频率以左的频段。

中频段：主要指截止频率 ω_c 附近的频段（开环对数幅频特性在开环截止频率 ω_c 附近的区段）。

高频段：主要指频率远大于 $\omega_c(\omega>10\omega_c)$ 的频段。

需要注意的是，三频段的划分是相对的，与无线电学科中的频率划分不同，三频段的划分没有严格的界限。

（1）低频段

系统的低频段特性完全由积分环节和开环增益决定。取低频段对应传递函数：

$$G_L(s)=\frac{K}{s^v} \tag{5-68}$$

其对数幅频特性为

$$20\lg|G_L(j\omega)|=20\lg\frac{K}{\omega^v} \tag{5-69}$$

将对数幅频曲线的低频段延长，取其与 0 dB 线的交点，交点频率 $\omega_0=K^{\frac{1}{v}}$。易得，正是系统中积分环节个数 v 和开环增益 K 确定了 $L(\omega)$ 的低频段，低频段斜率越小，位置越高，对应积分环节数目就越多，开环增益就越大。根据前面章节的内容，可以根据系统型别和开环增益 K，利用静态误差系数法求得系统给定输出下的稳态误差。

对 0 型系统可由起始段水平线高度求得静态位置误差系数 $K_p=K$；对于Ⅰ型系统的静态速度误差系数 $K_v=\omega_0$；对于Ⅱ型系统静态加速度误差系数 $K_a=K=\omega_0^2$。

（2）中频段

中频段集中反映了闭环系统动态响应的快速性和平稳性。最小相位系统中对数幅频 $L(\omega)$ 与相角 $\varphi(\omega)$ 有唯一对应关系，$L(\omega)$ 斜率越小，则 $\varphi(\omega)$ 越小。在开环截止频率 ω_c 处，$L(\omega)$ 的斜率对相位裕度 γ 的影响最大，越远离 ω_c，$L(\omega)$ 的斜率对 γ 的影响就越小。

对于典型二阶系统，其开环传递函数为

$$G(s)=\frac{\omega_n^2}{s(s+2\xi\omega_n)}\qquad(0<\xi<1)$$

系统开环频率特性为
$$G(\mathrm{j}\omega)=\frac{\omega_n^2}{\mathrm{j}\omega(\mathrm{j}\omega+2\xi\omega_n)}$$

开环幅频特性为
$$A(\omega)=\frac{\omega_n^2}{\omega\sqrt{\omega^2+(2\xi\omega_n)^2}} \tag{5-70}$$

开环相频特性为
$$\varphi(\omega)=-90°-\arctan\frac{\omega}{2\xi\omega_n} \tag{5-71}$$

取
$$A(\omega_c)=1=\frac{\omega_n^2}{\omega_c\sqrt{\omega_c^2+(2\xi\omega_n)^2}}$$

解得
$$\omega_c=\sqrt{\sqrt{4\xi^4+1}-2\xi^2}\,\omega_n \tag{5-72}$$

代入可得
$$\varphi(\omega_c)=-90°-\arctan\frac{\omega_c}{2\xi\omega_n} \tag{5-73}$$

相位裕度
$$\gamma=180°+\varphi(\omega_c)=\arctan\frac{2\xi\omega_n}{\omega_c} \tag{5-74}$$

$$\therefore \gamma=\arctan\frac{2\xi}{\sqrt{\sqrt{4\xi^4+1}-2\xi^2}} \tag{5-75}$$

超调量
$$\sigma=\mathrm{e}^{-\pi\xi/\sqrt{1-\xi^2}}$$

调整时间
$$t_s=\frac{3.5}{\xi\omega_n}\quad(0.3<\xi<0.8)$$

$$t_s\omega_c=\frac{7}{\tan\gamma} \tag{5-76}$$

由上述可知相位裕度 γ 与超调量 σ 有确定的对应关系，对应关系如图5-51所示。ζ 越大，γ 越大，$\sigma\%$越小。为使控制系统具有良好的动态特性，通常希望 $30°\leqslant\gamma<70°$，相当于系统阻尼比 $\zeta=0.3\sim0.8$。调整时间 t_s 与 γ 和 ω_c 有关。

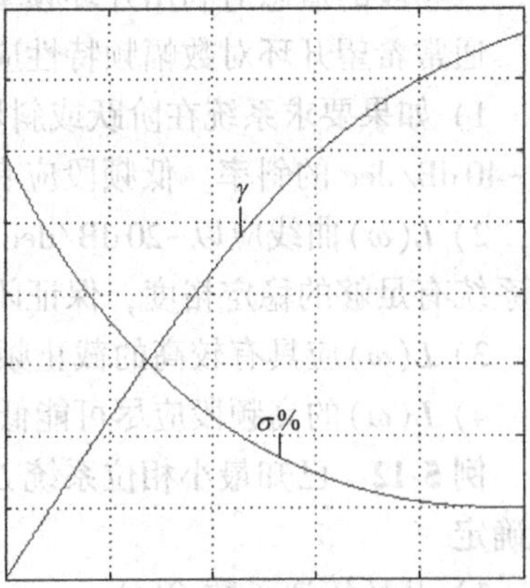

图5-51 相位裕度与超调量对应关系

对于一般高阶系统，依靠推导得出相位裕度和开环截止频率同超调量和调整时间的关系是困难的。在工程分析和设计中，通常采用下面的经验公式来估算系统的动态性能指标。

$$\sigma\%=\left[0.16+0.4\left(\frac{1}{\sin\gamma}-1\right)\right] \tag{5-77}$$

$$t_s=\frac{\pi}{\omega_c}\left[2+1.5\left(\frac{1}{\sin\gamma}-1\right)+2.5\left(\frac{1}{\sin\gamma}-1\right)^2\right] \tag{5-78}$$

式中，$35°\leqslant\gamma\leqslant90°$。

当开环截止频率 ω_c 确定时，随着相位裕度 γ 的增加，高阶系统的超调量 $\sigma\%$和调整时间 t_s 都会降低。

(3) 高频段

高频段通常指 $L(\omega)$ 曲线在中频段以后($\omega>10\omega_c$)的区段，通常是由小时间常数的环节构成的。由于其对应频率均远离开环截止频率 ω_c，闭环对数幅频特性 $20\lg M(\omega)$ 与 $L(\omega)$ 已基本一致，以较大的斜率向更负的 dB 值方向衰减，反映出系统的低通滤波特性，形成了系统对阶跃输入中的高频信号不响应。高频段对系统的动态性能影响不大。但是系统开环对数频率在高频段的特性直接反映系统对输入高频信号的抑制能力，高频特性的分贝值越低，系统对高频信号的衰减作用就越大，系统的抗干扰能力就越强。

图 5-52 给出了工程上更常用的高阶 I 型系统对数幅频特性。为增强系统的抗干扰能力，高频段可有更大的负斜率；低频段斜率-20 dB/dec，通过引进一个附加正相位裕度，可对高频段出现的比-40 dB/dec 更负的斜率段带来的不利影响起到一定的补偿。中频段设置为宽度 $h=\omega_3/\omega_2$、斜率-20 dB/dec 以保证足够的相位裕度，而用开环截止频率 ω_c 来保证系统要求的快速性。

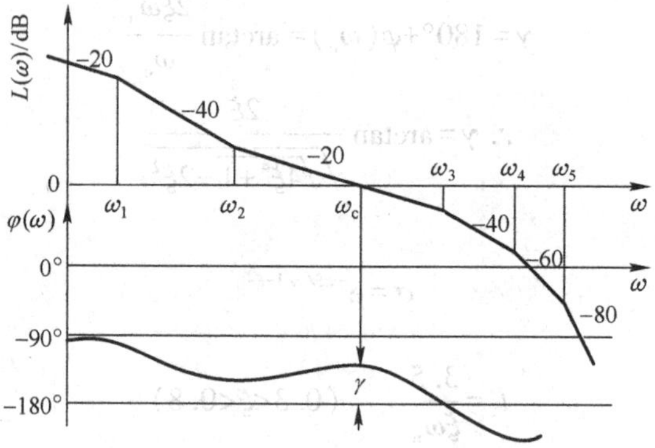

图 5-52 高阶 I 型系统对数幅频特性

三频段的概念对利用开环频率特性分析闭环系统性能及工程设计指出了方向。

通常希望开环对数幅频特性应具有下述特点。

1) 如果要求系统在阶跃或斜坡作用下无稳态误差，则 $L(\omega)$ 的低频段应保持-20 dB/dec 或-40 dB/dec 的斜率。低频段应有较高的分贝值以保证系统的稳态精度。

2) $L(\omega)$ 曲线应以-20 dB/dec 的斜率穿过 0 dB 线，且具有一定的中频段宽度。这样能保证系统有足够的稳定裕度，保证闭环系统有良好的平稳性。

3) $L(\omega)$ 应具有较高的截止频率 ω_c 以提高闭环系统的快速性。

4) $L(\omega)$ 的高频段应尽可能低，以增强系统的抗干扰能力。

例 5-12 已知最小相位系统 $L(\omega)$ 如图 5-53 所示，试确定

1) 开环传递函数 $G(s)$。

2) 由 γ 确定系统的稳定性。

3) 将 $L(\omega)$ 右移十倍频，讨论对系统的影响。

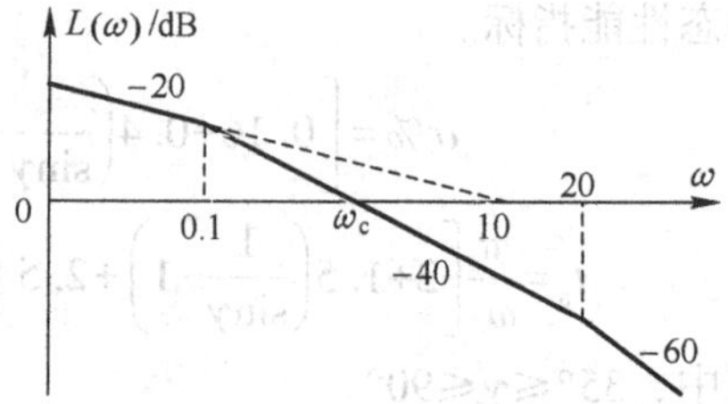

图 5-53 例 5-12 的对数频率特性图

解：1) 由图可知

$$G(s)=\frac{20}{s(s+0.1)(s+20)}$$

2)

$$\gamma=180°-90°-\arctan10-\arctan\frac{1}{20}$$

$$=2.8°>0$$

$$\omega_c=\sqrt{0.1\times10}=1$$

可以看到$\gamma=2.8°>0$，系统稳定，但相对稳定性很差。

3）将$L(\omega)$右移十倍频

$$G(s)=\frac{100}{s(s+1)\left(\frac{s}{200}+1\right)}$$

$$\omega_c=\sqrt{1\times100}=10$$

$$\gamma=180°-90°-\arctan10-\arctan\frac{10}{200}$$

$$=90°-84.3°-2.86°=2.8°$$

从上式可以看出$L(\omega)$右移十倍频后，相位裕度γ值没有发生变化，所以系统超调量$\sigma\%$不变，开环截止频率ω_c增大，所以调整时间t_s减小。

5.6.2 利用闭环频率特性分析系统性能

1. 闭环频率特性曲线的绘制

基于开环频率特性来绘制闭环频率特性曲线时，考虑到绘制伯德图简单方便的特点，通常是由已知的开环对数频率特性求闭环幅频特性、相频特性。对于单位反馈系统，其开环频率特性如下：

$$G(j\omega)=A(\omega)e^{j\varphi(\omega)}$$

其闭环频率特性如下：

$$\Phi(j\omega)=\frac{G(j\omega)}{1+G(j\omega)}=M(\omega)e^{j\alpha(\omega)}$$

$$M(\omega)=\left|\frac{G(j\omega)}{1+G(j\omega)}\right|=\left[1+\frac{1}{A^2(\omega)}+\frac{2\cos\varphi(\omega)}{A(\omega)}\right]^{-\frac{1}{2}} \tag{5-79}$$

$$\alpha(\omega)=\angle\frac{G(j\omega)}{1+G(j\omega)}=\arctan\frac{\sin\varphi(\omega)}{\cos\varphi(\omega)+A(\omega)} \tag{5-80}$$

将闭环频率特性在以$L(\omega)=20\lg A(\omega)$为纵轴、$\varphi(\omega)$为横轴的对数幅相坐标中，绘制的由闭环频率特性的等$20\lg M(\omega)$dB轨迹和等$\alpha(\omega)$轨迹构成的两个曲线簇，称之为尼柯尔斯图线。

每给定一个$M(\omega)$值，便有一条由函数(5-79)确定的$L(\omega)-\varphi(\omega)$曲线与之对应，给定一系列$M(\omega)$值，所得的一系列$L(\omega)-\varphi(\omega)$曲线即为对数幅相坐标系中的等曲线簇；同理，令为$\alpha(\omega)$常数，便得到由函数(5-80)确定的一条$L(\omega)-\varphi(\omega)$曲线，给出不同的值，则可得到又一簇$L(\omega)-\varphi(\omega)$曲线，即尼柯尔斯图线中的等线簇；尼柯尔斯图线左右对称于$-180°$线。每隔360°，等幅值图线和等相角图线重复一次，如图5-54所示。通过尼柯尔斯图线求闭环频率特性，首先要绘制开环对数幅相特性曲线；然后将开环对数幅相特性曲线用相同的比例尺盖在尼柯尔斯图线上。通过从对数幅相特性曲线与尼柯尔斯图线在等幅值、等相角曲线的交点，可以获得各个频率下闭环频率特性的对数幅值和相角值。如果开环对数幅相曲线与某等 $M(\omega)$ 线相切，则切点 $M(\omega)$ 值就是闭环幅频特性的谐振峰 $M_r(\omega)$ 值，切点频率即为系统的谐振频率 ω_r。当系统开环放大系数变化时，开环对数幅相曲线在尼柯斯图线上作上下平移而不改变形状，因而可根据所要求的闭环系统 M_r 值确定出系统应具有的开环放大系数，使系统设计更方便。尼柯尔斯图是根据单位反馈结构绘制的，对非单位反馈系统，应经过适当的变换后才能通过尼柯尔斯图获得系统的闭环频率特性。

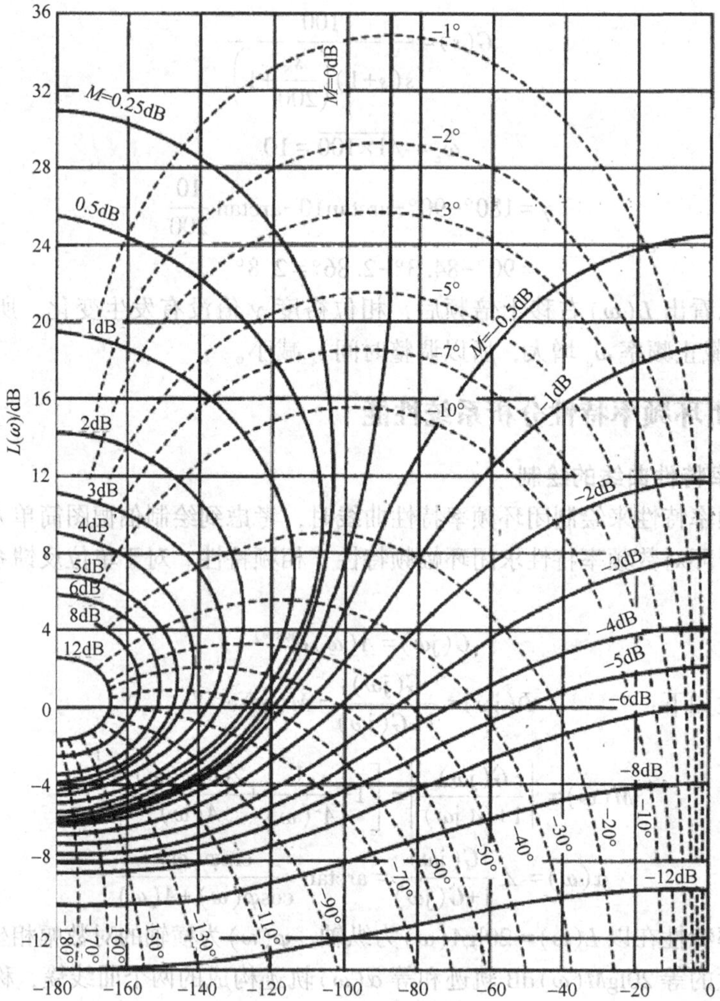

图 5-54 尼柯尔斯图

2. 闭环频率特性的频域指标

系统的性能可以通过闭环频率特性间接反映。作用在控制系统的信号除了控制输入外，常伴随输入端和输出端的多种确定性扰动和随机噪声，因而闭环系统的频域性能指标应该反映控制系统跟踪控制输入信号和抑制干扰信号的能力。闭环幅频特性如图 5-55 所示，可用下述几个指标量来描述系统的闭环幅频特性。

(1) 零频值 $M(0)$

ω 为 0 时闭环幅频特性的数值称为零频值，也是系统单位阶跃响应的稳态值。当 $M(0)=1$ 时意味着，系统阶跃响应的稳态值等于输入，即系统的稳态误差为 0。由此可知，$M(0)$ 的大小直接反映系统在阶跃作用下的稳态精度。$M(0)$ 的值越接近于 1，系统稳态精度就越高。

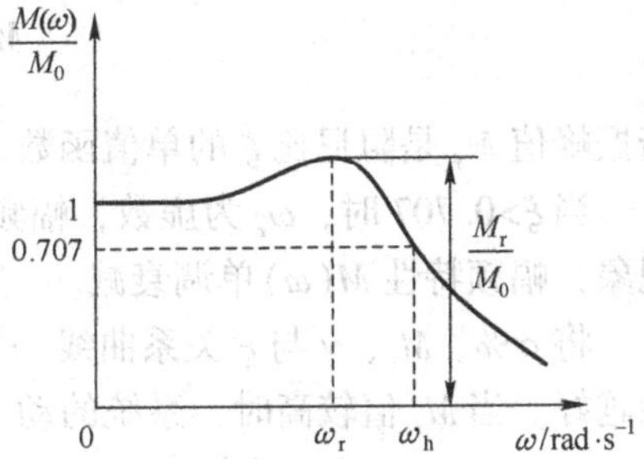

图 5-55 典型的闭环幅频特性

(2) 谐振峰值 M_r

系统闭环幅频特性 $M(\omega)$ 取最大值即为谐振峰值 M_r。谐振峰值 M_r 反映系统对某个频率的正弦输入信号的反映强度，反映其谐振的趋势。当谐振峰值 M_r 较大时，说明系统的相对稳定性差，系统阶跃响应将有较大的超调量。

(3) 谐振频率 ω_r

出现谐振峰值时对应的角频率称为谐振频率。

(4) 频带宽度 ω_h

闭环频率特性的幅值 $M(\omega)$ 从 $\omega=0$ 开始，直到幅值衰减到 $0.707M(0)$ 所对应的频率称为带宽频率。从 0 到带宽频率的一段频率范围称为频带宽度或通频带。控制系统的带宽反映系统静态噪声的滤波特性，另外带宽也用于衡量瞬态响应的特性。带宽宽，说明系统可以通过频率较高的输入信号，系统上升时间短；带宽窄，说明系统只能通过频率较低的输入信号，系统响应时间长。

3. 闭环的频域指标与时域性能指标的关系

利用闭环频率特性进行系统分析、设计时，通常以谐振峰值 M_r 和频带宽度 ω_h(或谐振频率 ω_r)作为依据。下面将在典型二阶系统中验证频域指标 M_r、ω_h 与时域指标 $\sigma\%$、t_s 之间存在关系。这种关系在二阶系统中是严格的、准确的，在高阶系统中是近似的。

图 5-56 所示典型二阶系统闭环传递函数为

$$\Phi(s)=\frac{\omega_n^2}{s^2+2\xi\omega_n s+\omega_n^2}$$

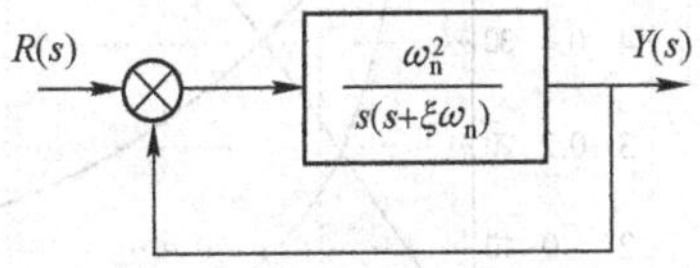

图 5-56 典型二阶系统

式中，ξ、ω_n 分别为阻尼比和无阻尼自然振荡频率。系统的闭环频率特性为

$$\Phi(j\omega)=\frac{1}{(j\omega/\omega_n)^2+j2\xi\omega/\omega_n+1}=\frac{1}{1-(\omega/\omega_n)^2+j2\xi\omega/\omega_n}=M(\omega)e^{j\alpha(\omega)}$$

式中，闭环幅频特性 $M(\omega)$、$\alpha(\omega)$ 分别为

$$M(j\omega)=|\Phi(j\omega)|=\frac{1}{\sqrt{[1-(\omega/\omega_n)^2]^2+4\xi^2(\omega/\omega_n)^2}} \tag{5-81}$$

$$\alpha(\omega)=\angle\Phi(j\omega)=-\arctan\frac{2\xi\omega/\omega_n}{1-(\omega/\omega_n)^2} \tag{5-82}$$

根据前面的章节可知，当系统阻尼比满足 $0<\xi<0.707$ 时，谐振频率 ω_r 和谐振峰值 M_r 分别为

$$\omega_r=\omega_n\sqrt{1-2\xi^2}$$

$$M_r = M(\omega_r) = \frac{1}{2\xi\sqrt{1-\xi^2}}$$

谐振峰值 M_r 是阻尼比 ξ 的单值函数。

当 $\xi>0.707$ 时，ω_r 为虚数，幅频特性 $M(\omega)$ 不存在谐振峰值，即闭环系统不会产生谐振现象，幅频特性 $M(\omega)$ 单调衰减。

将 $\sigma\%$、M_r、γ 与 ξ 关系曲线一并绘出，可以从图 5-57 看出，M_r 越小，系统的阻尼性能越好。当 M_r 值较高时，系统的动态过程超调量大，收敛速度慢，系统平稳性和快速性差。当 $M_r=1.2\sim1.5$ 时，对应 $\sigma\%=20\%\sim30\%$，这时的动态过程具有适度的振荡，有较好的平稳性和快速性。工程上常用 $M_r=1.3$ 作为系统设计的依据。

根据通频带的定义令 $M(\omega)=1/\sqrt{2}$，可求得带宽频率 ω_h 为

$$\omega_h = \omega_n\sqrt{1-2\xi^2+\sqrt{2-4\xi^2+4\xi^4}} \tag{5-83}$$

$$\omega_h t_s = \frac{3.5}{\xi}\sqrt{1-2\xi^2+\sqrt{2-4\xi^2+4\xi^4}} \tag{5-84}$$

易得 $\omega_h t_s$ 与谐振 M_r 的函数关系，如图 5-58 所示。对于给定的谐振峰值 M_r，调整时间 t_s 与带宽 ω_h 成反比，通频带越宽，调节时间越短，系统本身的"惯性"越小，快速性就更好。谐振频率 ω_r 也可以起到相同作用，用类似方法可求出的 $\omega_r t_s$ 与 M_r 关系。

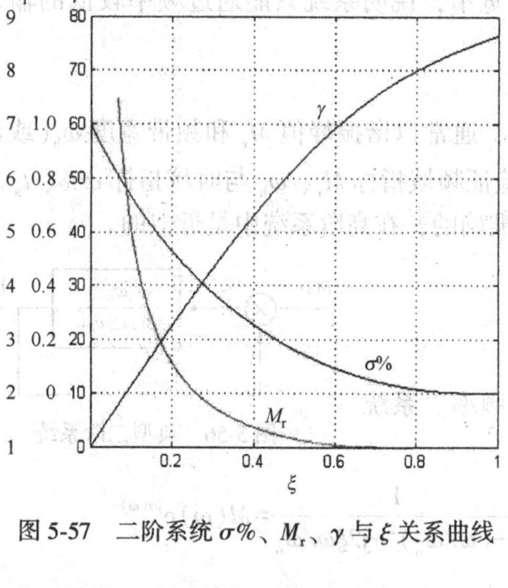

图 5-57 二阶系统 $\sigma\%$、M_r、γ 与 ξ 关系曲线

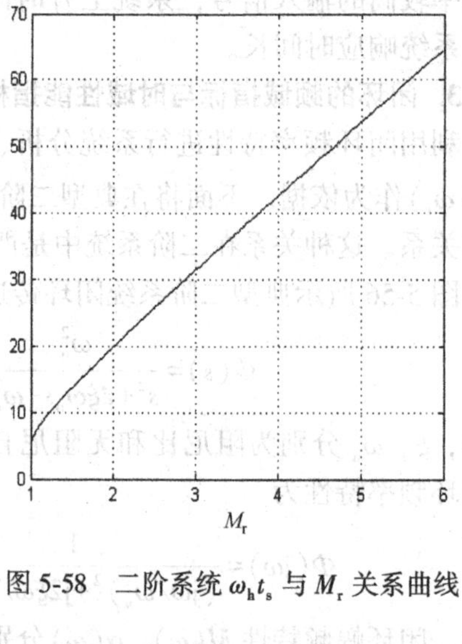

图 5-58 二阶系统 $\omega_h t_s$ 与 M_r 关系曲线

尽管典型二阶系统闭环频域指标 M_r、ω_r 容易测定，但在实际的系统分析和设计中，为了表征系统的相对稳定性，更常给出的是系统开环频率特性和相位裕度、幅值裕度，而不是谐振峰值。相对于闭环频域指标 M_r、ω_r、ω_h，由开环频率特性得到的相位裕度 γ、幅值裕度 h、开环截止频率 ω_c 及系统的静态误差系数 K_p、K_v、K_a 称为系统的开环频域指标。

对于高阶系统（包括含非典型的二阶系统）很难像典型二阶系统那样求取高阶系统闭环频率特性的解析表达式并得到系统的性能指标。但是，若高阶系统存在着一对共轭复数主导极点时，就可以用二阶系统所建立的关系近似表示。

若 M_r 的值在 $1.0<M_r<1.4$（$0\text{ dB}<20\lg M_r<3\text{ dB}$）范围内，相当于由主导复极点确定的等效

阻尼比 ζ 在 $0.4<\zeta<0.7$ 范围内，通常可获得满意的瞬态性能；若 $M_r>1.5$，则阶跃响应平稳性变差，超调量增大，振荡次数增加。

对于一般的高阶系统，经过大量的工程研究，在实践中通常使用下列两个经验公式进行分析、估算：

$$\begin{cases}\sigma\%=[0.16+0.4(M_r-1)]\times100\% & (1\leqslant M_r\leqslant1.8)\\ t_s=\dfrac{\pi}{\omega_c}[2+1.5(M_r-1)+2.5(M_r-1)^2] & (1\leqslant M_r\leqslant1.8)\end{cases} \tag{5-85}$$

如图5-59所示，高阶系统的超调量随着谐振峰值的增大而增大。调节时间随谐振峰值的增大而增大。

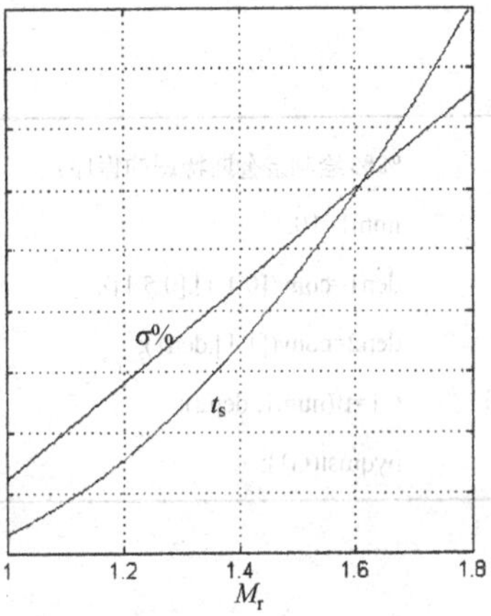

图5-59　高阶系统 $\sigma\%$，t_s 与 M_r 关系

事实上，高阶系统谐振峰值 M_r，带宽频率 ω_h，相位裕度 γ（不太大时）以及截止频率 ω_c 存在下列近似关系：

$$\left.\begin{aligned}\omega_h&=1.6\omega_c\\ M_r&=\frac{1}{\sin\gamma}\end{aligned}\right\} \tag{5-86}$$

例5-13　实验测得某闭环系统的对数幅频特性如图5-60所示，试确定系统的动态性能 $\sigma\%$ 和 t_s。

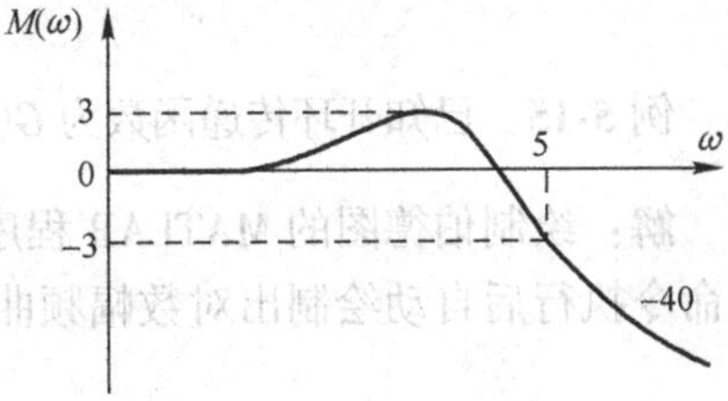

图5-60　例5-13的对数幅频特性图

解：由图可以确定该系统是欠阻尼二阶系统

$$20\lg M_r=3\ \text{dB}$$

$$\omega_h=5$$

将 M_r，ω_h 代入下式

$$M_r=M(\omega_r)=\frac{1}{2\xi\sqrt{1-\xi^2}}$$

$$\omega_h t_s=\frac{3.5}{\xi}\sqrt{1-2\xi^2+\sqrt{2-4\xi^2+4\xi^4}}$$

解得　　$\omega_h t_s=12\qquad \xi=0.4$

解得　$t_s=2.4$，根据 ξ 与 $\sigma\%$ 关系（见图5-57）可得

$$\sigma\%=25\%$$

（亦可求出 ξ、ω_n，根据 $\Phi(s)=\dfrac{\omega_n^2}{s^2+2\xi\omega_n s+\omega_n^2}$ 闭环传递函数确定 $\sigma\%$、t_s。）

5.7　借助MATLAB软件进行系统频域分析

在MATLAB软件中，控制系统工具箱具有丰富的频域分析功能。调用相关函数便可容易地绘制出系统的奈奎斯特图、伯德图和闭环频率特性，计算出系统的相位裕度、幅值裕度和闭环频率特性的谐振峰值。

例5-14　已知开环传递函数为 $G(s)=\dfrac{10}{(0.1s+1)(0.5s+1)(s+1)}$，利用MATLAB软件绘

制系统的奈奎斯特图。

解：绘制传递函数奈奎斯特图的 MATLAB 程序如图 5-61a 所示，其运行结果如图 5-61b 所示，通过 MATLAB 程序将自动绘制出 ω 从$-\infty \to +\infty$ 的封闭曲线，且临界稳定点$(-1, \mathrm{j}0)$点以十字符号的形式出现在图中。

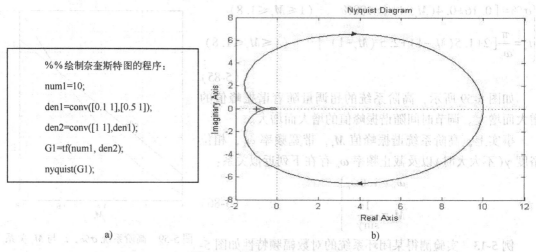

```
%%绘制奈奎斯特图的程序：
num1=10;
den1=conv([0.1 1],[0.5 1]);
den2=conv([1 1],den1);
G1=tf(num1, den2);
nyquist(G1);
```

a)

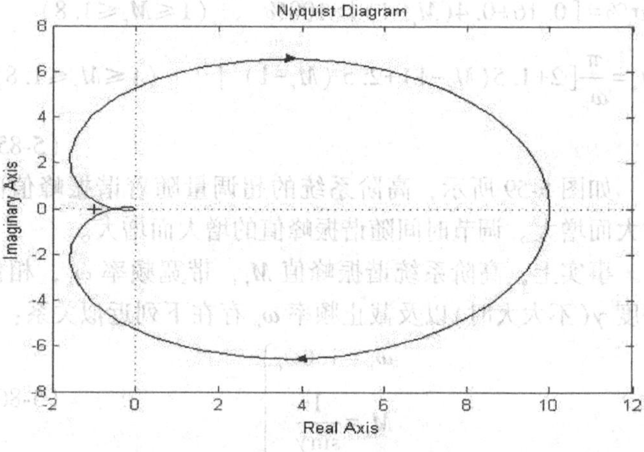

b)

图 5-61　例 5-14 的奈奎斯特图

例 5-15　已知开环传递函数为 $G(s)=\dfrac{8}{s(s+1)(0.2s+1)}$，使用 MATLAB 软件作其伯德图。

解：绘制伯德图的 MATLAB 程序如图 5-62a 所示，其中绘制伯德图的命令为“bode( )”，该命令执行后自动绘制出对数幅频曲线及相频曲线，如图 5-62b 所示。

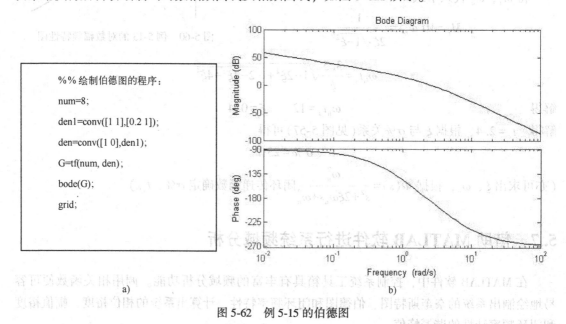

```
%%绘制伯德图的程序：
num=8;
den1=conv([1 1],[0.2 1]);
den=conv([1 0],den1);
G=tf(num, den);
bode(G);
grid;
```

a)

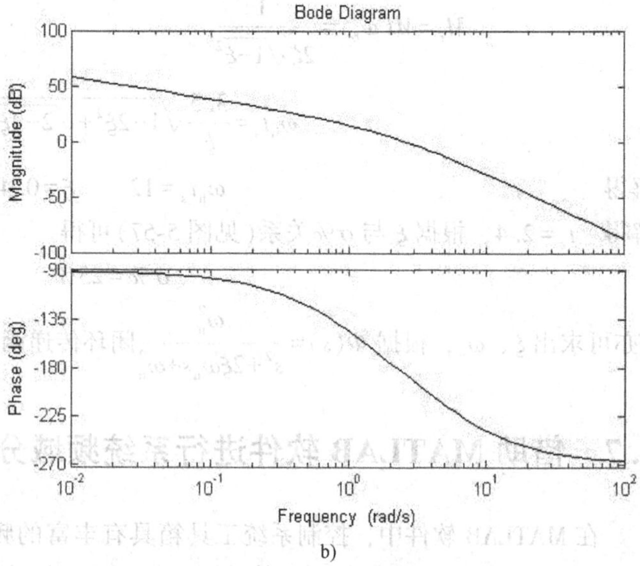

b)

图 5-62　例 5-15 的伯德图

例 5-16　已知单位负反馈系统的开环传递函数为 $G(s)=\dfrac{1000(0.1s+1)}{s(2.5s+1)(0.007s+1)(0.005s+1)}$，使

用 MATLAB 软件完成以下任务：

1）作系统伯德图，并计算开环截止频率 ω_c，相位裕度 γ，幅值裕度 K_g。

2）作闭环系统的阶跃响应曲线，计算超调量 $\sigma\%$、调节时间 t_p 和峰值时间 t_p。

3）作闭环频率特性并求谐振峰值 M_r 和带宽频率 ω_b。

解：1）系统伯德图的 MATLAB 程序如图 5-63a 所示，运行结果如图 5-63b 所示，其中命令“bode( )”不仅能绘制出伯德图，而且通过鼠标右键操作便可轻松获得系统的开环频域性能指标。

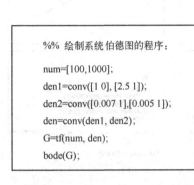

```
%% 绘制系统伯德图的程序：
num=[100,1000];
den1=conv([1 0], [2.5 1]);
den2=conv([0.007 1],[0.005 1]);
den=conv(den1, den2);
G=tf(num, den);
bode(G);
```

a)

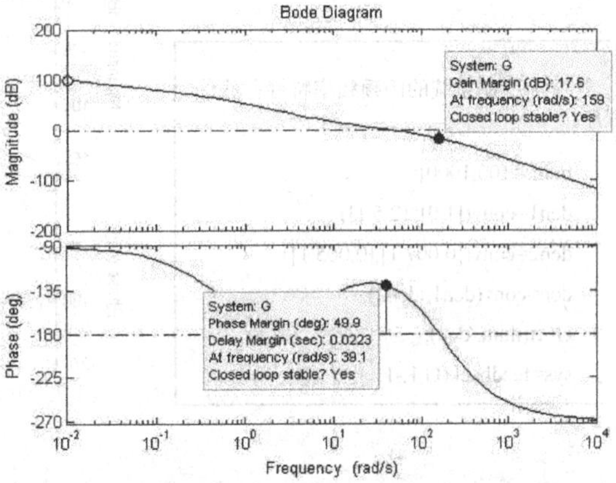

b)

图 5-63　例 5-16 的伯德图

通过 MATLAB 的命令“margin( )”可以给出系统的开环频域性能指标，本例的结果为

Gm = 7.5830;　　%%　GM 为幅值裕度 K_g（不是分贝值）；

Pm = 49.8764;　　%%　Pm 为相位裕度 γ；

Wcg = 158.9984;　　%%　Wcg 为 $-\pi$ 穿越频率；

Wcp = 39.0834;　　%%　Wcp 为开环截止频率 ω_c。

2）系统阶跃响应的 MATLAB 程序如图 5-64a 所示，其运行结果如图 5-64b 所示。如图显示的是误差带为 $\Delta=5\%$ 条件下的性能指标，由图可见，超调量 $\sigma\%=25.5\%$，调节时间 t_s

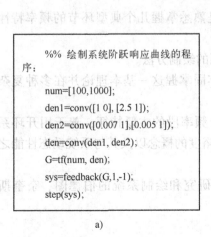

```
%% 绘制系统阶跃响应曲线的程序：
num=[100,1000];
den1=conv([1 0], [2.5 1]);
den2=conv([0.007 1],[0.005 1]);
den=conv(den1, den2);
G=tf(num, den);
sys=feedback(G,1,-1);
step(sys);
```

a)

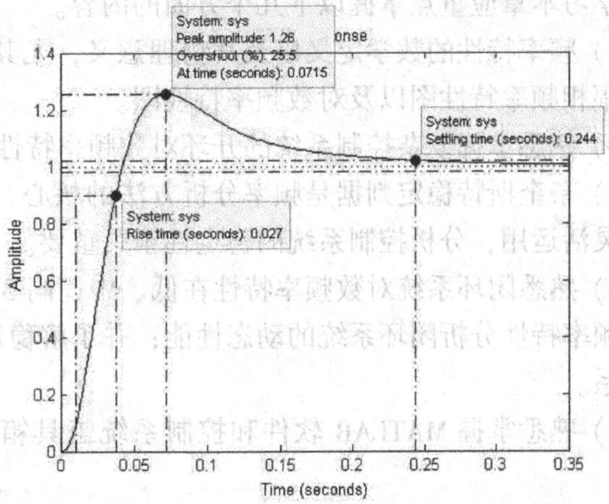

b)

图 5-64　闭环系统的阶跃响应

=0.176 s，峰值时间 t_p=0.0726 s。

3）闭环频率特性的 MATLAB 程序如图 5-65a 所示，其运行结果如图 5-65b 所示，通过鼠标右键操作可显示出闭环频域特性指标，由此可见，谐振峰值为 M_r=2.05，带宽频率 ω_b=70.4 rad/s。

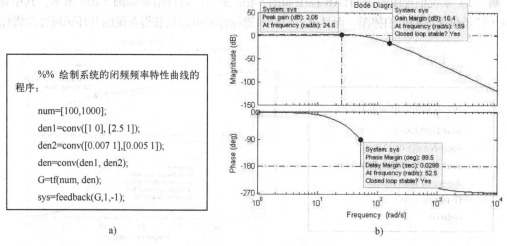

```
%% 绘制系统的闭频频率特性曲线的程序：

num=[100,1000];
den1=conv([1 0], [2.5 1]);
den2=conv([0.007 1],[0.005 1]);
den=conv(den1, den2);
G=tf(num, den);
sys=feedback(G,1,-1);
```

a)

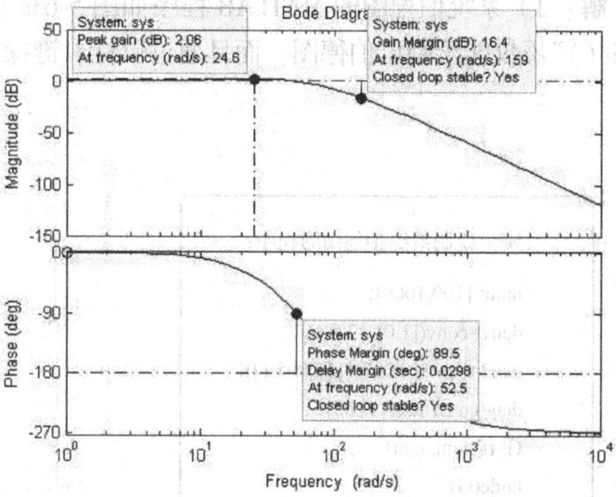

b)

图 5-65 闭环系统的对数频率特性

小 结

自 20 世纪 30 年代以来，对线性系统的频率响应研究一直是控制理论的核心部分，也是系统分析和设计控制系统的有效工具。频率分析方法最突出的优点是物理意义鲜明，数学关系严格，便于理解。因为频域法是利用系统频率特性来研究闭环系统响应的一个图解分析方法，因此，该方法不仅能分析闭环系统的稳定性，还能分析系统参量对时域响应的影响，并提供一套改善系统性能的途径。

学习本章应重点掌握以下几个方面的内容。

1）频率特性的数学定义以及其物理意义，尤其是熟悉掌握几个典型环节的频率特性公式、幅相频率特性图以及对数频率特性图。

2）熟悉掌握复杂控制系统的开环对数频率特性图的绘制方法。

3）奈奎斯特稳定判据是频率分析方法的核心，牢固掌握这一基本理论并在多种复杂情形下灵活运用，分析控制系统的稳定性至关重要。

4）熟悉闭环系统对数频率特性在低、中、高 3 个频率段的主要特征；善于用开环系统对数频率特性分析闭环系统的动态性能；并了解稳定裕度的概念以及其与系统动态性能之间的关系。

5）熟悉掌握 MATLAB 软件和控制系统工具箱，研究和绘制系统的伯德图、奈奎斯特图等。

习　题

5-1　设单位反馈控制系统开环传递函数 $G(s)=\dfrac{1}{s+1}$，当下列输入信号作用时

（1）$r(t)=\sin 3t$

（2）$r(t)=2\sin(2t-45°)-3\cos(t+30°)$

求系统的稳态输出和稳态误差。

5-2　已知系统单位阶跃响应 $y(t)=1+0.8e^{-2t}-1.8e^{-3t}$，试求系统频率特性。

5-3　测量元件的传递函数为$\dfrac{Y(s)}{R(s)}=\dfrac{K}{0.01s+1}$，要求当输入信号以 10 Hz 做正弦变化时，稳态测量输出相位差值不超过 10°，试验算该测量元件是否满足要求。

5-4　典型二阶系统开环传递函数 $G(s)=\dfrac{\omega_n^2}{s(s+2\zeta\omega_n)}$，当 $r(t)=\sin t$ 时系统的稳态输出 $y_{ss}(t)=2\sin(t-45°)$，试确定系统参数 ζ、ω_n。

5-5　设系统的开环传递函数如下，试分别绘制各系统的开环对数幅频渐进线和相频特性曲线。

（1）$G(s)=\dfrac{6}{(2s+1)(5s+1)}$　　（2）$G(s)=\dfrac{32(s+3)}{s(s+20)}$

（3）$G(s)=\dfrac{15(s+0.4)}{s(s^2+6s+18)}$　　（4）$G(s)=\dfrac{36}{s^2(s+0.2)(s+0.6)}$

（5）$G(s)=\dfrac{10}{s(s+1)(s+20)}e^{-3s}$

5-6　已知在正弦信号 $r(t)=\sin(5t)$ 作用下，图 5-66 所示系统的稳态响应 $y_{ss}(t)=\sin(5t-90°)$，计算参数 K、T，并概略绘制系统幅相频率特性曲线。

5-7　求出图 5-67 所示超前网络的频率特性，并绘制其幅相频率特性曲线。

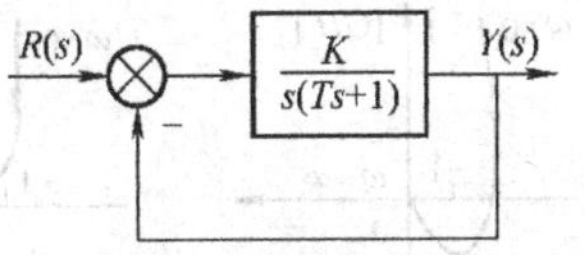

图 5-66　题 5-6 图

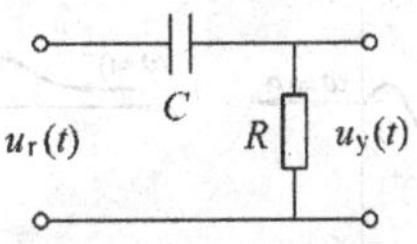

图 5-67　题 5-7 图

5-8　已知最小相位系统开环频率特性实验曲线，并用渐近线表示如图 5-68 所示，试求系统开环传递函数。

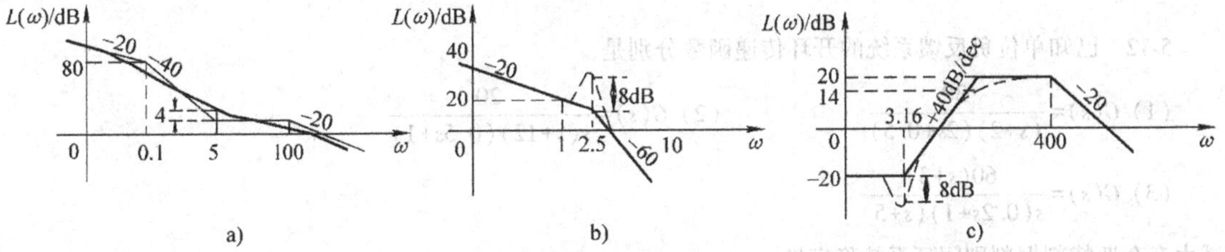

图 5-68　题 5-8 图

5-9　设最小相位系统的开环对数幅频特性渐近线如图 5-69 所示，试写出其传递函数。

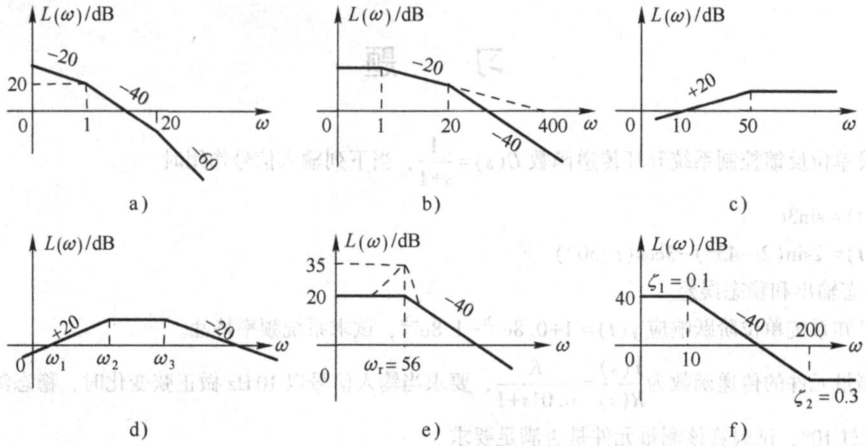

图 5-69　题 5-9 图

5-10　已知系统开环传递函数 $G(s)H(s)=\dfrac{6(s+2)}{s(s+3)(s^2+4s+13)}$，列表计算 $\omega=0.1$、1、4、8、10、30 时的 $A(\omega)$、$L(\omega)$、$\varphi(\omega)$，并绘制系统开环对数频率特性图与幅相频率特性图。

5-11　设系统开环幅相特性曲线如图 5-70 所示，其中 v 为积分环节个数，P 为开环传递函数在 s 右半平面极点数，试判别系统稳定性。

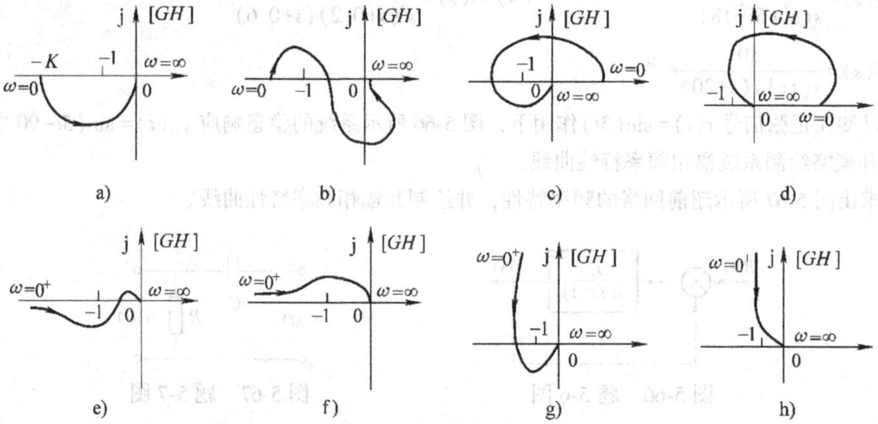

图 5-70　题 5-11 图

a) $P=1$　b) $P=1$　c) $P=2$　d) $P=2$

e) $v=2,P=0$　f) $v=2,P=0$　g) $v=3,P=0$　h) $v=1,P=1$

5-12　已知单位负反馈系统的开环传递函数分别是

(1) $G(s)=\dfrac{30}{(s+2)(2s+0.5)}$　　　(2) $G(s)=\dfrac{20}{s(s+12)(0.5s+1)}$

(3) $G(s)=\dfrac{60(s+3)}{s(0.2s+1)(s+5)}$

试由奈奎斯特判据判别闭环系统稳定性。

5-13　设单位负反馈系统开环传递函数：

(1) $G(s)=\dfrac{as+2}{s^2}$，若相位裕度为 45°，试计算 a 值。

（2）$G(s)=\dfrac{K}{(0.2s+1)^2}$，若相位裕度为 45°，试计算开环增益 K 值。

（3）$G(s)=\dfrac{K}{s(s^2+s+100)}$，若系统幅值裕度为 20 dB，试计算开环增益 K 值和相位裕度。

5-14　已知系统的开环传递函数

（1）$G(s)H(s)=\dfrac{K}{s(s+2)(5s+1)}$　　（2）$G(s)H(s)=\dfrac{Ke^{-0.5s}}{s(s+3)}$

（3）$G(s)H(s)=\dfrac{2.5e^{-\tau s}}{s}$

试确定闭环系统临界稳定时开环增益 K 值或延迟时间 τ 值。

5-15　设负反馈系统中 $G(s)=\dfrac{3}{s(s-3)}$，$H(s)=1+K_d s$，试确定闭环系统稳定时 K_d 的临界值。

5-16　设单位负反馈系统开环传递函数

$$G(s)=\frac{8}{s(0.01s+1)(0.6s+1)}$$

试计算系统的相位裕度和幅值裕度。

5-17　单位负反馈系统的开环对数幅频渐近曲线如图 5-71 所示，要求

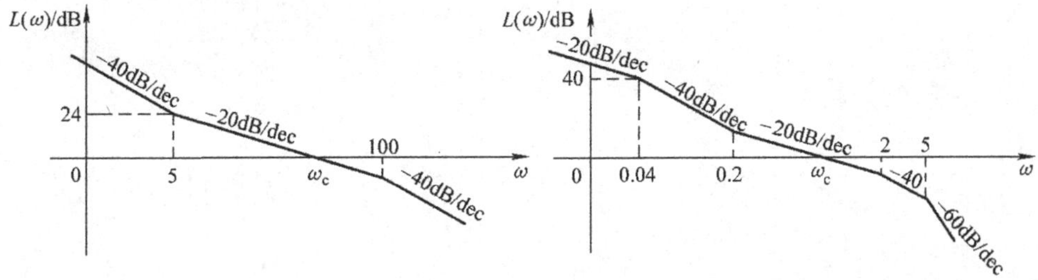

a)　　b)

图 5-71　题 5-17 图

1）写出系统开环传递函数 $G(s)$。

2）计算系统开环截止角频率 ω_c。

3）将幅频向右平移 10 倍频程，试讨论对系统阶跃响应的影响。

4）若给定输入信号 $r(t)=1+t/2$，计算系统的稳态误差。

5-18　对于典型二阶系统，已知参数 $\zeta=0.3$、$\omega_n=5$，确定开环截止频率 ω_c 和相位裕度 γ。

5-19　已知典型二阶系统 $\sigma\%=20\%$、$t_s=6\,s(\Delta=\pm5\%)$，请确定系统的相位裕度 γ。

5-20　设某单位负反馈系统的开环传递函数为

$$G(s)=\frac{K}{s(0.01s+1)(0.1s+1)}$$

试求

（1）满足闭环系统谐振峰 $M_r\leqslant1.5$ 的开环增益 K。

（2）根据相位裕度和幅值裕度分析闭环系统稳定性。

（3）估算系统时域指标超调量 $\sigma\%$ 和调节时间 t_s。

5-21　如图 5-72 所示系统，试求出满足 $M_r=2.06$，$\omega_r=3.74$ rad/s 的 K 和 a 值，并计算系统取此参数时的截止频率 ω_c 和相位裕度 γ。

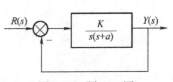

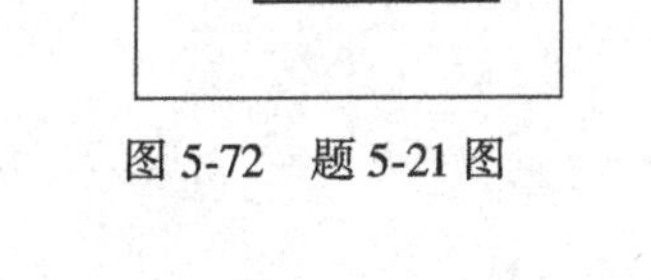

图 5-72　题 5-21 图

5-22　已知控制系统开环传递函数

$$G(s)H(s)=\frac{12(s+1)}{s(2s+1)(0.1s+1)}$$

试求

(1) 系统开环截止频率 ω_c 及相位裕度 γ。

(2) 由经验公式估算闭环系统性能指标 M_r、$\sigma\%$、t_s。

5-23 已知单位负反馈系统的开环传递函数 $G(s)=\frac{Ke^{-0.1s}}{s(s+1)}$，试确定使闭环系统稳定的 K 的最大值。

5-24 已知单位反馈系统开环传递函数为

$$G(s)=\frac{32}{s(s+2)(s+8)}$$

试用 MATLAB 绘制闭环系统的对数频率特性，计算带宽频率 ω_b，谐振峰值 M_r 以及闭环系统稳定的时域指标超调量 $\sigma\%$ 和调节时间 t_s。

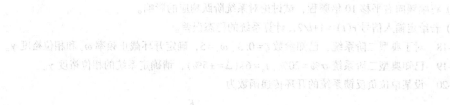

第三篇

系统设计篇

本篇以满足控制系统性能指标为目的，从频域和复数域探讨自动控制系统校正装置的设计方案及原理。控制方案设计是控制系统设计的核心内容。

第6章　控制系统的校正

经典控制理论包含线性定常系统的分析和设计两大部分。第3~5章介绍的是系统分析问题，是对假设已经设计好的系统进行性能分析。第3章是在时域直接分析控制系统，但碍于当时计算手段的限制，除稳定性分析、稳态误差分析能针对高阶线性定常系统外，对动态性能的分析主要限于一阶、二阶这样的低阶系统。第4章、第5章是在复域或频域分析控制系统，是利用根轨迹图或伯德图的图解分析来间接分析控制系统的性能。控制系统的设计问题可以理解为系统分析的逆问题，是对给定的系统性能指标，设计满足要求的控制装置。

控制系统设计的任务是选择合适的控制方案与系统结构，计算参数和选择元器件，通过仿真及实验研究，建立能满足技术指标要求的实际系统。这是一项复杂的工作，既要考虑技术要求，也要考虑经济性、可靠性、安装工艺、实验维护等多方面的要求，第7章将就这一问题从应用实例的角度去展现设计过程。本章仅限于讨论其中的技术部分，即从控制观点出发，采用数学方法去寻找一个能满足性能指标的控制系统，设计校正装置。

由于频域法设计比较简单方便，经典控制理论设计方法习惯于在频域进行。频域法设计控制系统就是在系统中加入频率特性合适的校正装置，使校正以后系统的开环频率特性变成所希望的形状；根轨迹法校正因性能指标是时域指标更直观。随着技术的发展，功能强大的MATLAB软件在自动控制领域得到广泛使用，在保留经典控制理论设计思想精髓的前提下，本章涉及例题的计算及曲线全部借助MATLAB来辅助完成。

6.1　引言

由前两篇的学习知道，控制系统包含被控对象、检测装置、放大元件和执行机构等部分。这些部分构成了控制系统的固有部分。当系统不能满足性能指标要求时，首先考虑改变固有部分的参数以达到设计指标的要求，而固有部分一般除放大器增益可调，其余的结构和参数不能任意改变。如果通过调整系统固有部分参数后，仍不能满足系统设计指标要求，就需要增加新的器件来改变系统的结构和参数，这个新增加的器件叫作校正装置。使重新组合起来的控制系统能全面满足设计要求的性能指标，这就是控制系统的综合与校正问题。

6.1.1　系统校正的概念

控制系统校正的目的是将校正装置与系统固有部分经过合适的连接，构成新的系统结构，使其能完成控制系统的任务要求。通常，这些任务和要求是通过性能指标来体现的。第3章的时域分析，是以单位阶跃响应的超调量，峰值时间、调节时间及典型输入下的稳态误差等时域特征量的定量指标来刻画控制系统性能的，比较直观易懂。相对于时域指标来说，频域指标是以系统的相位裕度、幅值裕度、谐振峰值、闭环系统带宽、静态误差系数等频域特征量给出，虽不如时域指标那么直观，但频域指标易于校正装置的设计。

随着计算机的发展，将高阶系统的时域指标与频域指标进行转换已不是难事。本章的校正设计就有一部分是以时域性能指标作为系统的性能要求，通过经验公式进行频域指标转换，利用转换后的频域指标设计校正装置的结构和参数，最后利用 MATLAB 仿真验证校正后的系统是否满足时域的设计指标。这样既兼顾了时域指标的直观易懂，又兼顾了频域指标设计系统的简单方便。

6.1.2 系统校正基础

1. 控制系统的性能指标

在实际工程中，性能指标往往是事先给定的，如果系统固有部分不能满足给定性能指标的要求，就需要根据对被控对象的控制要求，选择适当的校正装置及控制规律设计一个满足给定性能指标的控制系统。

性能指标是控制系统设计或校正的依据。性能指标的提出，应符合实际系统的要求与完成任务的可能。一般不应提出比完成控制任务需求更高的性能指标。在实际工程中，通常设计出来的系统很难同时满足各方面的性能指标要求，在确定设计指标时，需要兼顾彼此可能冲突的性能指标，在它们之间进行折中处理，给出既满足系统工作要求，又有实现技术可行性合理的性能指标。

(1) 时域性能指标

时域性能指标比较直观。它又分为动态性能指标和稳态性能指标。动态性能指标主要是上升时间 t_r、峰值时间 t_p、调节时间 t_s 和超调量 $\sigma\%$；稳态性能指标主要由系统的稳态误差 e_{ss} 来描述，也可用 3 种误差系数来表示：静态位置误差系数 K_p、静态速度误差系数 K_v 和静态加速度误差系数 K_a。时域指标虽然直观，但直接用它在时域进行校正装置设计比较困难，通常采用频域法进行设计，因此作为设计者，需要首先将时域指标转换为频域指标，然后进行频域法的校正设计。

(2) 频域性能指标

频域性能指标又分为开环频域指标和闭环频域指标。常用的开环频域指标有：截止频率 ω_c、幅值裕度 K_g(单位为 dB)、相位裕度 γ。常用的闭环频域指标有：谐振峰值 M_r、谐振频率 ω_r、带宽频率 ω_b 等。在第 5 章中已经讨论了系统时域性能指标与频域性能指标的关系。

1) 典型二阶系统频域指标与时域指标的关系。

谐振峰值
$$M_r=\frac{1}{2\zeta\sqrt{1-\zeta^2}},\quad 0<\zeta<0.707 \tag{6-1}$$

谐振频率
$$\omega_r=\omega_n\sqrt{1-2\zeta^2},\quad 0<\zeta<0.707 \tag{6-2}$$

带宽频率
$$\omega_b=\omega_n\sqrt{1-2\zeta^2+\sqrt{2-4\zeta^2+4\zeta^4}} \tag{6-3}$$

截止频率
$$\omega_c=\omega_n\sqrt{\sqrt{1+4\zeta^4}-2\zeta^2} \tag{6-4}$$

相位裕度
$$\gamma=\arctan\frac{2\zeta}{\sqrt{\sqrt{1+4\zeta^4}-2\zeta^2}} \tag{6-5}$$

超调量
$$\sigma\%=e^{-\frac{\zeta\pi}{\sqrt{1-\zeta^2}}}\times 100\% \tag{6-6}$$

调节时间
$$t_s=\frac{3.5}{\zeta\omega_n}\quad \Delta=5\% \tag{6-7}$$

2）高阶系统开环频域指标与时域指标的关系。

超调量 $$\sigma\%\approx\left[0.16+0.4\left(\frac{1}{\sin\gamma}-1\right)\right]\times100\%,\quad 34°\leqslant\gamma\leqslant90° \tag{6-8}$$

调节时间 $$t_s\approx\frac{k\pi}{\omega_c} \tag{6-9}$$

$$k=2+1.5\left(\frac{1}{\sin\gamma}-1\right)+2.5\left(\frac{1}{\sin\gamma}-1\right)^2,\quad 34°\leqslant\gamma\leqslant90°$$

2. 系统校正方式

系统的校正是在系统固有部分结构参数不变的基础上，寻求满足系统应达到的性能指标的校正方案，并合理确定校正装置的结构和参数。因此，校正问题不像分析问题那么简单，也就是说，能满足性能指标的控制系统的设计方案并不是唯一的。按校正装置在系统中的位置不同，系统校正有串联校正、反馈校正、前馈校正等方式。按校正装置设计方法的不同，校正又分为频域法校正、根轨迹法校正和时域校正等方法。按照校正装置特性不同，又可分为超前校正、滞后校正、滞后-超前校正及 PID 控制方法等。

（1）串联校正

串联校正是把校正装置设置在固有部分之前的系统前向通道中，来改变系统的结构，以达到改善系统性能的方法。

串联校正将校正装置 $G_c(s)$ 放置在误差检测点之后和放大器之前系统能量最小的前端，校正装置的功率较小，设计及实现都比较简单，是最常用校正的方式。如图 6-1 所示，$G_1(s)$、$G_2(s)$、$H(s)$ 为系统固有部分的传递函数，$G_c(s)$ 为校正装置的传递函数。

校正前系统的闭环传递函数为

$$\Phi(s)=\frac{G_1(s)G_2(s)}{1+G_1(s)G_2(s)H(s)} \tag{6-10}$$

校正后系统的闭环传递函数为

$$\Phi_c(s)=\frac{G_c(s)G_1(s)G_2(s)}{1+G_c(s)G_1(s)G_2(s)H(s)} \tag{6-11}$$

可见，经过串联校正后，系统的闭环零、极点均发生了改变。只要适当选取校正装置的结构参数，便可以使校正后系统满足期望的性能指标要求。这种校正方式的主要缺点是对参数变化比较敏感。

（2）局部反馈校正

局部反馈校正通常简称为反馈校正或并联校正。这种校正方式是把校正装置与系统固有部分按反馈方式连接，故称为反馈校正，如图 6-2 所示。

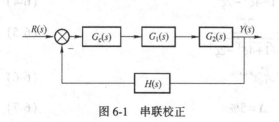

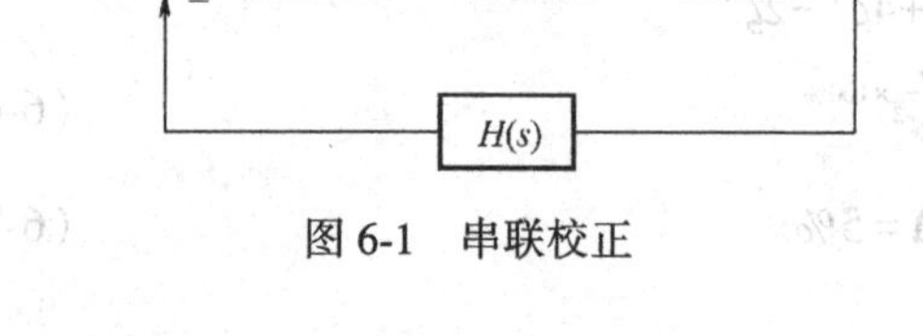

图 6-1 串联校正

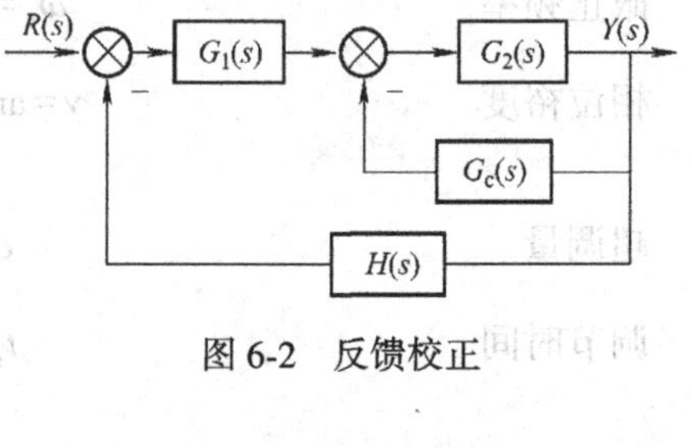

图 6-2 反馈校正

校正前系统的闭环传递函数如式(6-10)所示。

校正后系统的闭环传递函数为

$$\Phi_c(s)=\frac{G_1(s)G_2(s)}{1+G_c(s)G_2(s)+G_1(s)G_2(s)H(s)} \tag{6-12}$$

可见，经过反馈校正后，系统的闭环极点发生了改变。只需适当选取校正装置的结构参数，便可以使校正后系统满足期望的性能指标要求。反馈校正的一个显著优点是可以抑制系统参数波动及非线性因素对系统的影响，主要缺点是设计较复杂。

(3) 前馈校正与复合校正

前馈校正的信号取自闭环外的系统输入或干扰信号，如图 6-3 所示。由于前馈校正的信号取自闭环外，所以不影响系统的特征方程。前馈校正是利用开环补偿的原理来提高系统精度的，但一般不单独使用，常与反馈控制结合构成复合控制系统，以满足系统性能指标要求。

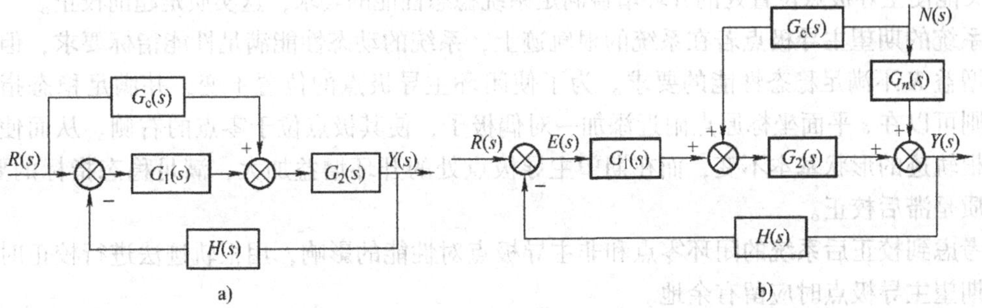

图 6-3 前馈校正

在控制系统设计中，选择哪种校正方式，主要取决于系统的结构特点、选用的元器件、信号的性质以及设计者的经验等。一般来说，串联校正设计比反馈校正简单，因此被广泛采用。但串联校正装置通常设置在系统前向通道功率较小的位置，有时需要附加放大器以增大增益来补偿校正装置的衰减。而反馈校正装置通常设置在功率较高的输出反馈通道，因此一般不需要附加放大器。

3. 系统校正方法

控制系统的设计可以在频域进行，也可以在时域进行。如果给定系统的数学模型是传递函数，则可以采用频域法校正或根轨迹法校正来完成系统的校正设计。如果给定系统的数学模型是状态空间表达式，则系统的设计过程是在时域进行，其设计内容主要包括状态反馈控制器及状态观测器的设计，习惯上它属于现代控制理论研究的范畴，在与本教材配套的《自动控制原理(下)》中介绍。经典控制理论通常研究的是利用频率特性或根轨迹图来完成控制系统的校正设计。

(1) 频域法校正的思路

频域法校正即是借助伯德图进行系统校正设计。当仅改变系统开环增益 K 不能同时兼顾系统的动态指标及稳态指标时，必须对系统的固有部分进行校正设计。利用校正装置来改变固有部分频率特性形状，使其具有合适的低频段、中频段和高频段从而获得满意的动态性能及稳态性能。特别是在涉及高频噪声时，频率法设计比其他方法更方便直观。

使系统满足既有较好的稳态性能，又有较好的动态性能，可以通过下面两种方法来实现。第一种方法称为串联超前校正，是以满足系统稳态性能指标的开环增益为基础，对系统固有部分的伯德图在其开环截止频率附近提供一个超前相角，使其达到相位裕度的要求，而保持低频部分不变。第二种方法称为串联滞后校正，仍然是以满足系统稳态性能指标的开环增益为基础，对系统固有部分的伯德图保持低频部分不变，将其中频及高频段的幅值加以衰减，利用校正后截止频率前移(ω_c'减小)带来的相角增大，达到满足相位裕度的要求。还有第三种称为滞后-超前校正的方法，可以兼顾以上两种方法的优点。

(2) 根轨迹法校正的思路

根轨迹法校正即是借助根轨迹图进行系统校正设计。若系统的期望主导极点不在系统的根轨迹上，由根轨迹的特性知道，添加系统开环零点或者极点可以改变系统的根轨迹形状。加上一对零、极点，使零点位于极点右侧，利用其零、极点去改变原根轨迹。如果零、极点的位置选择恰当，就既能够使增加校正装置后的系统根轨迹通过期望主导极点，满足系统动态性能要求，又能使主导极点位置处的开环增益满足系统稳态性能的要求，这实质是超前校正。

系统的期望主导极点若在系统的根轨迹上，系统的动态性能满足性能指标要求，但是其开环增益 K 不满足稳态性能的要求。为了使闭环主导极点的位置不变，并满足稳态指标要求，则可以在 s 平面坐标原点附近添加一对偶极子，使其极点位于零点的右侧。从而使系统原来根轨迹的形状基本不变，而在期望主导极点处的开环增益加大，满足稳态指标的要求，这实质是滞后校正。

考虑到校正后系统的闭环零点和非主导极点对性能的影响，用根轨迹法进行校正时，在选择期望主导极点时应留有余地。

6.2 常用校正装置及其特性

对于不同性质的被控对象，其校正装置可以是电子的、电气的、机械的、气动的或者液压的等。其中最常用的是电子的校正装置，因为其具有精度高、可靠性好且容易实现等优点，目前也常用以微处理器来实现的数字校正装置。

常用的校正装置含有源网络和无源网络。本节集中介绍无源及有源校正装置的模拟电路、传递函数、零极点分布图及伯德图，为后续的校正设计奠定基础。

6.2.1 超前校正装置及其特性

如果一个串联校正装置的频率特性具有正的相角，称该装置为超前校正装置。

1. 无源超前校正装置

无源校正网络只由电阻 R 和电容 C 两种分立元器件构成，不带任何能源，于是这种采用 RC 网络的装置通常被称为无源校正装置。无源校正装置结构简单，实现方便，但此类装置连接到系统里，有明显的负载效应，使得校正精度会受到影响。无源超前网络如图 6-4 所示。

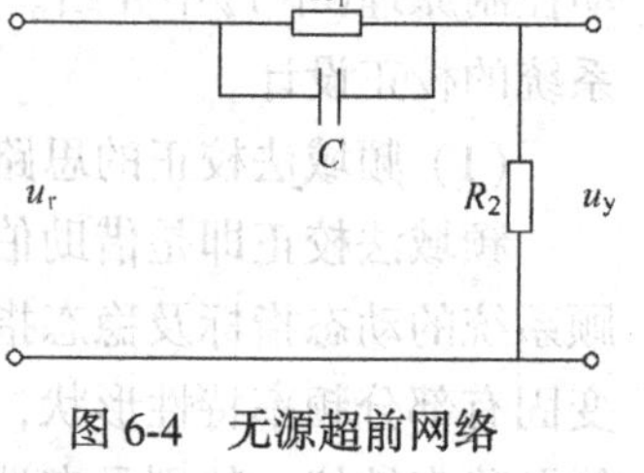

图 6-4 无源超前网络

设输入信号源内阻是无穷的，输出端负载阻抗是无穷的，其传递函数为

$$G(s)=\frac{U_y(s)}{U_r(s)}=\frac{1}{\alpha}\frac{\alpha Ts+1}{Ts+1} \tag{6-13}$$

式中，$\alpha=\frac{R_1+R_2}{R_2}>1$；$T=\frac{R_1R_2}{R_1+R_2}C$。通常称 α 为分度系数，称 T 为时间常数。

由式(6-13)看出，在系统固有部分中串入无源超前装置后，系统的开环增益要下降 α 倍。在串联校正设计中，一般先按照系统的稳态要求设计系统的开环增益，为了使按满足动态指标要求设计出的超前校正装置参数不影响已经设计好的稳态性能，一般假设这个下降在设计稳态精度时已被考虑到了，通过提高放大器增益来补偿。于是无源超前校正网络的传递函数可写成

$$G_c(s)=\alpha G(s)=\frac{\alpha Ts+1}{Ts+1} \tag{6-14}$$

将无源超前校正网络的传递函数改写成零极点形式

$$G_c(s)=\frac{\alpha Ts+1}{Ts+1}=\alpha\frac{s+\frac{1}{\alpha T}}{s+\frac{1}{T}} \tag{6-15}$$

可得无源超前校正网络的零、极点分布如图6-5所示。由于 $\alpha>1$，其负实数零点位于负实数极点右侧靠近坐标原点。零、极点的距离取决于 α 的大小。

根据式(6-14)可以做出无源超前校正网络的伯德图，如图6-6所示。由特性曲线可知，在频率 $1/\alpha T$ 至 $1/T$ 之间对输入信号有明显的微分作用，在上述频率范围内，超前校正网络的相角为正，输出信号的相角大于输入信号的相角，超前网络由此得名。图6-6还表明在 $\omega=\omega_m$ 处具有最大超前相角 φ_m，称 ω_m 为最大超前角频率，且 ω_m 正好位于频率 $1/\alpha T$ 和 $1/T$ 的几何中心。证明如下

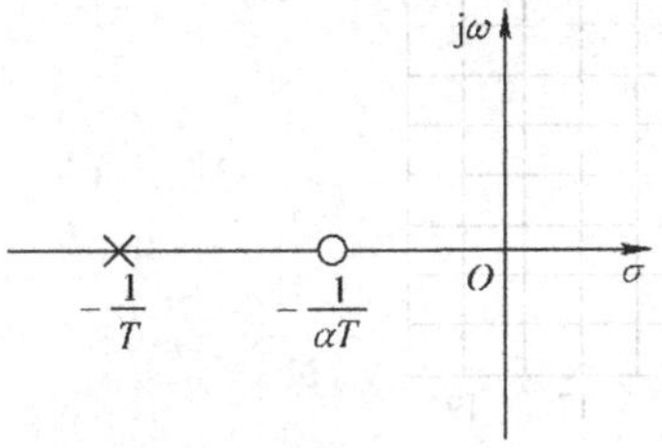

图6-5　无源超前校正网络零、极点分布图

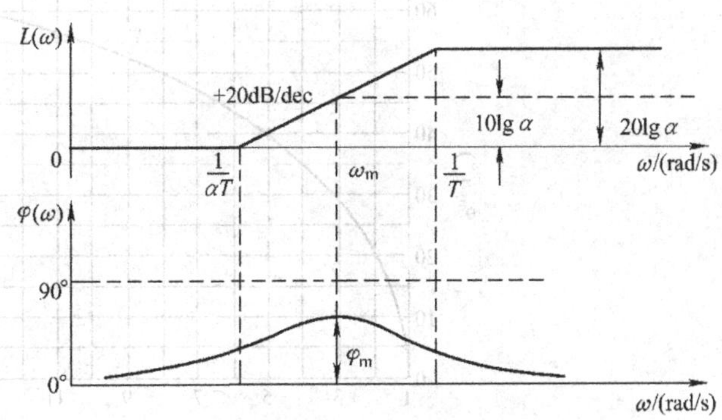

图6-6　无源超前校正网络的伯德图

由式(6-14)可计算出超前校正网络 $G_c(s)$ 的相角为

$$\varphi_c(\omega)=\arctan\alpha T\omega-\arctan T\omega \tag{6-16}$$

由三角函数的两角和公式得

$$\tan\varphi_c(\omega)=\frac{\alpha T\omega-T\omega}{1+\alpha T^2\omega^2}$$

即
$$\varphi_c(\omega)=\arctan\frac{(\alpha-1)T\omega}{1+\alpha T^2\omega^2} \tag{6-17}$$

对式(6-17)求导并令其为零，得最大超前角频率
$$\omega_m=\frac{1}{T\sqrt{\alpha}} \tag{6-18}$$

而 $1/\alpha T$ 和 $1/T$ 的几何中心为
$$\lg\omega=\frac{1}{2}\left(\lg\frac{1}{\alpha T}+\lg\frac{1}{T}\right)=\lg\frac{1}{T\sqrt{\alpha}} \tag{6-19}$$

比较式(6-18)和式(6-19)，可得证 ω_m 正好位于频率 $1/\alpha T$ 和 $1/T$ 的几何中心。将式(6-18)代入式(6-17)得最大超前相角
$$\varphi_m=\varphi_c(\omega_m)=\arctan\frac{(\alpha-1)T\omega_m}{1+\alpha T^2\omega_m^2}=\arctan\frac{\alpha-1}{2\sqrt{\alpha}}$$

由三角公式改写为
$$\varphi_m=\arcsin\frac{\alpha-1}{\alpha+1} \tag{6-20}$$

或写成
$$\alpha=\frac{1+\sin\varphi_m}{1-\sin\varphi_m} \tag{6-21}$$

式(6-20)表明，φ_m 仅与 α 有关。α 值越大，则超前校正网络的微分作用越强。当 $\alpha\to\infty$ 时，理论上最大超前相角为90°，其实这是不可能实现的。α 的最大值受超前校正装置物理结构的限制，通常选 α 值一般不大于20，这意味着超前校正网络可以产生的最大超前相角大约为65°左右。α、φ_m 之间的关系曲线如图6-7所示。

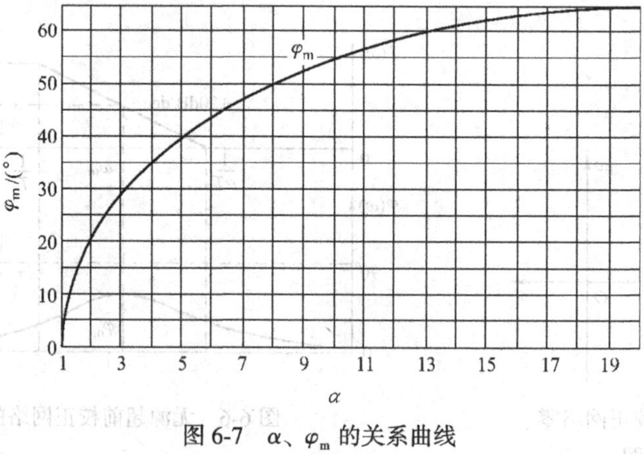

图6-7 α、φ_m 的关系曲线

此外，由图6-6可知，ω_m 处的对数幅值
$$L_c(\omega_m)=20\lg|G_c(j\omega_m)|=10\lg\alpha \tag{6-22}$$

2. 有源超前校正装置

由于线性集成电路运算放大器的广泛应用，目前控制系统校正设计中通常采用集成运算放大器带不同 RC 连接方式的电路作为校正装置，这些校正装置是带有电源的，故习惯称之

为有源校正装置。图 6-8 所示为一种有源校正网络，该网络是由两级集成运算放大器和无源 RC 电路组成，前级运算放大器完成相角超前功能，后级运算放大器完成反相作用，使得有源超前网络的输入、输出信号同向。该网络也被称为带惯性的 PD 控制器。

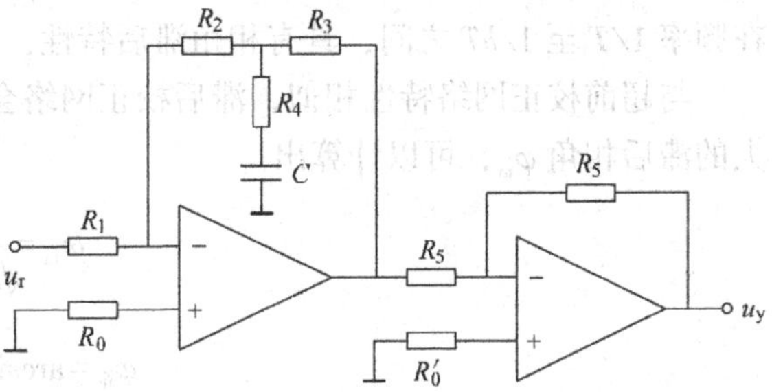

图 6-8　有源超前网络

该网络的传递函数为

$$G_c(s)=k_c\frac{\alpha Ts+1}{Ts+1} \qquad (6\text{-}23)$$

式中，$k_c=\dfrac{R_2+R_3}{R_1}$；$T=R_4C$；$\alpha=1+\dfrac{R_2R_3}{R_4(R_2+R_3)}>1$。

当 $k_c=1$ 时，即与无源超前校正网络的传递函数相同，并具有相同的特性。

6.2.2　滞后校正装置及其特性

如果一个串联校正装置的频率特性具有负的相角，称该装置为滞后校正装置。

1. 无源滞后校正装置

由 RC 网络组成的无源滞后网络如图 6-9 所示，其传递函数为

$$G_c(s)=\frac{U_y(s)}{U_r(s)}=\frac{bTs+1}{Ts+1} \qquad (6\text{-}24)$$

式中，$T=(R_1+R_2)C$；$b=\dfrac{R_2}{R_1+R_2}<1$。通常称 b 为分度系数，称 T 为时间常数。

由式(6-24)可知，该校正网络的增益为 1，在系统校正时，不会改变系统的放大倍数，因此采用无源滞后校正时，无需外加放大器。

将无源滞后校正网络的传递函数改写为零极点形式

$$G_c(s)=\frac{bTs+1}{Ts+1}=b\,\frac{s+\dfrac{1}{bT}}{s+\dfrac{1}{T}} \qquad (6\text{-}25)$$

无源滞后校正装置的零、极点分布如图 6-10 所示。由于 $b<1$，其负实数极点位于负实数零点右侧靠近坐标原点。零、极点的距离取决于 b 的大小。

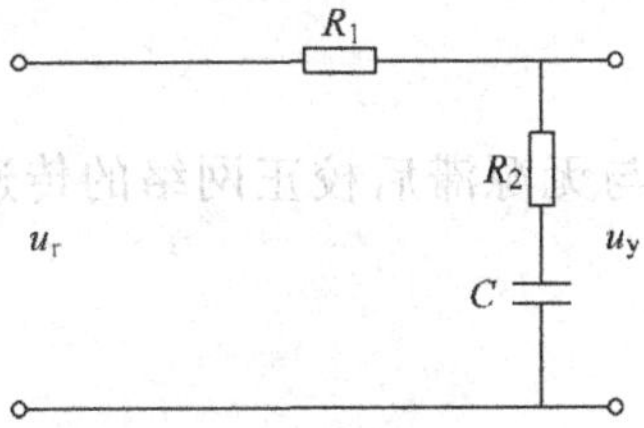

图 6-9　无源滞后网络

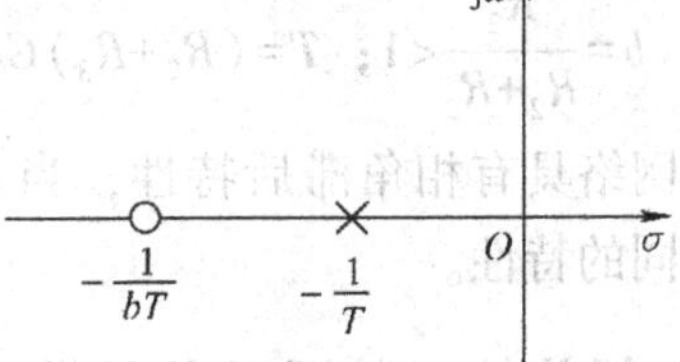

图 6-10　无源滞后校正网络的零、极点分布图

根据式(6-24)可以做出无源滞后校正网络的伯德图，如图 6-11 所示。由特性曲线可知，在频率 $1/T$ 至 $1/bT$ 之间，具有相角滞后特性，相角滞后会对系统性能产生不利影响。

与超前校正网络特性相似，滞后校正网络会在频率 $1/T$ 至 $1/bT$ 的几何中心产生一个最大的滞后相角 φ_m，可以计算出

$$\omega_m=\frac{1}{\sqrt{b}T} \tag{6-26}$$

$$\varphi_m=\arcsin\frac{b-1}{b+1} \tag{6-27}$$

由图 6-11 看出，滞后网络对低频信号不产生衰减，而对中高频特性具有衰减作用。采用滞后校正，主要就是利用这个中高频的衰减特性。显然，在这种情况下应力求避免最大滞后相角 φ_m 发生在校正后系统的开环截止频率 ω_c' 附近，否则这个滞后相角叠加到系统里会使得其动态性能恶化。从这里可以看出，串联超前校正是利用超前网络自身的相角超前特性，但串联滞后校正并不是利用相角滞后特性，而是利用其中高频的衰减特性，从这一点来说，滞后校正与超前校正是不同的。

由此可见，采用滞后校正提高系统的稳定裕度，并不是校正装置本身提供的，而是挖掘了系统固有部分的潜力，靠牺牲系统的快速性来提高相位裕度，改善系统动态性能。

2. 有源滞后校正装置

图 6-12 所示为一种有源滞后校正网络，它是由两级集成运算放大器和无源 RC 网络组成，前级运算放大器完成滞后校正功能，后级运算放大器完成反相作用。

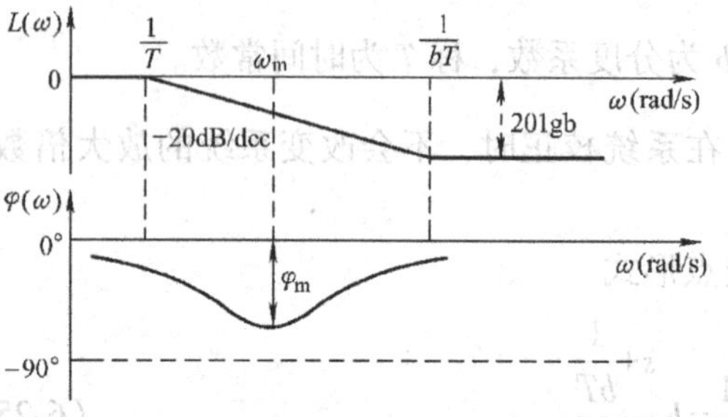

图 6-11 无源滞后校正网络的伯德图

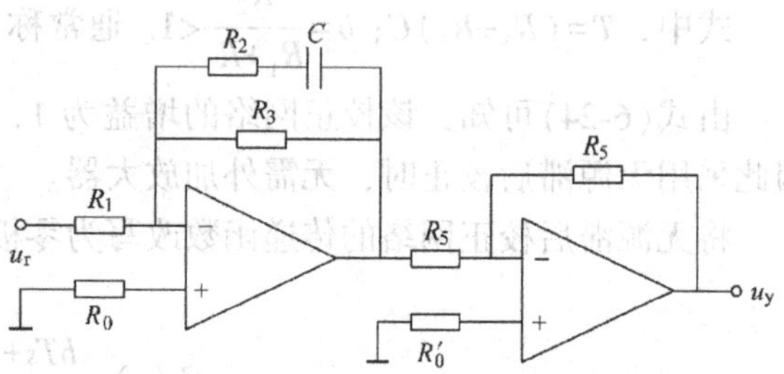

图 6-12 有源滞后网络

该网络的传递函数为

$$G_c(s)=k_c\frac{bTs+1}{Ts+1} \tag{6-28}$$

式中，$k_c=\frac{R_3}{R_1}$；$b=\frac{R_2}{R_2+R_3}<1$；$T=(R_2+R_3)C$。

可见，该网络具有相角滞后特性，当 $k_c=1$ 时，即与无源滞后校正网络的传递函数相同，并具有相同的特性。

6.2.3 滞后-超前校正装置及其特性

由前面的分析知道，超前校正和滞后校正虽然都能改善系统的稳定裕度，但各自都有缺

点及适用范围。当用其中任意一种校正装置不能完全兼顾性能指标时，可以考虑一种叫作滞后-超前校正的装置，这种校正装置兼有滞后、超前校正的优点。它的传递函数由超前网络和滞后网络的两对零、极点构成，并在结构设计时兼顾了两种校正的优点，避开了各自的缺点，即将滞后网络的零、极点放置在靠近原点的低频段，远离中频段，这样就把滞后网络带来的滞后相角在中频段附近的影响降到了最低，但却可以利用滞后网络的幅值衰减特性，可以适当提高系统的开环增益，改善稳态性能；同时将超前网络的零、极点放置在中频段，利用其最大的超前相角 φ_m，增大校正后系统的相位裕度 γ，以改善其动态性能。

1. 无源滞后-超前校正装置

由 RC 网络组成的无源滞后-超前网络如图 6-13 所示，其传递函数为

$$G_c(s)=\frac{(\tau_1 s+1)(\tau_2 s+1)}{\tau_1\tau_2 s^2+(\tau_1+\tau_2+T)s+1} \tag{6-29}$$

式中，$\tau_1=R_1C_1$；$\tau_2=R_2C_2$；$T=R_1C_2$。

令式(6-29)的分母多项式具有 2 个相异的负实数极点，则有

$$G_c(s)=\frac{(\tau_1 s+1)(\tau_2 s+1)}{(T_1 s+1)(T_2 s+1)} \tag{6-30}$$

比较式(6-29)与式(6-30)的系数有

$$\tau_1\tau_2=T_1T_2 \text{ 或} \frac{\tau_1}{T_1}=\frac{T_2}{\tau_2}$$

设 $\tau_1>T_1$， $\tau_2>\tau_1$，则有 $T_1<\tau_1<\tau_2<T_2$，将式(6-30)改写为

$$G_c(s)=\frac{\tau_2 s+1}{T_2 s+1}\,\frac{\tau_1 s+1}{T_1 s+1} \tag{6-31}$$

式(6-31)的前半部分为无源滞后校正网络的传递函数，后半部分为无源超前校正网络的传递函数，其整体就是滞后-超前校正网络的传递函数。图 6-14 为无源滞后-超前校正网络的零、极点分布图。

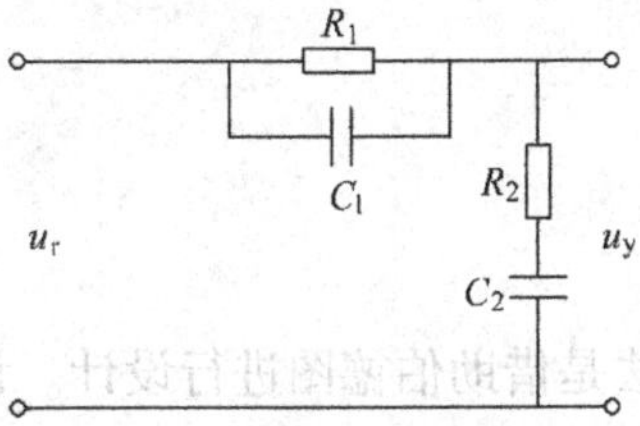

图 6-13　无源滞后-超前校正网络

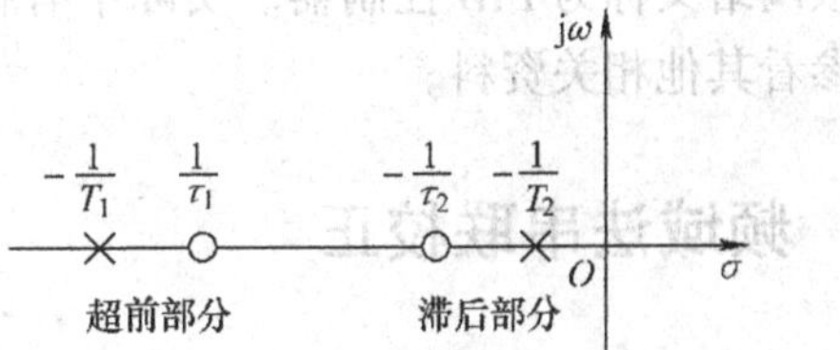

图 6-14　无源滞后-超前校正网络零、极点分布图

无源滞后-超前校正网络的伯德图如图 6-15 所示。由伯德图可看出，频率特性的中低频段是相角滞后部分，其幅值呈衰减特性，最大值为 20lg$b$，所以允许在低频段提高增益，以改善系统的稳态性能。频率特性的中高频段是相角超前部分，因为增加了超前相角，使校正后系统的相位裕度增大，改善了动态性能。

2. 有源滞后-超前校正装置

图 6-16 所示为一种有源滞后-超前校正网络，该网络是由两级集成运算放大器和无源 RC 网络组成，前级运算放大器完成校正功能，后级运算放大器完成反相作用。

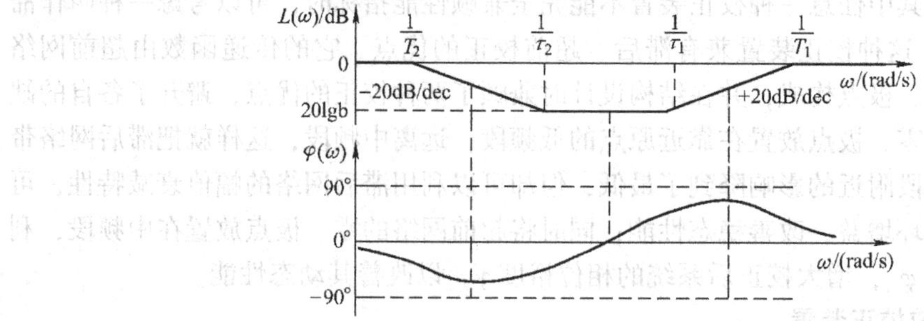

图 6-15 无源滞后-超前校正网络的伯德图

该网络的传递函数为

$$G_c(s)=K_c\frac{(T_1s+1)(T_2s+1)}{T_2s} \tag{6-32}$$

式中，$K_c=\dfrac{R_2}{R_1}$；$T_1=R_1C_1$；$T_2=R_2C_2$。其伯德图如图 6-17 所示。

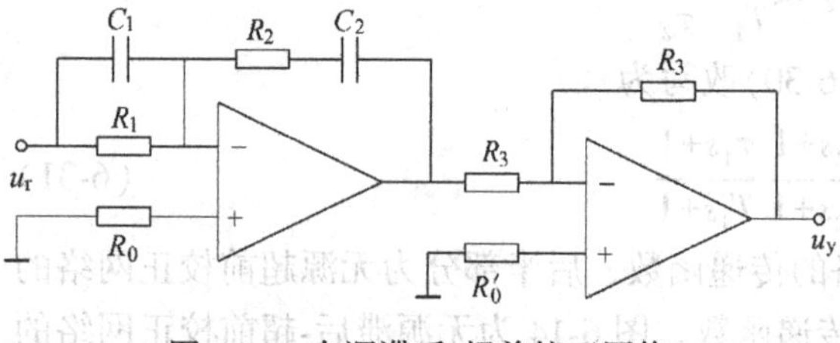

图 6-16 有源滞后-超前校正网络

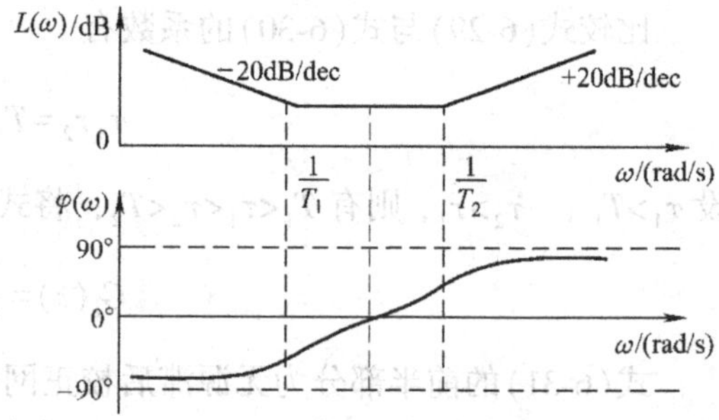

图 6-17 有源滞后-超前校正网络的伯德图

该网络又称为 PID 控制器。实际中有很多其他形式的无源和有源校正装置的结构，读者可参看其他相关资料。

6.3 频域法串联校正

在频域内进行系统设计，性能指标是频域指标，方法是借助伯德图进行设计。设计方法有串联超前校正、串联滞后校正以及串联滞后-超前校正。这些串联校正方法的相同之处，都是以满足系统稳态性能指标的开环增益为基础，并在此基础上设计满足频域性能指标的校正网络。如果对系统固有部分的伯德图在开环截止频率附近提供一个超前相角，使串联校正后的系统满足相位裕度要求，而保持低频特性不变，这种方法称为超前校正。如果对系统固有部分的伯德图的中高频段幅值进行衰减，使系统校正后的截止频率变小，从而使校正后系统在中频段的特定点处幅值衰减到 0 dB，相角满足相位裕度要求，且保持低频特性不变。这种方法称为滞后校正。

6.3.1 串联超前校正

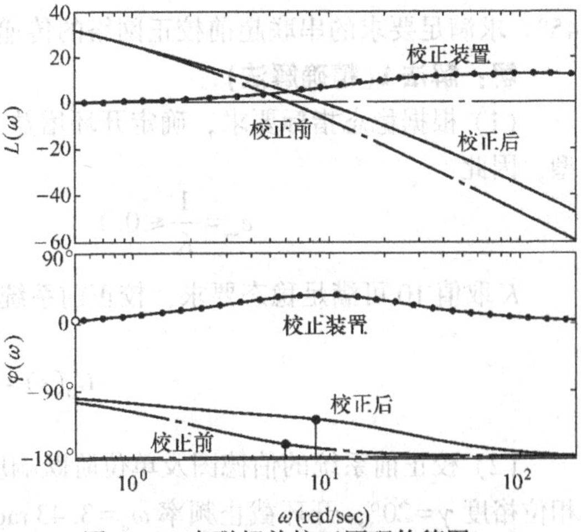

图 6-18 串联超前校正原理伯德图

应用超前校正装置进行串联校正的基本原理，是利用超前网络提供的超前相角增大系统的相位裕度，以改善系统的动态性能的。超前校正原理伯德图如图 6-18 所示。

由图可知，超前校正是利用校正装置的相角超前特性来增加系统的相角稳定裕度 γ，利用校正装置幅频特性曲线的正斜率段来增加系统的截止频率 ω_c'，从而改善系统的平稳性和快速性。为此，可将校正装置的最大超前相角 φ_m 设计在校正后系统的截止频率 ω_c' 处。

1. 无源超前校正网络的设计步骤

1）根据系统对稳态误差的要求确定系统应有的开环增益 K。

2）根据求得的开环增益 K，利用 MATLAB 绘制校正前系统的伯德图，并从图中获取相位裕度 γ、开环截止频率 ω_c 等数据。也可利用开环对数渐近特性曲线，计算 ω_c 及 γ。

3）计算超前校正装置应提供的最大相角

$$\varphi_m=\gamma'-\gamma+(5°\sim10°) \tag{6-33}$$

式中，γ'为性能指标要求的相位裕度；γ 为校正前系统的相位裕度。增加 5°~10°是因为增加超前校正装置后，截止频率会向右移动，使得在系统校正后在截止频率 ω_c'处的相角相对于频率 ω_c 处的相角有所下降，所以要求额外增加超前相角 5°~10°来补偿这一下降。

4）由前节的式(6-21)求超前校正装置参数 α，即

$$\alpha=\frac{1+\sin\varphi_m}{1-\sin\varphi_m}$$

5）确定系统校正后的截止频率 ω'。在伯德图中，截止频率就是对应产生期望相位裕度 γ'的频率 ω_c'，即在校正前系统的伯德图中，对数幅频特性 $L(\omega)=-10\lg\alpha$ 时，对应的频率就是系统超前校正后的截止频率 ω_c'。所以，先计算 $-10\lg\alpha$ 的值，然后在校正前系统伯德图中找到该幅值对应的频率就是校正后的 ω_c'。

6）计算超前校正装置的另一个参数 T，由前节式(6-18)可知

$$T=\frac{1}{\omega_m\sqrt{\alpha}} \tag{6-34}$$

7）确定校正装置的传递函数

$$G_c=\frac{\alpha Ts+1}{Ts+1}$$

8）绘制校正后系统的伯德图，验算校正后系统的相位裕度是否满足要求，若不满足，重新计算。

2. 超前校正装置设计举例

例 6-1 已知系统框图如图 6-19 所示。要求已校正系统在单位斜坡输入信号作用下的稳

态误差 $e_{ss}\leqslant 0.1$，开环截止频率 $\omega_c'\leqslant 5\text{rad/s}$，相位裕度 $\gamma'\geqslant 45°$。求满足要求的串联超前校正网络的传递函数 $G_c(s)$。

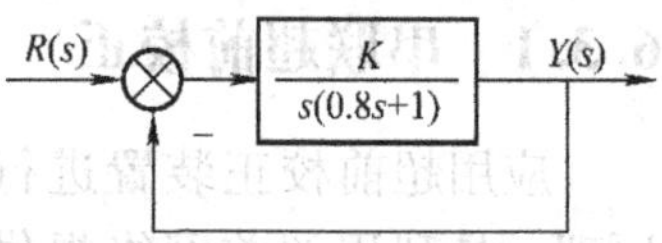

图 6-19　例 6-1 校正前的系统框图

解：解法 1(精确解法)

(1) 根据稳态指标要求，确定开环增益 K。因为系统为Ⅰ型，因此

$$e_{ss}=\frac{1}{K}\leqslant 0.1$$

K 取值 10 可满足稳态要求，校正前系统的开环传递函数为

$$G_0(s)=\frac{10}{s(0.8s+1)} \tag{6-35}$$

(2) 校正前系统的伯德图及单位阶跃响应曲线如图 6-20 所示。由图中显示的信息可知，相位裕度 $\gamma=20°$，开环截止频率 $\omega_c=3.43\ \text{rad/sec}$，超调量 $\sigma\%=56.9\%$。可见，系统未校正前不能满足动态性能指标的要求，必须进行校正。

(3) 由式(6-33)计算超前校正网络的最大相角 φ_m，假设超前校正引起截止频率右移带来的相角滞后补偿10°，即

$$\varphi_m=\gamma'-\gamma+10°=45°-20°+10°=35°$$

(4) 计算超前校正网络参数 α

$$\alpha=\frac{1+\sin\varphi_m}{1-\sin\varphi_m}=\frac{1+\sin(35°)}{1-\sin(35°)}=3.7$$

(5) 计算出 $-10\lg\alpha=-10\lg 3.7=-5.7\ \text{dB}$，在图 6-20 所示的伯德图中找寻 $L(\omega)=-5.7\ \text{dB}$ 的点，该点的频率就是校正后系统的截止频率 ω_c'，如图所示。由图中显示的信息可知，当校正前的 $L(\omega)=-5.77\ \text{dB}$ 时，对应的频 $\omega=4.85\ \text{rad/s}$，该频率就是超前校正网络最大超前相角 φ_m 处对应的频率 ω_m，也即是系统校正后的截止频率 ω_c'。

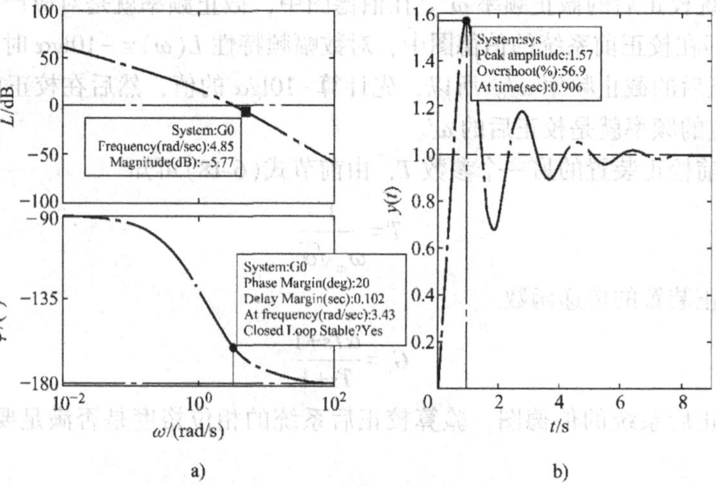

图 6-20　例 6-1 校正前系统的特性曲线

a) 伯德图　b) 单位阶跃响应曲线

(6) 计算超前校正网络的另一个参数 T

$$T=\frac{1}{\omega_{\mathrm{m}}\sqrt{\alpha}}=\frac{1}{4.85\sqrt{3.7}}\approx 0.1$$

(7) 确定校正网络的传递函数

$$G_{\mathrm{c}}=\frac{\alpha Ts+1}{Ts+1}=\frac{0.37s+1}{0.1s+1}$$

(8) 绘制校正后系统的伯德图及单位斜坡输入作用下的响应曲线，如图 6-21 所示。图 6-21a 中的实线为校正后的伯德图，虚线为校正前的伯德图，点线为校正装置的伯德图。图 6-21b 中的点线为单位斜坡输入信号，实线为校正后的单位斜坡响应，虚线为系统校正前的单位斜坡响应曲线。由图中信息可知，系统校正后的相位裕度 $\gamma'=49.9°>45°$满足设计要求。

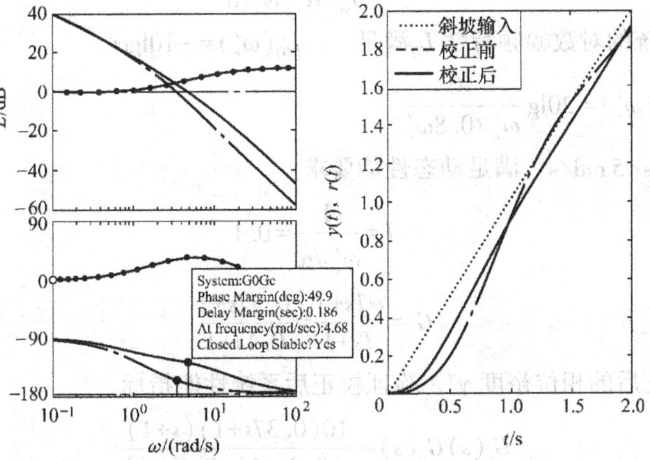

a)　　b)

图 6-21　校正前、后系统的伯德图及单位速度响应

由图 6-21 还进一步获得系统校正后的截止频率为 $\omega=4.68\ \mathrm{rad/s}<5\ \mathrm{rad/s}$，校正前、后系统的单位斜坡响应均存在稳态误差，但满足 $e_{\mathrm{ss}}\leqslant 0.1$。

还可以利用开环对数渐近特性的特点，简化例 6-1 的计算，适合没有 MATLAB 等辅助计算工具的场合。

解法 2(开环对数渐近特性法)

(1) 根据稳态指标要求，确定开环增益 K。因为系统为 I 型，因此 $e_{\mathrm{ss}}=\frac{1}{K}\leqslant 0.1$。$K=10$ 可满足稳态要求，校正前系统的开环传递函数为

$$G_0(s)=\frac{10}{s(0.8s+1)}$$

(2) 手动计算上式是否满足动态性能指标。

1) 计算渐近特性的 ω_{c}

由 $|A(\omega_{\mathrm{c}})|=\frac{10}{\omega_{\mathrm{c}}\times 0.8\omega_{\mathrm{c}}}=1$，得 $\omega_{\mathrm{c}}=3.5\ \mathrm{rad/s}<5\ \mathrm{rad/s}$，满足设计要求且为超前校正留有

了裕度。

2）计算固有特性的相位裕度 γ_0

$\gamma_0=180°+\phi(\omega_c)=180°-90°-\arctan 0.8\times3.5=20°<45°$，不满足动态性能指标。

（3）计算超前校正网络 $G_c=\dfrac{\alpha Ts+1}{Ts+1}$。

1）计算参数 α

$$\varphi_m=\gamma'-\gamma+10°=45°-20°+10°=35°$$

$$\alpha=\frac{1+\sin\varphi_m}{1-\sin\varphi_m}=\frac{1+\sin(35°)}{1-\sin(35°)}=3.7$$

2）计算参数 T

$$T=\frac{1}{\omega_m\sqrt{\alpha}}=\frac{1}{\omega_c'\sqrt{\alpha}}$$

∵ 未校正系统的对数幅频特性 L_0 满足 $\quad L_0(\omega_c')=-10\lg\alpha$

且 L_0 还满足 $\quad L_0(\omega_c')=20\lg\dfrac{10}{\omega_c'\times0.8\omega_c'}$

解得 $\omega_c'=4.9\ \text{rad/s}<5\ \text{rad/s}$，满足动态性能要求。

$$T=\frac{1}{\omega_c'\sqrt{\alpha}}=0.1$$

$$G_c=\frac{\alpha Ts+1}{Ts+1}=\frac{0.37s+1}{0.1s+1}$$

（4）计算校正后的相位裕度 γ''，验证校正后系统性能指标。

$$G_c(s)G_0(s)=\frac{10(0.37s+1)(s+1)}{s(0.8s+1)(0.1s+1)}$$

$$\gamma''=180°+\arctan 0.38\times4.9-90°-\arctan 0.8\times4.9-\arctan 0.1\times4.9=49.4°>50°$$

满足设计要求，校正成功。

3. 超前校正的特点

1）超前校正是利用校正网络的相角超前特性来增加系统的相位裕度，改善系统的平稳性。

2）超前校正主要针对系统频率特性的中频段进行，不影响系统低频段特性。

3）超前校正会使系统的截止频率增加，使校正后系统的频带变宽，瞬态响应速度变快。

4）超前校正装置与固有部分串联后，使得校正后 $L(\omega)$ 高频段幅值提高 $20\lg\alpha(\alpha>0)$，系统抗高频干扰的能力变差，若希望的带宽比未校正系统的要窄，则不能采用串联超前校正。

5）采用无源超前校正网络需提高系统的开环增益，以补偿超前网络带来的增益下降。

6）如果原系统在截止频率附近相角急剧下降，一般不宜采用串联超前校正。因为随着截止频率 ω_c' 的右移，校正前系统在 ω_c' 处的相角迅速下降，超前校正网络提供的最大相角抵消这个下降以后，不易满足系统对相位裕度要求，甚至可能这个迅速下降的相角超过由超前校正网络提供的最大相角，在这种情况下，需考虑其他的校正方式。

6.3.2 串联滞后校正

应用滞后校正装置进行串联校正的基本原理，是利用滞后网络在中高频段幅值处的衰减特性。$L_c(\omega)$幅值在高频段衰减 $20\lg b(b<0)$，从而降低校正后系统的开环截止频率，增加相位裕度的，所以滞后校正是以牺牲系统的响应速度来换取系统的平稳性的方法。采用滞后校正应避免滞后网络产生的最大滞后相角发生在开环截止频率附近，应设置在低频段，远离中频段。滞后校正原理如图 6-22 所示。

串联滞后校正的主要作用是如果系统对响应速度要求不高，而对系统平稳性及抑制高频噪声有要求，可在系统的低频段串联滞后网络，以提高系统的相对稳定性，增强抗干扰能力，但降低了快速性，如图 6-22a 所示。如果系统的动态性能满足要求，而稳态精度不够，可在系统的最低频段串联滞后网络，只提高低频段幅值，以降低系统的稳态误差，而不改变已满足动态性能的中高频段的特性，这是控制系统中应用串联滞后校正的另一作用，如图 6-22b 所示。如串联的是 PI 控制器，还可以提高系统的型别，大大改善系统的稳态性能。

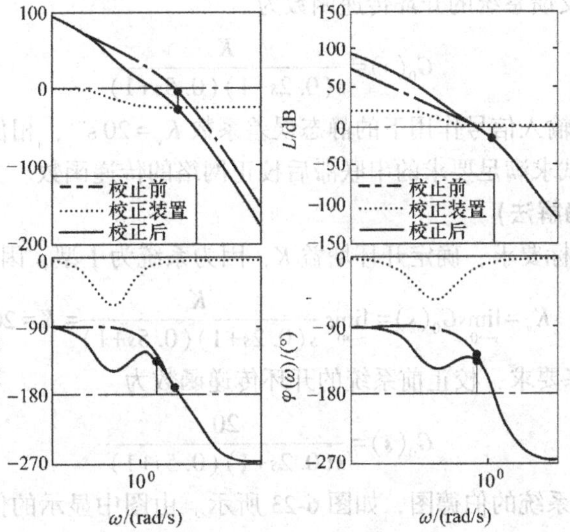

图 6-22 串联滞后校正原理图

a) 滞后校正作用一 b) 滞后校正作用二

1. 无源滞后校正网络的设计步骤

1）根据系统对稳态误差的要求确定系统应有的开环增益 K。

2）根据求得的开环增益 K，利用 MATLAB 绘制校正前系统的伯德图，并从图中获取相位裕度 γ、开环截止频率 ω_c 等数据。检验这些性能指标是否符合要求。若不符合，则进行下一步。

3）根据校正后系统期望的相位裕度 γ'，利用校正前系统的伯德图，确定校正后的截止频率 ω_c'。

$$\varphi(\omega_c')=-180^\circ+\gamma'+(5^\circ\sim12^\circ) \tag{6-36}$$

4）由校正后的开环截止频率 ω_c'，求滞后校正网络参数 b。因为校正后系统的伯德图中，ω_c'处的对数幅值等于 0，则校正前系统伯德图中，该频率点的幅值应为 $L(\omega_c')=-20\lg b$。在校正前系统的伯德图中查找 ω_c'对应的幅值 $L(\omega_c')$，则

$$b=10^{\frac{-L(\omega_c')}{20}} \tag{6-37}$$

5）确定串联滞后校正网络另一参数 T。为了把串联的滞后校正网络在校正后系统的 ω_c'处叠加的滞后相角控制在 5°~12°的范围内，希望滞后网络的第二个转折频率 $1/bT$ 远离ω_c'，但这会使 T 很大，给物理实现带来困难，所以工程上一般取

$$\frac{1}{bT}=\left(\frac{1}{4}\sim\frac{1}{10}\right)\omega_c' \tag{6-38}$$

6）确定校正网络的传递函数　　$G_c=\dfrac{bTs+1}{Ts+1}$

7）绘制校正后系统的伯德图，验算校正后系统的频域指标是否满足要求，若不满足，重新计算。

2. 滞后校正器设计举例

例 6-2　设单位反馈系统的开环传递函数为

$$G_0(s)=\frac{K}{s(0.2s+1)(0.5s+1)}$$

要求系统的单位速度输入信号作用下的静态误差系数 $K_v=20\,s^{-1}$，相位裕度不低于35°，幅值裕量不低于 10 dB。试求满足要求的串联滞后校正网络的传递函数。

解：解法 1（精确解法）

（1）根据稳态指标要求，确定开环增益 K，因为系统为Ⅰ型，因此

$$K_v=\lim_{s\to0}sG_0(s)=\lim_{s\to0}s\frac{K}{s(0.2s+1)(0.5s+1)}=K=20$$

K 取值 20 可满足稳态要求，校正前系统的开环传递函数为

$$G_0(s)=\frac{20}{s(0.2s+1)(0.5s+1)} \tag{6-39}$$

（2）绘制校正前系统的伯德图，如图 6-23 所示。由图中显示的信息可知，相位裕度$\gamma=-24.2°$，幅值裕度为 $K_g=-9.12$ dB，开环截止频率 $\omega_c=5.1$ rad/s，且显示信息表明未校正系统不稳定，谈不上满足性能指标要求，必须进行校正。

（3）确定校正后的截止频率 ω_c'：在校正前系统的伯德图上寻找相角等于−180°加上期望的相位裕度 γ'，再加上 5°~12°的频率，该频率即是 ω_c'。本例要求 $\gamma'\geqslant35°$，取 $\gamma'=35°$，为补偿滞后校正网络的相角滞后，相位裕度按35°+12°=47°计算，要获得 47°的相位裕度，其相角应为−180°+47°=−133°。在图 6-23 的相频特性中寻找相角为−133°的频率，该频率即为校正后系统的截止频率 ω_c'。由图 6-23 中的相频特性信息知道，校正前系统在相角为−133°处的频率为 1.17 rad/s，即系统校正后的截止频率 $\omega_c'=1.17$ rad/s。

（4）由校正后系统的开环截止频率 ω_c'，求滞后校正网络参数 b。由图 6-23 的幅频特性信息知道，在频率为 1.17 rad/s 处的幅值为 23.2 dB，即校正前系统 $L(\omega_c')=23.2$ dB，则

$$b=10^{\frac{-L(\omega_c')}{20}}=10^{\frac{-23.2}{20}}=0.0692$$

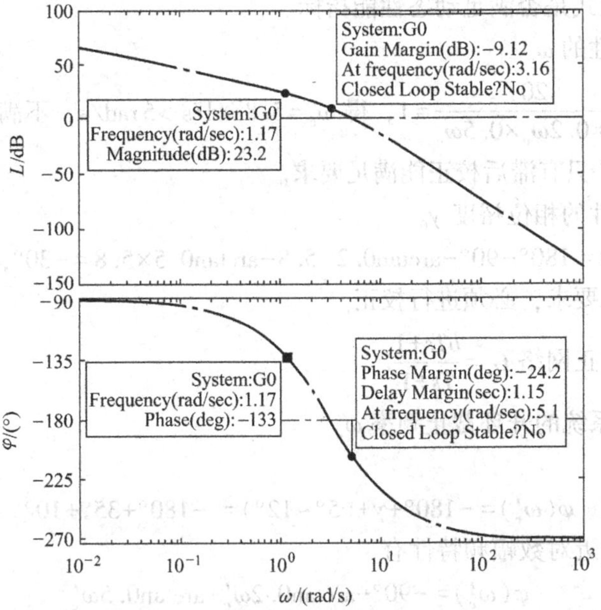

图 6-23 例 6-2 中未校正系统的伯德图

（5）确定串联滞后校正网络另一参数 T，由式(6-38)取$\frac{1}{bT}=\frac{1}{5}\omega_c'$，得 $T=61.8$。

（6）确定校正网络的传递函数

$$G_c(s)=\frac{bTs+1}{Ts+1}=\frac{4.3s+1}{61.8s+1} \qquad (6\text{-}40)$$

（7）绘制校正后系统的伯德图，验算校正后系统的相位裕度是否满足要求。

校正前、后系统及校正网络的伯德图如图 6-24 所示，由校正后系统的幅频特性信息知道，校正后系统的开环截止频率为 1.19 rad/sec，满足 $\omega_c'\leqslant 5$ rad/s 的要求；由校正后的相频特性信息知道，校正后系统的相位裕度为 35.7°，满足相位裕度不低于 35° 的要求，设计完成。式(6-40)即是符合题目要求的校正网络的传递函数。

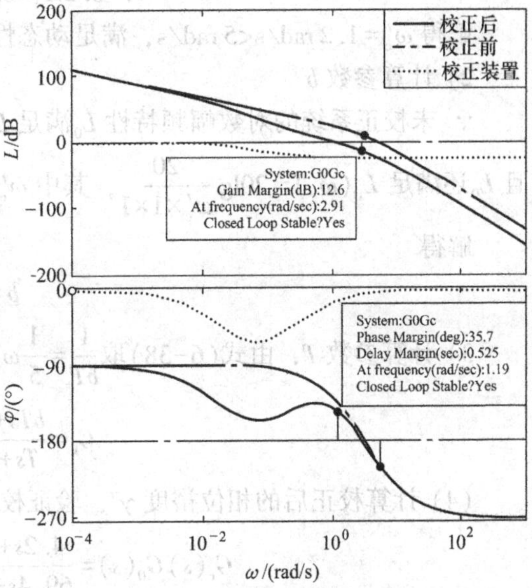

图 6-24 校正前、后系统的伯德图

解法 2（开环对数渐近特性法）

（1）根据稳态指标要求，确定开环增益 K，因为系统为Ⅰ型，因此

$$K_v=\lim_{s\to 0}sG_0(s)=\lim_{s\to 0}s\,\frac{K}{s(0.2s+1)(0.5s+1)}=K=20$$

$K=20$ 可满足稳态要求，校正前系统的开环传递函数为

$$G_0(s)=\frac{20}{s(0.2s+1)(0.5s+1)}$$

（2）手动计算上式是否满足动态性能指标。

1）计算渐近特性的 ω_c

由 $|A(\omega_c)|=\dfrac{20}{\omega_c\times0.2\omega_c\times0.5\omega_c}=1$，得 $\omega_c=5.8\,\text{rad/s}>5\,\text{rad/s}$，不满足设计要求且滞后校正才可使得 ω_c 降低，只有滞后校正能满足要求。

2）计算固有特性的相位裕度 γ_0

$\gamma_0=180°+\phi(\omega_c)=180°-90°-\arctan0.2\times5.8-\arctan0.5\times5.8=-30°$，未校正系统不稳定，谈不上满足性能指标要求，必须进行校正。

（3）计算滞后校正网络 $G_c=\dfrac{bTs+1}{Ts+1}$。

1）计算校正后系统的开环截止频率 ω'_c

由性能指标有

$$\varphi(\omega'_c)=-180°+\gamma+(5°\sim12°)=-180°+35°+10°$$

由未校正系统渐近对数幅频特性有

$$\varphi(\omega'_c)=-90°-\arctan0.2\omega'_c-\arctan0.5\omega'_c$$

联立解得

$$\arctan0.2\omega'_c+\arctan0.5\omega'_c=45°$$

即
$$\frac{0.2\omega'_c+0.5\omega'_c}{1-0.2\omega'_c\times0.5\omega'_c}=\tan45°=1$$

解得 $\omega'_c=1.2\,\text{rad/s}<5\,\text{rad/s}$，满足动态性能要求。

2）计算参数 b

∵ 未校正系统的对数幅频特性 L_0 满足 $L_0(\omega'_c)=-20\lg b$

且 L_0 还满足 $L_0(\omega'_c)=20\lg\dfrac{20}{\omega'_c\times1\times1}$，其中 $\omega'_c=1.2\,\text{rad/s}$

解得

$$b=0.06$$

3）计算参数 T，由式(6-38)取 $\dfrac{1}{bT}=\dfrac{1}{5}\omega'_c$，得 $T=69.4$。

$$G_c=\frac{bTs+1}{Ts+1}=\frac{4.2s+1}{69.4s+1}$$

（4）计算校正后的相位裕度 γ''，验证校正后系统性能指标。

$$G_c(s)G_0(s)=\frac{4.2s+1}{69.4s+1}\times\frac{20}{s(0.2s+1)(0.5s+1)}$$

$\gamma''=180°+\arctan4.2\times1.2-90°-\arctan69.4\times1.2-\arctan0.2\times1.2-\arctan0.5\times1.2=35°$

满足设计要求，校正成功。

3. 滞后校正的特点

1）在不改变系统稳态性能的前提下，利用滞后校正网络在中高频段造成的幅值衰减，使系统的开环截止频率减小，同时使系统的相位裕度增加。因此，滞后校正可以用来提高系统的平稳性，但要以牺牲快速性为代价，使得系统的响应时间增大。

2）一般滞后校正不改变原系统低频段的斜率，即不影响系统的无差度，但可在不改变原系统动态性能的前提下，提高系统的稳态精度。

3）滞后校正使得系统高频幅值衰减，其抗高频干扰能力得到提高。

6.3.3 串联滞后-超前校正

当未校正系统不稳定且要求校正后系统响应速度、相位裕度和稳态精度较高时，只采用上述的超前校正或滞后校正，难于达到预期的校正效果，采用滞后-超前校正可满足这种需求。这种校正兼有滞后校正和超前校正的优点，利用其滞后校正部分来改善系统的稳态性能；利用其超前校正部分来增大系统的相位裕度，以改善系统的动态性能。在确定参数时，可分别独立确定超前和滞后网络的参数。

滞后-超前校正网络设计的方法有多种，不同的方法其设计步骤是不同的，设计的复杂程度也不同，设计出来的 $G_c(s)$ 也会不一样，但有可能都能满足给定的系统性能要求。本节采用的是最方便利用 MATLAB 进行辅助设计的方法。其基本原理是，在确定满足稳态要求的开环增益 K 后，先进行超前校正网络的设计，首先在未校正系统的伯德图上选择校正后系统的开环截止频率 ω_c'，使得在 $\omega=\omega_c'$ 时能通过超前网络所提供的超前相角满足相位裕度要求；然后将未校正系统的传递函数与超前网络串联构成滞后校正的固有部分，通过滞后网络的衰减作用把该固有特性在 $\omega=\omega_c'$ 的幅频特性衰减到零分贝，使得 ω_c' 为系统校正后的开环截止频率。滞后校正和超前校正，二者分工明确，相辅相成。

1. 无源滞后-超前校正网络的设计步骤

1）根据系统对稳态误差的要求确定系统应有的开环增益 K。

2）根据求得的开环增益 K，利用 MATLAB 绘制未校正系统的伯德图，并从图中获取相位裕度 γ、开环截止频率 ω_c 等数据。检验这些性能指标是否符合要求。若不符合，则进行下一步。

3）从未校正系统的伯德图中找相角为$-180°$的频率值，此值即可作为校正后系统的截止频率 ω_c'（在 ω_c'满足要求的前提下）。因为在此可使超前校正部分提供的最大超前相角就是系统所要求的相位裕度 γ'，既简单又容易实现。

4）确定超前校正网络的参数及传递函数。$\varphi_m=\gamma'+(5°\sim12°)$，增加 $5°\sim12°$是考虑需要抵消以后的滞后校正网络在 ω_c' 处产生的滞后相角。先求参数 $\alpha=(1+\sin\varphi_m)/(1-\sin\varphi_m)$，$T_1=1/\omega_c'\sqrt{\alpha}$，超前校正网络的传递函数为

$$G_{c1}(s)=\frac{\alpha T_1s+1}{T_1s+1}。$$

5）确定滞后校正网络的参数及传递函数。利用 MATLAB 绘制开环传递函数为 $G_{c1}(s)G_0(s)$ 的伯德图，从图中获取 $L(\omega_c')$ 的数值，求滞后校正网络参数 b 及 T_2。经串联滞后校正后的系统在开环截止频率 ω_c' 处的对数幅值应等于 0，滞后校正前的伯德图在该频率点的幅值应为 $L(\omega_c')=-20\lg b$，$b=10^{-L(\omega_c')/20}$，$1/bT_2=(1/4\sim1/10)\omega_c'$，滞后网络的传递函数为

$$G_{c2}(s)=\frac{bT_2s+1}{T_2s+1}。$$

6）确定滞后-超前校正网络的传递函数 $G_c(s)=\dfrac{bT_2s+1}{T_2s+1}\dfrac{\alpha T_1s+1}{T_1s+1}$。

7）绘制校正后系统的伯德图，验算校正后系统的频域指标是否满足要求，若不满足，重新计算。

2. 滞后-超前校正网络设计举例

例 6-3 设单位负反馈系统的开环传递函数为

$$G_0(s)=\frac{K}{s(s+1)(0.125s+1)}$$

要求静态速度误差系数 $K_v=20\,s^{-1}$，相位裕度 $\gamma=50°$，调节时间 $t_s\leqslant4(s)$，试设计滞后-超前校正网络的传递函数，使系统满足性能指标要求。

解：（1）根据稳态指标要求，确定开环增益 K，因为系统为Ⅰ型，因此

$$K_v=\lim_{s\to0}sG_0(s)=\lim_{s\to0}s\frac{K}{s(s+1)(0.125s+1)}=K=20$$

K 取值 20 可满足稳态要求，未校正系统的开环传递函数为

$$G_0(s)=\frac{20}{s(s+1)(0.125s+1)} \tag{6-41}$$

（2）利用 MATLAB 绘制开环传递函数如式(6-41)所示的伯德图，如图 6-25 所示。由图中显示的信息可知，相位裕度 $\gamma=-13.9°$，幅值裕度为 $K_g=-6.94$ dB，开环截止频率 $\omega_c=4.15$ rad/s，且显示信息表明未校正系统不稳定，谈不上满足性能指标要求，必须进行校正。未校正系统不稳定且对系统动态、稳态指标要求高，选滞后-超前校正。

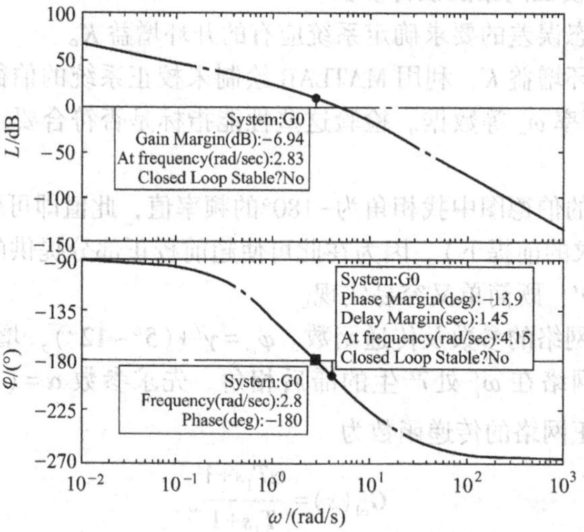

图 6-25 例 6-3 中未校正系统的伯德图

（3）从图 6-25 未校正系统的伯德图的相频特性中找到相角为−180°时的频率，其值为 2.8 rad/s，即选取 $\omega=2.8$ rad/s 为作为校正后系统的截止频率 ω_c'，因为在此可使接下来要进行的超前校正提供的最大超前相角就是系统所要求的相位裕度 γ'，既简单又容易实现。

（4）确定超前校正网络的参数及传递函数。

$\varphi_m=\gamma'+5°\approx55°$，在此增加了 5°是因为考虑需要抵消以后的滞后校正网络在 ω_c' 处产生

的滞后相角。先求参数 $\alpha=\dfrac{1+\sin\varphi_m}{1-\sin\varphi_m}=\dfrac{1+\sin 55°}{1-\sin 55°}=10.06$

再求超前校正网络的另一参数 $T_1=1/\omega'_c\sqrt{\alpha}=1/2.8\sqrt{10.06}=0.11$，则超前校正网络的传递函数为

$$G_{c1}(s)=\frac{\alpha T_1 s+1}{T_1 s+1}=\frac{1.11s+1}{0.11s+1}$$

（5）确定滞后校正网络的参数及传递函数。利用 MATLAB 绘制开环传递函数为 $G_{c1}(s)G_0(s)$ 的伯德图，如图 6-26 实线所示。从图中的信息知道，在期望的截止频率处的 $L(\omega'_c)=17\,\mathrm{dB}$，接下来需要求以 $G_{c1}(s)G_0(s)$ 为新的固有部分的滞后校正网络参数 b 及 T_2。$G_{c1}(s)G_0(s)$ 经串联滞后校正后的系统在开环截止频率 ω'_c 为 2.8 rad/s 处的对数幅值应等于 0，在以 $G_{c1}(s)G_0(s)$ 为开环传递函数的伯德图中，该频率点的幅值 $L(\omega'_c)=-20\lg b$。

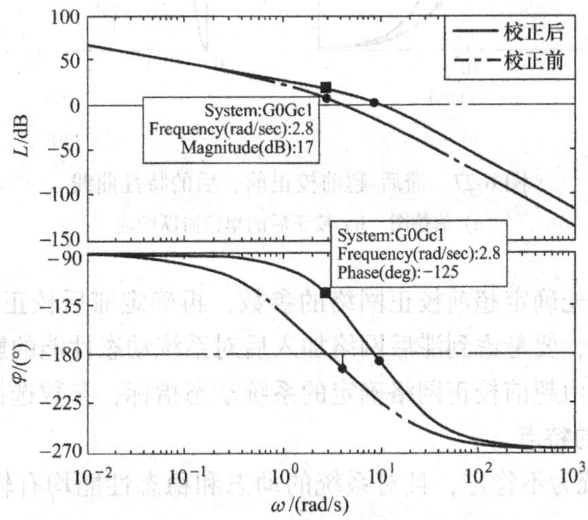

图 6-26 超前校正前、后系统的伯德图

先求 $b=10^{-L(\omega'_c)/20}=10^{-17/20}=0.14$，再求滞后网络的另一参数 T_2，考虑到应尽量不影响已经由超前校正确定的相位裕度，仅仅利用滞后网络的高频衰减特性，选 $1/bT_2=(1/4\sim1/10)\omega'_c$，此时取 $T_2=1/0.1b\omega'_c=25.5$，滞后校正网络的传递函数为

$$G_{c2}(s)=\frac{3.57s+1}{25.5s+1}。$$

（6）确定滞后-超前校正装置的传递函数

$$G_c(s)=\frac{3.57s+1}{25.5s+1}\frac{1.11s+1}{0.11s+1}$$

（7）绘制校正后系统的伯德图及单位阶跃响应曲线，分别验算校正后系统的相位裕度及调节时间是否满足要求。

系统校正前、后及校正网络的伯德图如图 6-27a 所示。由校正后系统的相频特性信息知道，校正后系统的相位裕度为50.6°>50°，满足相位裕度要求；系统校正后的单位阶跃

响应曲线如图 6-27b 所示，由图中信息知道 $t_s=1.59(s)(\Delta=5\%)$，满足指标 $t_s\leqslant 4(s)$要求，设计完成。

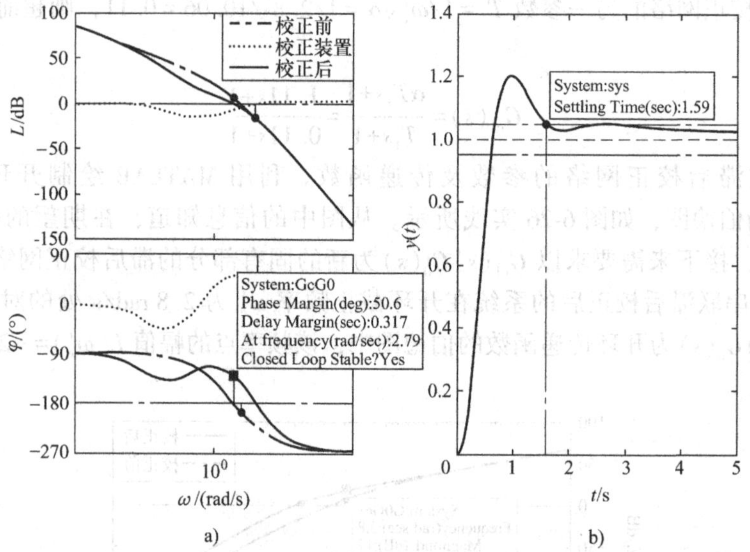

图 6-27　滞后-超前校正前、后的特性曲线

a）伯德图　b）校正后的单位阶跃响应

本节的设计方法是先确定超前校正网络的参数，再确定滞后校正网络的参数。应注意，在确定超前校正网络时，要考虑到滞后网络加入后对系统动态性能的影响；在确定滞后校正网络时，尽量不影响已由超前校正网络确定的系统动态指标，参数选择应留有裕度。

3. 滞后-超前校正的特点

1）如果未校正系统为不稳定，且对系统的动态和稳态性能均有较高的要求时，宜采用串联滞后-超前校正。

2）滞后-超前校正在校正过程中分工明确，相辅相成。本节介绍的方法中，利用超前校正网络的相角超前特性来增大系统的相位裕度，改善系统的动态性能；利用滞后校正网络在中高频段的幅值衰减特性，将校正后系统的截止频率确定在期望的位置。

3）滞后-超前校正具有互补性。这种校正方式既保留了滞后和超前各自的优点，又在共同作用下弥补了各自的缺点，如超前校正可以使系统的快速性提高，弥补了滞后校正以牺牲快速性来换取稳定性的不足；滞后校正的高频幅值衰减，弥补了超前网络高频抗干扰能力减弱的不足。

4）参数选择得当是发挥滞后-超前校正的优点，弥补其缺点的关键所在。

6.3.4　按期望特性对系统进行串联校正

期望特性法又称为综合法。按期望特性进行校正，是工程实际中常用的一种方法。“期望特性”是指能满足性能指标的控制系统应具有的开环对数渐近特性。这一方法的思路是，根据闭环系统各项性能指标与开环对数频率特性的对应关系，绘制满足性能要求的期望对数幅频渐近特性曲线，然后与系统固有部分的对数幅频渐近特性曲线比较，从而确定校正网络的结构及参数。

需要说明的是，由于期望特性只需考虑对数幅频特性而不需要考虑相频特性，因此该方法仅适用于最小相位系统的设计。

1. 典型的期望对数幅频渐近特性 $L(\omega)$

开环对数频率渐近特性的期望特性曲线（简称期望特性）如图 6-28 所示。按照第 5 章介绍的三频段的概念，期望特性也可主要分为三个区域：小于 ω_1 的区域为低频段，低频段的形状由系统稳态指标确定；$\omega_2 \sim \omega_3$ 为中频段，主要反映系统的动态性能，为了使系统有良好的动态性能，中频段的期望特性一般以 -20 dB/dec 的斜率穿越 0 dB 线，并保持一定的带宽 $h=\omega_3-\omega_2$。大于 ω_4 的区域为高频段，高频段主要反映系统抑制噪声的能力及小参数的影响。高阶系统的期望特性可能由低频段、中频段、衔接频段及高频段组成，衔接频段为 $\omega_1 \sim \omega_2$ 及 $\omega_3 \sim \omega_4$ 的频段，其斜率均为 -40 dB/dec。

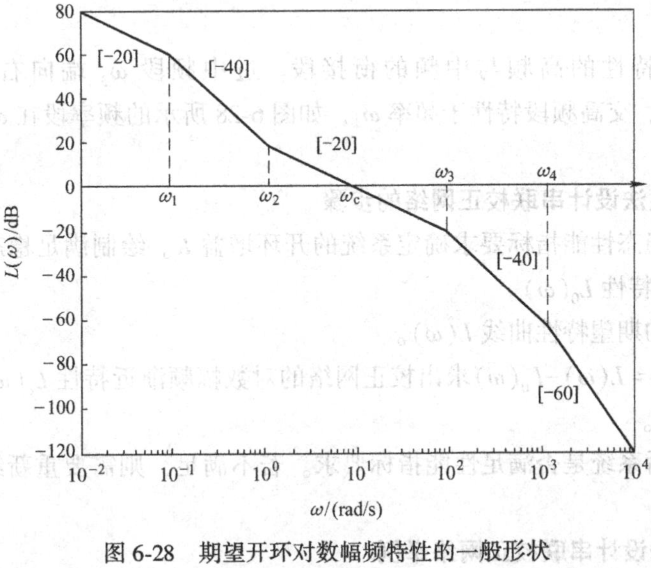

图 6-28 期望开环对数幅频特性的一般形状

在用期望特性法进行校正时，是根据系统的性能指标确定期望特性的形状及各转折频率的大小的，常用到以下经验公式进行转换

$$\sigma\% \approx [0.16+0.4(M_r-1)]\times 100\% \tag{6-42}$$

$$t_s \approx \frac{k\pi}{\omega_c}, \quad k=2+1.5(M_r-1)+2.5(M_r-1)^2 \tag{6-43}$$

$$M_r = \frac{1}{\sin\gamma} \qquad h=\frac{M_r+1}{M_r-1} \tag{6-44}$$

$$\omega_2 \leqslant \frac{2}{h+1}\omega_c \qquad \omega_3 \geqslant \frac{2h}{h+1}\omega_c \tag{6-45}$$

2. 期望开环对数幅频渐近特性 $L(\omega)$ 的绘制

按期望特性法设计串联校正网络，是根据已知的系统性能指标，逐段绘制期望特性，然后与固有特性比较以确定校正网络的结构及参数，因此绘制期望特性是首要的问题，一般步

骤如下：

1）绘制期望特性的中频段。根据给定的频域或时域性能指标，确定期望特性中频段特征频率 ω_c、ω_2、ω_3。如果给定的是时域指标，利用式(6-42)~式(6-45)进行计算和转换。

过 ω_c 点在频率段 $\omega_2 \sim \omega_3$ 做一条 -20 dB/dec 的直线，即是期望特性的中频段特性，如图 6-28 所示。

2）绘制期望特性的低频段。根据对系统型别及稳态误差要求，绘制期望特性的低频段，如图 6-28 所示的频率段 $\omega<\omega_1$ 的对数幅频渐近线。

3）绘制期望特性的低频与中频的衔接段。过中频段 ω_2 端向左侧做一条斜率为 -40 dB/dec 的直线，交低频段特性于频率 ω_1，如图 6-28 所示频率段为 $\omega_1 \sim \omega_2$ 的对数幅频渐近线。一般与前、后段特性斜率相差±20 dB/dec，否则，对期望特性的性能影响较大。

4）绘制期望特性的高频段。为使校正网络易于实现，一般是与原系统高频段重合或者斜率相同的直线。

5）绘制期望特性的高频与中频的衔接段。过中频段 ω_3 端向右侧做一条斜率为 -40 dB/dec 的直线，交高频段特性于频率 ω_4，如图 6-28 所示的频率段在 $\omega_3 \sim \omega_4$ 所对应的对数幅频渐近线。

3. 按期望特性法设计串联校正网络的步骤

1）根据系统稳态性能指标要求确定系统的开环增益 K。绘制满足稳态要求的待校正系统的对数幅频渐近特性 $L_0(\omega)$。

2）绘制系统的期望特性曲线 $L(\omega)$。

3）由式 $L_c(\omega)=L(\omega)-L_0(\omega)$ 求出校正网络的对数幅频渐近特性 $L_c(\omega)$，并由此获得校正网络的传递函数。

4）验算校正后系统是否满足性能指标要求。若不满足，则需要重新绘制期望特性后再设计校正网络。

4. 期望特性法设计串联校正网络举例

例 6-4 设单位反馈系统的开环传递函数为

$$G_0(s)=\frac{K}{s(0.9s+1)(0.007s+1)}$$

试用期望特性法设计串联校正网络的传递函数 $G_c(s)$，使系统校正后满足下列性能指标：(1) 系统仍为Ⅰ型，静态速度误差系数 $K_v \geqslant 1000\mathrm{s}^{-1}$；(2) 调节时间 $t_s \leqslant 0.25(\mathrm{s})$，超调量 $\sigma\% \leqslant 30\%$。

解：(1) 绘制满足稳态要求的待校正系统的对数幅频渐近特性 $L_0(\omega)$。因为系统为Ⅰ型，令 $K=K_v=1000\ \mathrm{s}^{-1}$，$L_0(\omega)$ 如图 6-29 中的细实线所示。

(2) 绘制系统期望的对数幅频渐近特性曲线 $L(\omega)$。

① 由已知动态性能指标，并由式(6-42)计算出 $M_r=1.35$，代入式(6-43)算出 $\omega_c=35.56$ rad/sec。

为留有一定裕度，取校正后系统的开环截止频率 $\omega_c'=40$ rad/s。运用经验公式(6-44)及

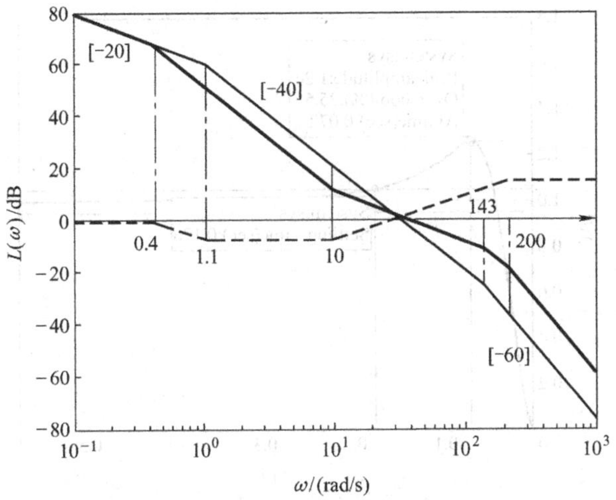

图 6-29 例 6-4 的开环对数幅频渐近特性

式(6-45)算出 $h=6.7$，$\omega_2\leqslant10.4\ \text{rad/s}$，取 $\omega_2=10\ \text{rad/s}$；算出 $\omega_3\geqslant69.6\ \text{rad/s}$，考虑使校正网络容易实现，取 $\omega_3=1/0.007=143\ \text{rad/s}$，过 $\omega_c'=40\ \text{rad/s}$ 点，在频率段(10~143) rad/s 作斜率为−20 dB/dec 的直线，这就是期望特性的中频段特性，如图 6-29 所示的粗实线相应频段渐近特性。

② 绘制期望特性的低频与中频的衔接段。过中频段的 $\omega_2=10\ \text{rad/s}$ 端向左(低频)方向做一条斜率为−40 dB/dec 的直线，使得期望特性有可能与未校正系统特性的低频段相交，由图 6-29 知，交点频率 $\omega_1=0.4\ \text{rad/s}$。

③ 绘制期望特性的低频段。为了既满足稳态性能，由易于实现，选取期望特性的低频段与未校正系统的低频段重合，如图 6-29 所示。

④ 绘制期望特性的高频与中频的衔接段。过中频段的 $\omega_3=143\ \text{rad/s}$ 端向右(高频)方向做一条斜率为−40 dB/dec 的直线直到频率 ω_4。考虑到小参数的影响及抑制高频干扰，选取 $\omega_4=200\ \text{rad/s}$(一般由经验及试凑得到)。如图 6-29 所示的频率段(143~200) rad/s 粗实线的渐近线。

⑤ 最后，过 $\omega_4=200\ \text{rad/s}$ 做一条与未校正系统高频段平行的渐近线，从而完成期望特性曲线的绘制。

(3) 由式 $L_c(\omega)=L(\omega)-L_0(\omega)$ 求出校正网络的对数幅频渐近特性 $L_c(\omega)$，如图 6-29 中的虚线所示。由曲线 $L_c(\omega)$ 很容易得出校正网络的传递函数为

$$G_c(s)=\frac{(0.9s+1)(0.1s+1)}{(2.5s+1)(0.005s+1)}$$

(4) 绘制校正后系统的单位阶跃响应曲线，验算校正后系统是否满足动态性能指标要求。图 6-30 为校正后的单位阶跃响应曲线，从图中信息知道校正后系统的超调量 $\sigma\%=25.5\%\leqslant30\%$，调节时间 $t_s=0.176\ \text{s}(\Delta=0.05)\leqslant0.25\ \text{s}$，满足动态性能要求，故校正是成功的。

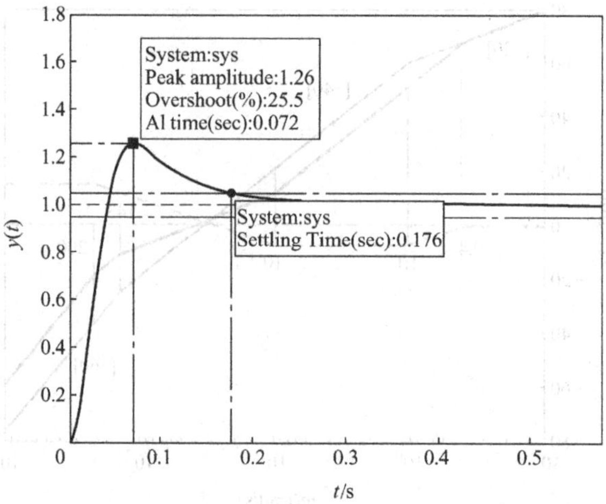

图 6-30 例 6-4 的校正后系统的单位阶跃响应曲线

6.4 根轨迹法串联校正

串联校正除频域法设计外，还可以用根轨迹法设计。当性能指标是以时域指标给出时，应用根轨迹法校正更直接。根轨迹法串联校正也分为超前校正、滞后校正及滞后-超前校正。

应用根轨迹进行校正时，首先需要考虑的问题是建立动态响应与闭环极点位置的关系，这是一个比较复杂的问题，因为系统的响应不仅与闭环极点有关，还与闭环零点有关。在实际工程上，解决的办法是，先假设校正后系统是一个无闭环零点的欠阻尼二阶系统或是具有一对共轭复数主导极点的高阶系统，这时系统的性能指标就可以用典型二阶系统的特征参数 ζ、ω_n 表示出来。根轨迹法校正就是迫使校正后系统的根轨迹通过期望的闭环主导极点。对于实际存在的闭环零点和非主导极点，在确定期望主导极点时考虑到它们对动态响应的影响，应留有余地。

6.4.1 串联超前校正

如果一个未经校正的系统，它是不稳定的或动态响应较差，如超调量大、调节时间长等，不能满足动态性能指标要求，这时可应用根轨迹法进行超前校正。

用根轨迹法进行串联超前校正的实质就是给开环传递函数配置适当的零、极点，来改变根轨迹的形状，从而获得满意的闭环主导极点。图 6-31 是根轨迹法串联超前校正的框图。

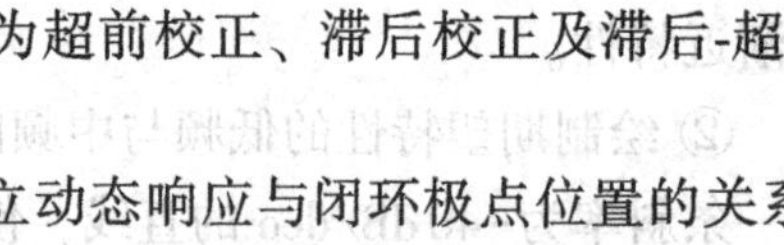

图 6-31 超前校正框图

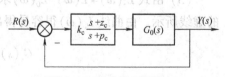

在讨论应用根轨迹法进行超前校正前，先通过实例看看超前校正对根轨迹的影响。

图 6-32a 为单位负反馈系统的开环传递函数为 $G_0(s)=K^*/s(s+2)$ 时的根轨迹，图 6-32b 为该系统串联了超前校正装置的传递函数为 $G_c'(s)=4.68(s+2.9)/(s+5.4)$ 后的根轨迹。可见，串入超前校正后系统的根轨迹左移，这对改善系统动态性能，即减小超调量、缩短调节

时间是有利的。

下面介绍应用根轨迹法对系统进行串联超前校正的最大 α 法。

假设根据对系统动态性能要求确定了一对期望的闭环共轭复数主导极点 s_d，如图 6-33 所示。引入串联校正装置后，由于 s_d 在根轨迹上，所以应当满足相角条件，即

$$\angle G_c(s_d)G_0(s_d)=\angle G_c(s_d)+\angle G_0(s_d)=\pm180°$$

或

$$\varphi_c=\angle G_c(s_d)=\pm180°-\angle G_0(s_d)$$

为使校正后的根轨迹通过 s_d，校正装置的零、极点应提供图 6-33 所示的超前相角 φ_c。

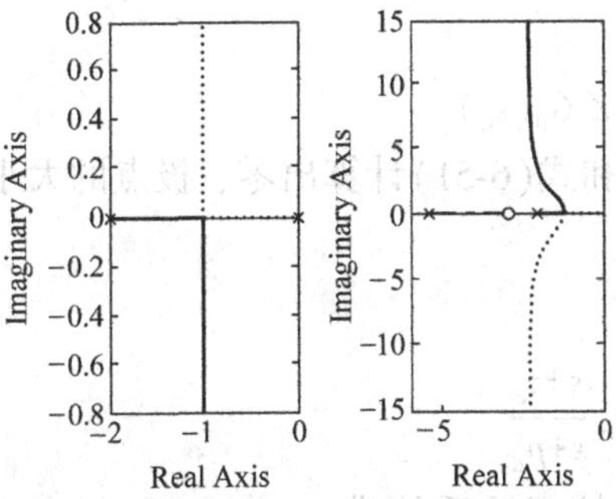

a)　b)

图 6-32　超前校正前、后的根轨迹

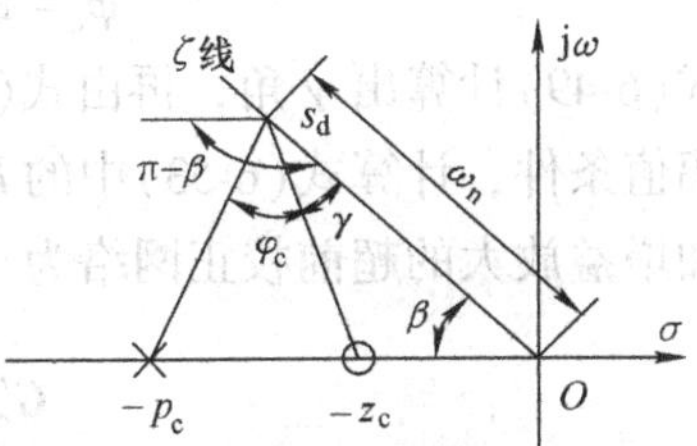

图 6-33　超前校正的相角关系

根据正弦定理有

$$z_c=\frac{\omega_n\sin\gamma}{\sin(\pi-\beta-\gamma)} \tag{6-46}$$

$$p_c=\frac{\omega_n\sin(\gamma+\varphi_c)}{\sin(\pi-\beta-\gamma-\varphi_c)} \tag{6-47}$$

且由式(6-15)的超前网络传递函数，得

$$\alpha=\frac{p_c}{z_c}=\frac{\sin(\gamma+\varphi_c)\sin(\pi-\beta-\gamma)}{\sin\gamma\sin(\pi-\beta-\gamma-\varphi_c)} \tag{6-48}$$

显然，能够提供 φ_c 的 z_c 和 p_c 并不是唯一的，通常采用使系数 α 为最大可能值的方法来确定零、极点的位置，即，令 $\mathrm{d}\alpha/\mathrm{d}\gamma=0$，便可得到

$$\gamma=\frac{1}{2}(\pi-\beta-\varphi_c) \tag{6-49}$$

代入式(6-46)及式(6-47)得

$$z_c=\frac{\omega_n\sin\gamma}{\sin(\gamma+\varphi_c)} \tag{6-50}$$

$$p_c=\frac{\omega_n\sin(\gamma+\varphi_c)}{\sin(\gamma)} \tag{6-51}$$

z_c 和 p_c 确定了，也就确定了超前校正网络的参数，即校正网络的传递函数为

$$G_c(s)=\frac{s+z_c}{s+p_c} \tag{6-52}$$

式(6-52)满足了期望极点的相角条件，要得到期望的闭环极点，校正后的开环传递函数还应当满足幅值条件。需串入一个 k_c，使校正后的开环传递函数为

$$k_c G_c(s) G_0(s) \tag{6-53}$$

式中，k_c 可由幅值条件获得。

根据以上分析，可以得出应用根轨迹法进行串联超前校正的如下步骤：

1）根据要求的性能指标，计算出校正后闭环主导极点 s_d 的坐标。

2）画出未校正系统的根轨迹图及标明 s_d，如果未校正系统的根轨迹不通过 s_d，则表明仅调整增益 K 不能满足性能要求，需要增加校正网络。

3）计算超前校正网络应提供的超前相角 φ_c。

$$\varphi_c = \pm 180° - \angle G_0(s_d) \tag{6-54}$$

4）按式(6-49)计算出 γ 角，再由式(6-50)和式(6-51)计算出零、极点的大小。

5）由幅值条件，计算式(6-53)中的 k_c。

6）附加增益放大的超前校正网络为

$$G_c'(s) = k_c \frac{s+z_c}{s+p_c} \tag{6-55}$$

例 6-5 设随动系统如图 6-34 所示。要求校正后系统满足单位阶跃信号作用下的超调量 $\sigma\% \leqslant 16.3\%$，调节时间 $t_s \leqslant 2\,\text{s}$。设计满足要求的串联超前校正网络的 $G_c(s)$。

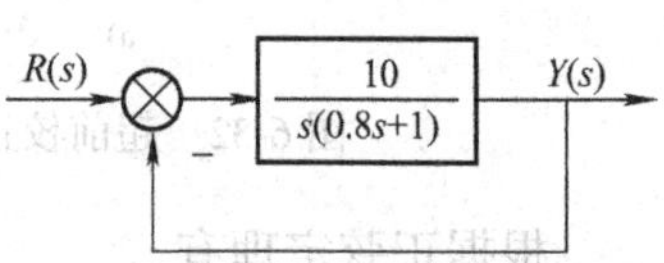

图 6-34 例 6-5 的随动系统

解：（1）根据要求的性能指标，计算出校正后闭环主导极点 s_d 的坐标。

由 $\sigma\% = e^{-\pi\zeta/\sqrt{1-\zeta^2}} \times 100\% \leqslant 16.3\%$，计算出 $\zeta \geqslant 0.5$。考虑到非主导极点和闭环零点的影响，设计时 ζ 的取值应留有余量。取 $\zeta = 0.625$，$\beta = \arccos\zeta = 51°$，再由 $t_s \leqslant 2\,\text{s}$，取 $t_s = 1.75\,\text{s}$，得 $\omega_n \geqslant 3/(1.75 \times 0.625) = 3.2\,\text{rad/s}$。

期望闭环主导极点 $s_{1,2} = -\zeta\omega_n \pm j\omega_n\sqrt{1-\zeta^2} = -2 \pm j2.5$，其中 $s_1 = -2+j2.5$，$s_2 = -2-j2.5$。

未校正的开环传递函数 $G_0(s) = \dfrac{10}{s(0.8s+1)}$

$$\angle G_0(s_1) = \angle \left.\frac{10}{s(0.8s+1)}\right|_{s_1} = \angle \frac{10}{(-2+j2.5)(-0.6+j2)}$$

$$= -\arctan\frac{2.5}{-2} - \arctan\frac{2}{-0.6} = 125°$$

（2）画出未校正系统的根轨迹图及标明 s_d。

图 6-35 绘制了未校正系统的根轨迹及期望的闭环主导极点位置(图中的两个小 * 点)。显然，满足性能指标要求的期望主导极点不在根轨迹上。若欲使校正后的根轨迹经过该点，需要增加校正网络。

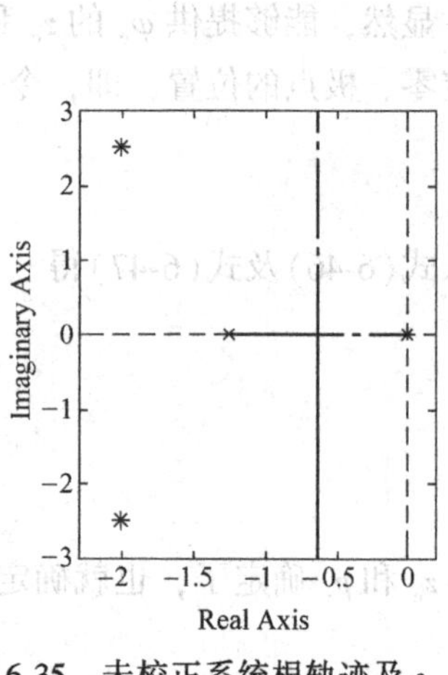

图 6-35 未校正系统根轨迹及 s_d 点

（3）计算超前校正网络应提供的超前相角 φ_c。

$$\varphi_c = 180° - \angle G_0(s_1) = 180° - 125° = 55°$$

(4) 计算 γ 角、z_c 和 p_c。

$$\gamma=\frac{1}{2}(\pi-\beta-\varphi_c)=\frac{1}{2}(180°-51°-55°)=37°$$

$$z_c=\frac{\omega_n\sin\gamma}{\sin(\gamma+\varphi_c)}=\frac{3.2\sin 37°}{\sin 92°}=1.93$$

$$p_c=\frac{\omega_n\sin(\gamma+\varphi_c)}{\sin\gamma}=\frac{3.2\sin 92°}{\sin 37°}=5.3$$

故校正网络的传递函数为

$$G_c(s)=\frac{s+z_c}{s+p_c}=\frac{s+1.93}{s+5.3}$$

该校正网络使校正后的开环传递函数满足了希望极点是根轨迹上的点的相角条件。

(5) 由幅值条件，计算式(6-53)中的 k_c，即

$$k_cG_c(s)G_0(s)=k_c\frac{s+1.93}{s+5.3}\frac{10}{s(0.8s+1)}=\frac{K(s+1.93)}{s(s+5.3)(s+1.25)}$$

其中，$K=10\times k_c/0.8=12.5k_c$

由 $\left|\frac{K(s+1.93)}{s(s+5.3)(s+1.25)}\right|_{s_1}=1$，得 $K=13.8$。

附加放大器的增益　$k_c=\frac{K}{12.5}=1.1$

(6) 附加增益放大的超前校正网络传递函数为

$$G_c'(s)=k_c\frac{s+z_c}{s+p_c}=\frac{1.1(s+1.93)}{(s+5.3)}$$

(7) 验证校正后系统是否满足性能指标。图 6-36 给出了校正后系统的根轨迹，在根轨迹上 $K=13.8$ 处共有 3 个闭环极点，由图中信息知道，$s_{1,2}=-1.95\pm j2.5$，$s_3=-2.63$，图中信息还反映，如果共轭复数极点是主导极点，那么闭环系统的阻尼比 $\zeta=0.615$，超调量 $\sigma\%=8.63\%$，与无零点的典型二阶系统理论计算一致。

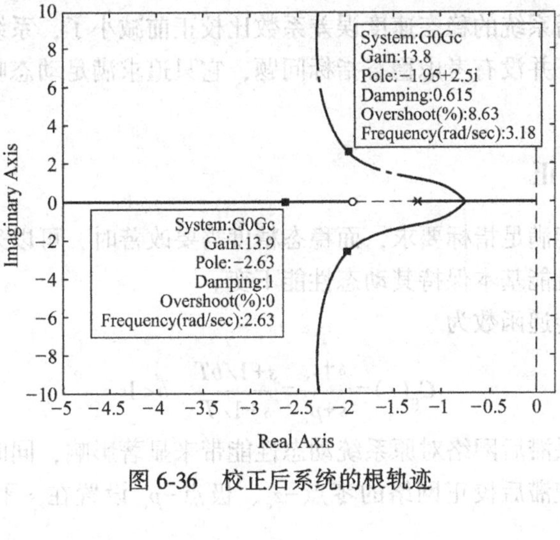

图 6-36　校正后系统的根轨迹

图 6-37 给出了校正后系统的单位阶跃响应曲线。图中信息反映出校正后系统的调节时间 $t_s=1.7\,s\leqslant 2\,s(\Delta=5\%)$，满足性能指标要求；超调量为 $\sigma\%=16.9\%$，虽然略大于期望的 16.3%，但基本满足要求，可以不再重新设计校正网络。

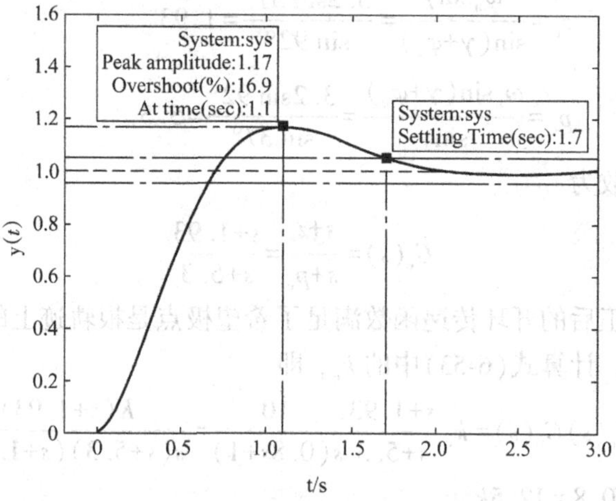

图 6-37 校正后系统的单位阶跃响应

在图 6-36 的根轨迹图中，显示的信息是期望闭环极点的典型二阶系统的超调量，而图 6-37 的单位阶跃响应曲线中，显示的信息是实际三阶系统的超调量，由于闭环零点及非主导极点的影响，两者有所差异，在设计前已在超调量上留有余地，才使得校正后超调量 $\sigma\%=16.9\%$，如果再多留一点余地，即 $\zeta\geqslant 0.625$，超调量会更小。

该例对稳态指标无要求，本可以不验证，但还是来分析一下根轨迹超前校正对稳态误差的影响。

校正前系统的稳态速度误差系数为 $K_v=K=10\,s^{-1}$。

校正后的系统仍是 I 型系统，稳态速度误差系数为

$$K_v=\lim_{s\to 0}sG_c'(s)G_0(s)=\lim_{s\to 0}s\frac{11(s+1.93)}{s(s+5.3)(0.8s+1)}=4s^{-1}$$

由此可见，校正后系统的稳态速度误差系数比校正前减小了，系统的稳态误差增大。事实上，根轨迹超前校正并没有考虑稳态指标问题，它只追求满足动态响应，这一点与频域法超前校正是有差别的。

6.4.2 串联滞后校正

当系统的动态性能满足指标要求，而稳态精度需要改善时，可以采用串联滞后校正以增大系统的开环增益，且能基本保持其动态性能不变。

滞后校正网络的传递函数为

$$G_c(s)=\frac{s+z_c}{s+p_c}=\frac{s+1/bT}{s+1/T}\quad b<1 \tag{6-56}$$

为了避免引入串联滞后网络对原系统动态性能带来显著影响，同时又能较大幅度提高系统的开环增益，通常把滞后校正网络的零点 $-z_c$、极点 $-p_c$ 设置在 s 平面左侧靠近坐标原点

处，并使得它们之间的距离很近，将滞后相角限制在5°左右。这样既保证了串入校正网络后对原系统的动态性能影响可以忽略，又可以将系统的开环增益提高 $1/b(0<b<1)$ 倍，减小稳态误差。

例 6-6　单位负反馈系统的开环传递函数为

$$G_0(s)=\frac{K^*}{s(s+1)(s+4)}$$

要求校正后系统满足单位阶跃输入下的超调量 $\sigma\%\leqslant16\%$，调节时间 $t_s\leqslant10\,s$，稳态误差 $e_{ss}\leqslant0.2$。设计满足要求的串联校正装置 $G_c(s)$。

解：（1）运用 MATLAB 绘制 K^* 从 0～∞ 变化时的根轨迹，如图 6-38 所示。

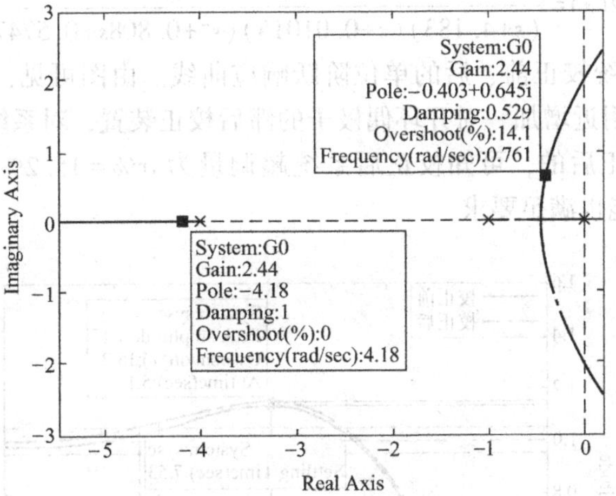

图 6-38　校正前系统的根轨迹

图中信息知道，当 $K^*=2.44$ 时，有一对离虚轴最近的共轭复数闭环极点 $s_{1,2}=-0.4\pm$ j0.65，此外，另一个闭环极点离开虚轴的距离与这对共轭复数极点到虚轴距离 5 倍以上，所以这对共轭复数极点对系统性能起决定作用，为闭环主导极点。此时，从图 6-38 反映出系统的动态性能 $\sigma\%=14.1\%$，满足动态性能要求。当误差带 $\Delta=\pm5\%$时，计算出调节时间

$$t_s=\frac{3.5}{0.4}=8.75\,s<10\,s$$

计算出稳态误差为

$$e_{ss}=\frac{1}{K_v}=\frac{1}{2.44/4}=\frac{1}{0.61}=1.6\gg0.2$$

可见，系统动态性能满足要求，但稳态性能差。

（2）为提高稳态精度，又不影响动态性能，可考虑加入串联滞后校正网络。

要求滞后校正后 $e_{ss}<0.2$，即 $b/K_v<0.2$，得 $b<0.61\times0.2=0.122$。为留有余地，取 $b=0.1$。考虑增加坐标原点附近的一对开环偶极子来提高闭环系统的稳态性能，同时又不会对系统的动态性能造成太大的影响。附加的网络串联在系统的前向通道，其传递函数为

$$G_c(s)=\frac{s+z_c}{s+p_c}=\frac{s+0.01}{s+0.001}$$

(3) 验证校正后系统是否满足性能指标要求。

校正后系统的开环传递函数为

$$G_c(s)G_0(s)=\frac{2.44(s+0.01)}{s(s+0.001)(s+1)(s+4)}=\frac{6.1(100s+1)}{s(1000s+1)(s+1)(0.25s+1)}$$

校正后系统仍是Ⅰ型，其的稳态误差为

$$e_{ss}=\frac{1}{K_v}=\frac{1}{6.1}=0.16<0.2$$

可见，校正后满足稳态性能指标要求。

校正后系统的闭环传递函数为

$$\Phi(s)=\frac{2.44(s+0.01)}{(s+4.183)(s+0.01015)(s^2+0.808s+0.5747)} \tag{6-57}$$

图 6-39 绘制了系统校正前、后的单位阶跃响应曲线。由图可见，校正前后曲线变化不大，也验证了在原点附近增加一对开环偶极子的滞后校正装置，对系统动态性能几乎没有影响。图中的信息是校正后的，可知校正后系统超调量为 $\sigma\%=15.2\%<16\%$，调节时间 $t_s=7.53\,\text{s}<10\,\text{s}$，动态性能也满足要求。

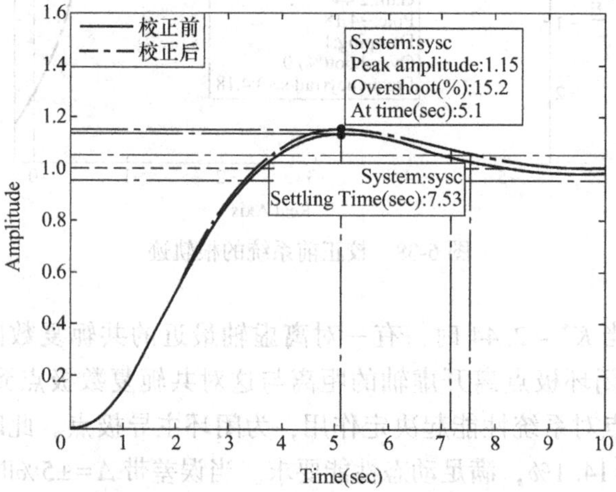

图 6-39 校正前、后系统的单位阶跃响应

对比图 6-38 校正前系统的 $\sigma\%=14.1\%$，校正后超调量 $\sigma\%=15.2\%$略有增加，这是因为滞后网络的影响。

图 6-40a 绘制了校正后系统的根轨迹，与图 6-38 校正前的根轨迹比较，坐标原点附近增加了一条根轨迹分支，将图 6-40a 靠近原点部分(小虚线框内)局部放大，如图 6-40b 所示，图中实线即是增加的那条根轨迹，而远离坐标原点的根轨迹基本没有改变。

由式(6-57)可知，由于增加的开环零点 $s=-0.01$，也是闭环零点，与增加的闭环极点 $s=-0.01015$ 距离很近，在系统中的作用相互削弱。这一点反映在根轨迹图上，如图 6-40b 所示，原点附近增加的这一条实线根轨迹，当 $K^*=2.44$ 时，$s_4=-0.01015$，与闭环零点(也是开环零点)距离很近，构成一对闭环偶极子。当 $K^*=2.44$ 时，另一实轴上的闭环极点 $s_3=-4.18$，是非主导极点。因而，极点 $s_{1,2}=-0.4\pm j0.64$ 是一对主导极点，系统的动态性能主要取决于这对共轭复数闭环极点。

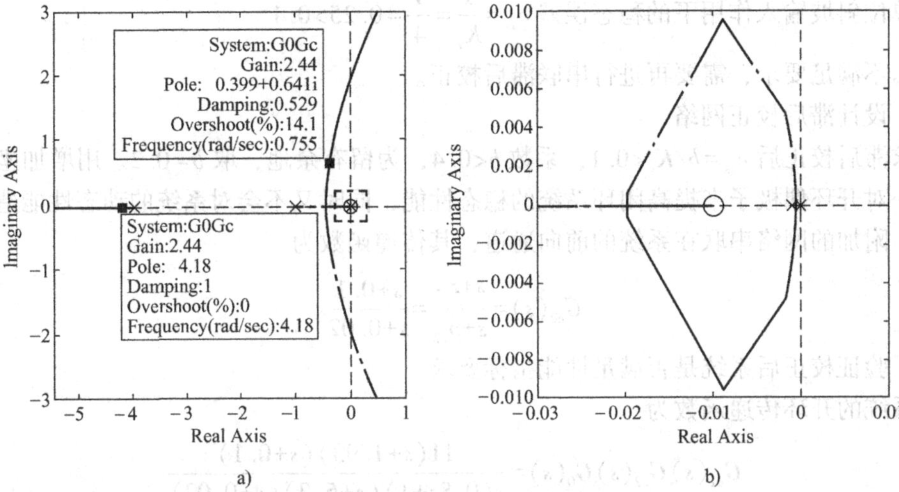

图 6-40　校正后系统的根轨迹

6.4.3　串联滞后-超前校正

由上两节讨论可知，根轨迹法串联超前校正主要用于改善系统的动态性能，滞后校正主要用于改善系统的稳态性能。如果系统的动态和稳态性能都需要改善时，宜采用滞后-超前校正。

滞后-超前校正网络的传递函数

$$G_c(s)=G_{c1}(s)G_{c2}=k_{c1}\frac{s+z_{c1}}{s+p_{c1}}\frac{s+z_{c2}}{s+p_{c2}} \tag{6-58}$$

式中，$G_{c1}(s)$是按满足动态性能要求的超前校正装置；$G_{c2}(s)$是按满足稳态性能指标要求，且基本保持已设计好的动态性能不变的滞后校正装置。

滞后-超前校正设计可采用超前、滞后分离设计法，即先设计满足动态性能要求的超前校正网络，并注意留有余量，然后进行串联一对开环偶极子的滞后校正网络设计，以满足稳态指标。

例 6-7　仍以例 6-5 的随动系统为例。要求校正后系统满足单位阶跃信号作用下的超调量 $\sigma\%\leqslant 20\%$，调节时间 $t_s\leqslant 2\text{s}$，且要求已校正系统在单位斜坡输入作用下的稳态误差 $e_{ss}\leqslant 0.1$。设计满足要求的串联滞后-超前校正网络的传递函数 $G_c(s)$。

解：(1) 设计超前校正网络

未校正的开环传递函数　$G_0(s)=\dfrac{10}{s(0.8s+1)}$

满足动态性能要求的超前校正网络已于例 6-5 设计好，即

$$G_{c1}(s)=k_{c1}\frac{s+z_{c1}}{s+p_{c1}}=\frac{1.1(s+1.93)}{(s+5.3)}$$

(2) 串联超前校正网络后，系统的开环传递函数变为

$$G_{c1}(s)G_0(s)=\frac{11(s+1.93)}{s(s+5.3)(0.8s+1)}=\frac{4(0.52s+1)}{s(0.2s+1)(0.8s+1)}$$

系统在单位斜坡输入作用下的稳态误差 $e_{ss}=\frac{1}{K_v}=\frac{1}{4}=0.25>0.1$

稳态不满足要求，需要再进行串联滞后校正。

（3）设计滞后校正网络

要求滞后校正后 $e_{ss}=b/K_v<0.1$，系数 $b<0.4$，为留有余地，取 $b=0.2$。用增加坐标原点附近的一对开环偶极子来提高闭环系统的稳态性能，同时又不会对系统的动态性能造成太大的影响。附加的网络串联在系统的前向通道，其传递函数为

$$G_{c2}(s)=\frac{s+z_{c2}}{s+p_{c2}}=\frac{s+0.1}{s+0.02}$$

（4）验证校正后系统是否满足性能指标要求

校正后系统的开环传递函数为

$$G_{c1}(s)G_{c2}(s)G_0(s)=\frac{11(s+1.93)(s+0.1)}{s(0.8s+1)(s+5.3)(s+0.02)}$$
$$=\frac{20(0.52s+1)(10s+1)}{s(0.2s+1)(0.8s+1)(50s+1)}$$

校正后系统仍是Ⅰ型，其的稳态误差为

$$e_{ss}=\frac{1}{K_v}=\frac{1}{20}=0.05<0.1$$

可见，校正后满足稳态性能指标要求。

校正后系统的闭环传递函数为

$$\Phi(s)=\frac{13.8(s+1.93)(s+0.1)}{(s+2.686)(s+0.102)(s^2+3.782s+9.688)}$$

图6-41是将超前校正后系统的开环传递函数作为滞后校正设计的固有部分，绘制的系统滞后校正前、后的单位阶跃响应曲线。由图可见，滞后校正前后曲线变化不大。图中的信息是滞后校正后的，可知校正后系统超调量为 $\sigma\%=19.8\%<20\%$，调节时 $t_s<2s$，动态性能也满足要求。

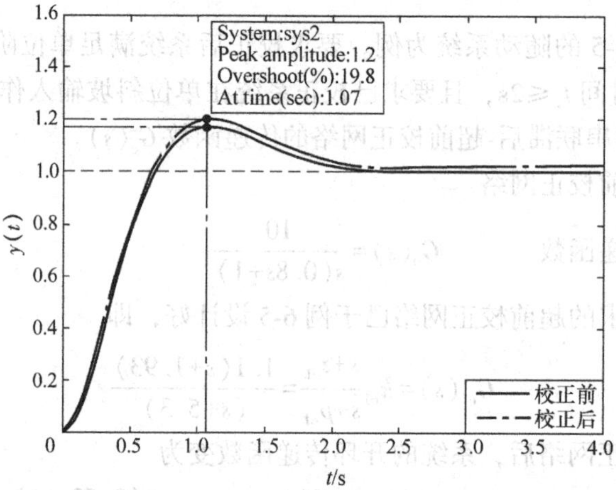

图6-41 滞后校正前、后系统的单位阶跃响应

图 6-42 绘制了滞后-超前校正后系统的根轨迹，与图 6-37 仅超前校正，未滞后校正的根轨迹比较，除了坐标原点附近有变化(见图 6-42 原点附近的小虚线方框)，而远离坐标原点的根轨迹基本没有改变。

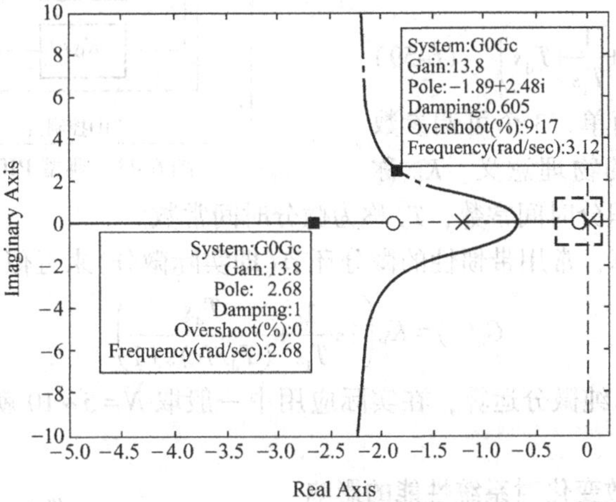

图 6-42　滞后-超前校正后系统的根轨迹

6.5　工程控制方法——PID 控制

前面介绍了自动控制系统常用的串联校正，这类校正方法的特点是必须要知道系统固有部分精确的数学模型，然后利用数学方法在频域或复数域，通过增加校正装置来改造系统固有部分的开环特性，使闭环系统满足设计要求。

对于一些复杂的自动控制系统，要建立其精确数学模型是有一定困难的，而且往往也没有必要。这样就从工程实践中发展起来了一种工程控制方法—PID 控制。PID 控制方法在使用中不需要被控对象的精确数学模型，其控制器参数的确定不是利用数学方法获得，而是利用现场参数整定方法(工程控制方法)获得，即通过现场观察闭环控制系统在一定输入下的输出曲线，分别对 PID 控制的比例、积分、微分参数进行反复修改整定，最终找到一组合适的控制器参数。

PID 控制方法是一种工程控制方法，虽然得到广泛应用，但究其数学基础还是自动控制理论的滞后-超前校正，区别在于形式上 PID 控制方法有一个统一的表达式，其参数不是用数学方法获得，而是用试验方法现场整定得到。

关于 PID 控制规律，已在 3.5 节介绍。本节仅利用仿真方法对 PID 控制方法中的比例控制、比例-积分控制、比例-微分控制、比例-积分-微分控制的控制器参数对系统性能的影响进行定性分析，关于 PID 控制器参数的具体整定方法将不作具体介绍，感兴趣的读者可参考相关文献和资料。

PID 控制器在经典控制理论中已经形成了典型结构，如图 6-43 所示。

连续 PID 控制器的传递函数为

$$G_c(s)=\frac{U(s)}{E(s)}=K_P+\frac{K_I}{s}+K_D s$$

K_P、K_I、K_D 分别为PID 控制器的比例、积分、微分系数，当取 $K_I=K_P/T_i$，$K_D=K_PT_d$ 时，另一种常用的 PID 控制器传递函数为

$$G_c(s)=K_P\left(1+\frac{1}{T_is}+T_ds\right) \tag{6-59}$$

PID 控制器结构简单，3 个可调参数 K_P、T_i、T_d 都有明显的物理意义。K_P 称为比例系数，T_i 称为积分时间常数，T_d 称为微分时间常数。

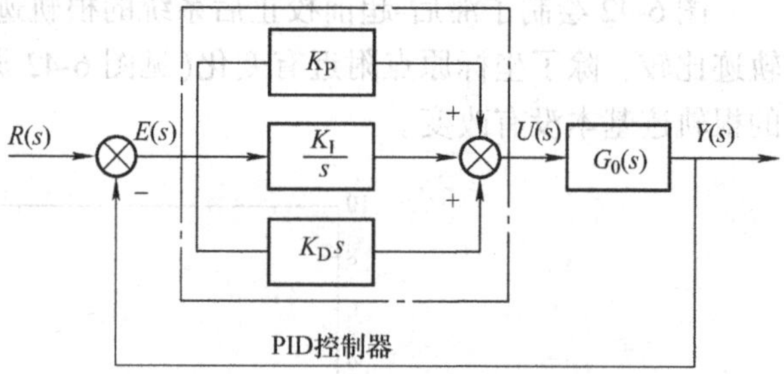

图 6-43　典型 PID 控制框图

为了实现微分运算，常用带惯性的微分环节(即实际微分)来近似，即式(6-59)改写为

$$G_c(s)=K_P\left(1+\frac{1}{T_is}+\frac{T_ds}{(T_d/N)s+1}\right) \tag{6-60}$$

其中，当 $N\to\infty$ 时即为纯微分运算，在实际应用中一般取 $N=5\sim10$ 就可以较好地逼近微分效果。

1. P 控制及其参数变化对系统性能的影响

具有比例控制规律的控制器称为 P(比例)控制器，如图 6-44 所示，其中，比例控制器的传递函数为

$$G_c(s)=\frac{U(s)}{E(s)}=K_P$$

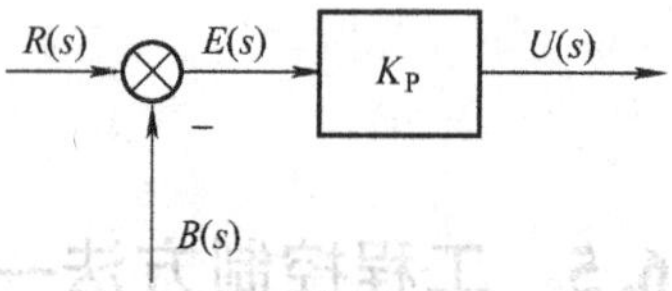

图 6-44　P 控制器

比例控制器实质是一个具有可调增益的放大器。在控制系统的串联校正设计中，采用比例控制器增大比例系数 K_P 可以增大系统的开环增益，减小系统的稳态误差，提高系统的稳态精度和快速性，但它会使得系统的稳定性下降，因此，一般工业控制中很少单独使用比例控制器，而是与积分(I)、微分(D)作用合并使用。常用的有 PI 控制器、PD 控制器、PID 控制器，以满足较高质量的控制系统性能要求。

将图 6-43 中的 PID 控制器改为图 6-44 中的比例环节，就是串联比例控制器的框图。假设系统固有部分的传递函数 $G_0(s)=1/(0.8s^2+s+1)$，图 6-45 给出了串联比例控制器后的系统在 K_P 取不同值时的单位阶跃响应曲线。

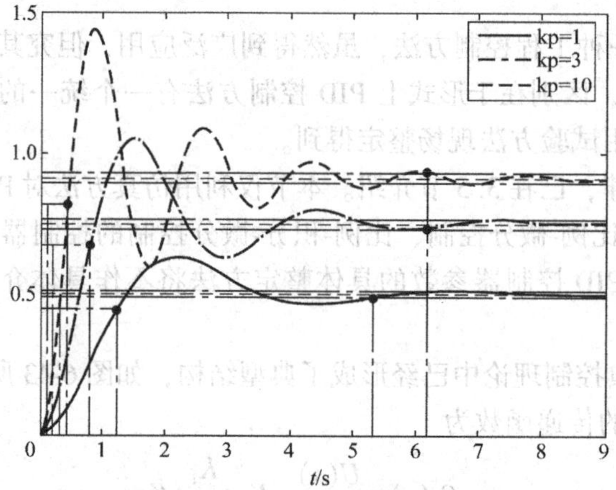

图 6-45　不同 K_p 值的单位阶跃响应曲线

由图 6-45 可知，比例系数 K_P 增大时，上升时间减小，系统响应加快，但超调量增大。同时由曲线可见，当比例系数 K_P 增大时，该系统稳态误差减小，调节时间变化微小。

结论：比例系数 K_P 减小，将使系统的平稳性改善，但系统的上升时间变长且稳态精度变差。通过增大比例系数 K_P 来提高系统的稳态精度是靠牺牲系统的平稳性和快速性为代价的。通过调节 K_P，以兼顾系统对平稳性、快速性和稳态精度等性能指标的要求，是系统设计中常用的方法。

比例控制常常是与其他控制规律同时作用，以达到更好的控制效果。

2. PD 控制及其参数变化对系统性能的影响

具有比例控制+微分控制规律的控制器称为 PD(比例-微分)控制器。如图 6-46 所示，其中，PD 控制器的传递函数为

$$G_c(s)=\frac{U(s)}{E(s)}=K_P(1+T_d s)$$

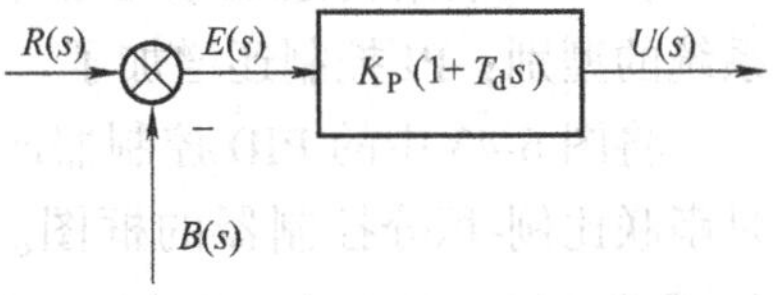

图 6-46 PD 控制器

实际中常用的 PID 控制器如式(6-60)所示，带惯性的 PD 控制器的结构为

$$\begin{aligned}G_c(s)&=K_P\left(1+\frac{T_d s}{(T_d/N)s+1}\right)\\&=K_P\frac{(N+1)T'_d s+1}{T'_d s+1}\end{aligned} \tag{6-61}$$

式中，$T'_d=T_d/N$。由式(6-61)可知，当取 $\alpha=N+1$，$T=T'_d$，$K_P=1$ 时，式(6-61)就是超前校正网络的传递函数。再次说明 PD 控制虽是一种工程方法，其参数 K_P、T_d 在实际应用中不是靠计算，而是现场整定的，但它的校正原理是自动控制理论的超前校正。PD 控制具有超前校正的特点。

将图 6-43 中的 PID 控制器改为图 6-46 中的 PD 环节，就是串联 PD 校正框图。

仍以例 6-5 的系统为例说明 PD 控制器参数变化对系统性能的影响，即图 6-43 中的 $G_0(s)=10/s(0.8s+1)$。由于系统固有部分包含有一个积分环节，为 I 型系统，串联 PD 校正后仍为 I 型，对阶跃响应无稳态误差。取式(6-61)中的 $K_P=1$(以保持 $K=10$ 不变)，$N=3$，则 PD 控制器 $G_c(s)=1+T_d s/(T_d s/3+1)$。图 6-47 给出了该系统未串联 PD 控制器的固有部分 $G_0(s)$ 的单位阶跃响应曲线，以及串联了 PD 控制，且参数 T_d 取不同值时的单位阶跃响应曲线。

结论：合理选择参数 T_d 值，串联 PD 控制器可以提高系统的平稳性，加快系统的响应速度；串联 PD 控制实际是串联超前校正，它容易放大高频噪声，抗高频干扰能力下降。

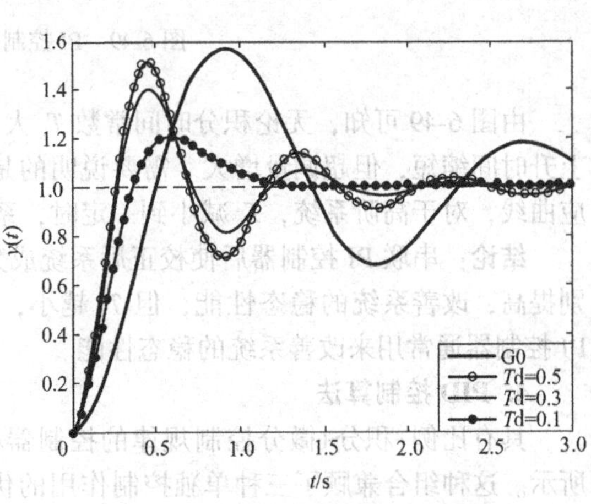

图 6-47 PD 控制单位阶跃响应曲线

3. PI 控制及其参数变化对系统性能的影响

具有比例控制+积分控制规律的控制器称为 PI(比例-积分)控制器。如图 6-48 所示，其

中，PI 控制器的传递函数为

$$G_c(s)=\frac{U(s)}{E(s)}=K_P\left(1+\frac{1}{T_i s}\right)=K_P+\frac{K_I}{s}$$

设系统固有部分为惯性环节 $G_0(s)=1/(0.8s+1)$，串入 PI 控制器后系统的开环传递函数为

$$G(s)=G_c(s)G_0(s)=\frac{K_P s+K_I}{s}\frac{1}{0.8s+1}$$

可见，PI 控制给传递函数增加了一个积分环节，提高了系统的型别；PI 控制还增加了一个开环负左实数零点。

将图 6-43 中的 PID 控制器改为图 6-48 中的结构，就是串联比例-积分控制器的框图。图 6-49 给出了 $G_0(s)=1/(0.8s+1)$，$G_c(s)=K_P(1+1/T_i s)$ 时，取参数 $K_P=1$；$T_i=0.06$ 和 $T_i=0.2$ 绘制的校正后单位阶跃响应曲线及未校正系统的单位阶跃曲线。

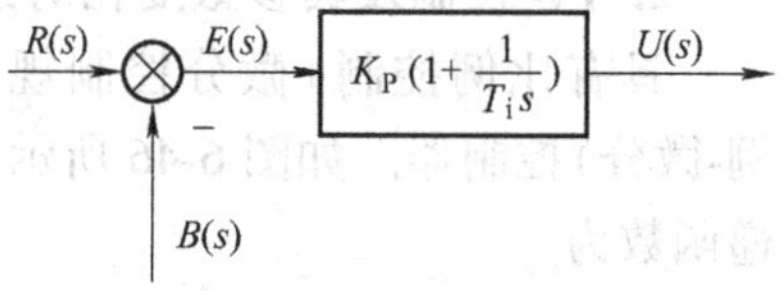

图 6-48 PI 控制器

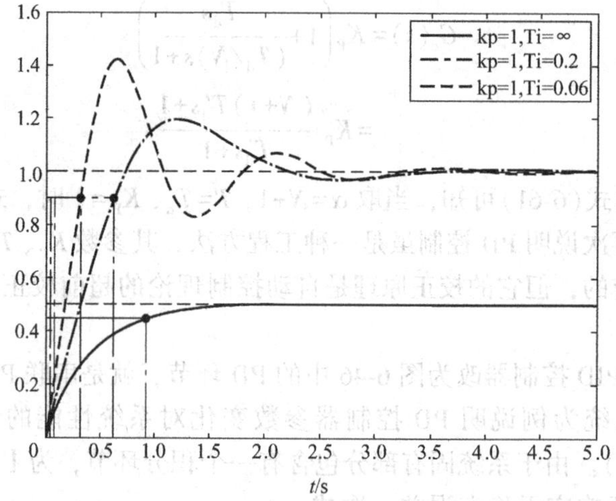

图 6-49 PI 控制单位阶跃响应曲线

由图 6-49 可知，无论积分时间常数 T_i 大或小，均可以消除稳态误差。T_i 减小，则系统上升时间缩短，但超调量增大。需要说明的是，图 6-49 仿真的是固有部分为一阶系统的响应曲线，对于高阶系统，T_i 减小到一定时，系统会变得不稳定，响应曲线会呈现发散现象。

结论：串联 PI 控制器后使校正后系统成为一个有左实数零点的 n+1 阶系统，系统的型别提高，改善系统的稳态性能，但 T_i 越小，积分作用越强，平稳性越差。在实际工程中，PI 控制器通常用来改善系统的稳态性能。

4. PID 控制算法

具有比例+积分+微分控制规律的控制器称为 PID(比例-积分-微分)控制器，如图 6-43 所示。这种组合兼顾了三种单独控制作用的优点。控制系统串联 PID 控制器后，相当于引入了一个位于坐标原点的开环极点，可以使系统的型别提高，同时，还引入了两个负左实数零点，与 PI 控制器相比，除保持了提高系统的稳态性能的优点外，在提高系统动态性能方面具有更大的优越性，因此，这种控制器在控制系统中得到广泛的应用。通常选择 PID 控

制器的参数，使得比例-积分部分作用在频率特性的低频段，以改善系统的稳态性能，将比例-微分部分作用在系统频率特性的中频段，以改善系统的动态性能。

不管是自动控制系统的校正方法还是工程控制方法，就其控制核心的数学本质其实就是控制器的输入输出的数学表达式，因此习惯称之为控制算法，控制算法既可以用运算放大器等模拟电路实现(运算)，构成模拟控制器，也适合用数字计算机进行计算，构成数字控制器，对于复杂的控制算法，数字计算机显示了强大的优势。

以上讨论了几种典型的控制算法。到底选用什么样的控制算法要根据系统的实际要求而定。如果通过调节系统增益就能满足指标要求，首选 P 控制算法；如果系统固有部分存在稳态误差，系统设计指标要求消除稳态误差，首选 PI 控制算法；如果只对动态性能要求高，可以采用 PD 控制算法。如果单独的 PI、PD 控制算法不能满足系统设计要求，就必须采用 PID 控制算法。在工业控制中，PID 控制器的参数通常可以根据其控制规律进行现场调节，参数整定的具体方法请参考其他相关教材中的介绍。

6.6　反馈校正

为了改善控制系统的性能，除了采用串联校正外，反馈校正也是广泛使用的一种校正方式。反馈校正装置设计比串联校正装置复杂，但它除了可以得到与串联校正相同的校正效果外，还可以获得一些特殊功能的改善，如抑制反馈环内不利因素对系统的影响。

反馈校正是采用局部反馈环节包围前向通道中对动态性能改善有重大妨碍作用的一部分环节，通过改变被包围环节的结构到达改善系统整体性能的目的。图 6-50 所示为具有局部反馈校正的系统框图。局部反馈校正在系统设计中主要目的有两个，一是用于改变局部结构和参数，而不是针对整个系统的设计，系统性能指标的满足仍然用串联校正实现，如采用双闭环控制的倒立摆系统，内环可采用 PD 反馈校正使原来系统的结构变得稳定；反馈校正的另一个目的是利用反馈校正装置取代被其包围的局部环节，使校正后的系统满足性能指标的要求，如本节讨论的期望特性法设计反馈校正装置就是为达到这一目的。

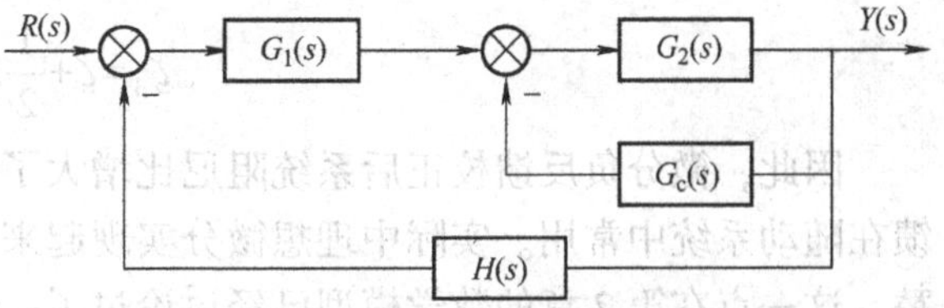

图 6-50　反馈校正的框图

6.6.1　利用反馈校正改变局部结构和参数

从控制的观点来看，反馈校正与串联校正相比具有的突出特点是，它能有效地改变被包围环节的结构和参数，从而减弱被包围环节由于特性参数变化及各种干扰对系统带来的不利影响。在以后的反馈校正中，如无特别说明均指负反馈。

反馈校正具有以下特点。

1. 比例反馈包围惯性环节后仍为惯性环节，但时间常数减小，响应速度提高了

图 6-51 为比例反馈包围惯性环节的框图。当加入比例反馈校正装置后，系统的传递函数为

$$\frac{Y(s)}{R(s)}=\frac{K'}{T's+1} \tag{6-62}$$

式中，$K'=\frac{K}{1+KK_H}$；$T'=\frac{T}{1+KK_H}$，可见加入比例负反馈后，系统仍然是惯性环节，但增益及时间常数都减小了。时间常数的减小，提高了系统的响应速度。在控制系统设计中，常常采用比例负反馈来减弱系统中较大的惯性，从而使系统的动态性能得到改善。实际系统中如果不希望系统增益减小，可通过增大前置放大器增益来弥补。

2. 微分反馈包围二阶振荡环节将增大系统的阻尼比 ζ，提高系统的平稳性

微分反馈也称速度反馈。微分负反馈包围二阶振荡环节的框图如图 6-52 所示。

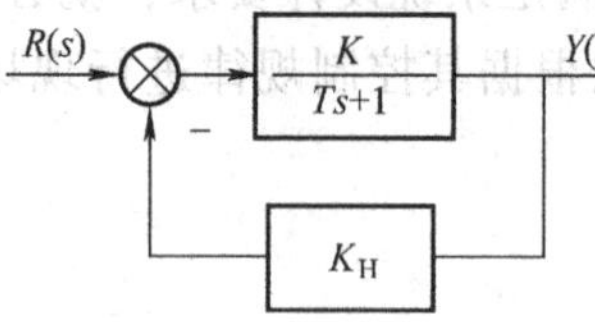

图 6-51 比例负反馈框图

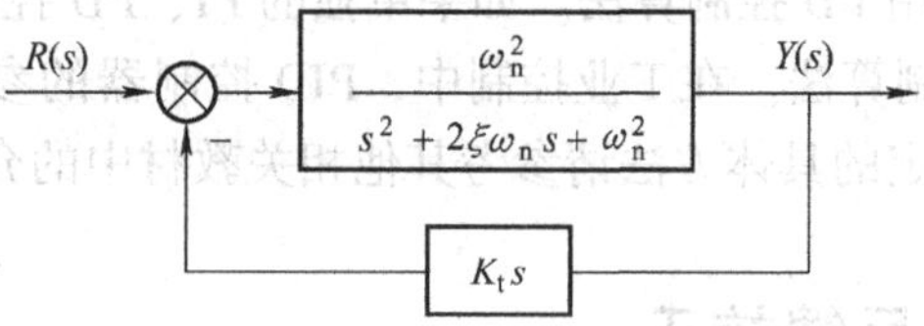

图 6-52 微分负反馈框图

校正后系统的闭环传递函数为

$$\Phi(s)=\frac{\omega_n^2}{s^2+(2\zeta\omega_n+K_t\omega_n^2)s+\omega_n^2}$$

显然，微分负反馈后系统的无阻尼振荡角频率 ω_n 未变，而阻尼比增大为

$$\zeta_d=\zeta+\frac{1}{2}K_t\omega_n$$

因此，微分负反馈校正后系统阻尼比增大了，超调量将减小，系统平稳性提高。微分反馈在随动系统中常用。实际中理想微分实现起来有困难，常用实际微分或者一阶微分环节代替，这一点在第 2 章的数学模型已经讨论过了。

另外，微分反馈包围惯性环节后仍然是惯性环节，但时间常数增加了。在工程实际中，常利用微分负反馈包围惯性环节，使得系统中各环节的时间常数拉开，从而改善系统的平稳性。

3. 负反馈可以削弱元器件参数变化对系统输出的不利影响

在实际控制系统运行中，系统元器件参数常常会因环境变化、老化等因素发生改变，这必然会导致系统输出的变化。为减弱系统对参数变化的敏感性，在控制系统设计时采用负反馈是行之有效的办法。

仍以图 6-51 所示的比例负反馈包围惯性环节为例。设无负反馈时的系统增益变化了 ΔK，即实际增益值为 $K+\Delta K$，相对增量为 $\Delta K/K$。加入负反馈后放大系数变化为式(6-62)中的放大系数 K'，即 $K'=K/(1+KK_H)$。

其增量为
$$\Delta K'=\frac{dK'}{dK}\Delta K=\frac{1}{(1+KK_H)^2}\Delta K \tag{6-63}$$

其相对增量
$$\frac{\Delta K'}{K'}=\frac{1}{1+KK_H}\frac{\Delta K}{K} \tag{6-64}$$

可见，加入负反馈后系统的参数 K 的相对增量比无反馈时降低 $1+KK_H$ 倍，容易证明它对输出的影响也会降低 $1+KK_H$ 倍。对于负反馈包围其他较复杂的环节的情况，也会有类似效果，在此不再赘述。

4. 负反馈可以消除系统固有部分中不希望的特性

反馈校正的这一特点非常重要。一般来说，系统固有部分的特性是无法改变的，即使是对系统动态性能改善有重大妨碍作用的某些环节也是如此。利用反馈校正环节取代被包围的局部环节从而改变系统的特性，这是反馈校正的实质，将在下一节关于利用反馈校正取代局部环节中讨论。

需要说明的是，进行反馈校正设计时，应当注意反馈回路的稳定性。如果反馈校正参数选择不当，使得反馈回路失去稳定，则整个系统也难以可靠稳定地工作，且不便于对系统进行开环调试；其二，利用期望特性法进行反馈校正，需要反馈回路的开环传递函数是最小相位系统，因此，反馈校正后形成的内回路，最好是稳定的。

5. 正反馈可以提高放大环节的放大倍数

对于前向通道中的放大环节 $G_P(s)=K$，采用比例正反馈 K_H 后的传递函数为

$$G_P(s)=\frac{K}{1-KK_H} \tag{6-65}$$

由式(6-65)知道，当 $K_H\approx 1/K$ 时，比例正反馈后的放大倍数将远大于原来的 K 值，这是正反馈所具有的重要特性之一。

6.6.2 利用反馈校正取代局部结构

1. 反馈校正的原理

反馈校正的基本原理是利用反馈校正环节取代被包围的局部环节。设反馈校正系统如图 6-50 所示，其未校正系统的开环传递函数为

$$G_0(s)=G_1(s)G_2(s)H(s)$$

校正后系统的开环传递函数为

$$G(s)=\frac{G_1(s)G_2(s)H(s)}{1+G_2(s)G_c(s)} \tag{6-66}$$

如果在对系统动态性能起主要影响的频率范围内，下列关系成立

$$|G_2(j\omega)G_c(j\omega)|\gg 1 \tag{6-67}$$

则式(6-66)可改写为

$$G(s)\approx\frac{G_1(s)H(s)}{G_c(s)} \tag{6-68}$$

式(6-68)表明，当局部反馈回路的开环幅值远大于 1 时，局部反馈回路的特性主要由反馈校正装置的传递函数的倒数 $1/G_c(s)$ 确定，反馈校正后系统的开环特性几乎与被反馈校正装置包围的环节 $G_2(s)$ 无关。

而当

$$|G_2(j\omega)G_c(j\omega)|\ll 1 \tag{6-69}$$

式(6-66)可写成

$$G(s)=G_1(s)G_2(s)H(s) \tag{6-70}$$

式(6-70)表明，当局部反馈回路的开环幅值远小于 1 时，已校正系统与未校正系统特性一致。

当适当选择反馈校正网络的结构和参数，可以消除未校正系统中对系统动态性能改善有重大妨碍作用的某些环节的影响，使校正后系统的特性发生期望的变化。

在控制系统设计时，一般把式(6-67)的条件简化为$|G_2(j\omega)G_c(j\omega)|>1$，这样做会产生一定的误差，但一般会在工程允许误差范围内。

2. 期望特性法设计反馈校正网络举例

当$|G_2(j\omega)G_c(j\omega)|>1$时，式(6-66)可改写为

$$G(s)=\frac{G_0(s)}{G_2(s)G_c(s)} \tag{6-71}$$

式中，$G_0(s)=G_1(s)G_2(s)H(s)$，为未校正系统的开环传递函数；$G(s)$为校正后系统的开环传递函数，$G_c(s)$为包围局部环节$G_2(s)$的校正环节。

其频率特性为

$$G(j\omega)=\frac{G_0(j\omega)}{G_2(j\omega)G_c(j\omega)} \tag{6-72}$$

利用期望特性法设计反馈校正网络的传递函数$G_c(s)$的方法，就是根据系统的性能指标绘制期望特性$L(\omega)=20\lg|G(j\omega)|$及未校正系统的幅频渐近特性$L_0(\omega)=20\lg|G_0|$，然后求反馈回路的开环幅频渐近特性$L_c'(\omega)=20\lg|G_2(j\omega)G_c(s)|=L_0(\omega)-L(\omega)$，根据$L_c'(\omega)$确定传递函数$G_c'(s)=G_2(s)G_c(s)$，则$G_c(s)=G_c'(s)/G_2(s)$。

例 6-8 系统如图 6-53 所示。校正前系统的开环传递函数为

$$G_0(s)=G_1(s)G_2(s)G_3(s)=\frac{K}{s(0.007s+1)(0.9s+1)}$$

要求采用局部反馈校正，使系统满足以下性能指标：$K_v \geqslant 1000\ s^{-1}$，调节时间$t_s \leqslant 0.8$ s，超调量$\sigma\% \leqslant 25\%$，试确定校正装置的传递函数$G_c(s)$。

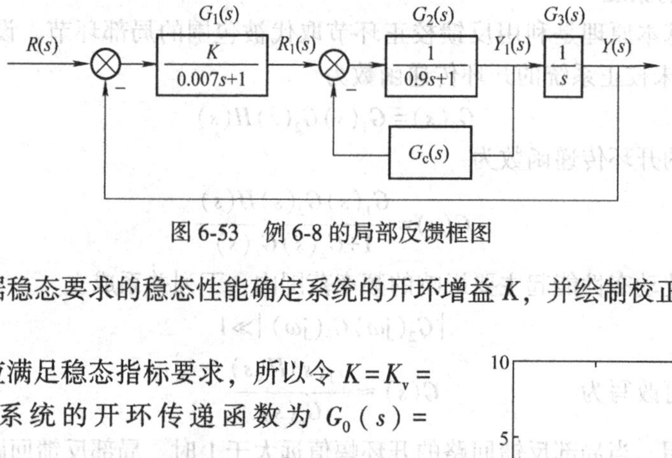

图 6-53 例 6-8 的局部反馈框图

解：(1) 根据稳态要求的稳态性能确定系统的开环增益K，并绘制校正前系统的单位阶跃响应曲线。

未校正系统应满足稳态指标要求，所以令$K=K_v=1000s^{-1}$，校正前系统的开环传递函数为$G_0(s)=\dfrac{1000}{s(0.007s+1)(0.9s+1)}$，其单位阶跃响应曲线及性能指标如图 6-54 所示。

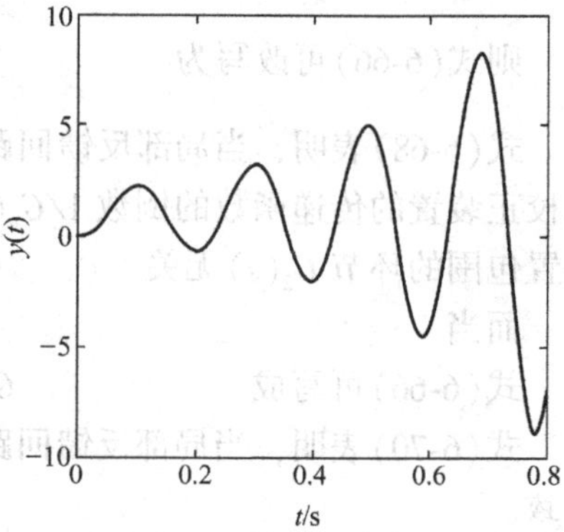

图 6-54 未校正系统的单位阶跃响应曲线

由图 6-54 可知系统不稳定，需要校正。由于给定的是时域性能指标，按期望特性法设计反馈校正装置需要运用经验公式式(6-42)~式(6-45)进行指标转换。

由 $\sigma\% \approx [0.16+0.4(M_r-1)]\times 100\%$，代入参数后$0.25=0.16+0.4(M_r-1)$

得$M_r=1.225$

代入 $k=2+1.5(M_r-1)+2.5(M_r-1)^2$，得 $k=2.464$

由 $t_s \approx \dfrac{k\pi}{\omega_c}$，得 $\omega_c=9.6\,\text{rad/s}$

为留有一定裕度，取校正后系统的开环截止频率 $\omega_c'=10\,\text{rad/s}$

由 $h=\dfrac{M_r+1}{M_r-1}$，计算出 $h=9.89$

由 $\omega_2 \leqslant \dfrac{2}{h+1}\omega_c'$，计算出 $\omega_2 \leqslant 1.83\,\text{rad/s}$，取 $\omega_2=1.8\,\text{rad/s}$

由 $\omega_3 \geqslant \dfrac{2h}{h+1}\omega_c'$ 计算出 $\omega_3 \geqslant 18.16\,\text{rad/s}$，$\omega_3$ 的取值见下面的分析。

(2) 绘制未校正系统的对数幅频渐近特性 $L_0(\omega)$

图 6-55 中的折线 a 是未校正系统的对数幅频渐近特性，可用 $L_0(\omega)=20\lg|G_0|$ 表示。

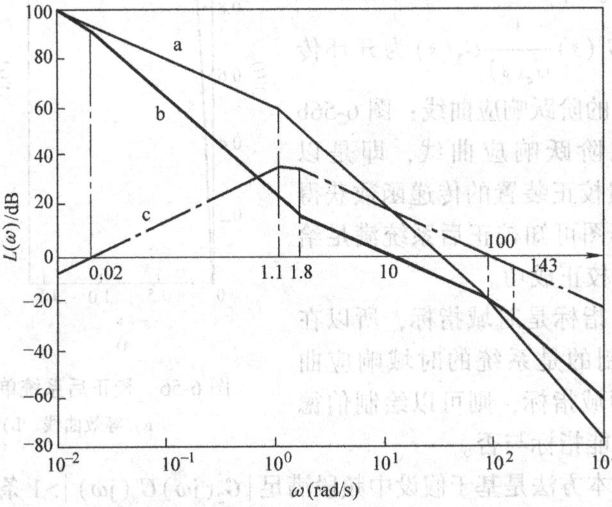

图 6-55　例 6-8 系统的局部反馈校正特性

(3) 确定并绘制系统期望的对数幅频渐近特性 $L(\omega)$

图 6-55 折线 b 即为系统期望的对数幅频渐近特性。其绘制方法同例 6-4。由(1)已计算出 $\omega_c'=10\,\text{rad/s}$，$\omega_2=1.8$。过 $\omega=10\,\text{rad/s}$ 点做斜率为[-20]的直线，左至 $\omega_2=1.8\,\text{rad/s}$，右与未校正的 $L_0(\omega)$ 相交于 $\omega=100\,\text{rad/s}$，为使校正装置简单，取 $\omega_3=100\geqslant 18.16\,\text{rad/s}$；过 $\omega_2=1.8\,\text{rad/s}$ 点做斜率为[-40]的直线，与未校正系统的 $L_0(\omega)$ 相交于频率 $\omega_1=0.02\,\text{rad/s}$；过 $\omega_3=100\,\text{rad/s}$ 点做斜率为[-40]的直线，即为校正后系统期望的高频对数渐近特性，如图 6-55 中折线 b 所示。校正后系统开环对数渐近幅频特性就是期望特性。

(4) 求反馈校正回路的开环对数幅频渐近特性，进而写出 $G_c'(s)$，并检验其稳定性。

$$L_c'(\omega)=L_0(\omega)-L(\omega) \tag{6-73}$$

图 6-55 折线 c 即为 $L_c'(\omega)=20\lg|G_2(\mathrm{j}\omega)G_c(\mathrm{j}\omega)|$，由图可以看出在 ω 在 0.02～100 rad/dec 范围内，满足 $|G_2(\mathrm{j}\omega)G_c(\mathrm{j}\omega)|>1$。而在 $|G_2(\mathrm{j}\omega)G_c(\mathrm{j}\omega)|<1$ 的范围内，校正装置对系统不起作用，为了校正装置实现方便，折线 c 在 $|G_2(\mathrm{j}\omega)G_c(\mathrm{j}\omega)|<1$ 时，是将

$|G_2(j\omega)G_c(j\omega)|>1$ 部分两端直接延长，而不是取 $L_0(\omega)-L(\omega)$。

由 $L'_c(\omega)$ 得到 $G'_c(s)$ 的表达式

$$G'_c(s)=G_2(s)G_c(s)=\frac{50s}{(0.9s+1)(0.56s+1)} \tag{6-74}$$

可以检验证明内环是稳定的。

(5) 求校正装置的传递函数

由式(6-74)及已知的 $G_2(s)$，则可求出校正装置的传递函数为

$$G_c(s)=\frac{50s}{(0.56s+1)} \tag{6-75}$$

(6) 绘制校正后系统的单位阶跃响应曲线，验证是否满足性能指标。

图 6-56a 是利用校正装置的传递函数 $G_c(s)$ 完全取代被包围的 $G_2(s)$ 所得的等效单位阶跃响应曲线，即是以 $G_1(s)\dfrac{1}{G_c(s)}G_3(s)$ 为开环传递函数的单位负反馈的阶跃响应曲线；图 6-56b 是实际系统的单位阶跃响应曲线，即是以式(6-74)为局部反馈校正装置的传递函数获得的阶跃响应曲线，由图可知校正后系统满足给定的性能指标要求，校正成功。

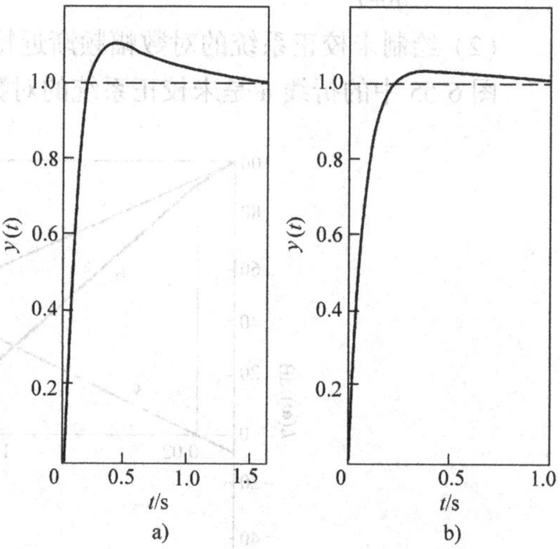

图 6-56　校正后系统单位阶跃响应曲线

a) 等效曲线　b) 实际曲线

由于给定的性能指标是时域指标，所以在此运用 MATLAB 绘制的是系统的时域响应曲线；如果给定的是频域指标，则可以绘制伯德图来验证系统满足性能指标与否。

需要说明的是，本方法是基于假设中频段满足 $|G_2(j\omega)G_c(j\omega)|>1$ 条件，例 6-11 是满足该假设的，所以设计出来的系统很好地满足了性能指标要求，如图 6-56 所示。当此假设不成立时，校正结果可能不满意，此时需要重新设计期望特性，使反馈校正回路的开环特性满足以上条件。

6.7　复合校正

串联校正和反馈校正能满足系统校正的一般要求，但对于稳态精度、平稳性和快速性要求都很高的系统，或存在强干扰特别是低频干扰的系统，仅靠串联校正或局部反馈校正是不够的。往往还同时采取在串联校正之外加前馈校正，即将串联校正或反馈校正与前馈校正结合在一起。这种闭环、开环校正结合的方式称为复合校正。

6.7.1　按干扰补偿的复合校正

按干扰补偿的复合校正系统如图 6-57 所示。图中 $G_2(s)$ 为被控对象在干扰信号与系统输出之间的传递函数，$G_1(s)$ 为包含串联校正装置在内系统的部分传递函数，$N(s)$ 是可测量的

系统干扰信号，$G_n(s)$是为了补偿干扰$N(s)$的影响而引入的前馈装置传递函数。

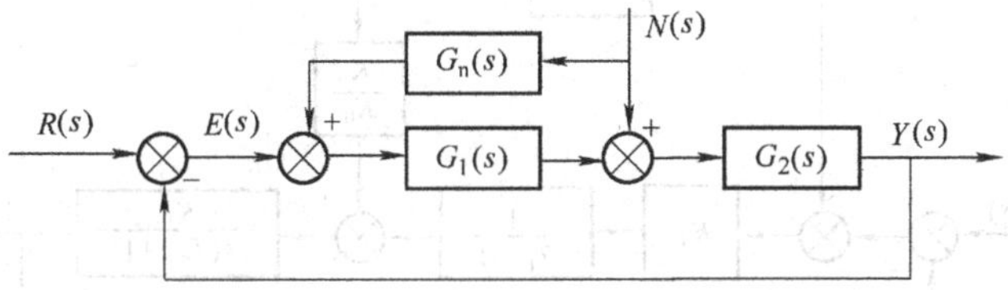

图 6-57 按干扰补偿的复合校正系统

按干扰补偿的复合校正的目的是希望通过$G_n(s)$的作用，使得干扰$N(s)$对输出的影响为零。具体分析如下

干扰作用下的系统输出为

$$Y_n(s)=\frac{G_2(s)[1+G_1(s)G_n(s)]}{1+G_1(s)G_2(s)}N(s) \tag{6-76}$$

要使干扰对输出的影响为零，就是使式(6-76)的输出$Y_n(s)=0$，即需要满足

$$1+G_1(s)G_n(s)=0 \tag{6-77}$$

得前馈补偿装置的传递函数为

$$G_n(s)=-\frac{1}{G_1(s)} \tag{6-78}$$

称式(6-78)为干扰引起的误差完全补偿的条件。

按干扰补偿的复合校正，首先按照动态性能指标要求设计串联校正装置，后组成$G_1(s)$，然后设计前馈补偿装置$G_n(s)$。

例 6-9 设随动系统如图 6-58 所示。图中K_1为放大器的放大系数；$1/(T_1s+1)$为滤波器的传递函数；$K_m/s(T_ms+1)$为执行电机的传递函数；$N(s)$是负载力矩，也是系统的干扰输入。要求选择合适的前馈补偿装置$G_n(s)$，使得系统输出不受干扰信号的影响。

解：由图 6-58 知，干扰$N(s)$作用下系统的输出为

$$Y_n(s)=\frac{\left[\frac{K_n}{K_m}+G_n(s)\frac{K_1}{T_1s+1}\right]\frac{K_m}{s(T_ms+1)}}{1+\frac{K_1K_m}{s(T_1s+1)(T_ms+1)}}N(s) \tag{6-79}$$

令
$$G_n(s)=-\frac{K_n}{K_1K_m}(T_1s+1) \tag{6-80}$$

则此时的$Y_n(s)=0$，干扰作用完全被补偿。但式(6-80)的物理结构不易实现，若令

$$G_n(s)=-\frac{K_n}{K_1K_m}\frac{T_1s+1}{T_2s+1}\quad(T_1\gg T_2) \tag{6-81}$$

这样物理上能够实现，可达到近似全补偿的要求。此外，若取$G_n(s)=-K_n/K_1K_m$，在稳态情况下系统输入完全不受干扰的影响，称为稳态全补偿，物理上更易实现。

由例 6-9 可见，干扰全补偿条件式(6-78)表明，补偿环节的传递函数为$G_1(s)$的负倒数。在通常情况下，物理上实现$G_n(s)$有一定的困难，虽然难于实现干扰的全补偿，但对于干扰实现稳态全补偿却是可能的。

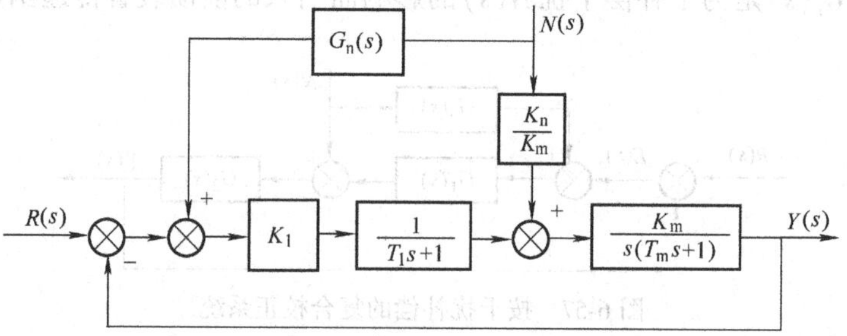

图 6-58　例 6-9 的带前馈补偿的随动系统

6.7.2　按输入补偿的复合校正

对控制作用附加前馈的复合校正，又称为按输入补偿的复合校正。系统结构如图 6-59 所示。输入补偿的复合校正的目的是希望通过 $G_c(s)$ 的作用，使得输出能完全无误地复现输入量，具有理想的动态跟踪特性。

系统等效闭环传递函数及等效误差传递函数分别为

$$\Phi_r(s)=\frac{G_1(s)G_2(s)+G_c(s)G_2(s)}{1+G_1(s)G_2(s)} \tag{6-82}$$

$$\Phi_e(s)=\frac{E(s)}{R(s)}=\frac{1-G_c(s)G_2(s)}{1+G_1(s)G_2(s)} \tag{6-83}$$

则系统的稳态误差

$$e_{ss}=\lim_{s\to0}sE(s)=\lim_{s\to0}\frac{1-G_c(s)G_2(s)}{1+G_1(s)G_2(s)}R(s) \tag{6-84}$$

令系统稳态误差为零可以确定前馈校正装置 $G_c(s)$。

由式(6-82)得
$$Y(s)=\frac{G_1(s)G_2(s)+G_c(s)G_2(s)}{1+G_1(s)G_2(s)}R(s)$$

当 $G_1(s)G_2(s)+G_c(s)G_2(s)=1+G_1(s)G_2(s)$ 时，$Y(s)=R(s)$，即

$$G_c(s)=\frac{1}{G_2(s)} \tag{6-85}$$

分析表明，满足式(6-85)条件，系统的输出在任何时刻都可以完全无误地复现输入。同干扰完全补偿的条件一样，此时也需要考虑 $G_c(s)$ 物理结构的可实现性。

按输入补偿的复合校正，首先按照动态性能指标要求设计串联校正装置，后组成 $G_1(s)$，然后设计前馈补偿装置 $G_c(s)$。

例 6-10　仍以例 6-1 的随动系统为例，即固有部分的传递函数为 $G_0(s)=10/s(0.8s+1)$。要求已校正系统在单位斜坡输入信号作用下的稳态误差 $e_{ss}=0$，开环截止频率 $\omega_c'\geqslant 4\ \text{rad/s}$，相位裕度 $\gamma'\geqslant 45°$。试设计满足要求的校正装置传递函数 $G_c(s)$。

解：在例 6-1 中已求得满足动态性能要求的串联超前校正装置的传递函数，对应图 6-59 是 $G_1(s)$，其结果是

$$G_1(s)=\frac{0.37s+1}{0.1s+1}$$

于是，系统串联超前校正后的开环传递函数为

$$G_1(s)G_2(s)=\frac{10(0.37s+1)}{s(0.8s+1)(0.1s+1)} \tag{6-86}$$

式(6-86)为Ⅰ型系统，跟踪斜坡函数输入时有常值误差，在例6-1中已经计算过串联校正后 $e_{ss}=0.1$，由第3章关于稳态误差的知识，只有Ⅱ型及以上系统才能使斜坡输入作用下系统的稳态误差为零。为使系统在斜坡输入信号作用下的稳态误差 $e_{ss}=0$，需加入图6-59所示的前馈控制装置 $G_c(s)$，使复合控制系统等效为Ⅱ或Ⅲ型系统。

由式(6-84)，系统的稳态误差为

$$\begin{aligned}e_{ss}&=\lim_{s\to0}sE(s)=\lim_{s\to0}\frac{1-G_c(s)G_2(s)}{1+G_1(s)G_2(s)}R(s)\\&=\lim_{s\to0}s\frac{s(0.8s+1)(0.1s+1)-10(0.1s+1)G_c(s)}{s(0.8s+1)(0.1s+1)+10(0.37s+1)}\frac{1}{s^2}\end{aligned}$$

要使 $e_{ss}=0$，$G_c(s)$最简单的形式为

$$G_c(s)=\frac{s}{K_v}=\frac{s}{10}$$

图6-60为该随动系统的复合校正系统。复合校正后系统的闭环传递函数为

$$\Phi_r(s)=\frac{G_1(s)G_2(s)+G_c(s)G_2(s)}{1+G_1(s)G_2(s)}=\frac{10(0.37s+1)+s(0.1s+1)}{s(0.8s+1)(0.1s+1)+10(0.37s+1)}$$

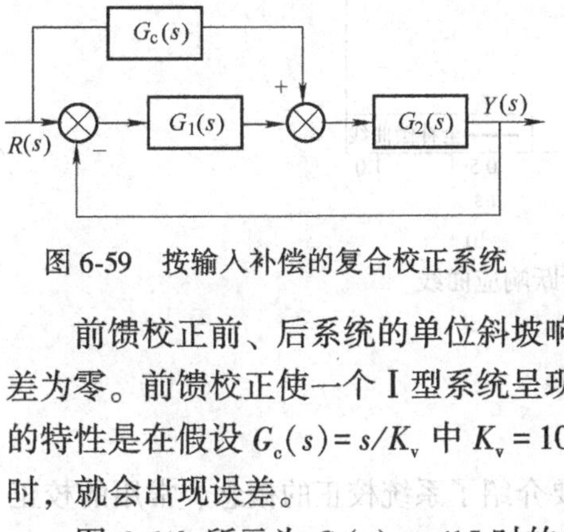

图6-59　按输入补偿的复合校正系统

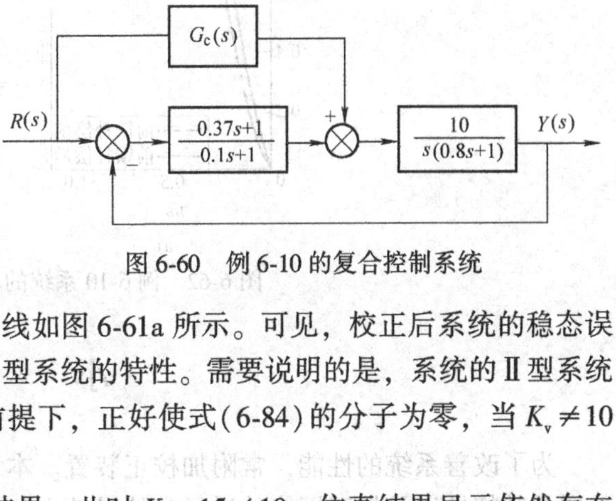

图6-60　例6-10的复合控制系统

前馈校正前、后系统的单位斜坡响应曲线如图6-61a所示。可见，校正后系统的稳态误差为零。前馈校正使一个Ⅰ型系统呈现出Ⅱ型系统的特性。需要说明的是，系统的Ⅱ型系统的特性是在假设 $G_c(s)=s/K_v$ 中 $K_v=10$ 的前提下，正好使式(6-84)的分子为零，当 $K_v\neq10$ 时，就会出现误差。

图6-61b所示为 $G_c(s)=s/15$ 时的仿真结果，此时 $K_v=15\neq10$，仿真结果显示依然存在稳态误差，但与前馈校正前相比，还是减小了。

图6-62a所示为 $G_c(s)=s/10$ 前馈补偿前、后系统的单位阶跃响应曲线。由曲线可知，前馈补偿后，系统的超调量增大，相位裕度减小了，因此前馈补偿(非全补偿)的情况下，必须检验动态性能是否满足要求，否则应重新设计串联校正装置，在此不再赘述。

图6-62b所示为该随动系统满足全补偿条件式(6-85)，即 $G_c(s)=s(0.8s+1)/10$ 的前馈补偿后系统的单位阶跃响应曲线，它是一条与输入信号完全重合的曲线，验证了完全补偿的条件。

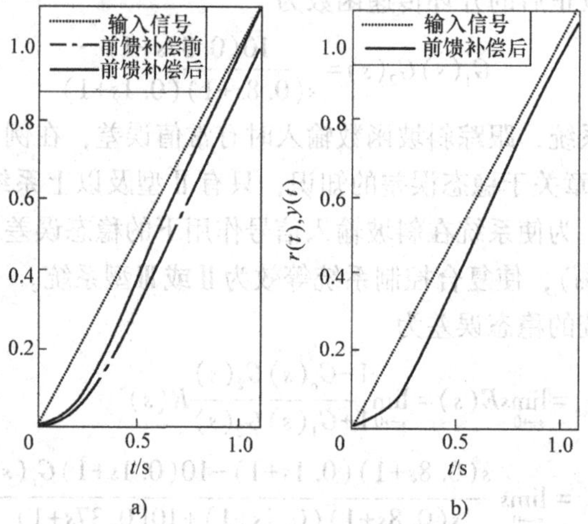

图 6-61　例 6-10 系统的单位斜坡响应曲线

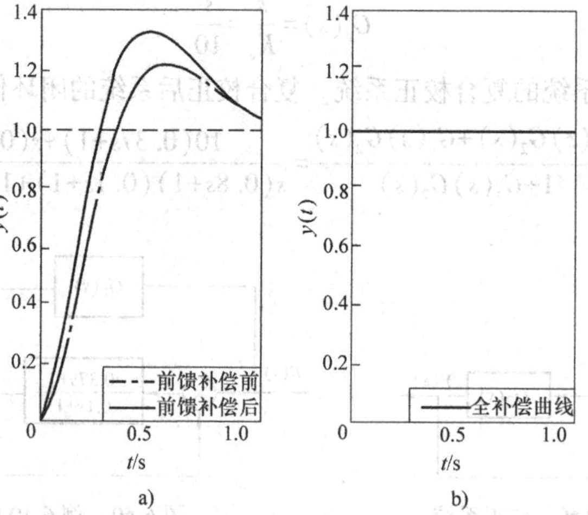

图 6-62　例 6-10 系统的单位阶跃响应曲线

小　结

为了改善系统的性能，常附加校正装置。本章主要介绍了系统校正的概念、常用的校正装置及其特性以及校正网络传递函数的设计方法。

按校正装置在系统中的位置不同，控制系统的校正可分为串联校正、反馈校正、前馈校正等方式。按校正装置设计方法的不同，又分为频域法校正和根轨迹法校正等。按照校正装置特性不同，又可分为超前校正、滞后校正、滞后-超前校正及 PID 控制方法等。经典控制理论通常研究的是利用频域法或根轨迹法来完成校正装置的设计。

本章详细讨论了基于频域法及根轨迹法的串联超前校正、滞后校正以及滞后-超前校正；介绍了工程控制算法 PID；详细讨论了反馈校正及复合校正。

串联校正是应用最广泛的校正方法。串联超前校正方案选择：如果对抑制高频噪声要求不高，而对响应速度和平稳性有要求，并对稳态精度有要求时，可采用频域法超前校正；如果系统稳态性能已满足要求，只要求了动态性能指标，可采用根轨迹法超前校正。串联滞后校正方案选择：如果对系统响应速度要求不高，而对平稳性及抑制高频噪声有要求，则可采用频域法滞后校正；如果系统的动态性能已满足要求，而稳态精度不够，则可以采用根轨迹法滞后校正。如果对系统的动态性能及稳态性能都有较高的要求，宜采用串联滞后-超前校正。

反馈校正是另一种常用的校正方法。它除了能获得与串联校正相似的效果外，还可以改变被包围部分的特性，削弱被包围环节上的各种干扰的影响以及在一定程度上抵消参数波动对设计好的系统性能带来的不利影响，但反馈校正设计比串联校正复杂。

本章还探讨了其他一些改善系统性能的方法，如工程控制方法PID控制，前馈补偿的方法等。控制系统综合及校正的方法都是能改善系统性能的有效方法，在设计中使用它们具有一定的灵活性及创造性，需要在实践中不断积累和完善。

习　题

6-1　什么是系统校正？系统校正有哪些方法？

6-2　进行校正的目的是什么？

6-3　在什么情况下采用串联超前校正？它为什么能改善系统的性能？

6-4　在什么情况下采用串联滞后校正？主要能改善系统哪方面的性能？

6-5　串联校正装置为什么一般都安置在误差信号的后面，而不是在固有部分的后面？

6-6　滞后网络的相角是滞后的，为什么可以用来提高系统的相位裕度？

6-7　反馈校正所依据的基本原理是什么？

6-8　复合校正中的前馈补偿的基本原理是什么？

6-9　已知单位负反馈控制系统校正前对数幅频特性 $L_0(\omega)$ 如图6-63中点画线所示，串联校正装置对数幅频特性 $L_c(\omega)$ 如图6-63中实线所示，要求

（1）作出校正后系统开环对数幅频渐近特性 $L(\omega)$。

（2）比较校正前、后的开环对数幅频特性 $L_0(\omega)$ 和 $L(\omega)$，说明校正装置的作用。

6-10　图6-64为三种校正装置的对数渐近幅频特性，它们都是由最小相位环节组成。系统为单位负反馈系统，其开环传递函数为

$$G_0(s)=\frac{400}{s^2(0.01s+1)}$$

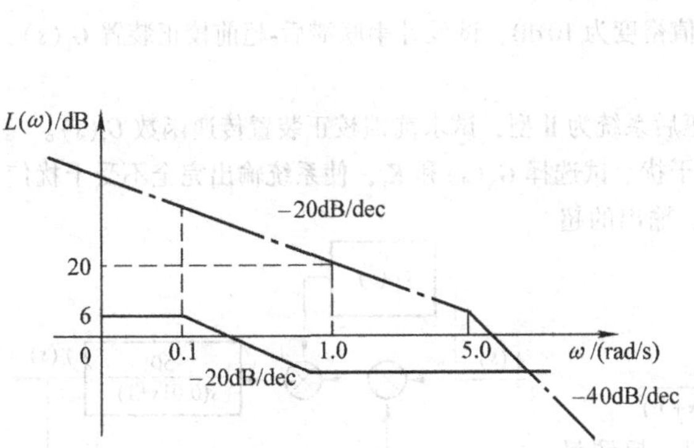

图6-63　题6-9图

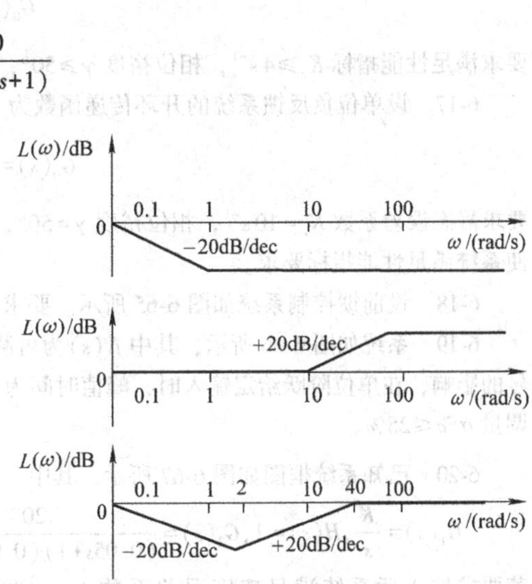

图6-64　题6-10图

试问：(1) 这些校正网络特性中，哪一种使已校正系统的稳定性最好？

(2) 为了将 12 Hz 的正弦噪声削弱 10 倍左右，你确定采用哪种校正网络特性？

6-11 设单位负反馈系统的开环传递函数为

$$G_0(s)=\frac{K}{s(s+1)}$$

若要求系统开环截止频率 $\omega_c \geqslant 4.4\,\mathrm{rad/s}$，相位裕度 $\gamma \geqslant 45°$，在单位斜坡函数输入信号作用下，稳态误差 $e_{ss} \leqslant 0.1$，试求无源超前校正装置的传递函数。

6-12 设单位负反馈系统的开环传递函数为

$$G_0(s)=\frac{K}{s(s+1)(0.5s+1)}$$

要求采用串联滞后校正网络，使校正后系统的静态速度误差系数 $K_v=5\mathrm{s}^{-1}$，相位裕度 $\gamma \geqslant 40°$，试求无源滞后校正装置的传递函数。

6-13 设单位负反馈系统的开环传递函数为

$$G_0(s)=\frac{K}{s\left(\frac{1}{60}s+1\right)\left(\frac{1}{10}s+1\right)}$$

试设计串联校正装置，使校正后系统满足 $K_v=126\mathrm{s}^{-1}$，开环截止频率 $\omega_c \geqslant 20\,\mathrm{rad/s}$，相位裕度 $\gamma \geqslant 30°$。

6-14 单位反馈系统的开环传递函数为

$$G_0(s)=\frac{1.06}{s(s+1)(s+2)}$$

若要求校正后系统 $K_v=30\,\mathrm{s}^{-1}$，$\zeta=0.707$，并保证原主导极点位置基本不变，试用根轨迹法求滞后校正装置的传递函数。

6-15 单位反馈系统的开环传递函数为

$$G_0(s)=\frac{K}{s(s+1)(s+2)(s+3)}$$

为使主导极点的阻尼比 $\zeta=0.5$，试确定 K 值。

6-16 设单位反馈系统的开环传递函数为

$$G_0(s)=\frac{0.08K}{s(s+0.5)}$$

要求满足性能指标 $K_v \geqslant 4\,\mathrm{s}^{-1}$，相位裕度 $\gamma \geqslant 50°$，超调量 $\sigma\% \leqslant 30\%$，试用频域法设计校正装置。

6-17 设单位负反馈系统的开环传递函数为

$$G_0(s)=\frac{K}{s(s+1)(0.5s+1)}$$

要求静态误差系数 $K_v=10\,\mathrm{s}^{-1}$，相位裕度 $\gamma=50°$，幅值裕度为 10 dB，试设计串联滞后-超前校正装置 $G_c(s)$，使系统满足性能指标要求。

6-18 设前馈控制系统如图 6-65 所示。要求校正后系统为Ⅱ型，试求前馈校正装置传递函数 $G_r(s)$。

6-19 系统如图 6-66 所示，其中 $N(s)$ 为可测的干扰。试选择 $G_N(s)$ 和 K_t，使系统输出完全不受干扰信号的影响，在单位阶跃给定输入时，峰值时间为 2 s，输出的超调量 $\sigma\% \leqslant 25\%$。

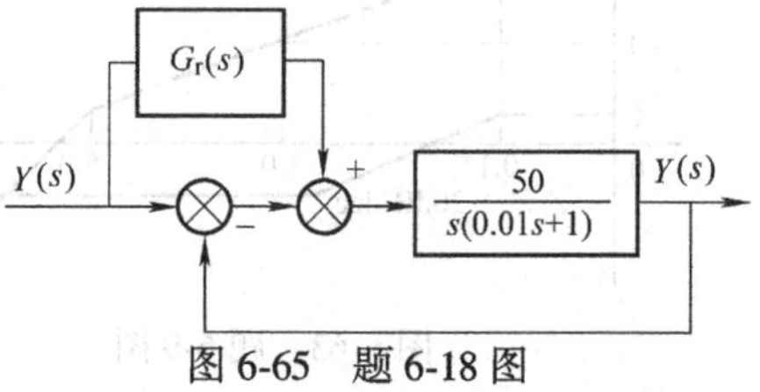

图 6-65 题 6-18 图

6-20 已知系统框图如图 6-67 所示，其中

$$G_1(s)=\frac{K}{s},H(s)=1,G_2(s)=\frac{20}{(0.05s+1)(0.005s+1)}$$

若要求校正后系统满足速度误差系数 $K_v=1000\,\mathrm{s}^{-1}$，超调量 $\sigma\% \leqslant 30\%$，调节时间 $t_s \leqslant 0.25\,\mathrm{s}$。试采用期望特性法求串联校

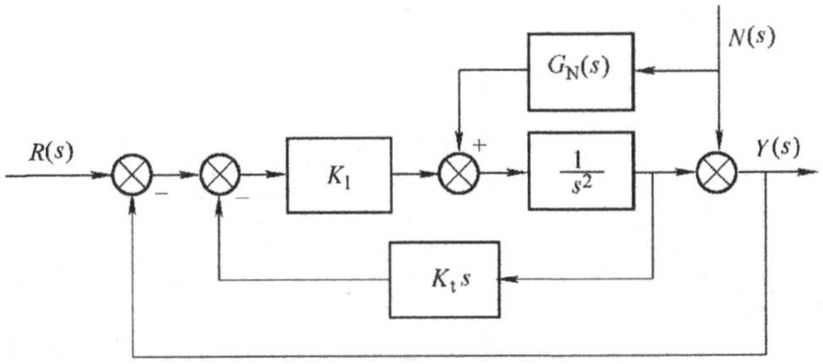

图6-66 题6-19图

正装置的传递函数 $G_c(s)$。

6-21 设控制系统如图6-68所示。试运用根轨迹法确定速度反馈系数 K_t，以使系统的阻尼比等于0.5，并估算校正后系统的性能指标。

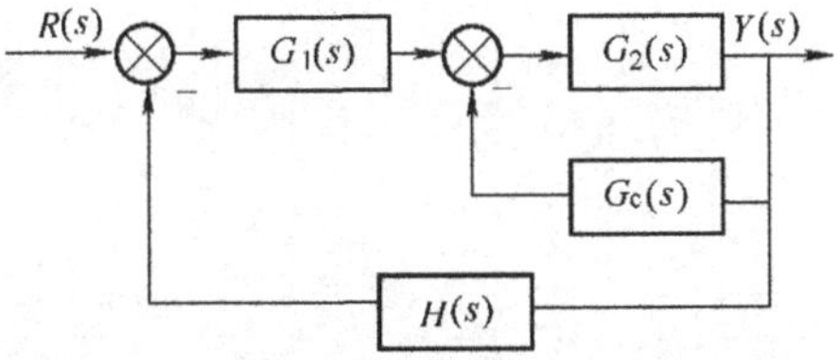

图6-67 题6-20图

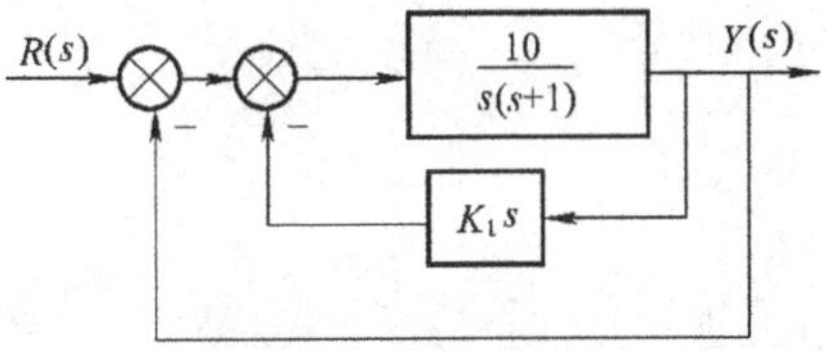

图6-68 题6-21图

6-22 设单位负反馈系统的开环传递函数为

$$G_0(s)=\frac{10}{s(0.25s+1)(0.5s+1)}$$

要求校正后系统的谐振峰 $M_r=1.4$，谐振频率 $\omega_r\geqslant 10\,\text{rad/s}$，试确定校正装置的传递函数。

6-23 图6-69中实线画出的折线是系统校正前的开环幅频特性，虚线是经过串联校正后的开环幅频特性。

(1) 给出校正前系统的开环传递函数，并求出系统的相位裕度。

(2) 给出校正环节的传递函数，求校正后系统的开环截止频率和相位裕度。

(3) 比较计算结果，说明相对稳定性较好的系统，对数幅频特性在中频段应具有的形状。

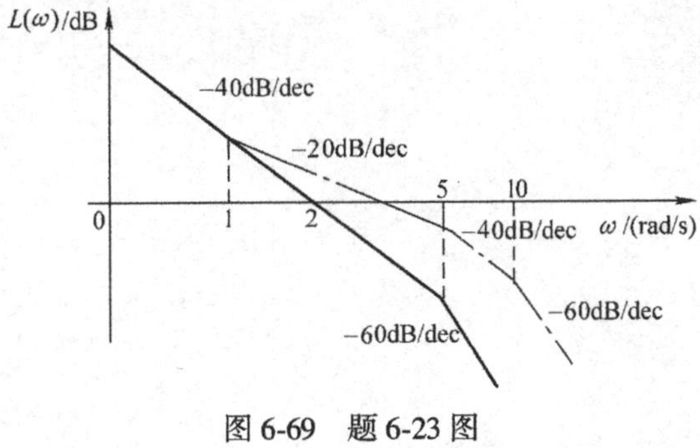

图6-69 题6-23图

6-24 为满足要求的稳态性能指标，某单位负反馈伺服系统的开环传递函数为

$$G(s)=\frac{200}{s(0.1s+1)}$$

试设计一个无源校正网络，使已校正系统的相位裕度 $\gamma\geqslant 45°$，截止频率 $\omega_c\geqslant 50\,\text{rad/s}$。

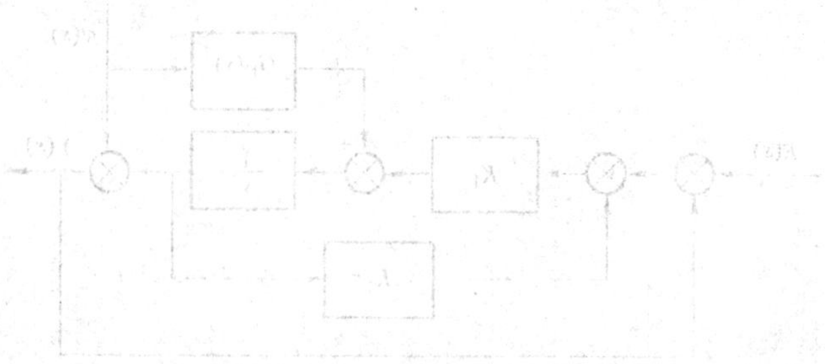

图6-66 题6-19图

正装置的传递函数$G_c(s)$。

6-21 设控制系统如图6-68所示，试应用根轨迹法确定速度反馈系数K，以使系统的阻尼比等于0.5，并估算校正后系统的性能指标。

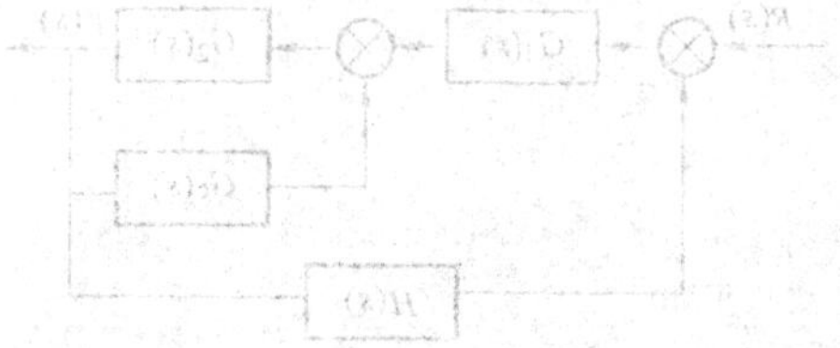

图6-67 题6-20图

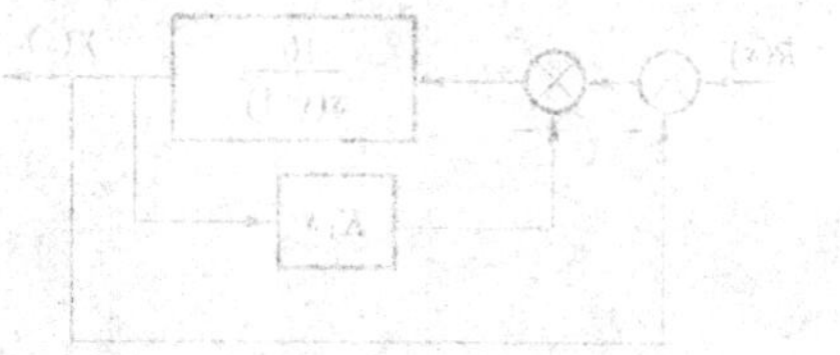

图6-68 题6-21图

6-22 设单位负反馈系统的开环传递函数为

$$G_0(s)=\frac{10}{s(0.25s+1)(0.5s+1)}$$

要求校正后系统的谐振峰值$M_r=1.4$，谐振频率$\omega_r\geq 10$rad/s，试确定校正装置的传递函数。

6-23 图6-69中实线画出的曲线是系统校正前的开环频率特性，虚线是经过串联校正后的开环频率特性。

(1) 给出校正前系统的开环传递函数，并求出系统的相位裕度。

(2) 给出校正环节的传递函数，求校正后系统的开环截止频率和相位裕度。

(3) 比较计算结果，说明相对稳定性较好的系统，对数幅频特性在中频段应具有的形状。

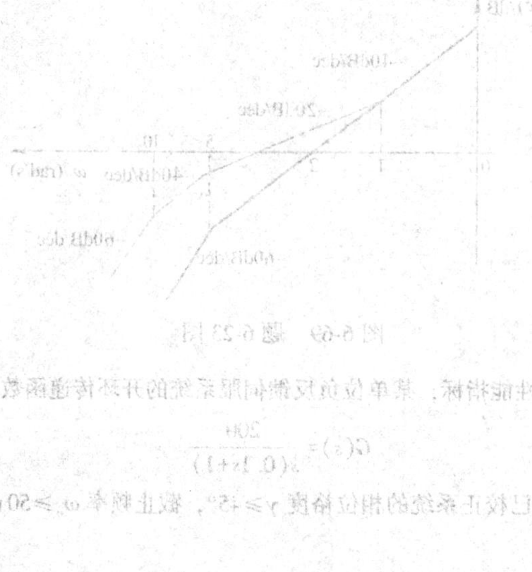

图6-69 题6-23图

6-24 为满足要求的稳态性能指标，某单位负反馈伺服系统的开环传递函数为

$$G(s)=\frac{200}{s(0.1s+1)}$$

试设计一个无源校正网络，使已校正系统的相位裕度$\gamma\geq 45°$，截止频率$\omega_c\geq 50$rad/s。

第四篇

应用篇

本篇通过3个实例，拓展读者视野，激发兴趣，进一步理解、掌握并应用本教材的知识去观察、分析身边的自动控制系统，增进对后续专业课及相关技术知识的学习愿望。

第 7 章　控制系统设计案例分析

7.1　引言

本章通过介绍 3 个各具代表性的自动控制系统实例，使教材的知识体系更完整，希望能帮助读者正确理解学习自动控制原理课程能解决控制科学和技术的什么问题，并使读者了解为了更好更系统地掌握控制技术，还必须进一步学习后续课程。同时希望拓展读者的视野，激发学习和研究的兴趣。

7.2　一种电动比例蝶阀控制系统

蝶阀又叫翻板阀，是一种结构简单的调节阀，常用于低压管道介质的开关控制，如图 7-1 所示是蝶阀开关示意图。蝶阀的开度与流量之间的关系，基本上呈线性比例变化。通过输入控制电压驱动电动机带动阀芯旋转，使蝶阀的开度和输入控制电压成正比，就构成了电动比例蝶阀。

如图 7-2 所示是一种电动比例蝶阀的结构示意图，其控制系统采用了蝶阀开度的闭环反馈控制。通过电位计检测蝶阀开度(阀芯旋转角度)，输出与开度成正比的电压，该开度反馈电压与输入控制电压比较产生电压差，经放大处理驱动直流电动机旋转，直流电动机通过减速齿轮带动蝶阀阀芯和电位计旋转，通过反复调节，最终消除输入控制电压和开度反馈电压之偏差，使蝶阀开度与输入控制电压成正比。

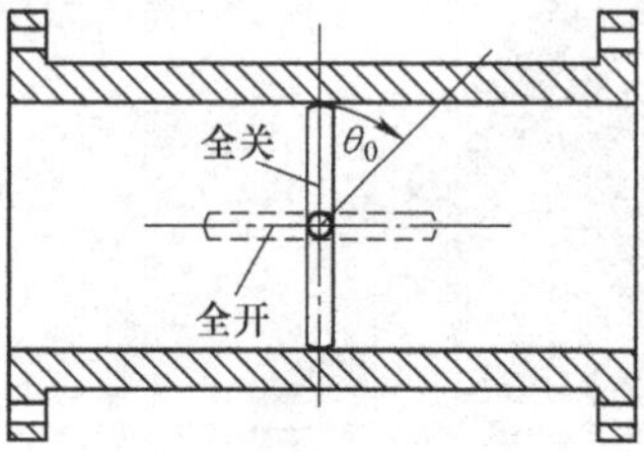

图 7-1　蝶阀开关示意图

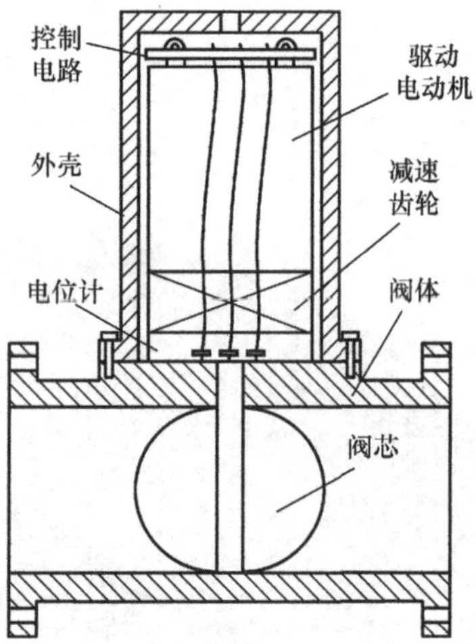

图 7-2　电动比例蝶阀结构示意图

根据电动比例蝶阀结构示意图，分析工作原理，可以画出电动比例蝶阀控制系统原理框图，如图 7-3 所示。

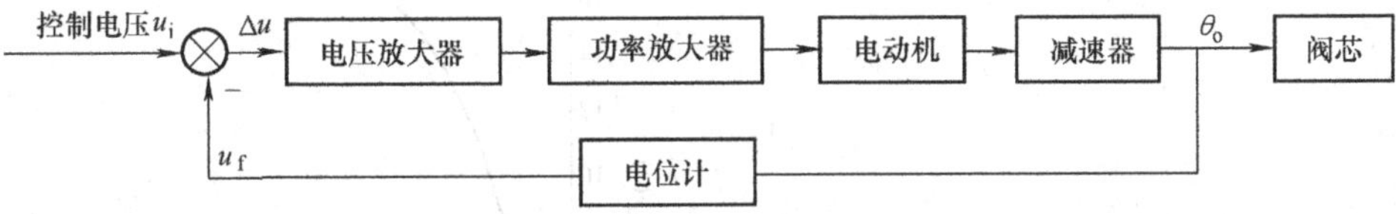

图 7-3　电动比例蝶阀控制系统原理框图

依据例 2-16 位置随动系统相关结论，可以得到电动比例阀控制系统动态结构图 1 如图 7-4 所示。

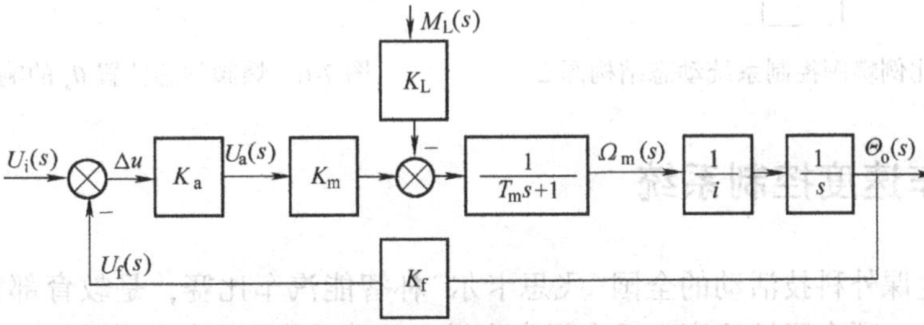

图 7-4　电动比例蝶阀控制系统动态结构图 1

其中：$M_L(s)$是阀芯转动所受的阻力折合到电机轴上的阻力转矩；

K_a 是电压放大比例系数；

K_m 是功率放大比例系数；

K_f 开度检测电位计比例系数；

T_m 为电动机的机电时间常数。

系统参数如下：

$U_i=0\sim5\text{ V}$；

$\theta_o=0°\sim90°$；

$T_m=0.13\text{ s}$；

$K_f=5/90$；

$i=20$。

电动比例蝶阀控制系统动态结构图 2 如图 7–5 所示。为了简化分析，假设电机空载时 $M_L(s)=0$。这是一个无零点的 I 型二阶系统，该系统要求蝶阀阀芯不同的位置准确快速对应给定输入控制电压值，属于定值控制系统，输入控制信号可用阶跃信号模拟，由理论分析知道，I 型系统在阶跃输入作用下能够消除稳态误差，那么系统设计主要需要考虑平稳性及快速性要求，此时，整个系统的性能由放大系数 $K_1=K_aK_m$ 确定。假设系统在稳态输出 $\theta_o=18°$(即对应给定输入为 1 V)的条件下，系统的性能指标为，超调量 $\sigma\%<5\%$，调节时间 $t_s<3\text{ s}$。

图 7-6 给出了 $K_1=500$，输入电压为 1 V 时，蝶阀阀芯位置 θ_o 的响应曲线。由理论分析及仿真验证知道，当放大系数 $K_1=500$ 时，满足设计要求，用户按此要求选择合适的电压及功率放大器即可。

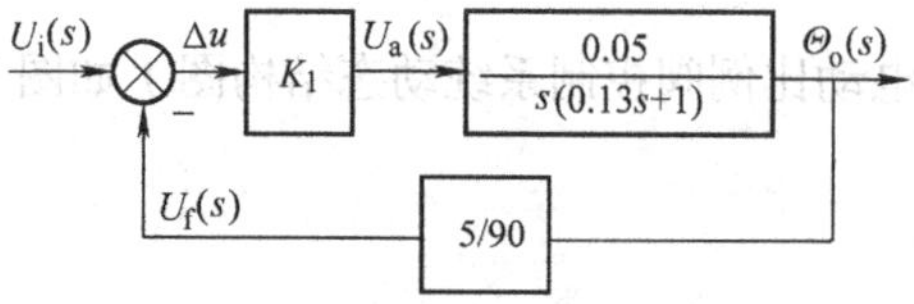

图 7-5 电动比例蝶阀控制系统动态结构图 2

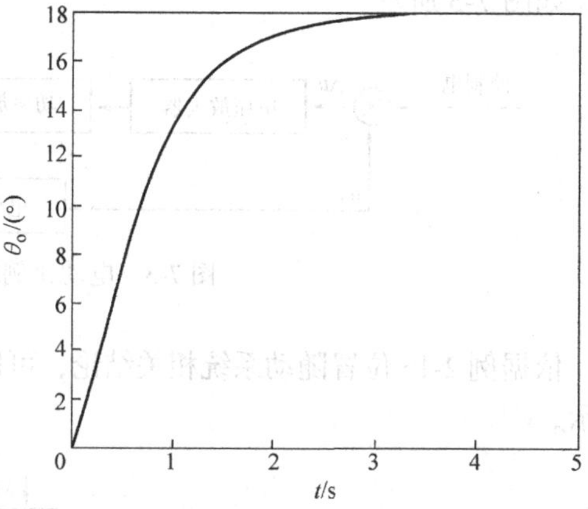

图 7-6 蝶阀阀芯位置 θ_o 的响应曲线

7.3 智能车速度控制系统

大学本科生课外科技活动的全国“飞思卡尔”杯智能汽车比赛，是教育部自动化教学指导委员会组织的一项全国性比赛，旨在提高大学生的动手能力和创新能力。该比赛要求在组委会指定的车模上进行创新设计，并动手制作，最后在规定的赛道上进行竞速比赛。智能车速度控制系统是其中很重要的一个子系统，通过速度闭环控制可以克服新电池车速快，旧电池车速慢；上坡车速慢，下坡车速快；以及加速不快，制动不及时等问题，使智能车可以根据赛道的情况进行迅速加速和减速，以便智能车既不冲出赛道，又能尽快地跑到终点。

如图 7-7 所示是智能车速度控制系统结构示意图。利用微型永磁式直流电动机作测速发电机使用，通过测速齿轮和从动齿轮配合提取车轮速度。速度信号经过放大、滤波等信号调理送入单片机的 AD 采样端口，经 AD 采样变换为和速度成正比的数字量。该数字量和设定转速比较产生速度偏差，并经数字 PI 计算出控制量。单片机将数字控制量转换为脉宽调制(PWM)的占空比输出，控制 H 桥输出的通断，驱动直流电动机工作。单片机通过 DIR 信号可以控制 H 桥使直流电动机进行正转和反转。

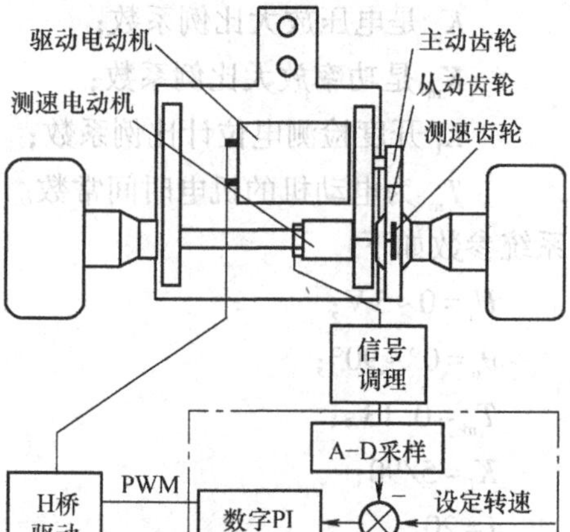

图 7-7 智能车速度控制系统结构示意图

根据智能车速度控制系统结构示意图，可以画出智能车速度控制系统原理框图，如图 7-8 所示。

依据例 2-13 直流测速发电机的传递函数、例 2-8 直流电动机的传递函数等相关结论，可以得到智能车速度控制系统动态结构图如图 7-9 所示。其中，$M_L(s)$ 是车轮与地面产生的阻力折合到电机轴上的阻力转矩，K_f 是转速反馈系数，确定的原则是使零点输出在 2.5 V(A-D 采样范围 0~5 V)，最高正反转速输出幅值不超过 2.5 V。K_a 是 H 桥电路等效比例系数，输

入是数字控制量 U_c，输出是电枢电压 U_a。

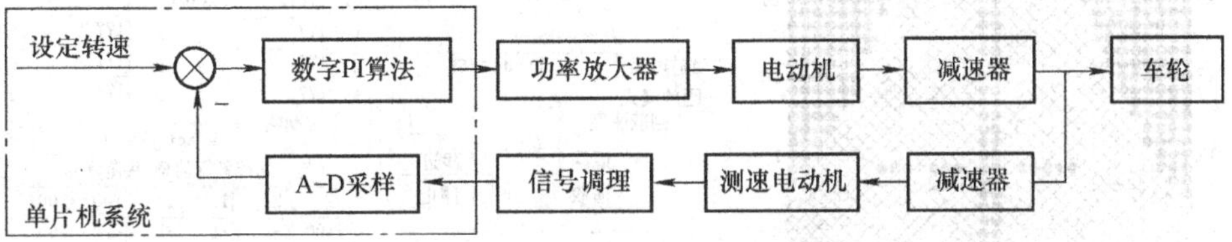

图 7-8　智能车速度控制系统原理框图

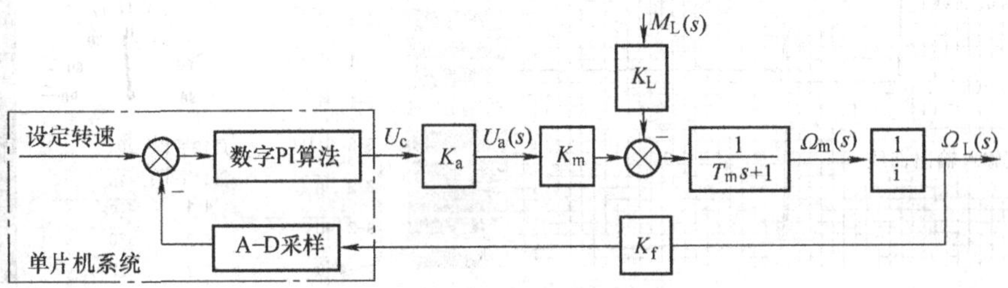

图 7-9　智能车速度控制系统动态结构图

数字 PI 算法如下：

$$U_c = u_k = K_p e_k + K_I \sum_{j=0}^{k} e_j \tag{7-1}$$

式中，k 为采样序号，$k=0，1，2，\cdots$；u_k 为第 k 次采样时刻的计算机输出值；e_k 为第 k 次采样时刻输入的偏差值；K_p 为比例控制系数；K_I 为积分控制系数。

A-D 采样周期为 20 ms，分辨率为 10 位。U_c 为 8 位数字量，周期 10 ms 的 PWM 输出。PI 参数的确定采用试凑法进行现场整定，该方法避免了对系统参数的精确了解，方法简单实用。

为了模拟智能车在实际运行时地面通过车轮给电动机的阻力矩 M_L，PI 参数整定时在车轮轴上加了一个恒定的摩擦力，然后给出阶跃的转速设定，观察转速输出曲线，依据第 6 章关于 PID 控制参数对输出影响的相关知识，反复调整 PI 参数，找到合适的数值。

首先只调整比例部分，将比例系数由小变大，并观察速度的阶跃响应曲线，直到得到响应快、超调小(要有超调)的响应曲线为止，由此确定比例系数，此时系统还是一个有差系统，还需要加入积分控制消除静差。

然后调整积分部分，先将已调整好的比例系数略微减小(如取原值的 80%)，然后由小变大逐渐加大积分系数，并根据转速响应曲线进一步调试比例系数和积分系数，直到既能消除静态误差，又能保持良好的动态响应为止。

为了在线实时调整 PI 参数，系统利用了无线传输模块实时传输设定速度、实际速度和控制量到 PC，然后利用 PC 编制的显示软件显示实时曲线，图 7-10 给出了智能车数据无线接收软件界面及速度控制系统的阶跃响应曲线。通过试凑法现场整定的 PI 控制参数为 $K_p=0.5$，$K_I=0.1$。

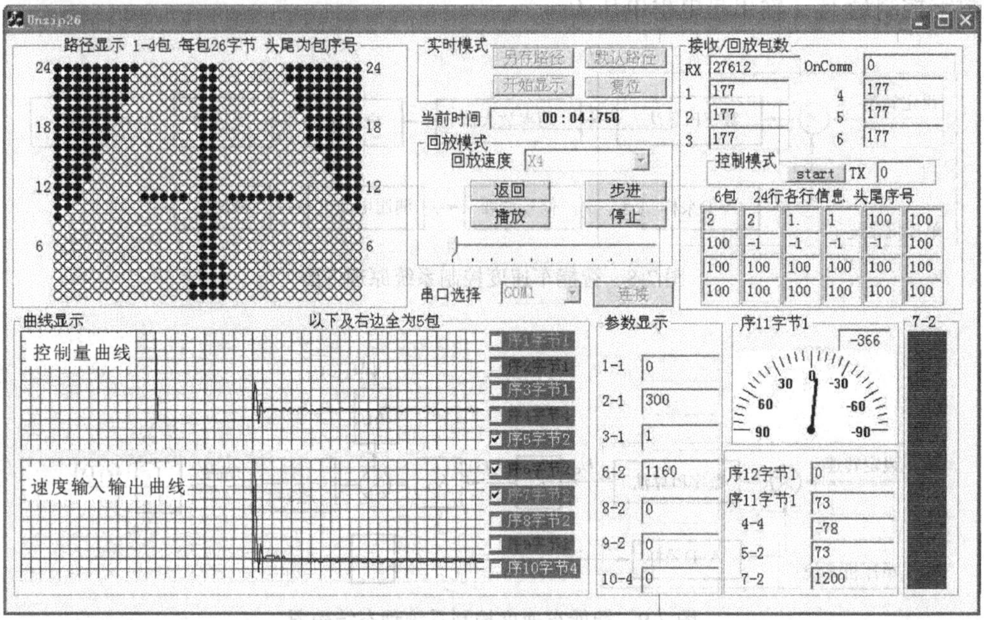

图 7-10 智能车数据无线接收软件界面及速度控制阶跃响应曲线

7.4 汽车制动器性能测试的试验台控制系统

汽车制动器性能质量关系到汽车安全运行，为了检验制动器设计质量的优劣，必须在汽车制动器设计制造过程中进行试验检测，目前常规的检测设备就是汽车惯性式制动器台架试验系统。试验系统通过模拟汽车的制动过程，以模拟试验(台架试验)的方式来测试制动器的各项性能。

模拟试验的原则是试验台上制动器的制动过程与路试车辆上制动器的制动过程尽可能一致。试验台模拟试验是通过电动机、传动机构驱动惯性飞轮组，并带动制动鼓旋转，从而模拟汽车运行状况。模拟试验时，被测试制动器按照在汽车上的安装方式安装在试验台上，由电动机驱动主动轴旋转，当转速达到设定的开始制动转速(即汽车开始制动时设定车速)时，制动力使制动器产生制动力矩，迫使主动轴停止转动，汽车的制动过程就再现出来，控制制动蹄的动作，就可模拟各种制动过程，在制动过程中测量制动力、制动踏板位移、主缸及轮缸的压力、制动减速度、温度等参数以检验制动器性能优劣。对不同型号种类的汽车，可调整惯性飞轮组进行模拟。

试验台控制系统的性能要求是能实现恒气压、恒油压、恒扭矩及恒减速度的自动控制。图 7-11 所示为惯性式制动器试验台控制系统原理图。

系统工作原理是气源通过过滤器、溢流减压阀、油雾器、气罐稳定后，送到控制比例阀进气口，控制比例阀的两个出气口和控制气缸的两个进气口相连，控制气缸的前进和后退，控制气缸的活塞杆推动制动主缸活塞杆，制动主缸活塞控制油路的油压，制动轮缸在油压的作用下推动制动轮缸活塞，进而推动制动蹄动作，作用于制动鼓，从而产生制动力，这就是

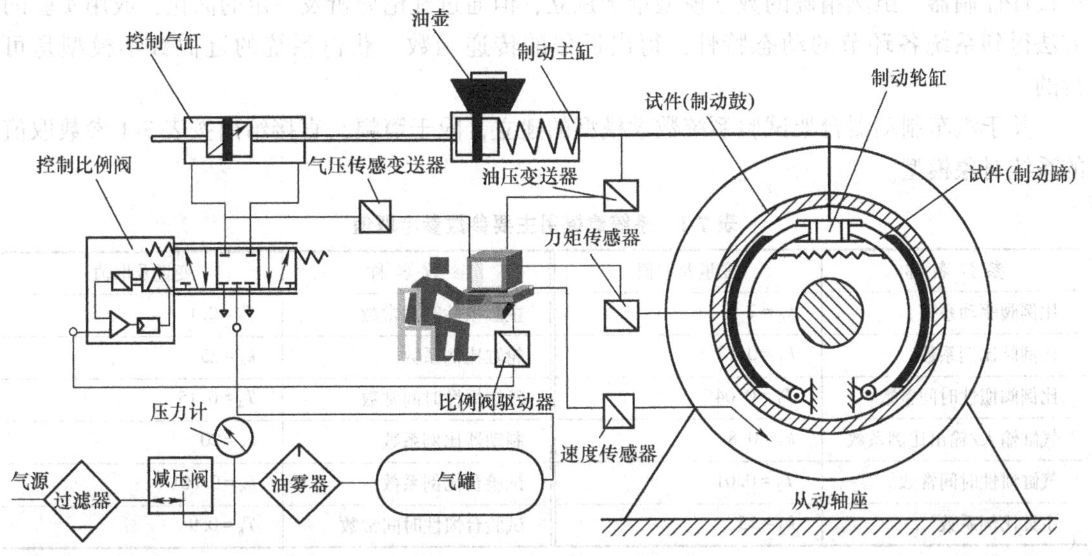

图7-11　惯性式制动器试验台控制系统原理图

制动的开环控制过程。系统要达到恒气压自动控制、恒管(油)压自动控制、恒制动扭矩及恒减速度的自动控制，还必须通过气压传感变送器、油压传感变送器、力矩传感变送器及减速度传感变速器将各个被控制量送到控制器(工控机)，工控机通过计算得出相应的控制量，再通过控制比例阀驱动器控制比例阀做出相应的动作，达到闭环控制的目的。

1. 系统的原理框图表示

按照系统设计要求，需要分别进行恒气压控制、恒油压控制、恒制动力矩控制等3个变量的定值控制。其系统原理框图分别如图7-12a~7-12d所示。

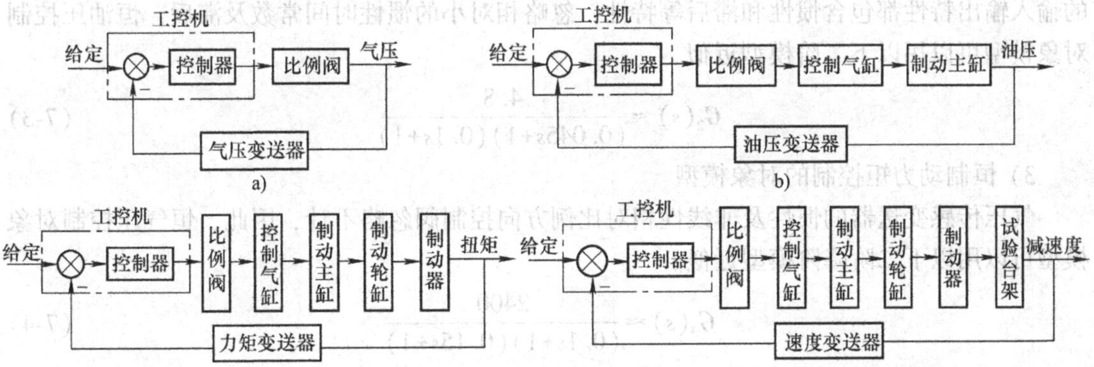

图7-12　控制系统原理框图

2. 系统的模型构造

汽车制动器台架试验系统是一个复杂而不确定的电、气、液系统，具有大惯性及滞后特性以及控制系统中被控对象动力学特性的内部不确定性和外部环境扰动的不确定性等特点，难于用数学、物理等方法来推导传递函数，建立精确的数学模型，然后用传统的系统校正方法设计控制器。虽然精确的数学模型难于建立，但通过理论分析及一定的简化，或用实验的方法得到系统各环节的动态特性，得出近似的传递函数，获得系统的近似数学模型是可行的。

关于汽车制动器台架试验系统数学模型的建立，限于篇幅，直接给出按表 7-1 参数取值的系统对象模型。

表 7-1 系统建模用主要参数参考取值

参数名称	变量及取值	参数名称	变量及取值
比例阀驱动系数	$k_0=2$	主缸惯性时间常数	$T_3=0.1$
比例阀比例系数	$k_1=0.12$	轮缸比例系数	$k_4=25$
比例阀惯性时间常数	$T_1=0.045$	轮缸惯性时间常数	$T_4=0.15$
气缸输入/输出比例系数	$k_2=0.8$	制动器比例系数	$k_5=20$
气缸惯性时间常数	$T_2=0.01$	试验台比例系数	$k_6=0.001$
主缸比例系数	$k_3=25$	试验台惯性时间常数	$T_6=0.9$

1）恒气压控制的对象模型

气压传感变送器的惯性及非线性相对比例方向控制阀忽略不计，因此，恒气压控制对象模型可以用一阶系统近似。

$$G_1(s)=\frac{k_0k_1}{T_1s+1}=\frac{0.24}{0.045s+1} \tag{7-2}$$

2）恒油压控制的对象模型

油传感变送器的惯性及非线性相对比例方向控制阀、控制气缸、制动主缸可忽略不计。

由于气、液传动介质的可压缩性，特别是气体的可压缩性，加上油的黏性，气缸、液缸的输入输出特性都包含惯性和滞后等特性，忽略相对小的惯性时间常数及滞后，恒油压控制对象模型可以用以下二阶模型近似。

$$G_2(s)\approx\frac{4.8}{(0.045s+1)(0.1s+1)} \tag{7-3}$$

3）恒制动力矩控制的对象模型

气压传感变送器的惯性及非线性相对比例方向控制阀忽略不计，因此，恒气压控制对象模型可以用以下二阶降阶模型近似。

$$G_3(s)\approx\frac{2400}{(0.1s+1)(0.15s+1)} \tag{7-4}$$

4）恒减速度控制的对象模型

对于减速传感变送器的惯性及非线性相对比例方向控制阀、控制主缸、制动主缸、制动轮缸、制动器、试验台可忽略不计，由此可见，经近似处理后恒减速度控制系统仍是一个复杂的高阶系统，可以用以下三阶降阶模型近似。

$$G_4(s)\approx\frac{2.4}{(0.1s+1)(0.15s+1)(0.9s+1)} \tag{7-5}$$

3. 控制器的设计

系统主要技术参数见表7-2。

表7-2　系统主要技术参数

参数名称	取　值	参数名称	取　值
试验车型总重量	800~2000 kg	扭矩测量范围	0~5000 N·m，测量误差<5%
试验车速范围	0~120 km/h	制动力测量范围	0~1000 N，测量误差<1%
气源最大输出压力	1 MPa	制动踏板位移测量范围	0~200 mm，测量误差<5%
分泵液压测量范围	0~20 MPa，测量误差<1%	制动减速度测量范围	0~0.8 g
设定电压范围	0~10 V		

惯性式制动器试验台试验范围大，从摩托车到重型大卡，构成系统的惯量大，且其模型不易确定。该试验台采用一个气压阀通过控制系统压力的变化，从而实现不同制动参数的恒值控制。例如，若要检测系统的制动力矩为某一设定值，则通过力矩传感器采集到的系统瞬时制动力矩值与设定值相比较的差值作为控制信号，通过控制器控制气压阀，自动地调节系统的气压值，从而增加(或降低)了制动的强度，使制动力矩向设定值靠近。

1）恒气压控制器设计

以式(7-2)绘制的恒气压对象在比例控制 $K_p=1$ 时的阶跃响应仿真曲线，如图7-14中曲线b所示。给定电压为3 V，对应气缸左腔输出压力 P 应为0.3 MPa，从图7-14曲线及理论分析知道，这是一个0型系统，比例控制存在稳态误差，减小稳态误差就需要增大 K_p，该例要保证稳态精度，K_p 会很大，物理结构不易实现。该系统需要设计成Ⅰ型系统，即增加一个PI控制器。

该系统的开环传递函数变为

$$\alpha G_{c1}(s)G_1(s)=10\left(1+\frac{20}{s}\right)\frac{0.24}{0.045s+1} \tag{7-6}$$

图7-13给出了恒气压控制系统动态结构图。图7-14的曲线a是其输出响应曲线，可见满足恒压力0.3 MPa。

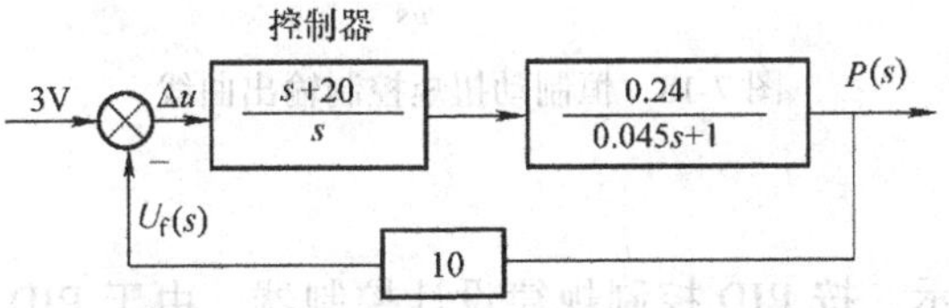

图7-13　恒气压控制系统动态结构图

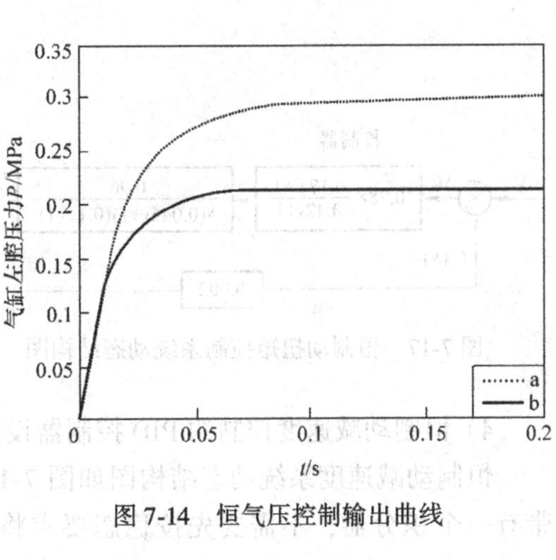

图7-14　恒气压控制输出曲线

2）根轨迹法设计的恒油压控制器

恒油压控制系统动态结构图如图7-15所示，其中控制器先按稳态要求设计成Ⅰ型，然后将构成广义对象式(7-3)，控制器 $G_c(s)$ 按照根轨迹法串联超前校正设计，以满足动态响应时间快速要求，如图 7-16 所示为系统在给定电压为 5 V，对应制动主缸的管路油压稳态输出应为 10 MPa。

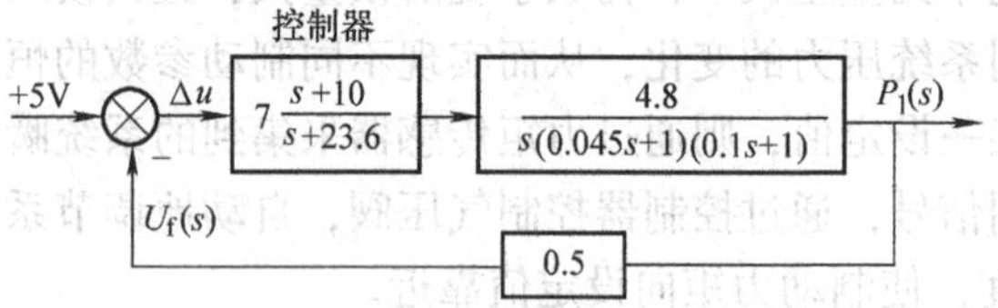

图 7-15 恒油压控制系统动态结构图

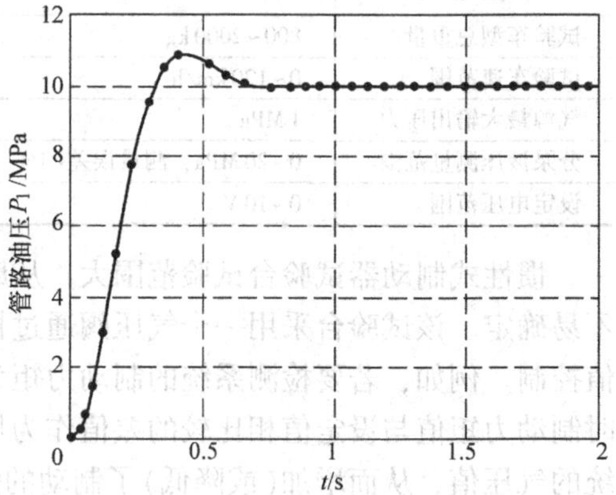

图 7-16 恒油压控制输出曲线

3）频域法设计的恒制动力矩控制器

恒制动力矩控制系统动态结构图如图 7-17 所示，其中控制器先按稳态要求设计成Ⅰ型，然后将构成广义对象式(7-3)，控制器 $G_c(s)$ 按照频域法串联超前校正设计，以满足动态响应时间快速性及平稳性要求，如图 7-18 所示为系统在给定电压为 6 V，对应制动扭矩稳态输出应为 3000 N · m。

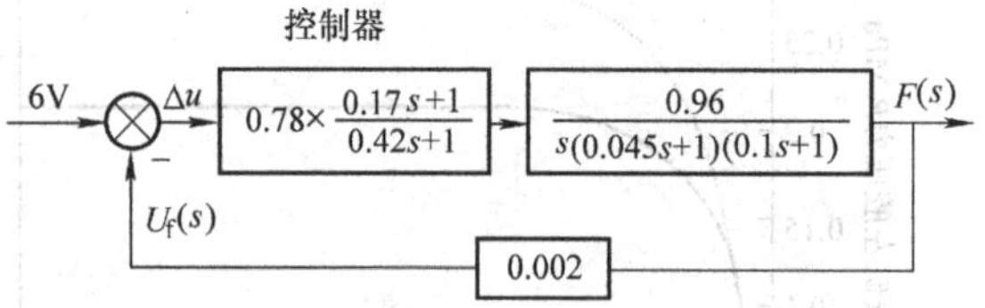

图 7-17 恒制动扭矩控制系统动态结构图

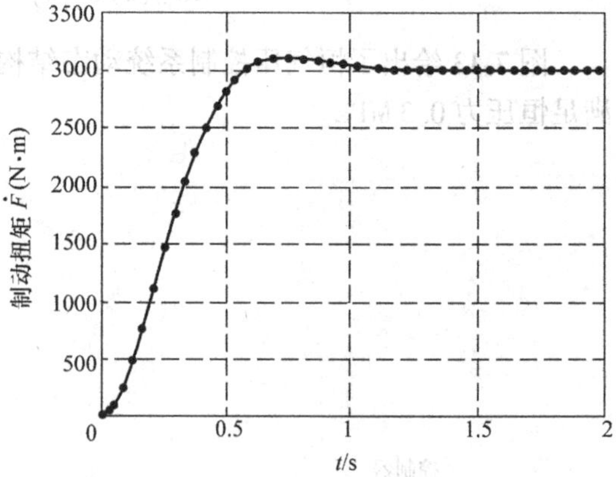

图 7-18 恒制动扭矩控制输出曲线

4）恒制动减速度控制的 PID 控制器设计

恒制动减速度系统动态结构图如图 7-19 所示，按 PID 控制规律设计控制器，由于 PID 带有一个积分器，不需要先按稳态要求将系统设计成Ⅰ型。$G_c(s)=K_p+K_Ds+K_I/s$，其中，$K_P=0.32$，$K_D=0.04$，$K_I=0.15$。如图 7-20 所示为系统在给定电压为 5 V，汽车以恒减速度 0.4 g(g 为重力加速度)从 45 km/h 减小到 0 km/h 的减速度输出曲线。

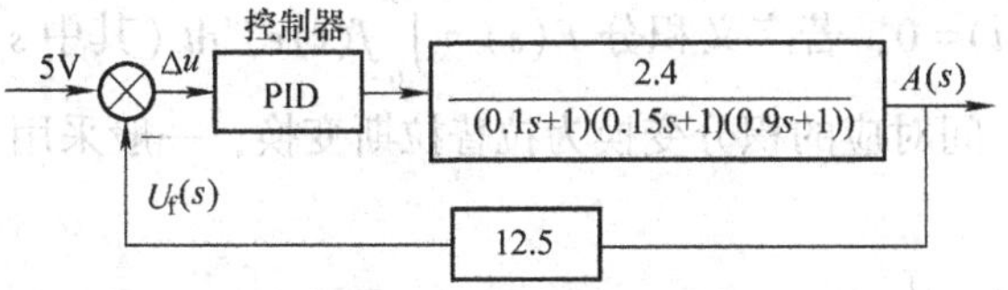

图 7-19　恒制动减速度控制系统动态结构图

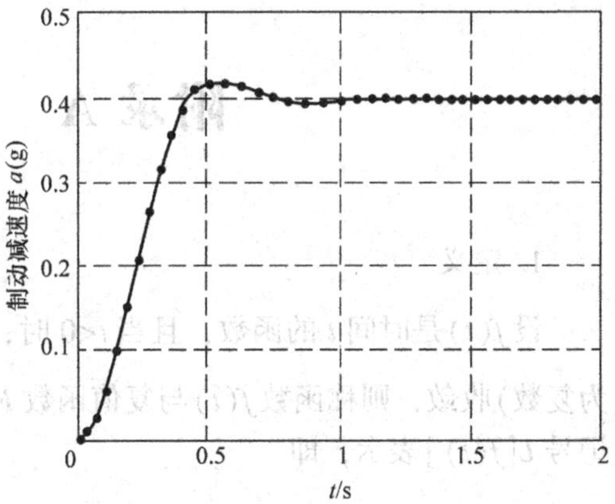

图 7-20　恒制动减速度控制输出曲线

附录 A　拉普拉斯变换

1. 定义

设$f(t)$是时间 t 的函数，且当 $t<0$ 时，$f(t)=0$，若广义积分 $F(s)=\int_0^{\infty} f(t)\mathrm{e}^{-st}\mathrm{d}t$（其中 s 为复数）收敛，则称函数$f(t)$与复值函数 $F(s)$间对应的积分变换为拉普拉斯变换，一般采用记号 $L[f(t)]$表示，即

$$F(s)=L[f(t)]=\int_0^{\infty} f(t)\mathrm{e}^{-st}\mathrm{d}t$$

此时，称函数 $F(s)$为函数$f(t)$的像函数，简称$f(t)$的拉普拉斯变换或$f(t)$的拉普拉斯变换，反之，称函数$f(t)$为函数 $F(s)$的原函数或拉普拉斯反(逆)变换。一般采用记号 $L^{-1}[F(s)]$来表示 $F(s)$的拉普拉斯反(逆)变换，即

$$f(t)=L^{-1}[F(s)]$$

2. 拉普拉斯变换的性质和定理

(1) 线性性质

设 $F_1(s)=L[f_1(t)], F_2(s)=L[f_2(t)]$，$a$ 和 b 为常数，则有

$$L[af_1(t)+bf_2(t)]=aL[f_1(t)]+bL[f_2(t)]=aF_1(s)+bF_2(s)$$

(2) 微分定理

设 $F(s)=L[f(t)]$，则有

$$L\left[\frac{\mathrm{d}^n f(t)}{\mathrm{d}t^n}\right]=s^n F(s)-[s^{n-1}f(0)+s^{n-2}\dot{f}(0)+\cdots+f^{(n-1)}(0)]$$

式中，$f(0), \dot{f}(0), \cdots, f^{(n-1)}(0)$是函数$f(t)$及其各阶导数在 $t=0$ 处的取值。

显然，当函数$f(t)$及其各阶导数在 $t=0$ 处的取值为零时，有

$$L\left[\frac{\mathrm{d}^n f(t)}{\mathrm{d}t^n}\right]=s^n F(s)$$

(3) 积分定理

设 $F(s)=L[f(t)]$，则有

$$L\left[\underbrace{\int\cdots\int}_{n} f(t)\mathrm{d}t^n\right]=\frac{1}{s^n}F(s)+\frac{1}{s^n}f^{(-1)}(0)+\cdots+\frac{1}{s}f^{(-n)}(0)$$

式中，$f^{(-1)}(0), f^{(-2)}(0), \cdots, f^{(-n)}(0)$为$f(t)$的各重积分在 $t=0$ 处的取值。

显然，当函数$f(t)$及其各重积分在 $t=0$ 处的取值为零时，有

$$L\left[\underbrace{\int\cdots\int}_{n} f(t)\mathrm{d}t^n\right]=\frac{1}{s^n}F(s)$$

(4) 初值定理

若函数$f(t)$及其一阶导数都是可拉普拉斯变换的，则函数$f(t)$的初值为

$$f(0^+)=\lim_{t\to 0^+}f(t)=\lim_{s\to\infty}sF(s)$$

即原函数$f(t)$在自变量趋于零(从正向趋于零)时的极限值，取决于函数$F(s)$在自变量趋于无穷大时的极限值。

(5) 终值定理

若函数$f(t)$及其一阶导数都是可拉普拉斯变换的，则函数$f(t)$的终值为

$$\lim_{t\to\infty} f(t)=\lim_{s\to 0} sF(s)$$

即原函数$f(t)$在自变量趋于无穷大时的极限值，取决于函数$F(s)$在自变量趋于零时的极限值。

(6) 位移定理

设$F(s)=L[f(t)]$，则有

$$L[f(t-\tau)]=e^{-\tau s}F(s)$$

和

$$L[e^{-\alpha t}f(t)]=F(s+\alpha)$$

它们分别表示的是实域中的位移定理和复域中的位移定理。

(7) 相似定理

设$F(s)=L[f(t)]$，则有

$$L\left[f\left(\frac{t}{a}\right)\right]=aF(as)$$

式中，a为实常数。

(8) 卷积定理

设$F_1(s)=L[f_1(t)],F_2(s)=L[f_2(t)]$，则有

$$F_1(s)F_2(s)=L\left[\int_0^t f_1(t-\tau)f_2(\tau)\mathrm{d}\tau\right]$$

式中，$\int_0^t f_1(t-\tau)f_2(\tau)\mathrm{d}\tau$称为$f_1(t)$和$f_2(t)$的卷积，可以用记号$f_1(t)*f_2(t)$表示。因此，上式说明两个函数卷积的拉普拉斯变换等于它们的拉普拉斯变换的乘积。

下面给出拉普拉斯变换的基本特性表和常用函数的拉普拉斯变换对照表。

附表1 拉普拉斯变换的基本特性

序号	性质或定理	$f(t)$	$F(s)=L[f(t)]$
1	定义	$f(t)$	$F(s)=\int_0^\infty f(t)e^{-st}\mathrm{d}t$
2	线性性质	$af_1(t)+bf_2(t)$	$aF_1(s)+bF_2(s)$，a,b为常数
3	一阶导数	$\frac{\mathrm{d}f(t)}{\mathrm{d}t}$	$sF(s)-f(0)$
4	n阶导数	$\frac{\mathrm{d}^n f(t)}{\mathrm{d}t^n}$	$s^nF(s)-s^{n-1}f(0)-s^{n-2}\dot{f}(0)-\cdots-f^{(n-1)}(0)$
5	不定积分	$\int f(t)\mathrm{d}t$	$\frac{1}{s}F(s)+\frac{1}{s}f^{(-1)}(0)$
6	定积分	$\int_0^t f(t)\mathrm{d}t$	$\frac{1}{s}F(s)$
7	初始值	$\lim_{t\to 0^+} f(t)$	$\lim_{s\to\infty} sF(s)$
8	终值	$\lim_{t\to\infty} f(t)$	$\lim_{s\to 0} sF(s)$

（续）

序号	性质或定理	$f(t)$	$F(s)=L[f(t)]$
9	实位移	$f(t-\tau)1(t-\tau)$	$e^{-\tau s}F(s),\tau>0$
10	复位移	$e^{-\alpha t}f(t)$	$F(s+\alpha)$
11	相似性	$f(at)$	$\frac{1}{a}F\left(\frac{t}{a}\right)$, $a>0$
12	卷积	$f_1(t)*f_2(t)$	$F_1(s)F_2(s)$
13	函数乘以 t	$tf(t)$	$-\frac{d}{ds}F(s)$
14	函数除以 t	$\frac{1}{t}f(t)$	$\int_s^{\infty}F(s)ds$

附表 2　常用函数的拉普拉斯变换对照表

序号	象函数 $F(s)$	原函数 $f(t)$
1	1	$\delta(t)$
2	$\frac{1}{1-e^{-Ts}}$	$\delta_T(t)=\sum_{n=0}^{\infty}\delta(t-nT)$
3	$\frac{1}{s}$	$1(t)$
4	$\frac{1}{s^2}$	t
5	$\frac{1}{s^n}$	$\frac{1}{(n-1)!}t^{n-1}$
6	$\frac{1}{s+\alpha}$	$e^{-\alpha t}$
7	$\frac{a}{s(s+a)}$	te^{-at}
8	$\frac{1}{(s+a)(s+b)}$	$\frac{1}{b-a}(e^{-at}-e^{-bt})$
9	$\frac{\alpha}{s(s+\alpha)}$	$1-e^{-\alpha t}$
10	$\frac{\omega}{s^2+\omega^2}$	$\sin\omega t$
11	$\frac{s}{s^2+\omega^2}$	$\cos\omega t$
12	$\frac{1}{s(s^2+\omega^2)}$	$\frac{1}{\omega^2}(1-\cos\omega t)$
13	$\frac{\omega}{(s+\alpha)^2+\omega^2}$	$e^{-\alpha t}\sin\omega t$
14	$\frac{s+\alpha}{(s+\alpha)^2+\omega^2}$	$e^{-\alpha t}\cos\omega t$

（续）

序号	象函数 $F(s)$	原函数 $f(t)$
15	$\frac{1}{(s+\alpha)^2+\omega^2}$	$\frac{1}{\omega}e^{-\alpha t}\sin\omega t$
16	$\frac{s}{s^2+2\zeta\omega_n s+\omega_n^2}$	$-\frac{1}{\sqrt{1-\zeta^2}}e^{-\zeta\omega_n t}\sin(\omega_n\sqrt{1-\zeta^2}t-\varphi)$，$\varphi=\arctan(\sqrt{1-\zeta^2}/\zeta)$
17	$\frac{\omega_n^2}{s^2+2\zeta\omega_n s+\omega_n^2}$	$\frac{\omega_n}{\sqrt{1-\zeta^2}}e^{-\zeta\omega_n t}\sin(\omega_n\sqrt{1-\zeta^2}t)$
18	$\frac{\omega_n^2}{s(s^2+2\zeta\omega_n s+\omega_n^2)}$	$1-\frac{1}{\sqrt{1-\zeta^2}}e^{-\zeta\omega_n t}\sin(\omega_n\sqrt{1-\zeta^2}t+\varphi)$，$\varphi=\arctan(\sqrt{1-\zeta^2}/\zeta)$

参考文献

[1] 胡寿松．自动控制原理[M].7 版．北京：科学出版社，2019.
[2] 涂植英，陈今润．自动控制原理[M]. 重庆：重庆大学出版社，2007.
[3] 张存礼，王辉．自动控制原理与系统[M]. 北京：北京师范大学出版社，2018.
[4] MORRIS DRICLS. 线性控制系统工程[M]. 金爱娟，等译．北京：清华大学出版社，2005.
[5] KATSUHIKO QGATA. 现代控制工程[M]. 卢伯英，于海勋，译．4 版．北京：电子工业出版社，2003.
[6] 吴麒，王诗宓．自动控制原理：上册[M]. 2 版．北京：清华大学出版社，2006.
[7] KAILATH T. Linear System[M]. Englewood Ciffs：Prentice-Hall，1980.
[8] KUO B C. Automatic Control Systems[M]. New York：Prentice-Hall，1975.
[9] RICHARD C D，Robert H B. Modern Control Systems[M]. 9th ed. London：Person Education，2002.
[10] TOU J T. Modern Control Theory[M]. New York：McGraw-Hill，1964.
[11] 谢昭莉，李良筑，杨欣．自动控制原理[M]. 北京：机械工业出版社，2012.
[12] 夏德钤，翁贻方．自动控制理论[M]. 2 版．北京：机械工业出版社，2004.
[13] 李友善．自动控制原理[M]. 3 版．北京：国防工业出版社，2005.
[14] 邹伯敏．自动控制理论[M]. 北京：机械工业出版社，2003.
[15] 多尔夫，毕晓普．现代控制系统(英文版)[M]. 北京：科学出版社，2005.
[16] 师宇杰．自动控制原理[M]. 长沙：国防科技大学出版社，2007.
[17] 刘丁. 自动控制原理[M]. 北京：机械工业出版社，2010.
[18] 王建辉，顾树生．自动控制原理[M]. 北京：清华大学出版社，2007.
[19] 吴韫章．自动控制理论基础[M]. 西安：西安交通大学出版社，1999.
[20] 田作华，陈学中，翁正新．工程控制基础[M]. 北京：清华大学出版社，2007.
[21] 高国燊．自动控制原理[M]. 4 版．广州：华南理工大学出版社，2013.